清華电脑学堂

Java Web开发实践教程

◎ 王占中 崔志刚 编著

清华大学出版社
北 京

内 容 简 介

本书通过通俗易懂的语言、丰富实用的实例，详细讲解了使用 Java 语言和开源框架进行 Web 程序开发应该掌握的各项技术。其内容主要包括：安装 JDK 和 Tomcat、JSP 脚本和页面指令、request 和 out 对象、session 和 application 对象、使用 JavaBean、Servlet 技术、使用 EL 表达式、JSTL 标签、JDBC 连接 MySQL、ODBC 连接 Access、执行查询和存储过程、显示结果集、文件上传与下载、发送邮件、动态报表、处理 XML、使用 Ajax 技术、Struts 框架、Hibernate 框架以及 Spring 框架等。最后采用三大框架整合开发一个 OA 员工管理系统综合讲解本书的知识内容。

本书适合使用 Java Web 进行动态网站开发的初中级读者和编程爱好者，既可作为软件开发人员的参考手册，也可作为高校教师的教学参考书。

图书在版编目（CIP）数据

Java Web 开发实践教程/王占中，崔志刚编著. —北京：清华大学出版社，2016（2020.8重印）

（清华电脑学堂）

ISBN 978-7-302-41847-4

Ⅰ. ①J…　Ⅱ. ①王…　②崔…　Ⅲ. ①JAVA 语言-程序设计-教材　Ⅳ. ①TP312

中国版本图书馆 CIP 数据核字（2015）第 252087 号

责任编辑： 夏兆彦
封面设计： 张　阳
责任校对： 徐俊伟
责任印制： 沈　露

出版发行： 清华大学出版社
　　网　　址：http://www.tup.com.cn, http://www.wqbook.com
　　地　　址：北京清华大学学研大厦 A 座　　　邮　　编：100084
　　社 总 机：010-62770175　　　邮　　购：010-62786544
　　投稿与读者服务：010-62776969，c-service@tup.tsinghua.edu.cn
　　质量反馈：010-62772015，zhiliang@tup.tsinghua.edu.cn
印 装 者： 北京九州迅驰传媒文化有限公司
经　　销： 全国新华书店
开　　本： 185mm×260mm　　印　张：29.75　　字　数：706 千字
版　　次： 2016 年 9 月第 1 版　　印　次：2020 年 8 月第 4 次印刷
定　　价： 69.00 元

产品编号：055142-01

前言

FOREWORD

随着互联网技术的普及和推广，Web 开发技术也迅速发展起来。Java 语言以其简单易学、开源跨平台等诸多特性，吸引了众多软件开发人员的关注与实践。近年来，Java 语言已经成为软件开发人员开发软件的首选语言，尤其在 Web 开发方面，Java EE 技术已经成为企业信息化开发平台的首选技术。目前，主流的 Java Web 开发技术既包括 JSP、JDBC、Servlet 等基本技术，还包括 Struts、Spring 和 Hibernate 等基于 Java EE 平台的轻量级框架技术。

本书是 Java Web 开发的基础类教程，编者使用通俗易懂的语言对 Java Web 开发中所涉及的知识点进行了系统的介绍。本书编写思路清晰、内容翔实、案例实用。本书既可作为计算机软件以及其他计算机相关专业的教材，也可以作为 Java Web 编程人员的参考书。

1．本书内容

全书共分为 15 章，主要内容如下。

第 1 章　Java Web 入门知识。本章主要介绍 Java Web 的基本知识以及开发环境的配置，最后介绍常见的开发模式。

第 2 章　JSP 语法。本章主要讲解 JSP 语法基础，包括 JSP 页面构成、JSP 指令标记、JSP 脚本元素、JSP 动作元素和 JSP 页面的注释部分。

第 3 章　JSP 页面请求与响应。本章主要介绍实现页面响应、输出及请求和对象，包括 page 对象、out 对象、response 对象和 request 对象。

第 4 章　保存页面状态。本章主要介绍 JSP 中用于保存页面状态和数据的对象，包括 session、pageContext、application 和 config。

第 5 章　JavaBean 技术。本章主要介绍 JavaBean 的构成，以及不同类型属性的使用和 JavaBean 的应用，并详细介绍了不同作用域中 JavaBean 的生命周期。

第 6 章　Servlet 技术。本章主要介绍 Servlet 的生命周期、创建和配置 Servlet、Servlet 读取数据和页面转发、Servlet 过滤器以及监听器的使用等。

第 7 章　EL 表达式。本章将对 EL 表达式的语法、基本应用、运算符以及其隐含对象进行详细介绍。

第 8 章　JSTL 标签库。本章主要讲解 JSTL 核心标签库和 SQL 标签库等常用标签库。

第 9 章　数据库应用技术。本章主要介绍 JDBC 的基本概念和相关接口，如何使用 JDBC 提供的接口操作数据库，使用预编译语句等。

第 10 章　JSP 实用组件。本章主要介绍 JSP 开发过程中经常用到的实用组件，例如，Common-FileUpload 组件实现文件上传、Java mail 组件发送邮件、JFreeChart 组件显示图表以及处理 XML 等。

第 11 章　应用 Ajax 技术。本章简单介绍 Ajax 的概念，重点讲解使用 Ajax 的核心对象 XMLHttpRequest 处理文本和 XML，最后介绍了如何解决 Ajax 乱码问题。

第 12 章　应用 Struts2 技术。本章主要讲解在 Web 开发中 Struts2 的应用，包括 Struts2 中的配置文件、Action、Struts2 的开发模式和标签等基本知识。

第 13 章　应用 Hibernate 技术。本章主要介绍 Hibernate 的入门配置、持久化对象的方法、缓存的使用以及实体映射关系，同时还介绍了 HQL。

第 14 章　应用 Spring 技术。本章主要介绍 Spring 的配置、依赖注入方法、自动装配、AOP、切入和持久化应用，以及 MVC 框架的用法。

第 15 章　员工管理系统。本章使用 Struts2、Spring 和 Hibernate 框架整合实现了对员工信息和员工部门的管理，以及管理员的登录。

2．本书特色

这本书主要是针对初学者或中级读者量身订做的，全书以章为单位，由浅入深地讲解了 JSP 技术。全书突出了开发时的重要知识点，并配以案例讲解，充分体现了理论与实践相结合。

1）知识全面

本书紧紧围绕 Java Web 技术展开讲解，具有很强的逻辑性和系统性。

2）实例丰富

书中各实例均经过作者精心设计和挑选，它们都是根据作者在实际开发中的经验总结而来，涵盖了在实际开发中所遇到的各种场景。

3）应用广泛

对于精选案例，给出了详细步骤，结构清晰简明，分析深入浅出，而且有些程序能够直接在项目中使用，避免读者进行二次开发。

4）基于理论，注重实践

在讲述过程中，不仅介绍理论知识，而且在合适位置安排了综合应用实例，或者小型应用程序，将理论应用到实践当中来加强读者实际应用能力，巩固开发基础和知识。

5）随书光盘

本书为实例配备了视频教学文件，读者可以通过视频文件更加直观地学习 Java Web 技术的开发知识。

6）网站技术支持

读者在学习或者工作的过程中，如果遇到实际问题，可以直接登录 www.itzcn.com 与我们取得联系，作者会在第一时间内给予帮助。

7）贴心的提示

为了便于读者阅读，全书中还穿插着一些技巧、提示等小贴士，体例约定如下。

提示：通常是一些贴心的提醒，让读者加深印象或提供建议，或者解决问题的方法。

注意：提出学习过程中需要特别注意的一些知识点和内容，或者相关信息。

技巧：通过简短的文字，指出知识点在应用时的一些小窍门。

3. 读者对象

本书适合作为软件开发入门者的自学用书，也适合作为高等院校相关专业的教学参考书，也可供开发人员查阅和参考。

除了封面署名人员之外，参与本书编写的人员还有李海庆、王咏梅、康显丽、王黎、汤莉、倪宝童、赵俊昌、方宁、郭晓俊、杨宁宁、王健、连彩霞、丁国庆、牛红惠、石磊、王慧、李卫平、张丽莉、王丹花、王超英、王新伟等。本书中难免会有疏漏与不妥之处，欢迎读者通过清华大学出版社网站 www.tup.tsinghua.edu.cn 与我们联系，帮助我们改正提高。

目 录

CONTENTS

第 1 章　Java Web 入门知识

Java 是 Sun 公司推出的能够跨越多平台的、可移植性最高的编程语言。Java 技术具有卓越的通用性、高效性、平台移植性和安全性，从而使其成为应用范围最广泛的开发语言。

尤其在 Web 开发方面，Java EE 技术已经成为企业信息化开发平台的首选技术。本章主要介绍 Java Web 的基础知识以及开发环境的配置，最后介绍常见的开发模式。

本章学习要点：

- ❑ 了解什么是 Java Web
- ❑ 掌握 JDK 和 Tomcat 的安装
- ❑ 掌握在 Tomcat 下运行 Java Web 的方法
- ❑ 掌握 MyEclipse 的安装
- ❑ 掌握 MyEclipse 开发 Java Web 程序的方法
- ❑ 熟悉常见的 Java Web 开发模式

1.1 Java Web 简介

Java Web 是用 Java 技术来解决相关 Web 互联网领域的技术总和，一个 Web 应用程序包括 Web 客户端和 Web 服务器端两部分。

1. Web 客户端

Web 客户端通常是指用户计算机上的浏览器，如微软的 IE 浏览器或火狐浏览器等。客户端不需要开发任何用户界面，而统一采用浏览器即可。

2. Web 服务器端

Web 服务器是一台或多台可运行 Web 应用程序的计算机，通常人们在浏览器中输入的网络地址，即 Web 服务器的地址。当用户在浏览器的地址栏中输入网站地址并按回车键后，请求即被发送到 Web 服务器。服务器接收到请求后，会返回给用户带来请求资源的响应消息。Java 在服务器端的应用非常丰富，比如 Servlet、JSP 和第三方框架等。

B/S 中客户端与服务器端采用请求/响应模式进行交互，其工作流程如图 1-1 所示。

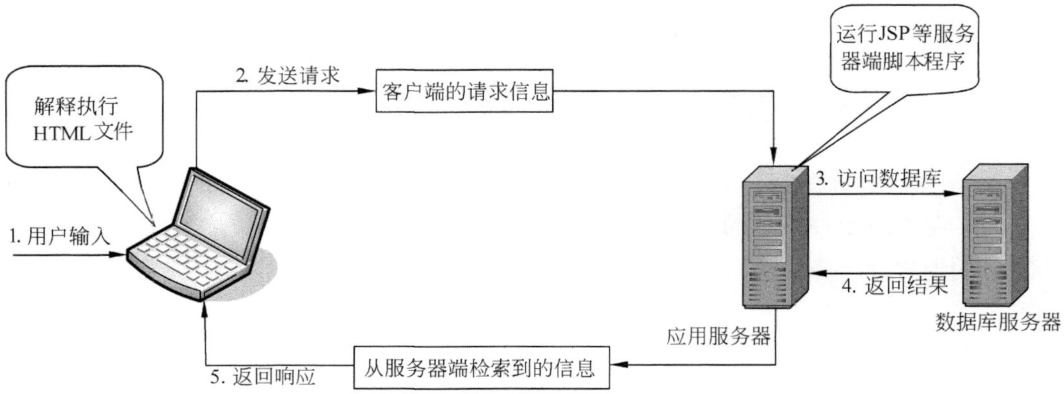

图 1-1 Web 应用程序的工作流程

1.2 搭建开发环境

我们知道 JSP 是一种基于 Java 的、运行在服务器端的动态网站开发技术，所以首先要安装的就是 Java 开发软件包 JDK。另外还需要一个 Web 服务器，在众多 Web 服务器中 Tomcat 是使用最广泛的。为了提高开发效率，通常还需要安装 IDE（Integrated Development Environment，集成开发环境）工具——MyEclipse。本节将详细介绍配置 JSP 开发环境的过程。

1.2.1 安装 JDK

JDK（Java Development Kit）是一种用于构建在 Java 平台上发布的应用程序、Applet 和组件的开发环境，即编写 Java 程序必须使用 JDK，它提供了编译 Java 和运行 Java 程序的环境。

JDK 是一切 Java 应用程序的基础，所有的 Java 应用程序都是构建在 JDK 之上的。JDK 中还包括完整的 JRE（Java Runtime Environment，Java 运行环境），包括用于产品环境的各种类库，以及给开发者使用的扩展库，如国际化的库、IDL 库。JDK 中还包括各种示例程序，用以展示 Java API 中的各部分。

【练习 1】

JDK 可以在 Oracle 公司的官方网站 http://www.oracle.com 下载，目前最新版本为 JDK 7u5，下载的步骤如下。

（1）打开 Oracle 公司的官方网站，在首页的栏目中选择 Downloads | Java for Developers 选项，如图 1-2 所示。

（2）单击 Java for Developers 超链接后，进入 Java SE 的下载页面，如图 1-3 所示。

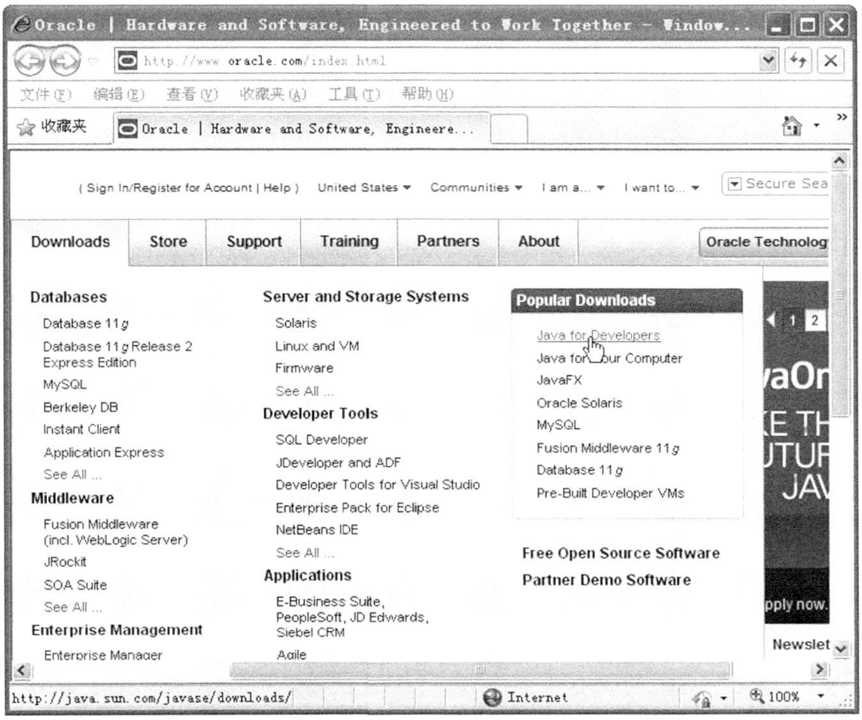

图 1-2 Oracle 官网首页

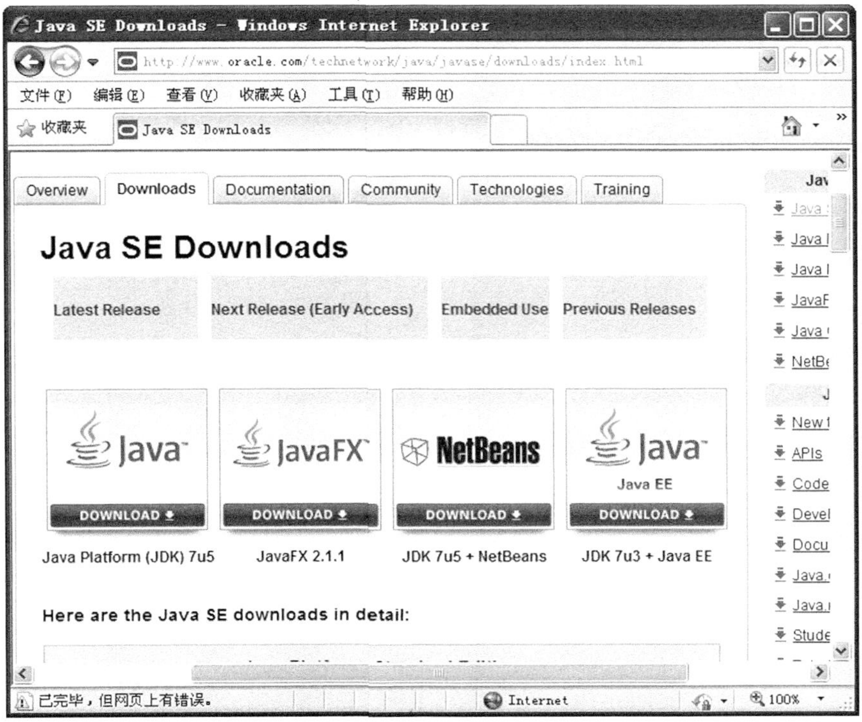

图 1-3 Java SE 的下载页面

提示

由于 Java 版本不断更新，当读者浏览 Java SE 的下载页面时，显示的是当前最新的版本。

（3）单击 Java Platform (JDK)上方的 DOWNLOAD 按钮，打开 Java SE 的下载列表页面，其中包括 Windows、Solaris 和 Linux 等平台的不同环境 JDK 的下载，如图 1-4 所示。

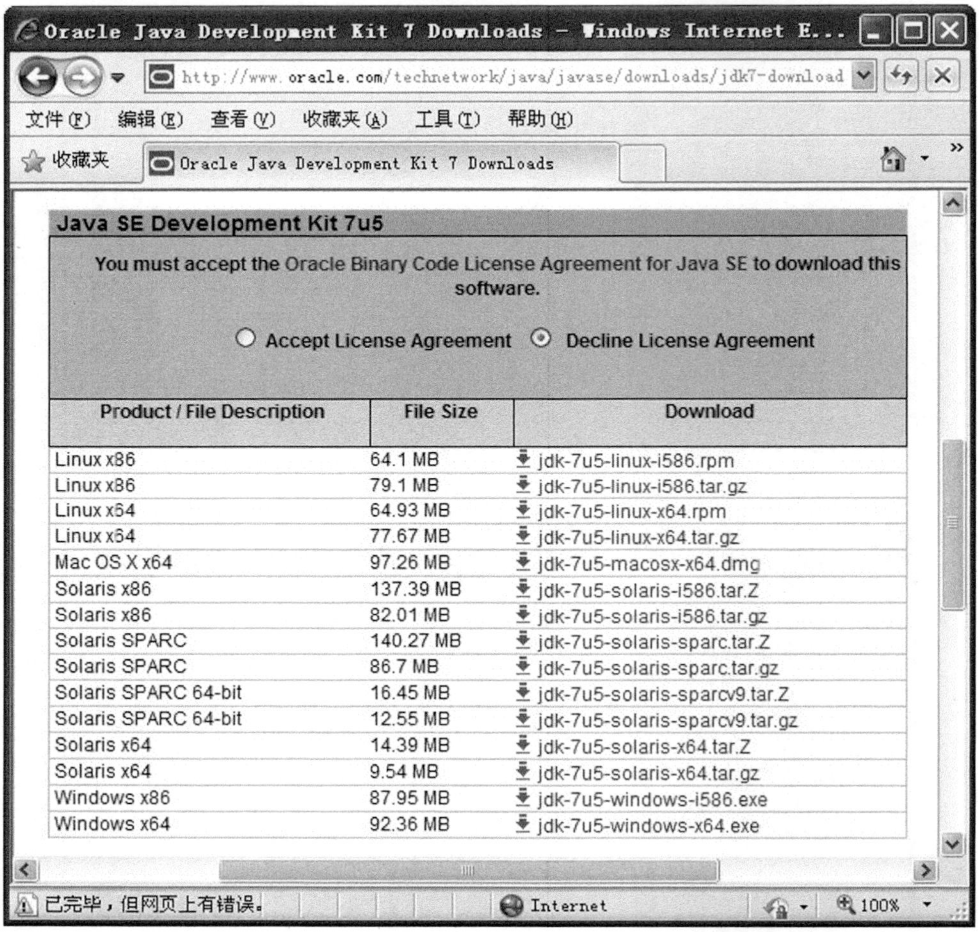

Product / File Description	File Size	Download
Linux x86	64.1 MB	jdk-7u5-linux-i586.rpm
Linux x86	79.1 MB	jdk-7u5-linux-i586.tar.gz
Linux x64	64.93 MB	jdk-7u5-linux-x64.rpm
Linux x64	77.67 MB	jdk-7u5-linux-x64.tar.gz
Mac OS X x64	97.26 MB	jdk-7u5-macosx-x64.dmg
Solaris x86	137.39 MB	jdk-7u5-solaris-i586.tar.Z
Solaris x86	82.01 MB	jdk-7u5-solaris-i586.tar.gz
Solaris SPARC	140.27 MB	jdk-7u5-solaris-sparc.tar.Z
Solaris SPARC	86.7 MB	jdk-7u5-solaris-sparc.tar.gz
Solaris SPARC 64-bit	16.45 MB	jdk-7u5-solaris-sparcv9.tar.Z
Solaris SPARC 64-bit	12.55 MB	jdk-7u5-solaris-sparcv9.tar.gz
Solaris x64	14.39 MB	jdk-7u5-solaris-x64.tar.Z
Solaris x64	9.54 MB	jdk-7u5-solaris-x64.tar.gz
Windows x86	87.95 MB	jdk-7u5-windows-i586.exe
Windows x64	92.36 MB	jdk-7u5-windows-x64.exe

图 1-4　**Java SE 的下载列表页面**

（4）在下载之前需要选中 Accept License Agreement 单选按钮，接受许可协议。由于本书中使用的是 32 位版的 Windows 操作系统，因此这里需要选择与平台相对应的 Windows x86 类型的 jdk-7u5-windows-i586.exe 超链接，对 JDK 进行下载，如图 1-5 所示。

【练习 2】

当下载完成后，在磁盘中会发现一个名称为 jdk-7u5-windows-i586.exe 的可执行文件。在 Windows 操作系统下安装 JDK 的操作步骤如下。

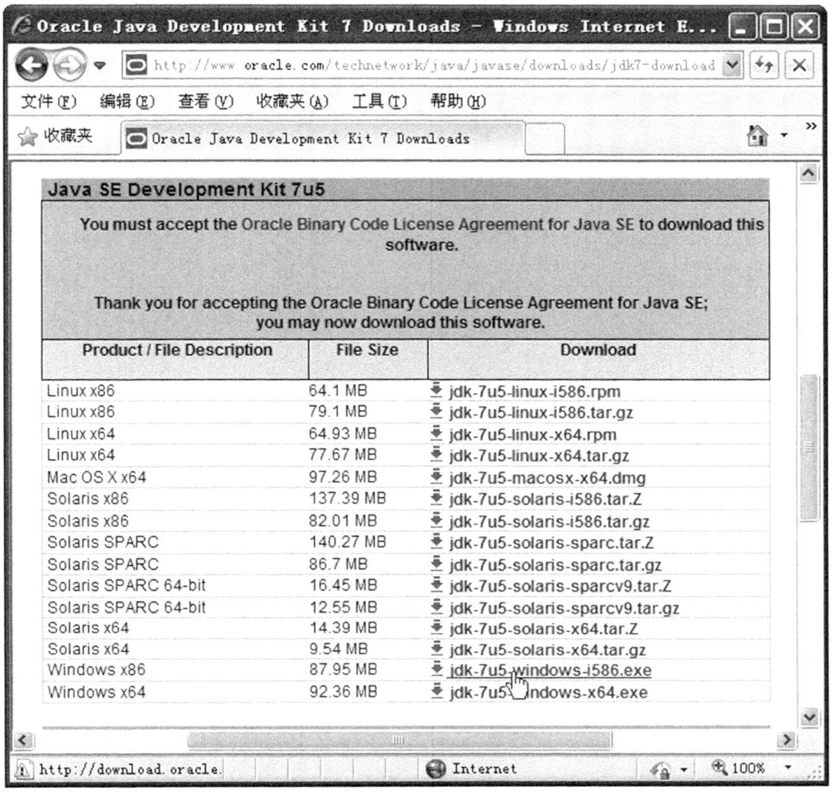

图 1-5 JDK 的下载页面

（1）双击运行 JDK 安装文件 jdk-7u5-windows-i586.exe，打开 JDK 的欢迎界面。

（2）单击【下一步】按钮打开【自定义安装】对话框，在其中选择安装的组件及 JDK 的安装路径，这里修改为 D:\Program Files\Java\jdk1.7.0_05\，如图 1-6 所示。

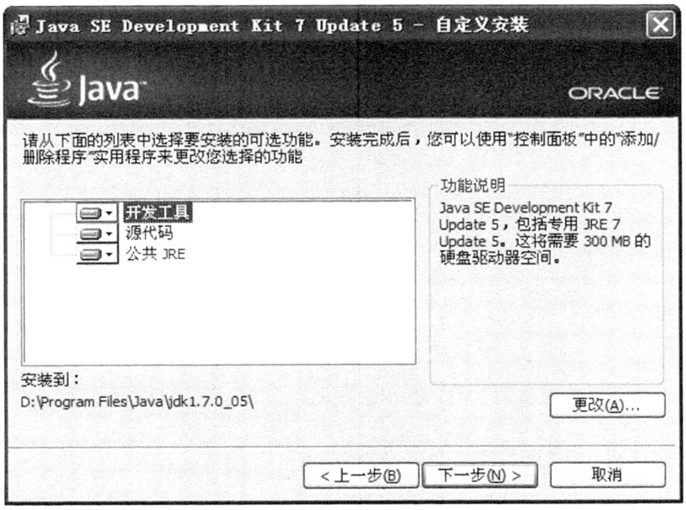

图 1-6 【自定义安装】对话框

（3）单击【下一步】按钮打开安装进度对话框，如图 1-7 所示。

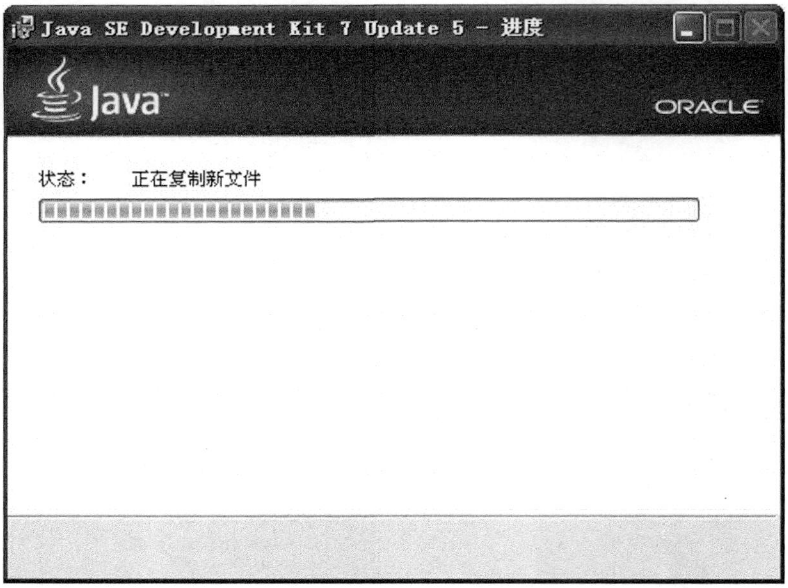

图 1-7　【进度】对话框

（4）在安装过程中，会打开如图 1-8 所示的【目标文件夹】对话框，选择 JRE 的安装路径，这里将其修改为 D:\Program Files\Java\jre7\。

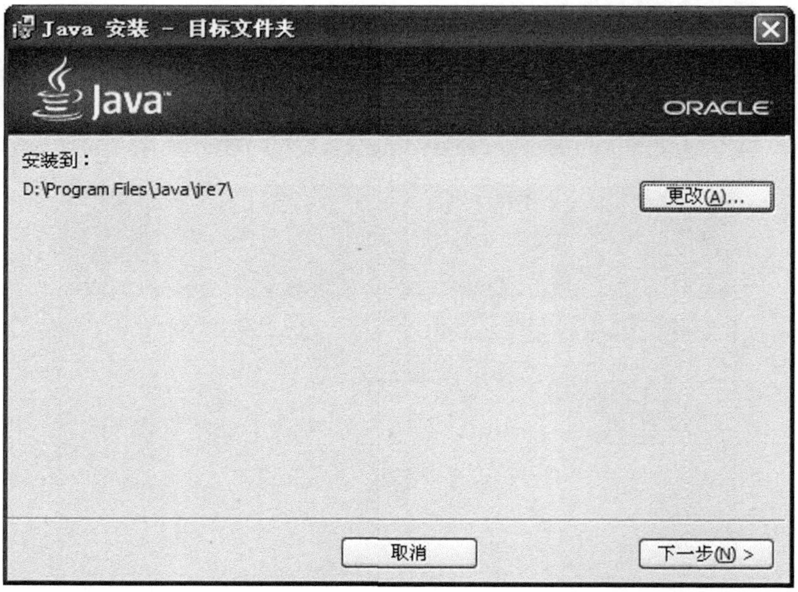

图 1-8　【目标文件夹】对话框

（5）单击【下一步】按钮，安装 JRE。当 JRE 安装完成之后，将打开 JDK 安装完成对话框，如图 1-9 所示。

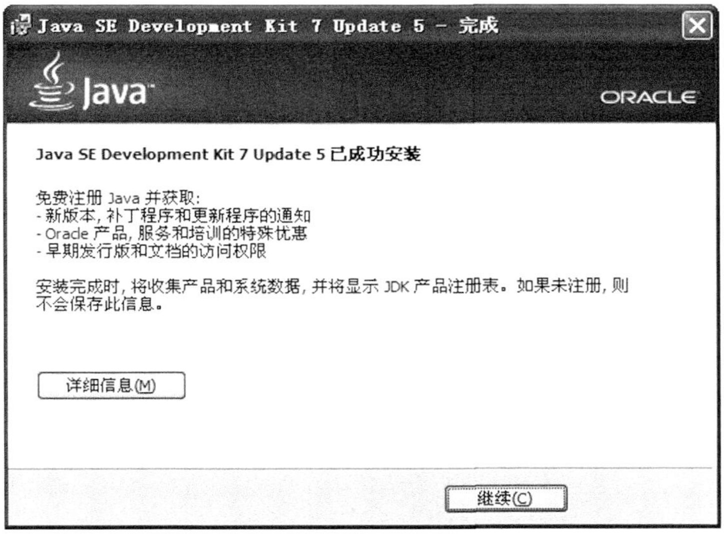

图 1-9 JDK 安装完成对话框

（6）单击【继续】按钮，打开【JavaFX SDK 安装程序】对话框，单击该对话框中的【取消】按钮，取消 JavaFX SDK 的安装。

提 示

JDK 是 Java 的开发环境，在编写 Java 程序时需要使用 JDK 进行编译处理，它是为开发人员提供的工具。JRE 是 Java 程序的运行环境，包含 JVM（Java 虚拟机）的实现及 Java 核心类库，编译后的 Java 程序必须使用 JRE 执行。在 JDK 安装包中集成了 JDK 与 JRE，所以在安装 JDK 的过程中会提示安装 JRE。

当 JDK 安装完成后，会在安装目录下多一个名称为 jdk1.7.0_05 的文件夹，打开该文件夹，如图 1-10 所示。

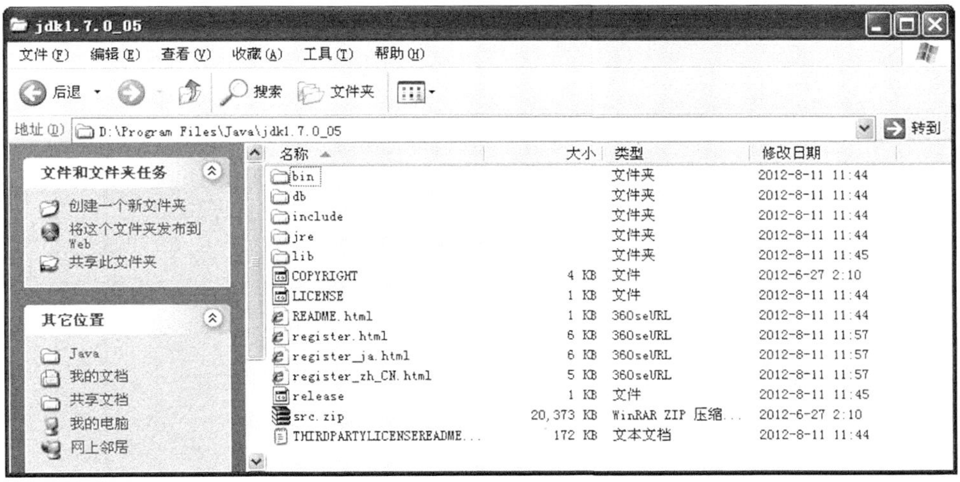

图 1-10 JDK 安装目录

从图 1-10 可以看出，JDK 安装目录下具有多个文件夹和一些网页文件，分别如下。

（1）bin：提供 JDK 工具程序，包括 javac、java、javadoc、appletviewer 等可执行程序。

（2）db：JDK 附带的一个轻量级的数据库。

（3）include：存放用于本地方法的文件。

（4）jre：存放 Java 运行环境文件。

（5）lib：存放 Java 的类库文件，即工具程序实际上使用的是 Java 类库。JDK 中的工具程序，大多也由 Java 编写而成。

（6）src.zip：Java 提供的 API 类的源代码压缩文件。如果将来需要查看 API 的某些功能如何实现，可以查看这个文件中的源代码内容。

1.2.2 安装 Tomcat

Tomcat 是一个免费的、开源的 Servlet 容器，它是 Apache 基金会的 Jakarta 项目中的一个核心项目，由 Apache、Sun 和其他一些公司及个人共同开发而成。由于有了 Sun 的参与和支持，最新的 Servlet 和 JSP 规范总能在 Tomcat 中得到体现。由于 Tomcat 技术先进、性能稳定，而且免费，因而深受 Java 爱好者的喜爱并得到了部分软件开发商的认可，成为目前最流行的 Web 应用服务器。

Tomcat 最新版本是 6.0x，Tomcat 6 支持最新的 Servlet 2.4 和 JSP 2.0 规范。Tomcat 提供了各种平台的版本供下载，可以从 http://jakarta.apache.org 上下载其源代码版或者二进制版。由于 Java 的跨平台特性，基于 Java 的 Tomcat 也具有跨平台性。

【练习 3】

Tomcat 官方下载地址为 http://www.apache.org，下载完成之后即可双击安装 Tomcat，安装步骤如下。

（1）双击下载的 EXE 文件开始安装，进入安装向导的欢迎界面，如图 1-11 所示。

图 1-11 欢迎界面

（2）单击Next按钮，进入Tomcat的License Agreement界面，如图1-12所示。

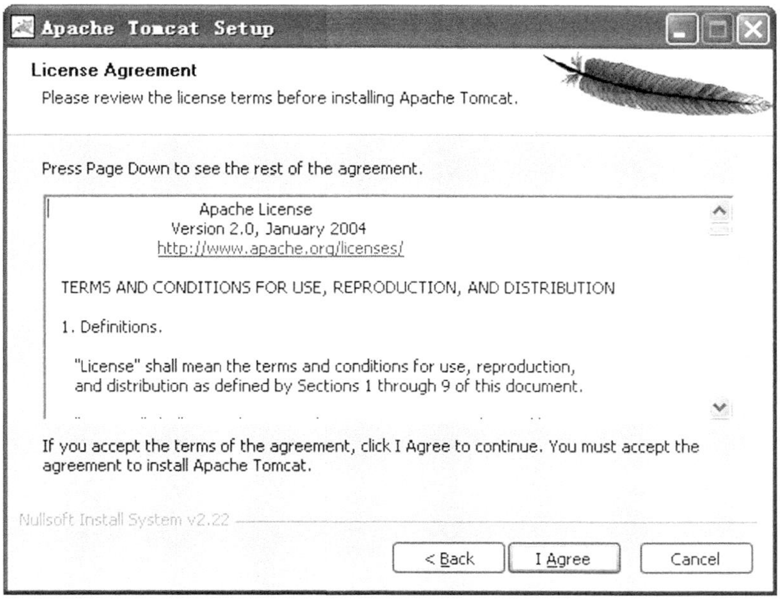

图1-12 License Agreement界面

（3）单击I Agree按钮接受协议条款，进入选择安装Tomcat组件界面。启用Service复选框将把Tomcat作为Windows服务，启用Source Code复选框将会安装Tomcat的源代码，启用Start Menu Items复选框将会在【开始】菜单中增加Tomcat的菜单项，启用Examples复选框将会安装JSP和Servlet示例程序，如图1-13所示。

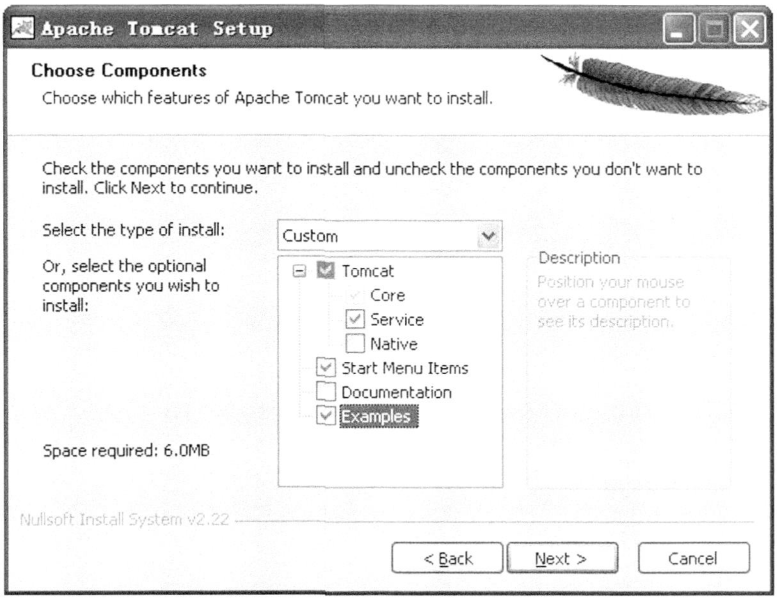

图1-13 选择安装组件

（4）单击 Next 按钮，进入下一步安装，指定 Tomcat 的安装路径，可以单击 Browse 按钮任意选择安装路径，在此采用默认的安装路径，如图 1-14 所示。

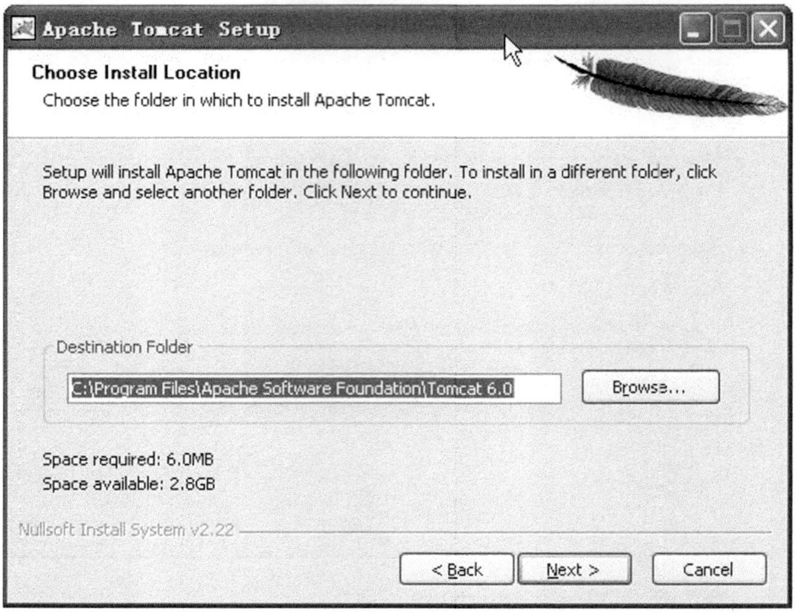

图 1-14　选择安装路径

（5）指定完安装路径之后，单击 Next 按钮进入 Tomcat 的配置界面，配置 Tomcat 的监听端口，默认为 8080 端口，还可指定用户名 admin 的密码，如图 1-15 所示。

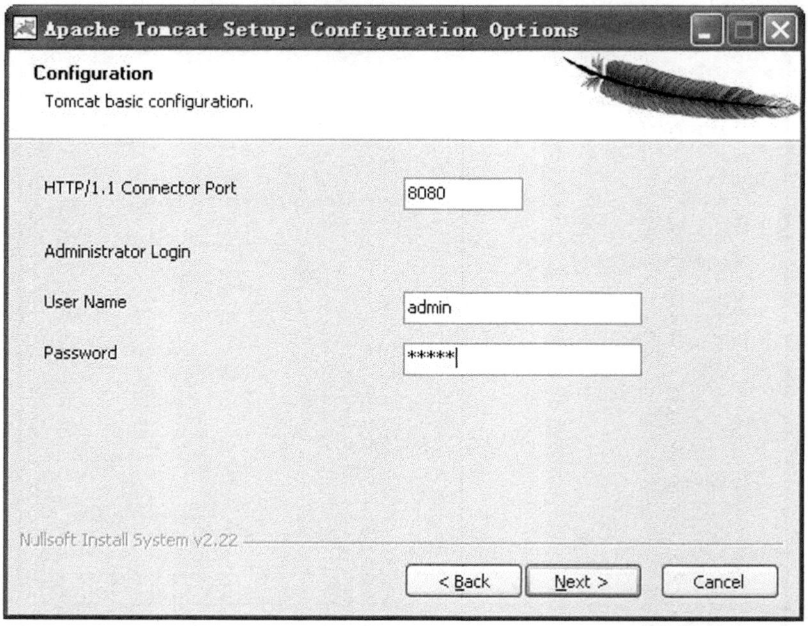

图 1-15　配置界面

（6）单击 Next 按钮，进入下一步安装界面，安装 Java Virtual Machine，指定 jre 的安装路径，在此采用默认安装路径，如图 1-16 所示。

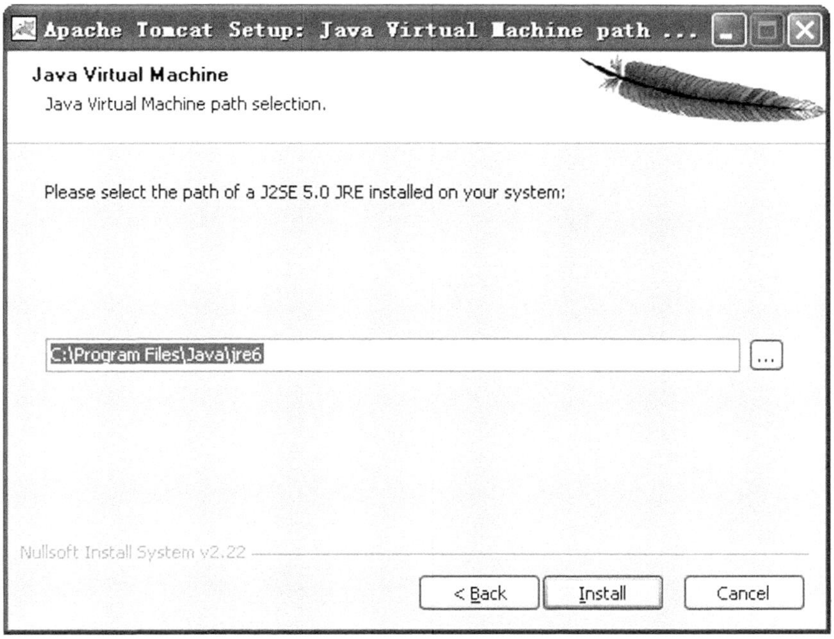

图 1-16 **Java Virtual Machine 的安装**

（7）单击 Install 按钮进入安装界面，如图 1-17 所示。

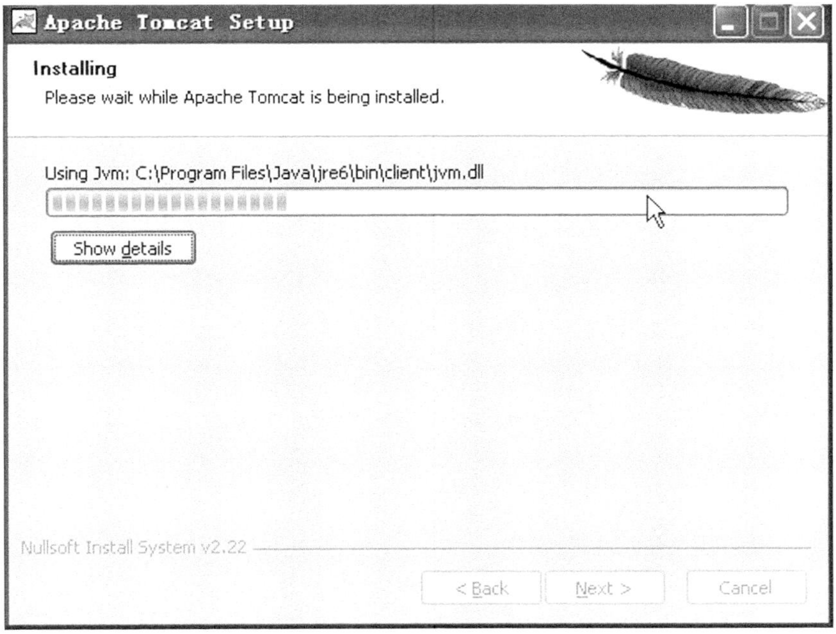

图 1-17 安装界面

（8）安装完成显示如图 1-18 所示界面。单击 Finish 按钮，结束安装。

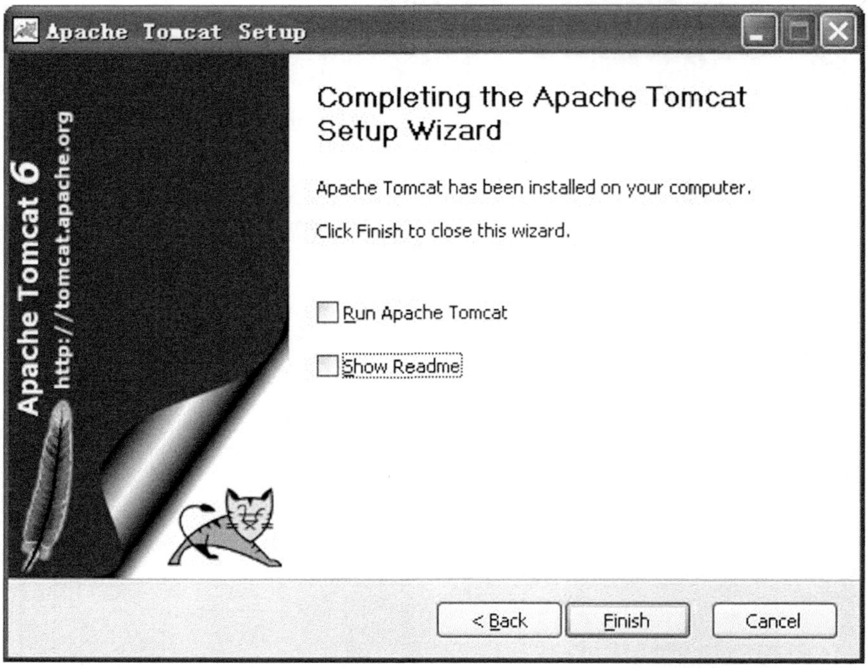

图 1–18 安装完成界面

（9）安装完 Tomcat 后，对它进行配置，在【我的电脑】|【属性】|【高级】|【环境变量】|【系统变量】中添加以下环境变量（本节中 Tomcat 安装在“C:\Program Files\Apache Software Foundation\Tomcat 6.0”）：

```
CATALINA_HOME: C:\Program Files\Apache Software Foundation\Tomcat 6.0
CATALINA_BASE: C:\Program Files\Apache Software Foundation\Tomcat 6.0
TOMCAT_HOME: C:\Program Files\Apache Software Foundation\Tomcat 6.0
```

（10）修改环境变量中的 classpath，把 Tomcat 安装目录下的 servlet.jar 追加到 classpath 中去，修改后的 classpath 如下：

```
classpath=.;%JAVA_HOME%\lib\dt.jar;%JAVA_HOME%\lib\tools.jar;%CATALINA_HOME%\lib\servlet-api.jar
```

（11）在 IE 中访问 http://localhost:8080，如果看到 Tomcat 的欢迎页面说明安装成功了，如图 1-19 所示。

1.2.3 安装 MyEclipse

MyEclipse 是一个十分优秀的用于开发 Java J2EE 的 Eclipse 插件集合，MyEclipse 的功能非常强大，支持也十分广泛，尤其是对各种开源产品的支持十分不错。

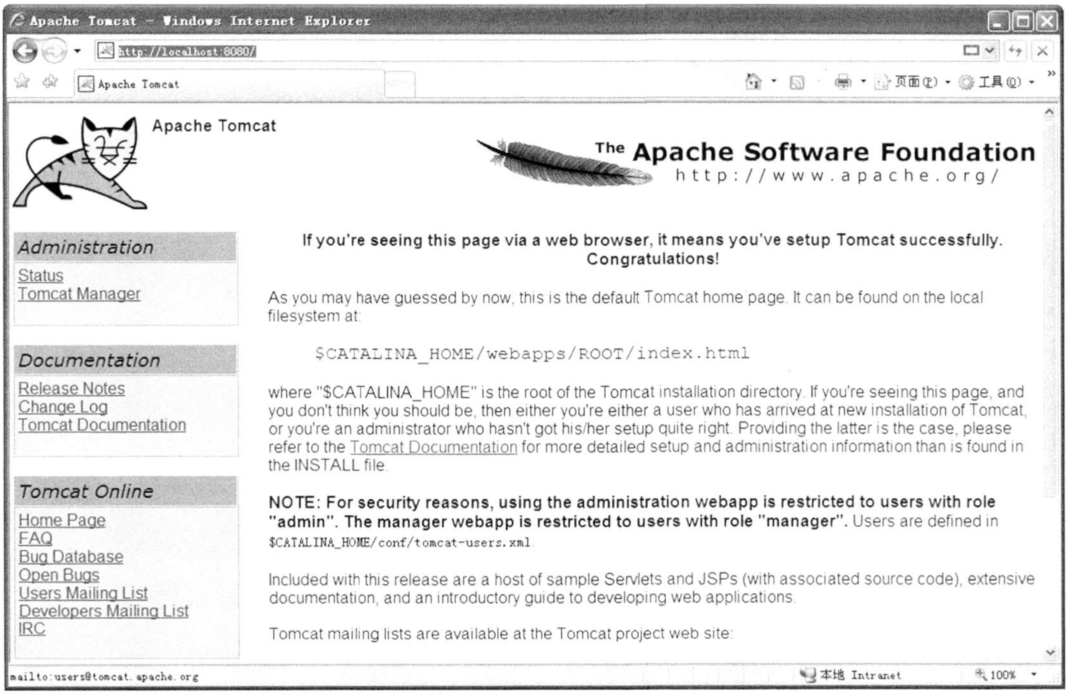

图 1-19 Tomcat 欢迎界面

MyEclipse 企业级工作平台（MyEclipse Enterprise Workbench，简称 MyEclipse）是对 Eclipse IDE 的扩展，利用它可以在数据库和 JavaEE 的开发、发布，以及应用程序服务器的整合方面极大地提高工作效率。它是功能丰富的 JavaEE 集成开发环境，包括完备的编码、调试、测试和发布功能，完整支持 HTML、Struts、JSF、CSS、JavaScript、SQL、Hibernate。MyEclipse 提供了如下方面的工具。

（1）JavaEE 模型；

（2）Web 开发工具；

（3）EJB 开发工具；

（4）应用程序服务器的连接器；

（5）JavaEE 项目部署服务；

（6）数据库服务。

【练习 4】

MyEclipse 最新版本为 MyEclipse 10，它基于最新的 Eclipse 3.7，使用了最新的桌面与 Web 开发技术，包括 HTML5 和 JavaEE 6，支持 JPA 2.0、JSF 2.0、Eclipselink 2.1 以及 Apache 的 OpenJPA 2.0。读者可以到官方网站 http://downloads.myeclipseide.com 下载最新版本。

下面介绍 MyEclipse 10 的安装过程。

（1）双击下面的 MyEclipse 10 安装程序进入欢迎界面，如图 1-20 所示。

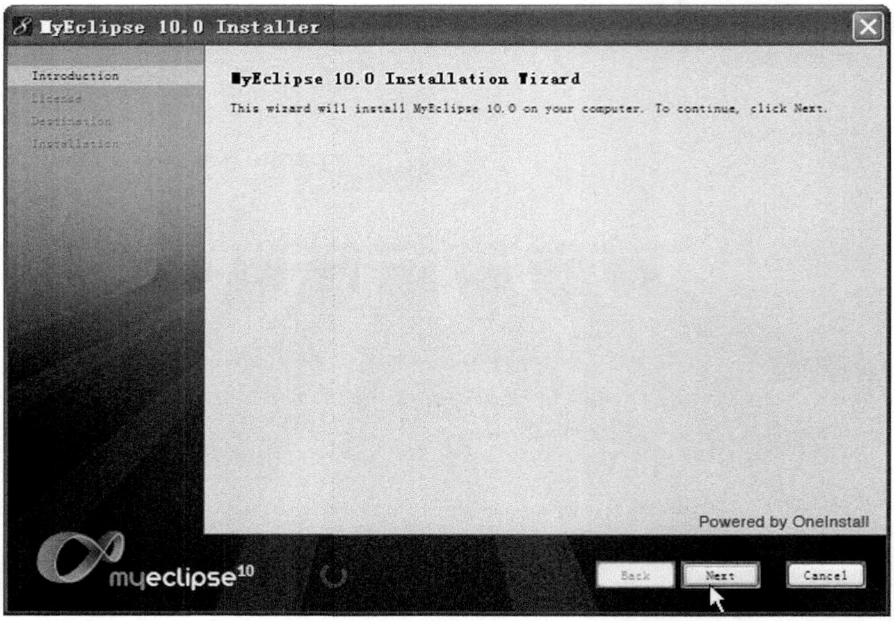

图 1-20　MyEclipse 欢迎界面

（2）单击 Next 按钮进入下一步安装界面，如图 1-21 所示。在该界面中启用 I accept the terms of the license agreement 复选框表示同意安装协议，再单击 Next 按钮。

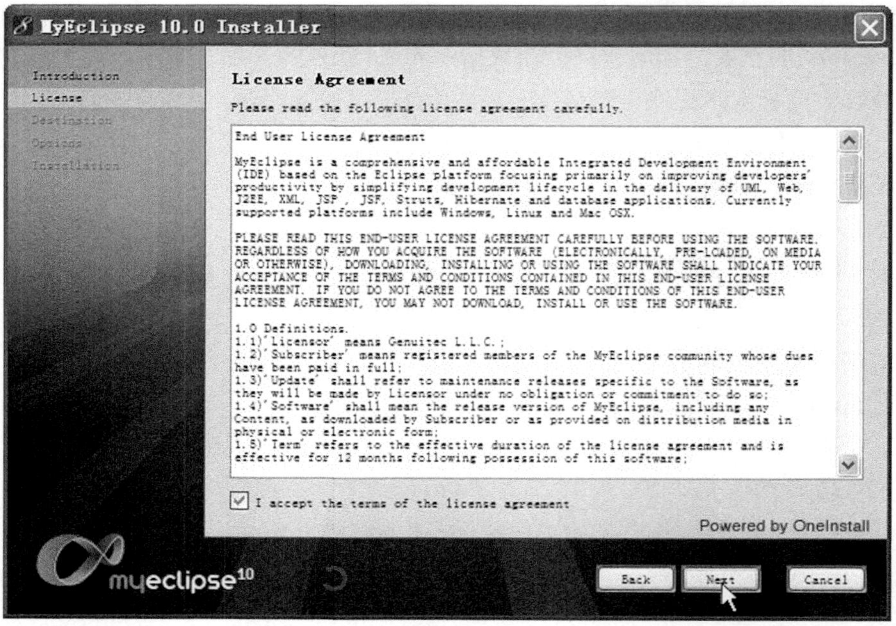

图 1-21　选择协议界面

（3）在进入的安装界面中指定安装目录，单击 Change 按钮可以更改安装路径。在本书中就采用默认的安装路径，如图 1-22 所示。

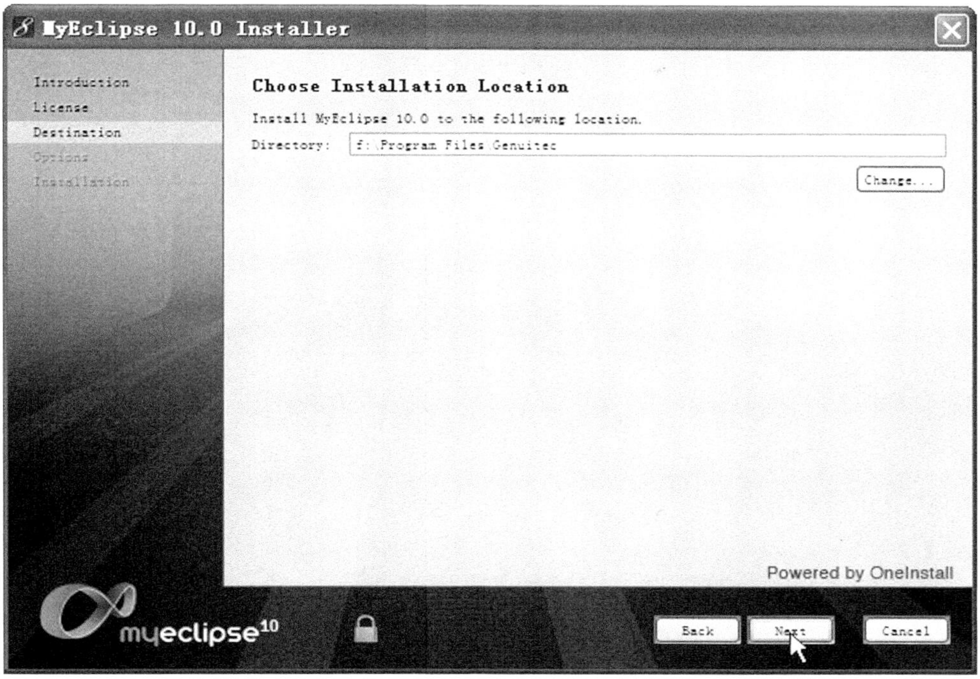

图 1-22　选择安装界面

（4）单击 Next 按钮选择要安装的内容，默认为 ALL（全部安装），如图 1-23 所示。

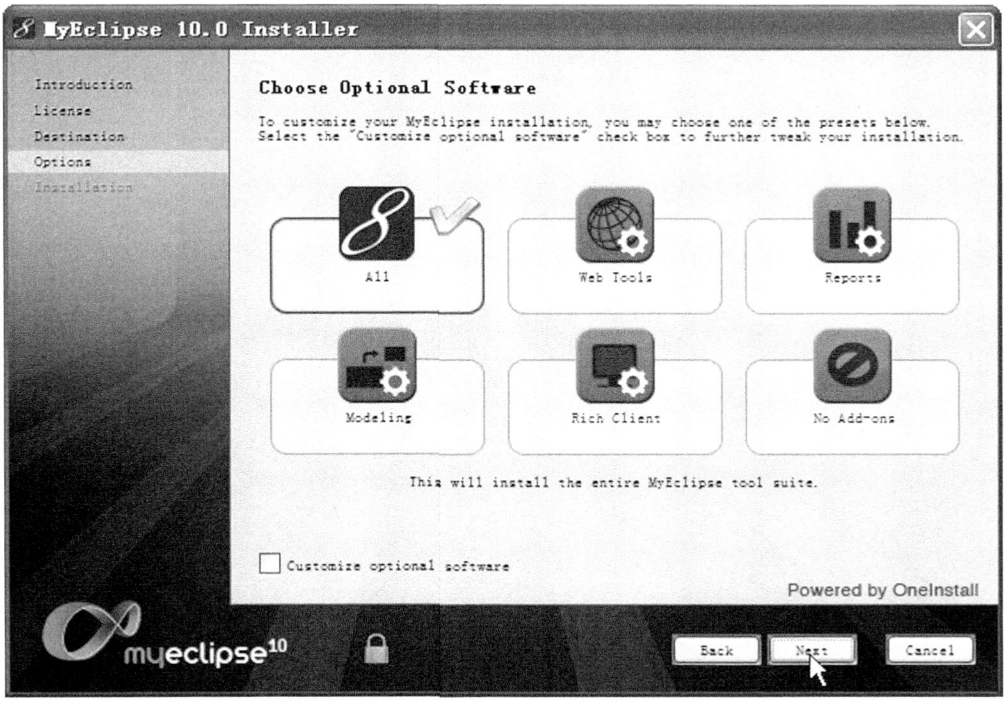

图 1-23　选择要安装的内容

（5）单击 Next 按钮进行安装，如图 1-24 所示为安装时的进度界面。

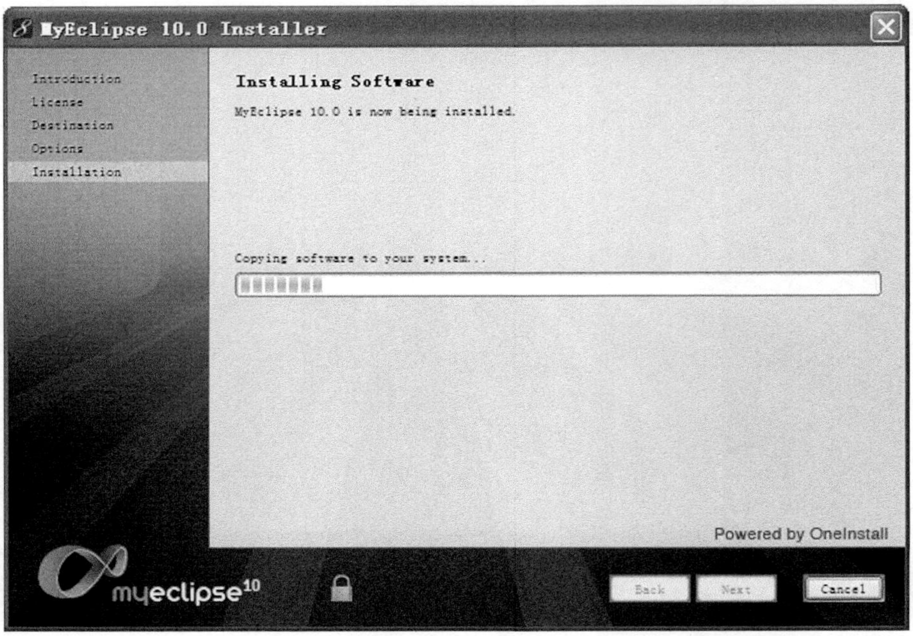

图 1-24　安装进度界面

（6）安装完成之后单击 Next 按钮进入安装完成界面，再单击 Finish 按钮结束安装，如图 1-25 所示。

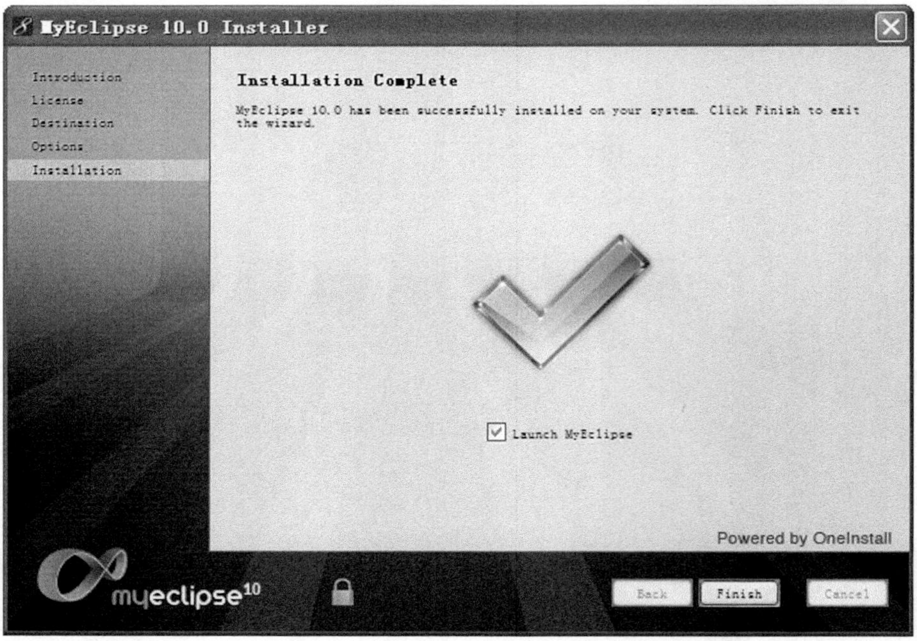

图 1-25　安装完成界面

安装完成之后，首次运行 MyEclipse 10 时会弹出指定工作空间对话框，如图 1-26 所示。单击 Browse 按钮可以选择一个目录用来保存项目，启用 Use this as the default and do not ask again 复选框可以将此目录作为默认的工作空间，再次打开时将不会提示。

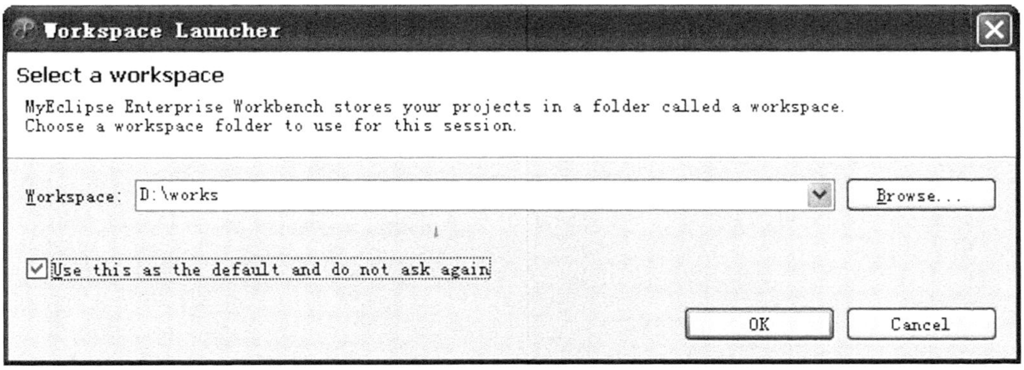

图 1-26 选择工作空间目录

单击图 1-26 对话框中的 OK 按钮进入 MyEclipse 10 的工作界面，如图 1-27 所示。

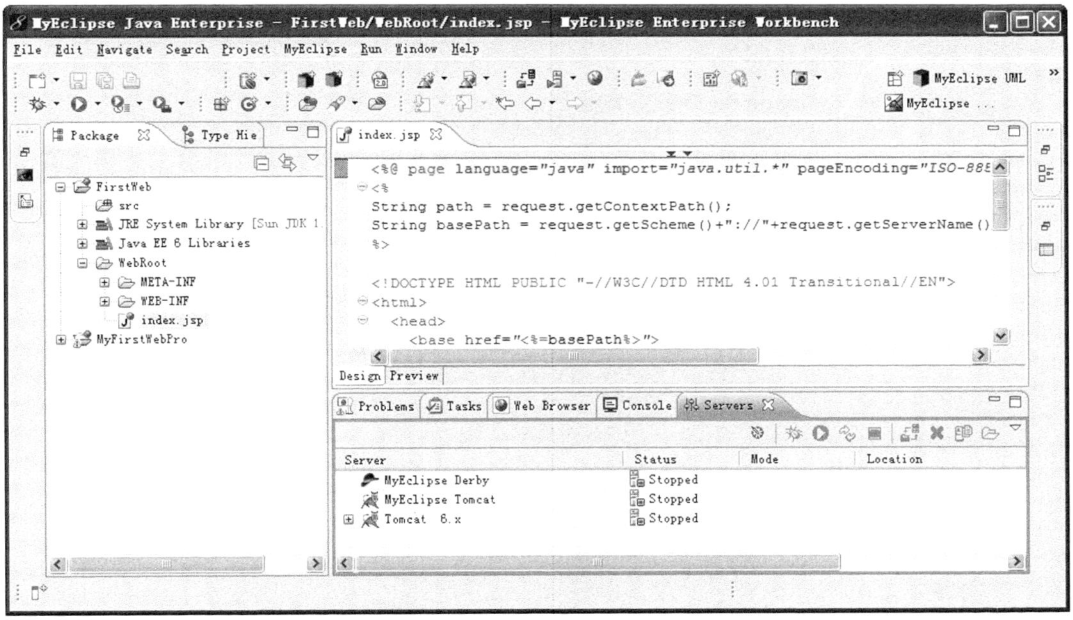

图 1-27 **MyEclipse 10**

【练习 5】

为了提高开发效率，需要将 Tomcat 服务器配置到 MyEclipse 之中，为 Web 项目指定一台 Web 应用服务器，然后即可在 MyEclipse 中操作 Tomcat 并自动部署和运行 Web 项目，操作步骤如下。

（1）在 MyEclipse 中单击 Window | Preferences 选项打开 Preferences 窗口。

（2）在 Preferences 窗口中选择 MyEclipse | Servers | Tomcat | Tomcat 6.x（这里选择的 Tomcat 必须是已经成功安装的版本），如图 1-28 所示。

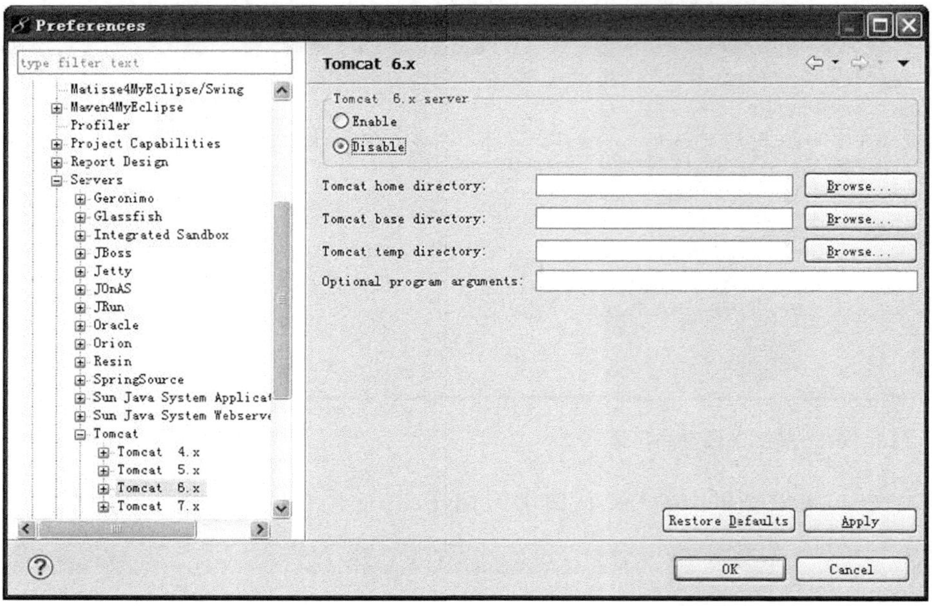

图 1-28　**Tomcat 6.x 的配置界面**

（3）选择 Enable 单选按钮，启用 Tomcat 服务器。并单击 Tomcat home directory 右边的 Browse... 按钮，指定 Tomcat 6 的安装目录，如图 1-29 所示。其中，Tomcat base directory 和 Tomcat temp directory 两项是自动生成的，不需要手动配置。

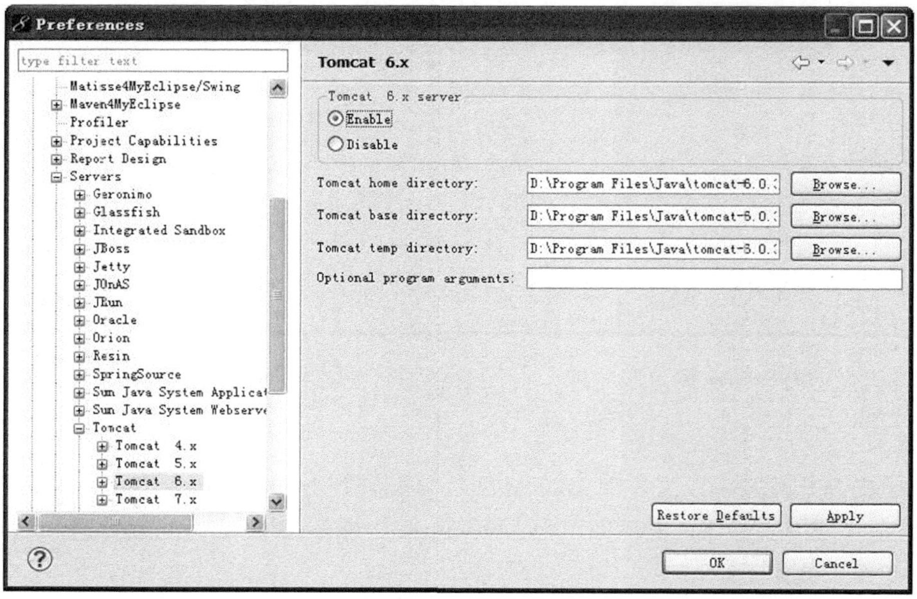

图 1-29　**指定 Tomcat 的安装目录**

（4）单击 Apply 按钮，应用当前的 Tomcat 6.x 配置。

（5）选中 Tomcat 6.x 中的 JDK 一项，如图 1-30 所示。

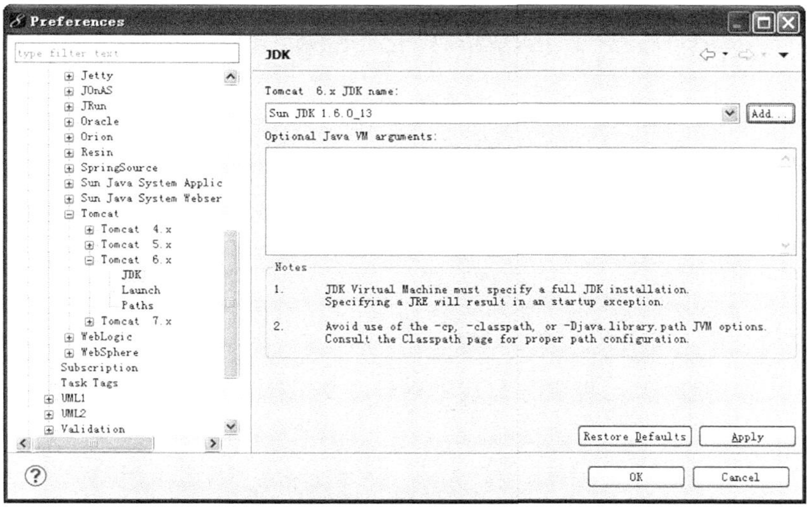

图 1-30 **JDK 配置界面**

注意

如果只配置了 Tomcat 服务器，而没有配置 JDK，则 MyEclipse 是无法正常部署 Web 应用的，也无法正常运行 Tomcat 服务器。

（6）单击 Tomcat 6.x JDK name 文本框右边的 Add... 按钮，将打开 Add JDK 窗口。在该窗口中单击 JRE home 文本框右边的 Directory... 按钮，指定 JDK 的安装目录，如图 1-31 所示。其中，JRE name 会自动生成，也可以手动修改。

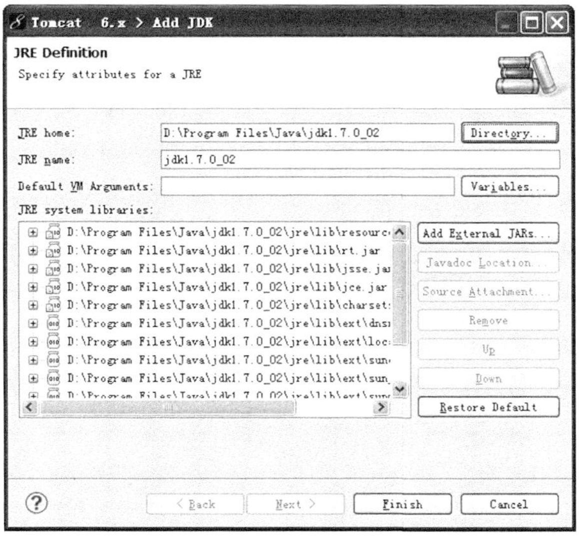

图 1-31 **指定 JDK 的安装目录**

（7）单击 Finish 按钮，关闭 Add JDK 窗口，回到 JDK 配置窗口。单击该窗口中的 Apply 按钮，并单击 OK 按钮，完成 Tomcat 应用程序服务器的配置。

1.3 实验指导 1–1：配置 JDK 环境变量

对于初学者来说，环境变量的配置是比较容易出错的，在配置的过程中应当仔细。使用 JDK 需要配置两个环境变量：path 和 classpath（不区分大小写）。

1．path

该参数用于指定操作系统的可执行指令的路径，也就是要告诉操作系统 Java 编译器在什么地方可以找到。

将安装 JDK 的默认 bin 路径复制后粘贴到【变量值】文本框中，然后在最后加入一个“;”。将 java.exe、javac.exe、javadoc.exe 工具的路径告诉 Windows，如图 1-32 所示。

图 1–32 path 路径设置

2．classpath

Java 虚拟机在运行某个类时会按 classpath 指定的目录顺序去查找这个类，单击【环境变量】对话框中的【系统变量】列表下方的【新建】按钮来新建一个变量。在弹出的【新建系统变量】对话框中按如图 1-33 所示输入变量名“classpath”和变量值“D:\Program Files\Java\jdk1.7.0_05\lib\dt.jar;D:\Program Files\Java\jdk1.7.0_05\lib\tools.jar;”。

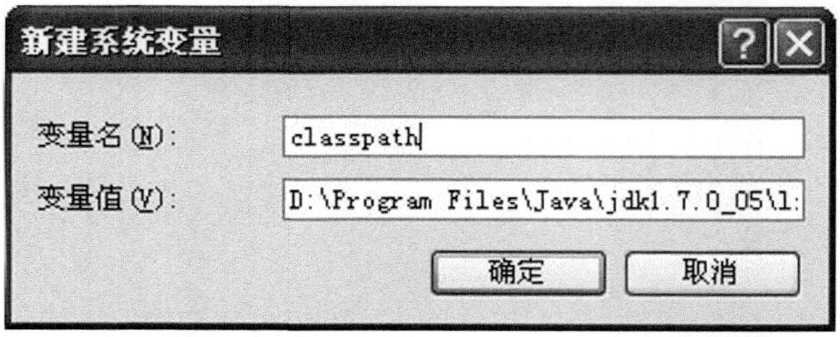

图 1–33 classpath 路径设置

通过对上面的介绍，可以了解到 JDK 实际上就是 Java 程序开发的一个简易平台，它不但提供了运行时环境，也提供了 Java 程序在运行时需要加载的类库包。可以这样说，JDK 是开发一切 Java 程序的基石，无论何种强大的开发工具都要包含 JDK 开发工具包。

JDK 安装和配置完成后，可以测试其是否能够正常运行。选择【开始】|【运行】命令，打开【运行】窗口输入“cmd”命令，按回车键进入 DOS 环境中。在命令提示符中输入“java –version”，系统将输出 JDK 的版本信息，如下所示：

```
C:\Documents and Settings\Administrator>java -version
java version "1.7.0_05"
Java(TM) SE Runtime Environment (build 1.7.0_05-b06)
Java HotSpot(TM) Client VM (build 23.1-b03, mixed mode, sharing)
```

这说明 JDK 已经配置成功。

注意

在命令提示符中输入测试命令时，需要注意“java”和减号之间有一个空格。减号和“version”之间没有空格。

1.4 实验指导 1-2：创建第一个 JSP 程序

安装 JDK 和 Tomcat 之后便可以开发 JSP 程序了，只是这种开发模式比较笨拙和麻烦。下面以一个简单的 JSP 页面介绍这种开发的过程，具体步骤如下。

（1）首先打开 Tomcat 安装目录，在 webApps 目录下使用项目名称创建一个新目录，这里为 test。

（2）在 test 目录下创建一个名为 test.jsp 的 JSP 文件。

（3）用记事本打开 test.jsp，并添加如下的代码。

```
<%@ page contentType="text/html; charset=gb2312" %>
<html>
<head>
<title>第一个 JSP 页面</title>
</head>
<body>
<h3>这是运行在 Tomcat 服务器下，创建的第一个 JSP 页面。</h3>
<h4>
<%
java.util.Date dt=new java.util.Date();
int year=dt.getYear();
year+=1900;
int month=dt.getMonth();
```

```
    month+=1;
    int date=dt.getDate();
    int day=dt.getDay();
    String str_year=String.valueOf(year);
    String str_month=String.valueOf(month);
    String str_date=String.valueOf(date);
    String str_day=String.valueOf(day);
    out.print("现在时间是:"+str_year+"年");
    out.print(str_month+"月");
    out.print(str_date+"日");
    out.println("星期"+str_day);
    %></h4>
    </body>
    </html>
```

（4）在输入时注意大小写必须完全一致，否则可能出错，最后保存 test.jsp 文件。

（5）启动 Tomcat 服务器，然后在浏览器地址中输入“http://localhost:8080/test/test.jsp”访问 test.jsp，运行效果如图 1-34 所示。

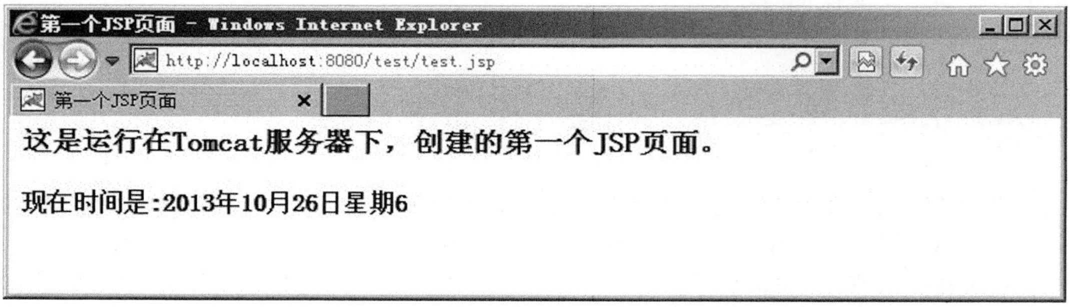

图 1-34　test.jsp 运行效果

1.5 实验指导 1-3：使用 MyEclipse 开发 JSP 程序

MyEclipse 是开发 Java Web 程序的首选工具，它为开发人员提供了一流的 Java 集成开发环境。前面介绍了 MyEclipse 的安装，以及与 Tomcat 服务器的整合。本次实例将使用 MyEclipse 开发一个简单的 Java Web 程序，讲解使用 MyEclipse 开发 Web 应用的具体方法。

（1）打开 MyEclipse 开发界面，选择 File | New | Project 选项，打开 New Project 窗口。在该窗口中选择 Web Project 选项，启动 Web 项目创建向导，如图 1-35 所示。

（2）单击 Next 按钮，在打开的 New Web Project 窗口的 Project Name 文本框中输入“MyFirstWebPro”，并选中 J2EE Specification Level 为 Java EE 6.0，其他采用默认设置，如图 1-36 所示。

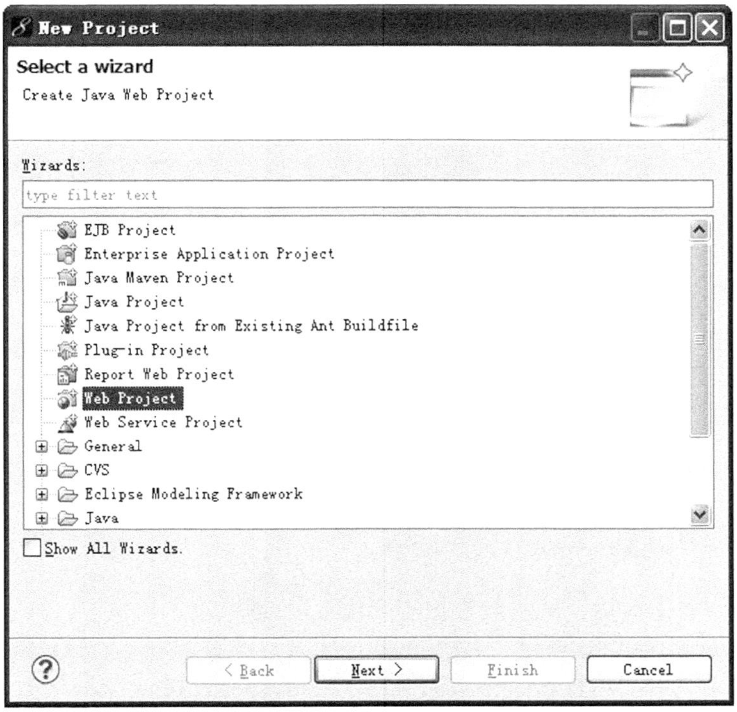

图 1-35 启动 **Web** 项目创建向导

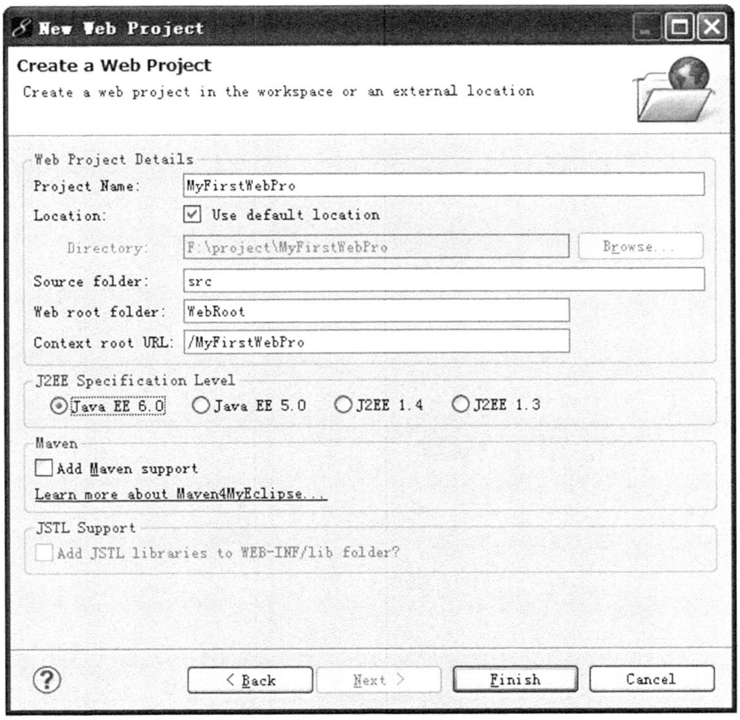

图 1-36 创建新的 **Web** 项目

（3）单击 Finish 按钮，完成项目 MyFirstWebPro 的创建。此时在 MyEclipse 平台左侧的项目资源管理器中将显示 MyFirstWebPro 项目的目录结构，如图 1-37 所示。

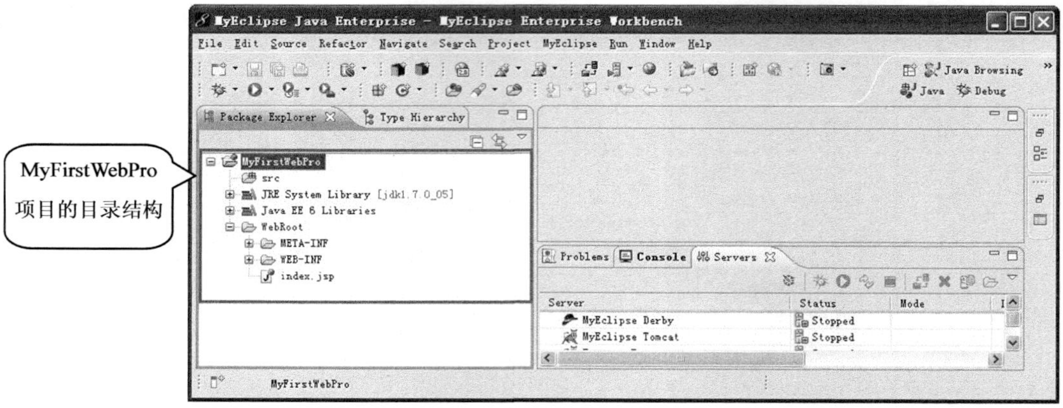

图 1-37　**项目 MyFirstWebPro 的目录结构**

Web 项目创建完成后，就可以根据实际需要创建类文件、JSP 文件或其他文件了。

（4）在 MyFirstWebPro 项目中右击 WebRoot 节点选择 New | Other 选项打开 New 窗口。在该窗口中选择 MyEclipse | Web | JSP（Advanced Templates）选项，如图 1-38 所示。

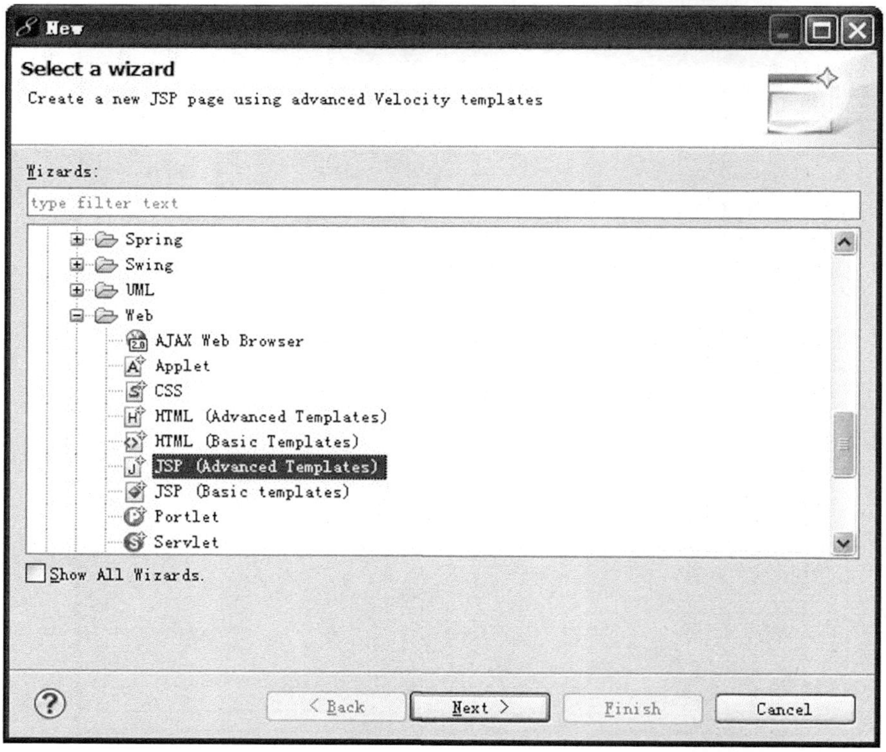

图 1-38　**New 窗口**

（5）单击 Next 按钮在打开的 Create a new JSP page 窗口中将文件的名字修改为 welcome.jsp，然后选择使用默认的 JSP 模板，如图 1-39 所示。

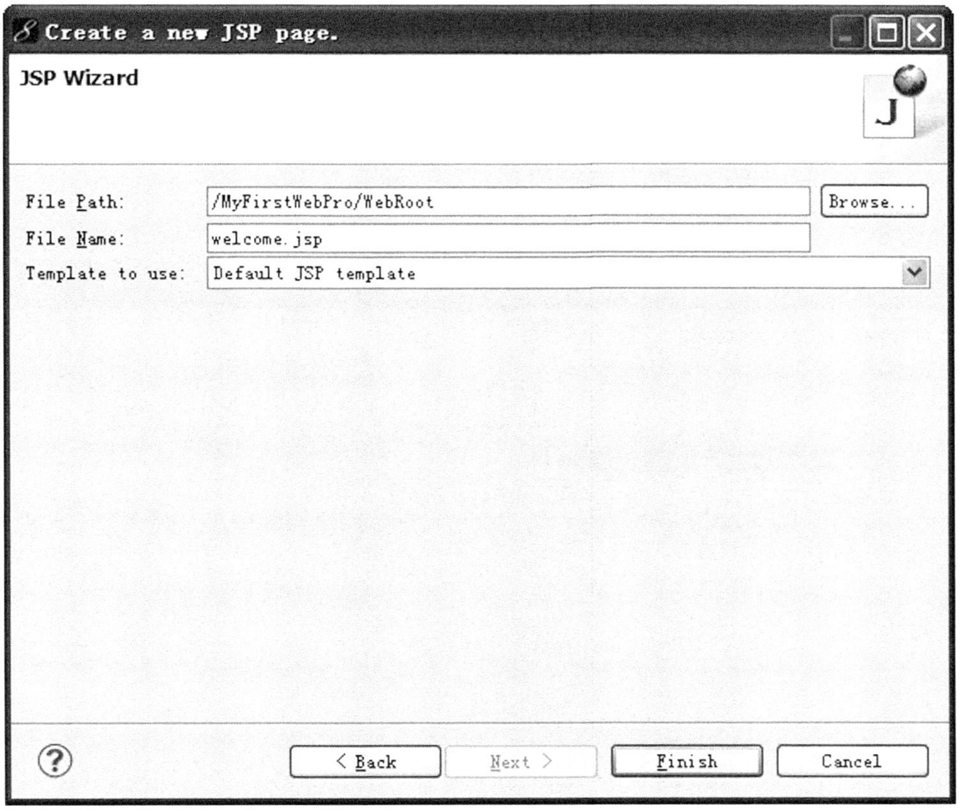

图 1-39 创建 JSP 页面窗口

（6）单击 Finish 按钮完成 JSP 文件的创建。此时，在项目资源管理器的 WebRoot 节点下，将自动添加一个名称为 welcome.jsp 文件，同时，MyEclipse 会自动以默认的与 JSP 文件关联的编辑器将文件在右侧的编辑窗口中打开。

（7）将 welcome.jsp 文件中的默认代码修改为如下的代码。

```
<%@ page language="java" import="java.util.*" pageEncoding="gb2312"%>
<%
    String path = request.getContextPath();
    String basePath = request.getScheme() + "://"
            + request.getServerName() + ":" + request.getServerPort()
            + path + "/";
%>
<!DOCTYPE HTML PUBLIC "-//W3C//DTD HTML 4.01 Transitional//EN">
<html>
    <head>
        <base href="<%=basePath%>">
        <title>第一个 Java Web 应用</title>
```

```
    </head>
    <body>
        <center>欢迎访问我的第一个 Java Web 应用！</center>
    </body>
</html>
```

将编辑好的 JSP 文件保存。至此就完成了一个简单的 JSP 页面的创建。剩下的工作就是发布到 Tomcat 并运行了。

（8）选中 MyFirstWebPro 应用的根目录，单击工具栏中的按钮弹出 Project Deployments 对话框，如图 1-40 所示。

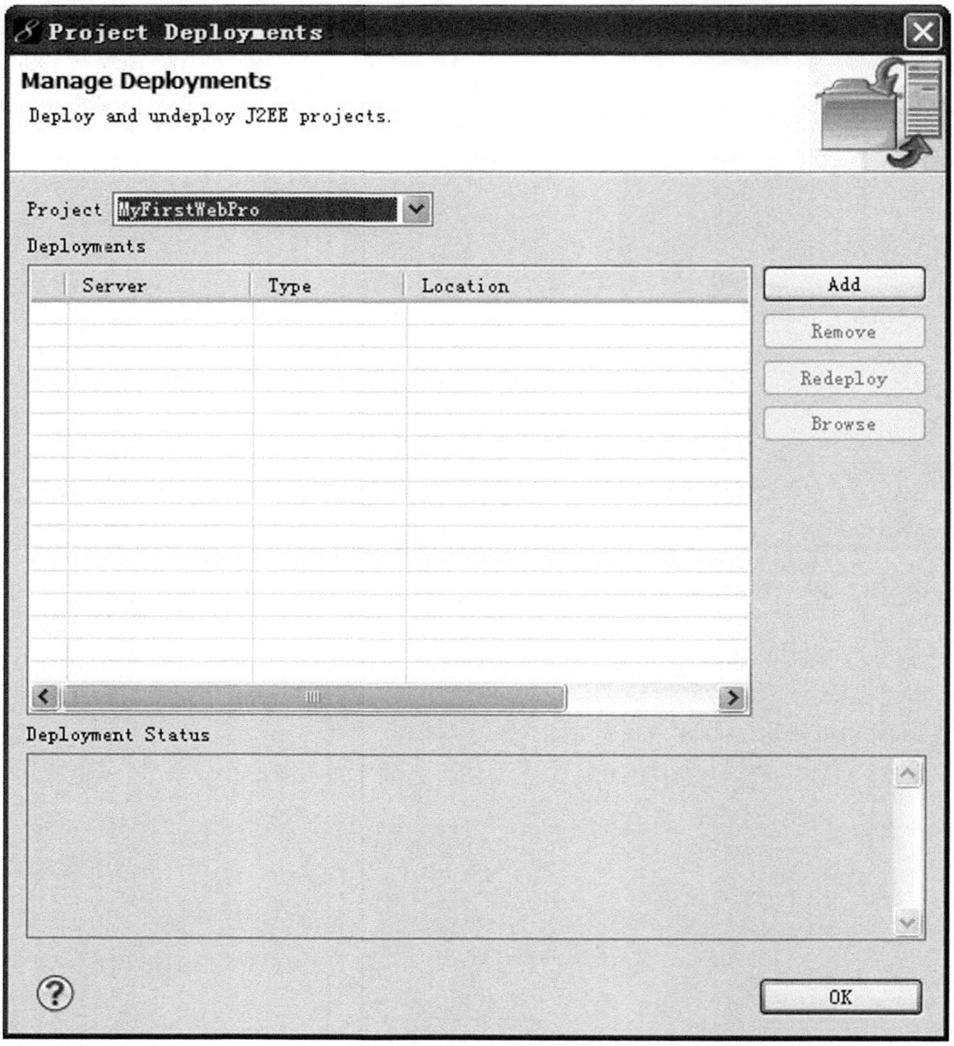

图 1-40　**Project Deployments 对话框**

（9）单击 Add 按钮打开 New Deployment 窗口。在 Server 下拉列表选项中选择 Tomcat 6.x，其他采用默认设置，如图 1-41 所示。

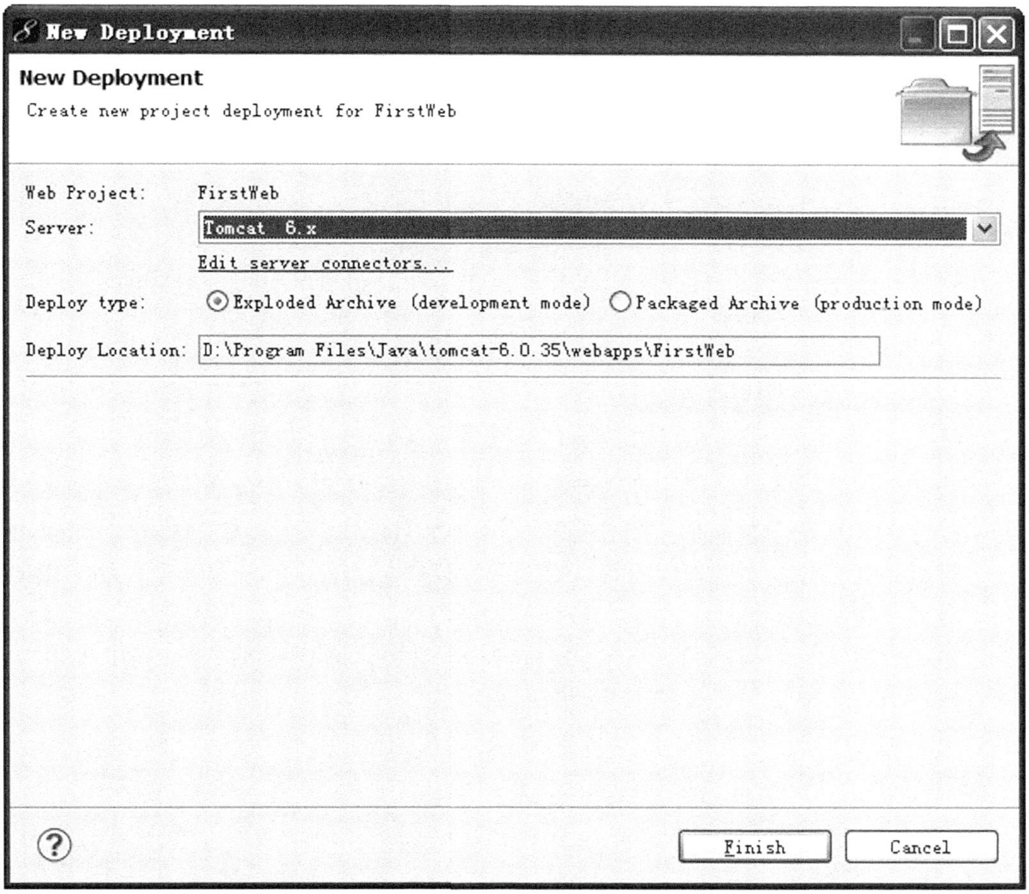

图 1-41　选择服务窗口

（10）当 Project Deployments 对话框的底部出现 Successfully deployed 时表示部署成功。

成功部署后，单击中右边的倒三角箭头，选择 Tomcat 6.x | Start 选项，启动 Tomcat 应用服务器。启动成功后，打开 IE 浏览器，在地址栏中输入“http://localhost:8080/MyFirstWebPro/welcome.jsp”，显示如图 1-42 所示的页面效果。

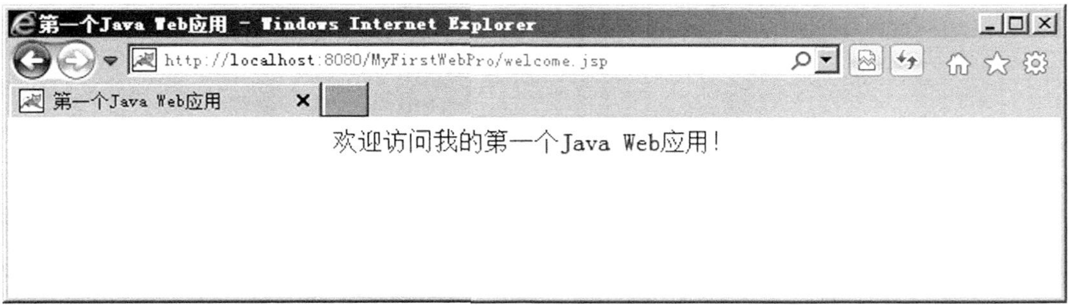

图 1-42　访问 JSP 页面

1.6 Java Web 开发模式

使用 Java Web 技术实现时可以借助于多种相关的开发技术，如常见的 JavaBean、Servlet 等，也可以使用支持 MVC（Model View Controller）的设计框架，常见的框架有 Struts、Spring、JSF 等。

不同技术的组合产生了不同的开发模式，本节将介绍最常用的 5 种 Java Web 开发模式。

1.6.1 单一 JSP 模式

作为一个 JSP 技术初学者，使用纯粹 JSP 代码实现网站是其首选。在这种模式中实现网站，其实就是在 JSP 页面中包含各种代码，如 HTML 标记、CSS 标记、JavaScript 标记、逻辑处理、数据库处理代码等。这么多种代码，放置在一个页面中，如果出现错误，不容易查找和调试。

这种模式设计出的网站，除了运行速度和安全性外，采用 JSP 技术或采用 ASP 技术就没有什么大的差别了。其执行原理如图 1-43 所示。

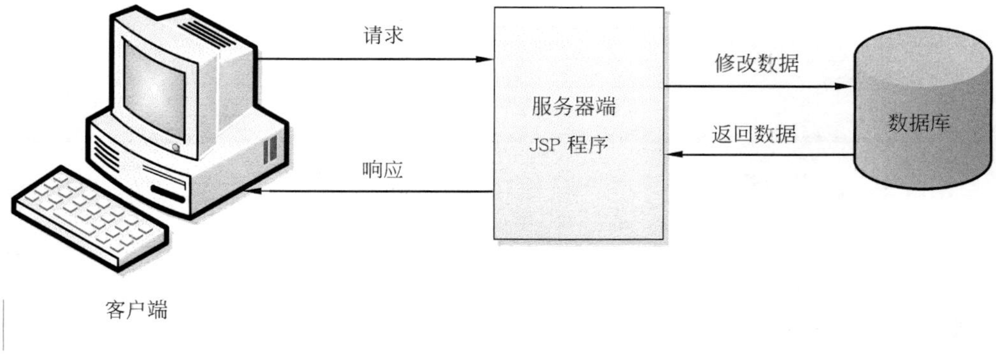

图 1-43 单一 JSP 模式

1.6.2 JSP+JavaBean 模式

对单一模式进行改进，将 JSP 页面响应请求转交给 JavaBean 处理，最后将结果返回客户。所有的数据通过 bean 来处理，JSP 实现页面的显示。JSP+JavaBean 模式技术实现了页面的显示和业务逻辑相分离。在这种模式中，使用 JSP 技术中的 HTML、CSS 等可以非常容易地构建数据显示页面，而对于数据处理可以交给 JavaBean 技术，如连接数据库代码、显示数据库代码。将执行特定功能的代码封装到 JavaBean 中时，同时也达到了代码重用的目的。如显示当前时间的 JavaBean，不仅可以用在当前页面，还可以用在其他页面。

这种模式的使用，已经显示出 JSP 技术的优势，但并不明显。因为大量使用该模式形式，常常会导致页面被嵌入大量的脚本语言或者 Java 代码，特别是在处理的业务逻辑很复杂时。综上所述，该模式不能够满足大型应用的要求，尤其是大型项目。但是可以很好地满足中小型 Web 应用的需要，其执行原理如图 1-44 所示。

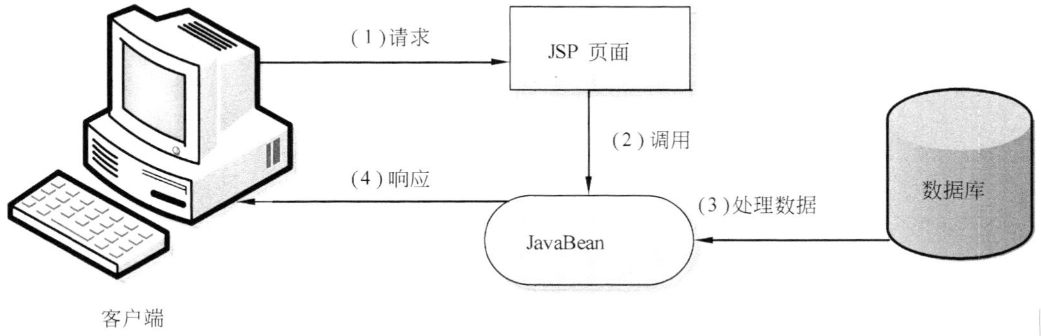

图 1-44　JSP+JavaBean 解决 Web 问题

1.6.3　JSP+JavaBean+Servlet 模式

MVC（Model View Controller）是一个设计模式，它强制性地使应用程序的输入、处理和输出分开。使用 MVC 的应用程序被分成三个核心部件：模型、视图、控制器，每个部分各自处理自己的任务。

1．视图

视图（View）代表用户交互界面，对于 Web 应用来说可以概括为 HTML 界面，也可以是 XHTML、XML 和 Applet。随着应用的复杂性和规模性增加，界面的处理也变得具有挑战性。一个应用可能有很多不同的视图，MVC 设计模式对于视图的处理仅限于视图上数据的采集和处理，以及用户的请求，而不包括在视图上的业务流程的处理。业务流程的处理交给模型处理。例如，一个订单的视图只接受来自模型的数据并显示给用户，以及将用户界面的输入数据和请求传递给控制和模型。

2．模型

模型（Model）就是业务流程/状态的处理以及业务规则的制定。业务流程的处理过程对其他层来说是黑箱操作，模型接受视图请求的数据，并返回最终的处理结果。业务模型的设计可以说是 MVC 最主要的核心。MVC 设计模式告诉我们，把应用的模型按一定的规则抽取出来，抽取的层次很重要，这也是判断开发人员是否优秀的设计依据。抽象与具体不能隔得太远，也不能太近。

3. 控制器

控制器（Controller）可以理解为从用户接收请求将模型与视图匹配在一起，共同完成用户的请求。划分控制层的作用也很明显，它清楚地告诉你，它就是一个分发器，选择什么样的模型，选择什么样的视图，可以完成什么样的用户请求。控制层并不做任何的数据处理。例如，用户单击一个链接，控制层接受请求后并不处理业务信息，它只把用户的信息传递给模型，告诉模型做什么，选择符合要求的视图返回给用户。因此，一个模型可能对应多个视图，一个视图可能对应多个模型。

模型、视图与控制器的分离，使得一个模型可以具有多个显示视图。如果用户通过某个视图的控制器改变了模型的数据，所有其他依赖于这些数据的视图都会反映出这些变化。因此，无论何时发生了何种数据变化，控制器都会将变化通知所有的视图，导致显示的更新。

JSP+JavaBean+Servlet 技术组合很好地实现了 MVC 模式，其中，View 通常是 JSP 文件，即页面显示部分；Controller 用 Servlet 来实现，即页面显示的逻辑部分实现；Model 通常用服务端的 JavaBean 或者 EJB 实现，即业务逻辑部分的实现，其形式如图 1-45 所示。

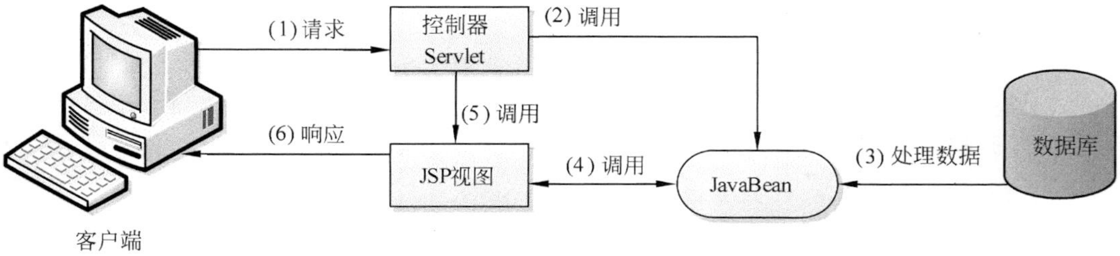

图 1-45 MVC 模式

1.6.4 Struts 框架模式

除了以上这些模式之外，还可以使用框架实现 JSP 应用，如 Struts、JSF 等框架。本节以 Struts 为例，介绍如何使用框架实现 JSP 网站。Struts 由一组相互协作的类、Servelt 以及丰富的标签库和独立于该框架工作的实用程序类组成。Struts 有自己的控制器，同时整合了其他的一些技术去实现模型层和视图层。在模型层，Struts 可以很容易地与数据访问技术相结合，包括 EJB、JDBC 和 Object Relation Bridge。在视图层，Struts 能够与 JSP、XSL 等等这些表示层组件相结合。

Struts 框架是 MVC 模式的体现，可以分别从模型、视图、控制来了解 Struts 的体系结构（Architecture）。如图 1-46 所示显示了 Struts 框架的体系结构响应客户请求时候，各个部分工作的原理。

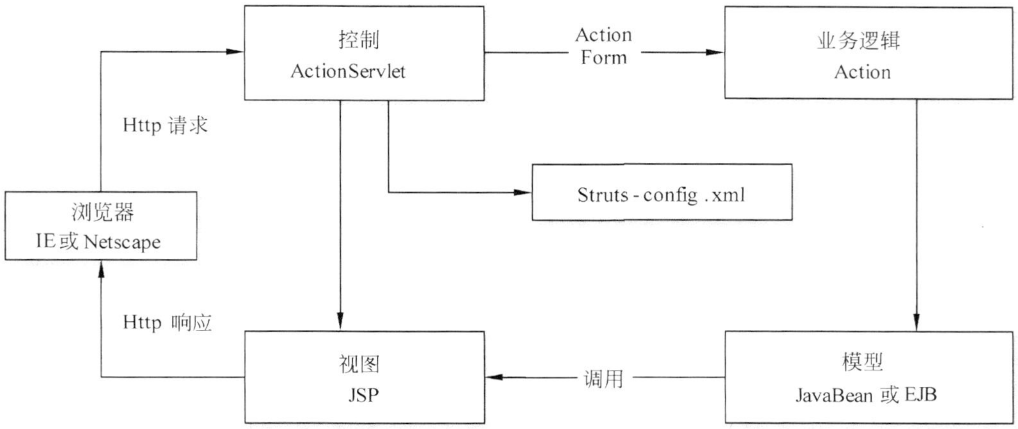

图 1-46　Struts 体系结构

在图 1-46 中可以看到，当用户在客户端发出一个请求后，Controller 控制器获得该请求会调用 struts-config.xml 文件找到处理该请求的 JavaBean 模型。此时控制权转交给 Action 来处理，或者调用相应的 ActionForm。在做上述工作的同时，控制器调用相应的 JSP 视图，并在视图中调用 JavaBean 或 EJB 处理结果。最后直接转到视图中显示，在显示视图的时候需要调用 Struts 的标签和应用程序的属性文件。

1.6.5　J2EE 模式实现

Struts 等框架的出现已经解决了大部分 JSP 网站的实现，但还不能满足一些大公司的业务逻辑较为复杂、安全性要求较高的网站实现。J2EE 是 JSP 实现企业级 Web 开发的标准，是纯粹基于 Java 的解决方案。1998 年，Sun 发布了 EJB 1.0 标准。EJB 为企业级应用中必不可少的数据封装、事务处理、交易控制等功能提供了良好的技术基础。至此，J2EE 平台的三大核心技术 Servlet、JSP 和 EJB 都已先后问世。

1999 年，Sun 正式发布了 J2EE 的第一个版本。到 2003 年时，Sun 的 J2EE 版本已经升级到了 1.4 版，其中三个关键组件的版本也演进到了 Servlet 2.4、JSP 2.0 和 EJB 2.1。至此，J2EE 体系及相关的软件产品已经成为 Web 服务端开发的一个强有力的支撑环境。在这种模式里，EJB 替代了前面提到的 JavaBean 技术。

J2EE 设计模式由于框架大，不容易编写，不容易调试，比较难以掌握。目前只是应用在一些大型的网站上。J2EE 应用程序是由组件构成的。J2EE 组件是具有独立功能的软件单元，它们通过相关的类和文件组装成 J2EE 应用程序，并与其他组件交互，如图 1-47 所示。

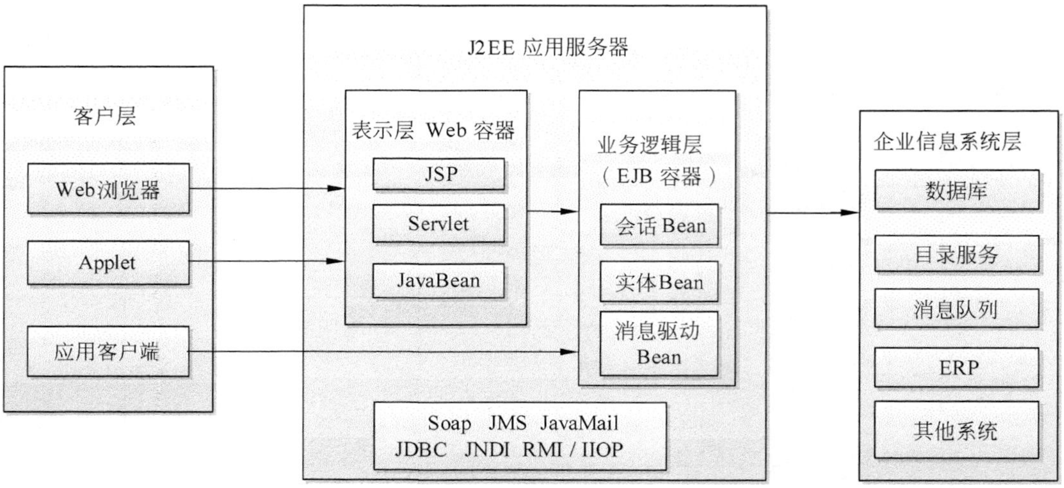

图 1-47　J2EE 体系结构

思考与练习

一、填空题

1．Web 开发技术大体上也可以被分为客户端技术和__________技术两大类。

2．__________是 Java 程序的运行环境。

3．使用 JDK 需要配置 path 和__________两个环境变量。

4．配置 JDK 时需要将 java.exe 的路径添加到__________环境变量中。

二、选择题

1．Javac 位于 JDK 的__________目录下。

A．bin

B．include

C．jre

D．lib

2. Tomcat 服务器的默认端口是__________。

A．80

B．8080

C．3366

D．1433

3．在 JSP 页面中包含各种代码，如 HTML 标记、CSS 标记、JavaScript 标记、逻辑处理、数据库处理代码。这属于__________开发模式。

A．JSP+JavaBean

B．J2EE 框架

C．Struts 框架

D．单一 JSP

4．MVC 模式中的 Controller 使用__________来实现。

A．Servlet

B．JSP

C．JavaBean

D．EJB

三、简答题

1．运行一个 Java Web 页面需要哪些工具？

2．简述 JDK 在 JSP 开发中的作用，以及配置方法。

3．简述 MyEclipse 的安装以及开发 JSP 页面的过程。

4．谈谈单一 JSP 模式的开发方法。

5．论述常见的几种 JSP 开发模式，以及各自的特点。

第 2 章　JSP 语法

学习任何一种语言，首先要从其语法开始。JSP（Java Server Pages）是基于 Java 语言的动态网页开发技术，继承了 Java 的所有优点。因此熟悉 Java 的读者会很容易地掌握 JSP 语法。

一个 JSP 页面实际上是由 Java 代码段嵌入到 HTML 标记中构成的。本章将详细介绍在 HTML 中使用 JSP 的基础语法，包括 JSP 页面的构成、JSP 注释、JSP 指令元素、脚本元素以及动作元素。

本章学习要点：

- ❑ 了解一个 JSP 页面的组成元素
- ❑ 掌握 JSP 注释的使用
- ❑ 掌握 Java 脚本、表达式和声明的使用
- ❑ 掌握 page 指令和 include 指令的用法
- ❑ 掌握<jsp:include>动作和<jsp:forward>动作的用法
- ❑ 掌握<jsp:param>动作传递参数的方法
- ❑ 熟悉<jsp:useBean>、<jsp:setProperty>和<jsp:getProperty>的使用

2.1　JSP 页面元素

JSP 页面是指扩展名为.jsp 的文件。一个 JSP 页面由两部分组成，一部分是 JSP 页面的静态部分，如 HTML、CSS 标记等，用来完成数据显示和样式；一部分是 JSP 页面的动态部分，如脚本程序、JSP 标签等，用来完成数据处理。JSP 静态部分非常简单，不会发生变化。

JSP 页面动态部分包括 4 个元素，分别为注释元素、脚本元素、指令元素和动作元素。其中，脚本元素用来嵌入 Java 代码，这些 Java 代码将成为转换得到的 Servlet 的一部分，脚本元素又可以划分为声明、表达式和脚本执行程序；JSP 指令用来从整体上控制 Servlet 的结构；动作用来引入现有的组件或者控制 JSP 引擎的行为。

如表 2-1 所示列出了 JSP 页面中允许使用的每类页面元素及其说明。

表 2-1　JSP 页面元素

元素名称	说明	示例
静态部分	HTML 和 CSS 静态文本	<h1>JSP</h1>
注释	<!--注释-->和<%--注释--%>两种	<!-- 声明变量 -->
指令	以“<%@”开始，以“%>”结束	<%@ page language="java" %>

续表

元素名称	说明	示例
表达式	<%=Java 表达式%>	<%= StuName %>
脚本	<%Java 代码%>	<% StuName="jsp"; %>
声明	<%!声明一个 Java 类或者方法%>	<%! public class Person{}%>
动作	以“<jsp:动作名>”开始，以“</jsp:动作名>”结束	<jsp:include page="top.jsp"></jsp:include>

【练习 1】

创建一个完整的 JSP 页面展示表 2-1 中各页面元素的具体用法。为了方便解释说明，下面的代码添加了行号。

```
01  <%@ page language="java" contentType="text/html; charset=gb2312"
   pageEncoding="gb2312"import="java.util.*,java.text.SimpleDateFormat"%>
02  <%@ taglib uri="http://www.itzcn.com/taglibs" prefix="pubtag" %>
03  <!DOCTYPE html PUBLIC "-//W3C//DTD HTML 4.01 Transitional//EN"
"http://www.w3.org/TR/html4/loose.dtd">
04  <html>
05  <head>
06  <title>一个完整的 JSP 页面</title>
07  </head>
08  <body>
09  <h1>这是一个简单的 JSP 页面</h1>
10  <h3>本页面用于演示常见的 JSP 页面元素</h3>
11  <!-- 注释 -->
12  <%@ include file="header.jsp" %>
13  <jsp:useBean id="customer" class="com.itzcn.bean.Person" scope=
   "session"/>
14  <jsp:setProperty name="person" property="*"/>
15  <%!
16  String gettime()
17  {
18  Date date = new Date();
19  SimpleDateFormat dateformat = new SimpleDateFormat("yyyy-MM-dd  HH:
   MM:SS");
20  String day = dateformat.format(date);//获取当前日期
21  return day;}
22  %>
23  <%
24  String str=gettime();
25  %>
26  当前时间是：<%=str%>
27  </body>
28  </html>
```

将文件以 index.jsp 为文件名进行保存。下面对上述各语句进行简要说明。

（1）行 0 是 page 指令。

（2）行 1 是 taglib 指令。
（3）行 3～10、27、28 是 HTML 元素。
（4）行 11 是注释。
（5）行 12 是 include 指令。
（6）行 13、14 是 JSP 动作元素。
（7）行 15～22 是脚本元素中的 JSP 声明。
（8）行 23～25 是脚本元素中的 JSP 脚本。
（9）行 26 是脚本元素中的 JSP 表达式。

2.2 JSP 注释

注释用于说明程序的内容，不会对程序带来额外的处理开销，因为编译器将忽略它们。在程序中合理地添加注释是非常有必要的。在 JSP 页面中，注释可分为 HTML 注释、隐藏注释和代码注释，不同注释适用于不同的位置，其作用也不相同。

2.2.1 HTML 注释

HTML 注释就是应用在 HTML 代码中的解释或者说明性文字。HTML 注释语法格式如下所示。

```
<!-- 注释内容 -->
```

这种方式的注释内容可在查看源文件时看到。这里的注释内容也可以是 JSP 表达式，例如下面的示例代码：

```
<!-- <%= (new java.util.Date()).toLocaleString() %> -->
```

在客户端页面源程序中显示为：

```
<!-- 2010-6-24 9:20:07 -->
```

在上述代码中，在 HTML 注释中使用 JSP 表达式，来输出当前的时间。当页面加载时，表达式<%= (new java.util.Date()).toLocaleString() %>被赋值，当 JSP 引擎对页面执行完毕后，将结果和 HTML 注释一起输出到客户端，在客户端可通过查看源文件的方法看到该注释。

2.2.2 隐藏注释

由于 HTML 注释并不是安全的注释方式，为了避免重要的注释信息在源文件中出现，就需要使用隐藏注释。

隐藏注释语法格式如下：

```
<%-- 注释内容 --%>
```

例如，下面的示例代码使用了隐藏注释：

```
<%-- 用户 ID 的值，由系统提供，默认为 1 --%>
<input type="hidden" name="user" value="1" />
```

上述代码在运行时第一行的注释将会被隐藏不显示，生成的 HTML 代码如下：

```
<input type="hidden" name="user" value="1" />
```

2.2.3 代码注释

JSP 页面支持嵌入的 Java 代码，这些 Java 代码的语法和注释方法都与 Java 类的代码格式相同，所以在 JSP 页面中嵌入的 Java 代码可以使用 Java 的代码注释方式，可分为单行注释和多行注释。其中，单行注释以“//”开头，后面接注释内容，语法格式如下：

```
<%//注释内容%>
```

多行注释以“/*”开头，以“*/”结束。在这个标识之间的内容为注释内容，并且注释内容可以换行。语法格式如下：

```
<%
/*
    注释内容 1
    注释内容 2
    ...
    */
%>
```

此外，在 JSP 中也可以使用 Java 代码的文档形式注释，即以“/**”开头并以“*/”结束，语法格式如下：

```
<%/**
    *注释内容 1
    *注释内容 2
    *...
    */
%>
```

2.3 脚本元素

脚本元素是一个 JSP 页面的重要组成部分，使用它可以非常灵活地调用 Java 代码，以及在 HTML 页面的任意位置插入脚本实现所需的功能。

JSP 的脚本元素可以分为声明、表达式和脚本。从功能上讲，声明用于定义一个或多个变量，表达式是一个完整的语言表达式，脚本代码部分则是一些程序片段。

所有的脚本元素都以“<%”标记开始，以“%>”标记结束。为了区别表达式、脚本和声明，声明使用“!”，表达式使用“=”，而脚本不使用任何符号，如下所示。

```
<%!declaration %>          <!-- 声明 -->
<%=expression %>           <!-- 表达式 -->
<%scriptlet %>             <!-- 脚本 -->
```

2.3.1 Java 脚本

在 JSP 页面中插入的所有 Java 代码都可以称为 Java 脚本或者 Java 代码片段。Java 脚本在页面请求的处理期间被执行，可以通过使用 JSP 内置对象在页面输出内容、访问 session 会话、编写流程控制语句等。

语法格式如下：

```
<% 任意的 Java 代码 %>
```

例如，下面的代码使用 Java 脚本显示当前的系统时间：

```
<%
 out.println("现在的时间：");
 Date date=new Date();
 out.println(date.toLocaleString() );
%>
```

提示

Java 脚本实质上是 Java 代码，Java 脚本中的代码直接被添加到 JSP 容器所生成的 Servlet 源文件中。

【练习 2】

创建一个 JSP 页面，添加一个 Java 脚本声明变量并输出，代码如下。

```
<%
String title="关于我们";
String body="这里是学习编程技术的最好社区。<br/>访问 http://www.itzcn.com 了解更多内容";
Date now=new Date();
String day=String.format("%tY 年%tm 月%td 日",now,now,now);

out.print("<h2>"+title+"</h2>");
out.print(body);
out.print("<p class=date>"+day+"</p>");
 %>
```

上述代码运行后会输出如下的 HTML 代码，页面运行效果如图 2-1 所示。

```
<h2>关于我们</h2>这里是学习编程技术的最好社区。<br/>访问 http://www.itzcn.com
了解更多内容<p class=date>2013 年 10 月 09 日</p>
```

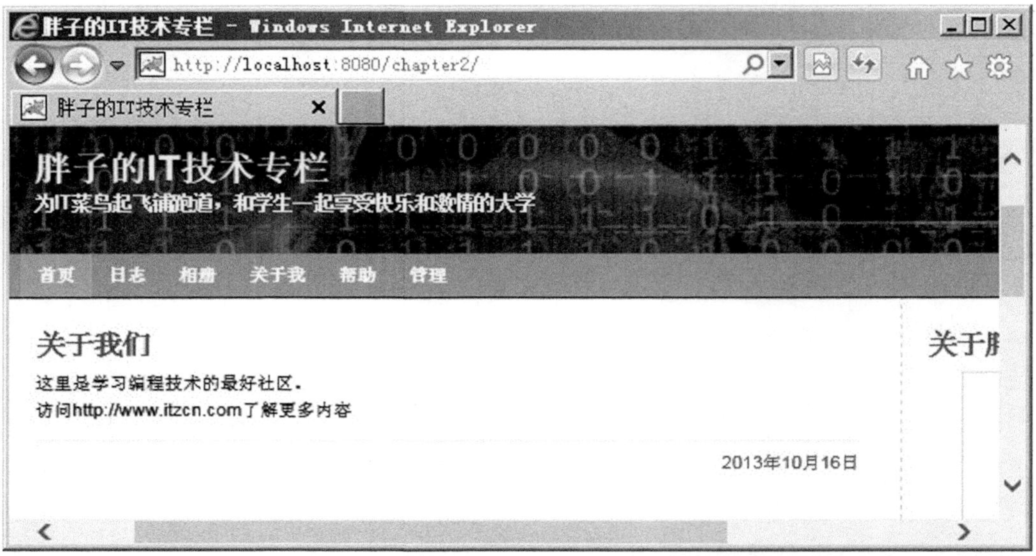

图 2-1　使用 Java 脚本

2.3.2　表达式

JSP 语句中的表达式元素表示的是，一个在 Java 脚本语言中被定义的 Java 表达式，在运行后被自动转化为字符串，然后插入到这个表达式在 JSP 文件的位置显示。表达式的计算在 JSP 程序运行时进行（即当 JSP 页面收到请求时）。这个表达式最终运算值要被转化为字符串，其语法格式如下所示：

```
<%= 某个表达式 %>
```

JSP 表达式应遵循以下规则。

（1）JSP 表达式的内容必须是一个“完整的”Java 表达式。

（2）JSP 表达式的内容必须是一个“单独的”Java 表达式。

（3）不能以分号结束一个 Java 表达式。

最基本的 JSP 表达式是输出一个变量。例如，下面是一个合法的 JSP 表达式：

```
<%= StuName %>
```

还可以使用操作数和操作符构造复杂的 JSP 表达式。下面是两个 JSP 表达式应用的示例。

```
<%= 100+20%>
<%= (100+20)*8%>
```

表达式元素等效于调用 JSP 内置对象 out 的 print()方法。例如：

```
<%=5*4 %>
```

等效于：

```
<% out.print(String. valueOf(5*4)); %>
```

注 意

表达式语句后面不带有分号。

【练习 3】

将练习 2 中的输出替换为表达式，最终代码如下。

```
<%
String title="关于我们";
String body="这里是学习编程技术的最好社区。<br/>访问 http://www.itzcn.com 了解更多内容";
Date now=new Date();
String day=String.format("%tY 年%tm 月%td 日",now,now,now);
 %>
<h2><%= title %> </h2>
<%= body %>
<p class=date><%= day %></p>
```


2.3.3 声明

在 JSP 页面中可以声明变量、方法和类。无论任何一个对象，如果在 JSP 页面进行了声明，它的作用域范围就是当前页面。JSP 声明用来定义页面级变量，以保存信息或定义 JSP 页面的其余部分可能需要的支持方法。

声明的格式如下：

```
<%!java 声明%>
```

1. 声明变量

声明一个变量其作用域范围为当前页面。如果试图在一个 JSP 页面中，调用一个没有经过声明的变量，JSP 页面就会出错。在一个 JSP 页面中可以插入多个声明，一个声明中可以声明一个或多个变量。

例如，下面的声明中定义了 4 个变量。

```
<%!
    String action="list";
    boolean isCheck=false;
    int pageCount=5;
    int num = 1;
%
```

2. 声明方法

在 JSP 页面中多次执行的代码可以编写成一个方法，然后在 JSP 页面中声明，以达到代码重用的目的。方法声明的语法格式和变量声明一样。

例如，下面的代码在 JSP 页面中声明一个静态方法 add()，该方法用于实现计算 1 到 num（num>0）之间所有整数的和。具体代码如下所示。

```
<%!
public static int add(int num) {
    int sum = 0;
    for (int i = 1; i < num; i++) {
        sum += i;
    }
    return sum;
}
%>
```

3. 声明类

在声明标记中使用 class 关键字可以声明一个类。JSP 页面上声明的类将作为 Servlet 类的内部类，且页面上所有的脚本元素都可以创建该类的对象。

```
<%!
public static class Calc{                                //声明静态类
    static int Add(int i,int j){
        return i+j;
    }
}
public class Point{                                      //声明实例类
    float px,py;
    Point(float x,float y){
        this.px=x;
        this.py=y;
    }
}
%>
```

注意

由于 Servlet 不是线程安全，所以使用<%! %>方式所声明的变量将被多个线程共享。因此应尽量不用声明来定义变量。若需要局部变量时，应在脚本中进行声明后使用。

2.4 指令元素

指令元素是为 JSP 引擎而设计的，主要用于设置整个 JSP 页面范围内有效的相关信息。这些指令并不直接产生任何可见输出，而只是告诉引擎如何处理其余 JSP 页面。

指令的语法形式如下：

```
<%@ 指令名 属性 1="属性值 1" 属性 2="属性值 2" … %>
```

JSP 中最常用的指令有 page、taglib 和 include，后面是针对指令的属性设置，多个属性之间用空格分隔，下面详细介绍这三个指令。

2.4.1 page 指令

page（页面）指令是 JSP 页面中最常用到的指令，用于定义整个 JSP 页面中的全局属性，描述了和页面相关的指示。在一个 JSP 页面中 page 指令可以出现多次，但是每一种属性只可以出现一次，重复的属性设置将覆盖先前的设置。

page 指令主要属性如下。

```
<% @ page  extends="类名"
          import="Java 类列表"
          session="true | false"
          buffer="none | 8KB | 自定义缓冲区大小"
          autoFlush="true | false"
          inThreadSafe="true | false"
          info="页面信息"
          errorPage="页面出错时，错误处理页面的 URL"
          isErrorPage="true | false"
          contentType="内容类型信息"
          pagEncoding="字符编号"
          isELIgnored="true | false"
 %>
```

上述属性的含义如下。

1. extends

extend 属性用于指定 JSP 页面被转换后的 Servlet 类所继承的类。属性值是 Java 类的完全限定名。通常情况下不需要使用这个属性，JSP 容器会提供默认的父类。当使用自定义的类为 JSP 页面指定转换后的 Servlet 父类时，自定义类必须实现 javax.servlet.HttpJspPage 接口。

2. import

该属性用于指定在 JSP 页面中可以使用的 Java 类，其作用同 Java 语言中的 import 声明语句相同。属性的取值情况如下。

指定特定的类名，例如：

```
<%@ page import="java.util.Date" %>
```

指定特定包中的所有公共类，这种情况需要在包名后接“.*”字符串。例如：

```
<%@ page import="java.util.*" %>
```

同时使用多个包中的类，这种情况需要多个 import 导入多个包，这时可以在 JSP 页面中使用逗号“,”把需要导入的包分隔开，从而为 import 属性赋多个值，如下所示：

```
<%@ page import="java.util.* , java.awt..*" %>
```

也可以使用多个 page 指令达到同样的效果，如下所示：

```
<%@ page import="java.util.* " %>
<%@ page import="java.awt..*" %>
```

3. session

session 属性用于指定一个页面是否内建 session 对象。默认值为 true，表明内建 session 对象；如果设置属性值为 false，则表示不会内建 session 对象，即在该 JSP 页面中不存在内置 session 对象。

4. buffer

该属性用于指定 out 对象使用的缓冲区大小。如果 buffer 属性值为 none，则所有操作的输出直接由 ServletResponse 的 PrinterWriter 输出。如果指定了一个缓冲区的大小，则表示利用 out 对象输出时，并不直接传送到 PrintWriter 对象，而是先存放到缓存中，然后再输出到 PrintWriter 对象。默认的 buffer 属性值为 8KB。

5. autoFlush

autoFlush 属性用于指定当缓冲区满时，缓存是否自动刷新。当属性取值为 false 时，则当缓冲区溢出时，将抛出一个异常。默认值为 true。

6. isThreadSafe

isThreadSafe 属性用于指定 JSP 页面的访问是否是线程安全的。如果设置为 true，则向 JSP 容器声明该页面可以同时被多个客户请求访问。如果属性为 false，则 JSP 页面同一时刻只能处理一个客户请求，其他客户需要排队等待。

7. info

info 属性为 JSP 页面准备了一个有意义的字符串，属性值是一个字符串。当 JSP 页面被编译成 Servlet 类时，可以使用 Servlet 类的 getServletInfo()方法来获取 info 属性的属性值。

8. errorPage

errorPage 属性用于指定 JSP 页面发生异常时，JSP 容器将转向该属性值所指向的页面。

9. isErrorPage

isErrorPage 属性用来指定当前 JSP 页面是否处理页面产生的异常。该属性通常与 errorPage 属性配合使用。如果设置 isErrorPage 属性值为 true，那么在该 JSP 页面中可以使用内建对象 exception，以处理另一个 JSP 网页所产生的异常。如果值为 false，则不能使用内建对象 exception，否则将产生 JSP 编译错误。其默认值为 false。

10. contentType

contentType 属性用来指定 JSP 页面输出到客户端时所用的 MIME 类型和字符集。默认 MIME 类型为 text/html，默认的字符集是 ISO-8859-1。这一项必须在文件的最顶部、出现在任何其他字符之前。如果输出简体中文，则字符集需要被设置为 gb2312。例如：

```
<% @ page contentType="text/html;charset=gb2312" %>
```

11. pageEncoding

pageEncoding 属性指定 JSP 页面使用的字符集编码。如果设置了该属性，则 JSP 页面使用该属性设置的字符集编码；如果没有设置这个属性，则 JSP 页面使用 contentType 属性指定的字符集。

12. isELIgnored

该属性用于定义在 JSP 页面中是否执行或忽略 EL 表达式。如果设置为 true，EL 表达式将被容器忽略；如果设置为 false，EL 表达式将被执行。

> **技巧**
> 虽然 page 指令可以放在页面的任意位置。但是为了提高 JSP 程序的可读性，通常把 page 指令放在 JSP 文件的顶部。

2.4.2 taglib 指令

taglib 指令允许在 JSP 页面使用用户自定义的标签。taglib 指令的语法如下：

```
<%@ taglib uri="tablibURI" prefix="tagPrefix"%>
```

其中，uri 表示标签库的地址，用于告诉 JSP 容器如何找到标签描述文件和标签库；prefix 表示在 JSP 页面里引用这个标签的前缀，这些前缀不可以是 jsp、jspx、java、javax、sun、servlet 和 sunw。

下面的示例代码演示了使用 taglib 指令使用 JSTL 标签库的方法。

```
<%@ page language="java" import="java.util.*" pageEncoding="utf-8"%>
```

```
<%@ taglib uri="http://java.sun.com/jsp/jstl/core" prefix="c"%>
    <%
        session.setAttribute("test", " joseph");
    %>
    <c:if test="${sessionScope.test== 'joseph'}">${sessionScope.test}
    <br>
    </c:if>
```

在上述代码中，使用<%@ taglib uri="http://java.sun.com/jsp/jstl/core" prefix="c" %>声明了使用的 taglib 指令，它的前缀（prefix）是“c”，那么在后面的代码中使用“<c:”来使用标签库。例如，“<c:if”表示使用标签库中的 if 标签，有关 JSTL 标签将在本书后面详细介绍。

2.4.3 include 指令

include 是 JSP 页面中的文件包含指令，它可以将指定位置上的资源内容包含到当前 JSP 页面。被包含的文件内容在编译期间被解析，然后插入到原文件 include 指令的位置，再继续执行。包含文件的过程如图 2-2 所示。

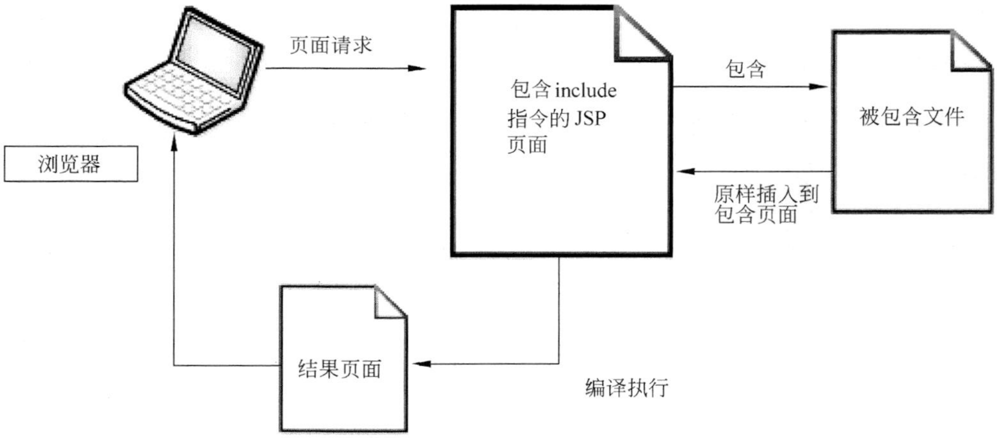

图 2-2 include 指令包含文件的过程

include 指令的语法如下：

```
<%@ include file="relativeURL" %>
```

file 属性为要包含文件的 URL 地址，可以使用相对路径，也可以是网络路径。例如，下面的示例：

```
<%@ include file="foot.html" %>
<%@ include file="../common/top.jsp" %>
```

```
<%@ include file="http://www.itzcn.com/ad.html" %>
```

注意

由于 include 指令最终将生成一个文件，因此要注意包含文件和被包含文件中不要有相同名称的变量，否则会发生编译错误。

【练习 4】

下面使用 include 指令实现一个网盘登录页面，本实例共包含 4 个文件：top.jsp、bottom.jsp、form.jsp 和 includeAll.jsp。

首先创建页面最顶部的 top.jsp，其中包含一张显示导航的图片，代码如下。

```
<%@ page language="java" import="java.util.*" pageEncoding="utf-8"%>
<img src="style/top.jpg" width="859" height="54" />
```

创建页面最底部的 bottom.jsp，其中也包含一张图片显示版权信息，代码如下。

```
<%@ page language="java" import="java.util.*" pageEncoding="utf-8"%>
<img src="style/bottom.jpg" width="488" height="81" />
```

创建 form.jsp 页面，其中包含用户登录表单，代码如下。

```
<%@ page language="java" import="java.util.*" pageEncoding="utf-8"%>
<form action="" method="post">
    <table>
        <tbody>
            <tr>
                <td><label for="login-username">账号：</label></td>
                <td><input type="text" name="username" vlaue="
                "autocomplete="off" id="login-username" class="input-
                box"></td>
            </tr>
            <tr>
                <td><label for="login-password">密码：</label></td>
                <td><input type="password" name="password" vlaue="
                "autocomplete="off" id="login-password" class="input-
                box">
                </td>
            </tr>
            <tr>
                <td> </td>
                <td class="autologin-container"><input type="checkbox"
                value="1" id="login-auto" name="autologin" class="login-
                auto"><label for="login-auto" class="login-auto-label">
                一周内自动登录</label> <a target="_blank" href="" id=
                "forget-password" class="login-forget-password">忘记密
```

```
                码? </a>
                </td>
            </tr>
            <tr>
                <td> </td>
                <td><input type="submit" value="立即登录" id="login-
                submit"><input type="button" value="注册" id="login-
                register">
                </td>
            </tr>
        </tbody>
    </table>
</form>
```

创建主页面includeAll.jsp,并在页面的合适位置使用include指令包含上面三个文件。最终代码如下所示。

```
<%@ page language="java" import="java.util.*" pageEncoding="utf-8"%>
<!DOCTYPE html PUBLIC "-//W3C//DTD XHTML 1.0 Transitional//EN" "http:
//www.w3.org/TR/xhtml1/DTD/xhtml1-transitional.dtd">
<html xmlns="http://www.w3.org/1999/xhtml">
<head>
<meta http-equiv="Content-Type" content="text/html; charset=utf-8" />
<title>快盘登录</title>
<LINK rel=stylesheet type=text/css href="style/global.css">
<LINK rel=stylesheet type=text/css href="style/style.css">
<LINK rel=stylesheet type=text/css href="style/login.css">
</head>
<body style="text-align:center">
<%@ include file="top.jsp" %>
<table width="800" align="center" cellpadding="0" cellspacing="0">
  <tr>
    <td><img src="style/left.jpg" width="454" height="339" /></td>
    <td class="login"><%@ include file="form.jsp" %>
    </td>
  </tr>
</table>
<%@ include file="bottom.jsp" %>
</body>
</html>
```

将上述 4 个文件复制到 Tomcat 的相同目录下，然后在浏览器中访问 includeAll.jsp 页面，查看运行效果，如图 2-3 所示。

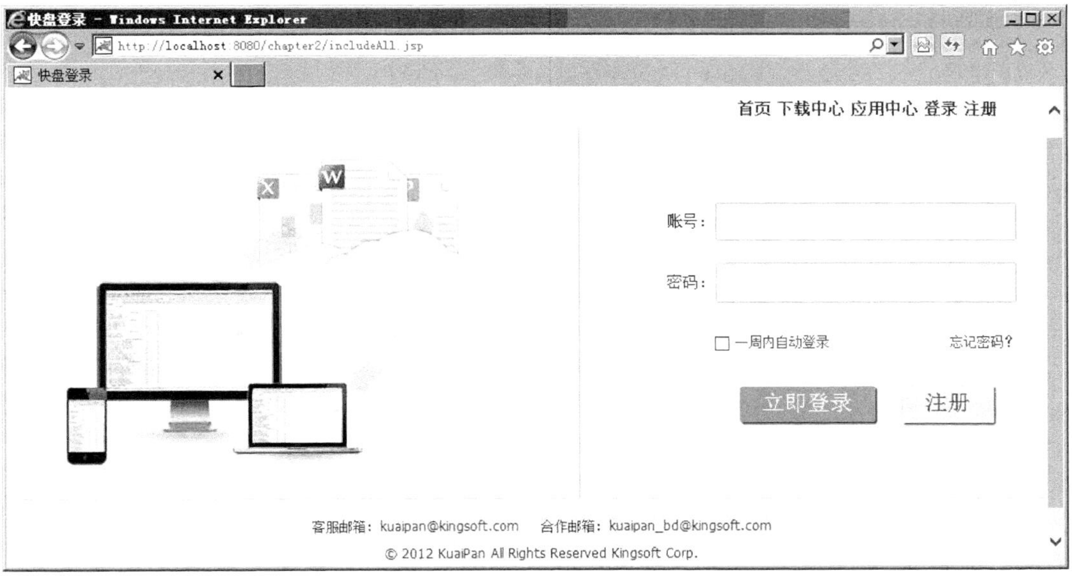

图 2-3 include 指令案例运行效果

2.5 动作元素

动作元素用于在 JSP 页面执行某一个操作，如动态包含一个文件、转向另一个文件或者调用 JavaBean 等。动作元素和指令元素不同，动作元素是在客户端请求时期动态执行的，每次有客户端请求时可能都会被执行一次。而指令元素是在编译时期被编译执行，它只会被编译一次。

JSP 动作元素的语法格式为：

```
<jsp:动作名称 属性1="属性值1" 属性2="属性值2" …… />
```

或

```
<jsp:动作名称 属性1="属性值1" 属性2="属性值2" …… >
...
</jsp:动作名称>
```

上述代码第一种称为空标记形式，第二种称为非空标记形式。下面将介绍 JSP 中常用的 6 个动作元素，分别是 include、forward、param、useBean、setProperty 和 getProperty。

2.5.1 <jsp:include>动作

include 动作与 include 指令非常相似，都可以将包含进来的文件插入到 JSP 页面的特定位置。但是，include 动作不是在 JSP 页面的编译过程中插入内容，而是在 JSP 页面的执行过程中被插入。

<jsp:include>动作最简单的形式是不设置任何参数，其语法如下：

```
<jsp:include page="URL" flush="true" />
```

另一种复杂的形式支持为<jsp:param>动作设置参数。其语法形式如下：

```
<jsp:include page="relative URL" flush="true">
    [<jsp:param…/>] *
</jsp:include>
```

<jsp:include>动作有 page 和 flush 两个属性，它们的描述如下所示。

（1）page 属性：指定被包含资源的相对路径，该路径是相对于当前 JSP 页面的 URL。

（2）flush 属性：可选，设置是否刷新缓冲区，默认值为 false。如果设置为 true，在当前页面输出使用缓冲区的情况下首先刷新缓冲区，然后执行包含操作。

【练习 5】

下面通过一个示例说明 include 动作的用法。假设在 includeAction.jsp 页面中有如下代码。

```
<jsp:include page="info.jsp">
    <jsp:param name="title" value="English"/>
    <jsp:param name="content" value="nothing is impossible"/>
</jsp:include>
```


在上述代码中，使用 include 动作来包含 info.jsp 文件，并使用<jsp:param>传递了两个参数 title 和 content。

被包含的 info.jsp 文件代码如下。

```
<%@ page language="java" import="java.util.*" pageEncoding="utf-8"%>
<h2><%=request.getParameter("title")%></h2>
<p><%=request.getParameter("content")%></p>
```

在上述代码中，使用 request 对象的 getParameter()方法接收传递的 title 和 content 参数，并使用表达式来进行输出。运行效果如图 2-4 所示。

图 2-4 运行效果

2.5.2 <jsp:forward>动作

<jsp:forward>动作的作用是将客户端所发送的请求从一个 JSP 页面转发到另一个 JSP 页面、Servlet 或者静态资源文件，请求被转向到的资源必须位于发送请求的 JSP 页面相同的上下文环境之中。当执行期间遇到该动作时，就停止当前 JSP 页面的执行，转而执行被转发的资源。因此需要特别注意的是，当前页面的<jsp:forward>标签之后的程序将不能被执行。

<jsp:forward>动作元素的语法格式如下：

```
<jsp:forward page={"URL" | "<%= expression %>"} />
```

或

```
<jsp:forward page={"URL" | "<%= expression %>"} >
    <jsp:param name="paramName" value="paramValue" />
</jsp:forward>
```

<jsp:forward>动作只有一个属性 page，用来指定被转向的资源的相对路径。需要注意的是，该路径是相对于当前 JSP 页面的 URL。

注意

<jsp:forward>动作会终止当前页面的执行，如果页面输出使用了缓冲区，在转发请求前，缓冲区会被清空。如果页面未使用缓冲区，而某些输出已经发送到客户端，那么会抛出 IllegalStateException 异常。

【练习 6】

下面创建一个示例，使用 forward 动作结合 param 动作实现页面的重定向。

创建 forward.jsp 文件，设计一个表单让用户输入一个 Email 地址，提交到 checkemail.jsp，代码如下。

```
<h2>新闻订阅</h2>
<form action="checkemail.jsp" method="post" >
请输入 Email 地址：<input name="email" type="text" size="15"><input type=
"submit" value="提交">
</form>
```

创建 checkemail.jsp 文件，根据 Email 地址是否为空来设置不同的参数，并重定向到 result.jsp，代码如下。

```
<%@ page language="java" import="java.util.*" pageEncoding="utf-8"%>
<%
    //设置编码格式
    request.setCharacterEncoding("gbk");
    String email=request.getParameter("email");
```

```
    if(email.equals("")){
%>
<jsp:forward page="result.jsp">
    <jsp:param name="result" value="0" />
</jsp:forward>
<%} else {%>
<jsp:forward page="result.jsp">
    <jsp:param name="result" value="1" />
    <jsp:param name="email" value="<%=email%>" />
</jsp:forward>
<%}%>
```

创建 result.jsp 文件，获取判断结果并显示不同的内容，代码如下。

```
<h2>订阅结果</h2>
<%
    String result = request.getParameter("result");
    if (result.equals("0")){
%>
<p>结果：订阅失败。</p>
<%  }else {%>
<p> 结果：<%=request.getParameter("email")%>订阅成功。
</p>
<%}%>
```


将上述三个文件放到 Tomcat 下，在浏览器中请求 forward.jsp，表单运行效果如图 2-5 所示。输入一个邮箱地址，单击【提交】按钮的运行效果如图 2-6 所示。

图 2-5 表单运行效果

图 2-6 订阅成功运行效果

2.5.3 <jsp:param>动作

<jsp:param>动作元素被用来以“名-值（name-value）”对的形式为其他动作提供附加信息，它一般与<jsp:include>、<jsp:forword>、<jsp:plugin>动作元素配合使用，用于向这些动作元素传递参数。

语法如下：

```
<jsp:param value="value" name="name"/>
```

其中，name 属性表示传递的参数名称，value 属性表示传递的参数值。

【练习 7】

下面结合<jsp:forward>动作元素来演示<jsp:param>动作的用法。首先创建两个文件：param.jsp 和 proc.jsp。其中，在 prarm.jsp 页面传递参数到 proc.jsp 页面。param.jsp 页面的代码如下。

```
<%@ page language="java" import="java.util.*" pageEncoding="utf-8"%>
<%request.setCharacterEncoding("gbk");%>
<jsp:forward page="proc.jsp">
    <jsp:param name="title" value="今日作业" ></jsp:param>
    <jsp:param name="yuwen" value="默写第 19 页的生词，各 5 行。" ></jsp:param>
    <jsp:param name="shuxue" value="练习册第 10 单元。" ></jsp:param>
    <jsp:param name="date" value="2013 年 10 月 10 日" ></jsp:param>
</jsp:forward>
```

在上述代码中，首先使用 request.setCharacterEncoding("gbk")设置请求的编码格式，然后用<jsp:param>设置传递的参数。

proc.jsp 代码如下。

```
<h2><%= request.getParameter("title") %></h2>
 <p>语文：<%= request.getParameter("yuwen") %><br/>
  数字：<%= request.getParameter("shuxue") %><br/>
  <%= request.getParameter("date") %>
  </p>
```

在上述代码中，使用 request.getParameter("title")获取 param.jsp 页面提交的 title 参数。运行效果如图 2-7 所示。

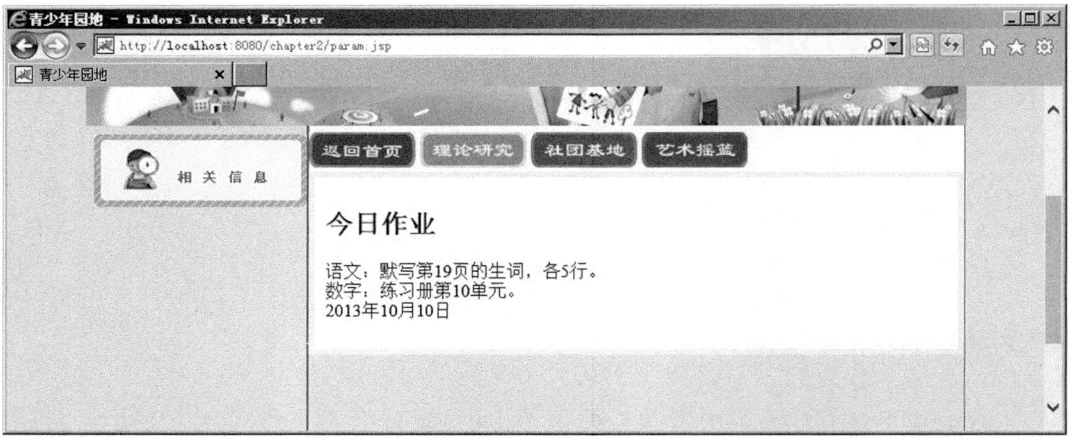

图 2-7 <jsp:param>示例

2.5.4 <jsp:useBean>、<jsp:setProperty>和<jsp:getProperty>

在 JSP 页面引入 JavaBean 组件可以将 HTML 网页代码与 Java 代码相分离，使业务逻辑变得更加清晰。使用<jsp:useBean>动作可以创建一个 JavaBean 实例到 JSP 页面，<jsp:setProperty>动作用于为 JavaBean 的属性赋值，<jsp:getProperty>动作用于读取 JavaBean 属性的值。

<jsp:useBean>标签用来在 JSP 页面中创建一个 Bean 实例，并指定它的名字和作用范围。它保证对象在标签指定的范围内可以使用。语法如下：

```
<jsp:useBean id="name" scope="page | request| session | application"
class="package.class" beanName="beanName" />
```

其中，各个参数含义如下。

（1）id：用于定义一个变量名（可以理解为 JavaBean 的一个标识符），程序中通过此变量名对 JavaBean 进行引用。

（2）scope：指定 JavaBean 的作用域，可选值有 page、request、session 和 application。

默认值是 page。

（3）class：指定 JavaBean 的完整类名（包名与类名的结合方式）。

（4）beanName：指定 JavaBean 的完整类名，此属性与 class 属性不能同时存在。

<jsp:setProperty>动作和<jsp:getProperty>动作的语法格式如下：

```
<jsp:setProperty name="beanName" property=" propertyName " value="
propertyValue"/>
<jsp:getProperty name=" beanName " property="propertyName"/>
```

其中，各个参数含义如下。

（1）name：表示要读取或者设置属性的 JavaBean 实例名称。

（2）property：指定要读取或者设置的 JavaBean 属性名称，如果为“*”表示所有属性。

（3）value：指定为 JavaBean 属性的赋值。

【练习 8】

创建一个实例演示如何使用上述三个动作对 JavaBean 进行操作。

（1）创建一个包含 id、title 和 author 三个属性的 JavaBean 类 Article，并将该类放在 data 包下。Article 类代码如下。

```
package data;
public class Article {
    private int id;
    private String title;
    private String author;
    public int getId() {
        return id;
    }
    public void setId(int id) {
        this.id = id;
    }
    public String getTitle() {
        return title;
    }
    public void setTitle(String title) {
        this.title = title;
    }
    public String getAuthor() {
        return author;
    }
    public void setAuthor(String author) {
        this.author = author;
    }
}
```

（2）创建 usebean.jsp 文件，使用<jsp:useBean>动作引用上面的 Article 类，代码如下。

```
<jsp:useBean id="article" class="data.Article"/>
```

（3）使用<jsp:setProperty>动作对 Article 类的属性进行赋值。代码如下。

```
<jsp:setProperty property="id" name="article" value="520"/>
<jsp:setProperty property="title" name="article" value="关于学生礼仪教育的座谈会。"/>
<jsp:setProperty property="author" name="article" value="人文系高老师"/>
```

（4）使用<jsp:getProperty>动作读取 Article 类各个属性的值，代码如下。

```
<p>
  编号：<jsp:getProperty property="id" name="article"/><br/>
  标题：<jsp:getProperty property="title" name="article"/><br/>
  作者：  <jsp:getProperty property="author" name="article"/>
 </p>
```

（5）运行 usebean.jsp，页面效果如图 2-8 所示。

图 2-8 调用 JavaBean 运行效果

在本实例中使用<jsp:useBean>、<jsp:setProperty>和<jsp:getProperty>三个动作来实例化、设置和读取 JavaBean。其实也可以使用 Java 脚本来实现，等效代码如下。

```
<%
   Article article=new Article();                //创建 Article 类实例
   article.setId(520);                           //为属性赋值
   article.setTitle("关于学生礼仪教育的座谈会。");
   article.setAuthor("人文系高老师");
  %>
<p> 编号：<%=article.getId()%><br/>              <!-- 读取属性的值 -->
   标题：<%=article.getTitle()%><br/>
   作者：<%=article.getAuthor()%>
 </p>
```

2.6 实验指导 2-1：会员注册

进行 Java Web 应用开发时，JSP 是必不可少的。因此在学习 Java Web 应用开发之前，必须掌握 JSP 的语法。在本章就详细介绍了 JSP 语法，本节综合本章介绍的内容实现一个会员注册实例。

实例运行后首先会显示一个会员注册界面，在会员输入内容之后提交时进行判断，如果会员已经存在则进入登录页面，否则显示会员的注册信息进行确认。

（1）创建 index.jsp 文件，使用 include 指令包含页面的顶部 header.jsp 和底部 fotter.jsp 文件，代码如下。

```
<%@include file="header.jsp" %>
<%@include file="footer.jsp" %>
```

（2）创建一个使用 POST 方式提交到 check.jsp 的表单，并让会员可以输入登录名、登录密码、确认密码和电子邮箱，代码如下。

```
<form action="check.jsp" method="post" >
  <div class="content">
    <p>
      <label for="email"> 您的登录名：</label>
      <INPUT class="input" type="text" id=username maxLength=32  name=
      "username">
      </p>
    <p>
      <label for="email"> 登录密码：</label>
      <INPUT  class="input"  style="width:148px;"  type=password
      maxLength=16  id="password" name="userpass">
       </p>
    <p>
      <label for="email"> 密码确认：</label>
      <INPUT class="input" style="width:148px;"   type=password
      maxLength=16 id="password2" name="userpass2">
       </p>
    <p>
      <label for="email"> 电子邮箱：</label>
      <INPUT id=email maxLength=32   class="input" name=email>
      </p>
    <p>
      <INPUT type="submit" name="mysubmit" value="" class="tj">
    </p>
  </div>
</form>
```

（3）创建 check.jsp 文件对注册信息进行判断。首先文件的第一行使用 page 指令指定页面编码为 utf-8。

```
<%@ page language="java" import="java.util.*" pageEncoding="utf-8"%>
```

（4）使用脚本元素中的声明定义一个 CheckExistsName()方法，该方法带有一个表示会员名称的参数，返回一个布尔值表示是否已存在。

```
<%!boolean CheckExistsName(String name)//验证 name 参数是否存在
{
return name.equals("zhht");                //返回 name 与字符串“zhht”比较的值
}
%>
```

在上述代码中如果 name 为 zhht 则返回 true，其他值则返回 false。

（5）在上述声明下面创建一个 Java 脚本获取由注册页面提交的信息，代码如下。

```
<%
    request.setCharacterEncoding("gbk");                    //设置编码格式
    String uname=request.getParameter("username");        //会员名称
    String userpass=request.getParameter("userpass");     //密码
    String email=request.getParameter("email");           //邮箱
%>
```

（6）调用 CheckExistsName()方法，如果返回值为 true 则重定向登录页面，并传递登录名称，否则将注册信息重定向则 enter.jsp 页面，代码如下所示。

```
<%if(CheckExistsName(uname)){%>
<jsp:forward page="login.jsp">
    <jsp:param name="username" value="<%=uname%>" />
</jsp:forward>
<%} else {%>
<jsp:forward page="enter.jsp">
<jsp:param name="username" value="<%=uname%>" />
<jsp:param name="userpass" value="<%=userpass%>" />
<jsp:param name="email" value="<%=email%>" />
</jsp:forward>
<%}%>
```

（7）创建 enter.jsp 文件将会员信息传递到 JavaBean 类 User 中，再显示到页面，代码如下。

```
<%
    //设置编码格式
    request.setCharacterEncoding("gbk");
    String uname = request.getParameter("username");
    String userpass = request.getParameter("userpass");
    String email = request.getParameter("email");
%>
    <jsp:useBean id="user" class="com.itzcn.bean.User" />
    <jsp:setProperty property="username"name="user"value="<%=
    uname%>"/>
    <jsp:setProperty property="userpass" name="user" value="<%=
```

```
    userpass%>" />
    <jsp:setProperty property="email" name="user" value="<%=email%>" />
   <jsp:setProperty property="regdate" name="user" value="<%=new Date().
    toLocaleString()%>" />
    用户名：<jsp:getProperty property="username" name="user" /><br />
    密码：<jsp:getProperty property="userpass" name="user" /><br />
    邮箱：<jsp:getProperty property="email" name="user" /><br />
    注册时间：<jsp:getProperty property="regdate" name="user" />
```

（8）创建 com.itzcn.bean.User 类，定义 4 个属性 username、userpass、email 和 regdate，代码如下所示。

```
package com.itzcn.bean;
public class User {
    private String username;
    private String userpass;
    private String email;
    private String regdate;
    public String getUsername() {
        return username;
    }
    public void setUsername(String username) {
        this.username = username;
    }
    //省略其他属性的 set 和 get 方法
}
```

（9）运行 index.jsp 文件，会员注册页面运行效果如图 2-9 所示。

图 2-9 注册页面

（10）在这里输入信息之后单击【注册】按钮。由于这里的会员名不是“zhht”，所以将转到 enter.jsp 显示会员注册信息，如图 2-10 所示。

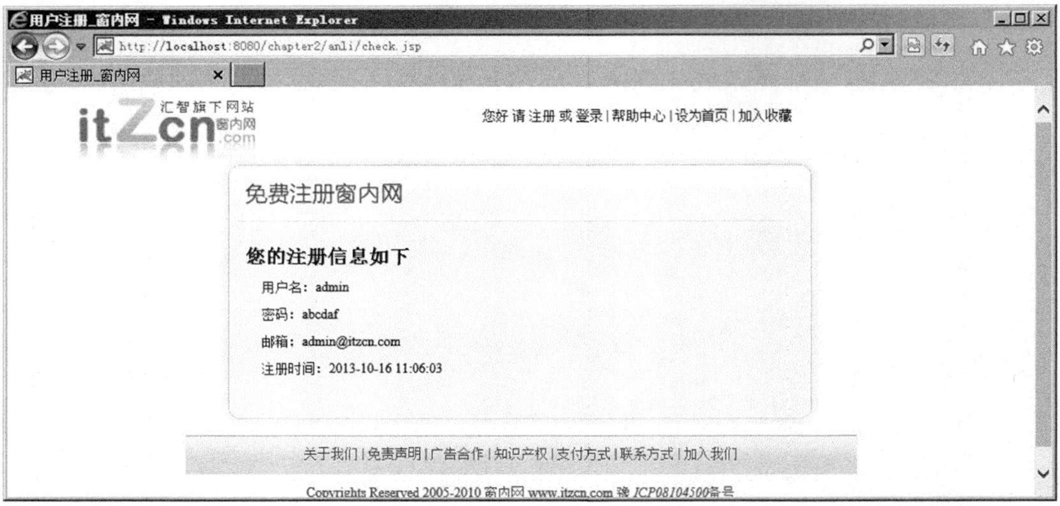

图 2-10　查看注册信息

（11）创建 login.jsp 文件，并包含 header.jsp 和 footer.jsp。

（12）在登录表单中对【用户名】输入框进行修改，默认显示传递过来的信息，代码如下所示。

```
用户名 <input class="sr" type="text" name="username" maxlength="15"
value="<%=request.getParameter("username") %>" />
```

（13）浏览注册页面将用户名设置为 zhht，再单击【注册】按钮将转到登录页面，运行效果如图 2-11 所示。

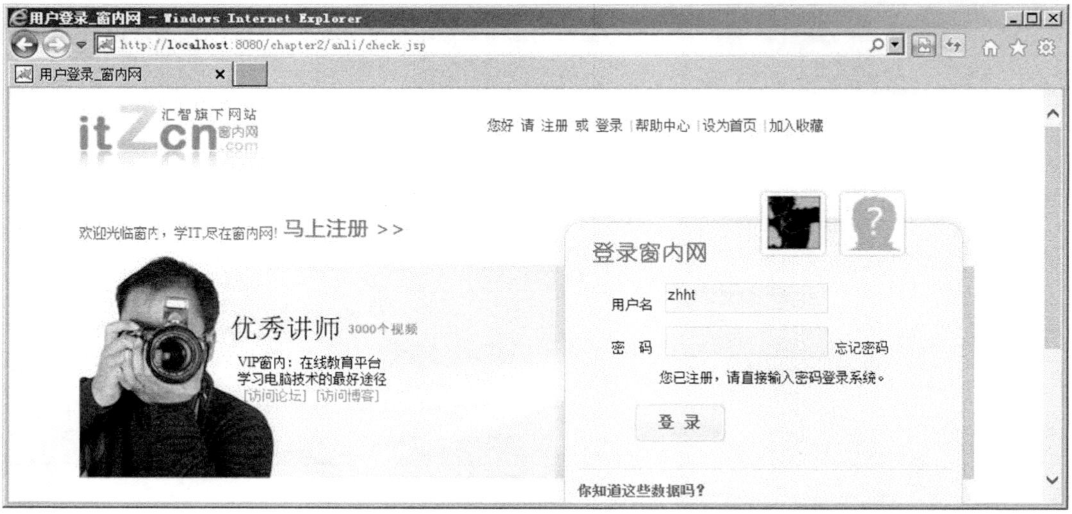

图 2-11　登录页面

思考与练习

一、填空题

1. JSP 的表达式属于页面的__________元素。

2. 使用 JSP 表达式形式输出变量 str 的值，语句是__________。

3. 在页面指令 page 中的__________属性设置页面字符集。

4. taglib 指令的__________属性可以指定自定义标签的前缀。

5. __________动作用来装载一个将在 JSP 页面中使用的 JavaBean。

6. <jsp:useBean>动作所对应的页面范围有 page、request、session 和__________4 种。

二、选择题

1. 下列关于 JSP 中注释的使用，错误的是__________。

A. <!-- <%! system.out.print("ok") %> -->

B. <%-- system.out.print("ok") --%>

C. /* system.out.print("ok") */

D. <%=system.out.print("ok") %>

2. 下列不属于 JSP 脚本元素的是__________。

A. <%! class Abc{}%>

B. <%=abc%>

C. <%String abc="jsp";%>

D. <?jsp print(abc);?>

3. 下列关于 page 指令的描述错误的是__________。

A. 一个页面只允许出现一次

B. 一个页面可以出现多次

C. 可以放在页面任何位置

D. 以上都错误

4. 使用下面__________指令可以在一个页面中包含多个页面。

A. page

B. include

C. taglib

D. 都不行

5. 下列用法中属于 JSP 声明的是__________。

A. <% java 语句 %>

B. <%=java 语句%>

C. <%! java 语句 %>

D. <%@java 语句%>

6. __________动作把请求重定向到另外的页面。

A. <jsp:plugin>

B. <jsp:forward>

C. <jsp:fallback>

D. <jsp:include>

7. <jsp:param>动作不可以与下列哪个动作一起使用？__________

A. <jsp:include>

B. <jsp:forward>

C. <jsp:useBean>

D. 以上都不对

三、简答题

1. 简述一个完整的 JSP 页面应该由哪些元素组成。

2. 列出在 JSP 页面中使用注释的几种方式。

3. 如何区分 JSP 脚本、表达式和声明？它们各有什么作用？

4. 简述 page 指令的作用及使用方法。

5. 简述 include 指令与 include 动作的区别。

6. 简述在包含页面和重定向时传递参数的方法。

7. 在 JSP 页面中如何使用 JavaBean？

第 3 章　JSP 页面请求与响应

一个 Java Web 项目至少需要一个页面。项目执行时需要页面的初始化和导入，在页面切换时又需要页面的响应和页面间的数据传递。

页面的响应需要对页面进行加载，而页面间的数据传递，需要在页面跳转时指定目标页面和需要传递的数据信息，并在新的页面进行接收。

在 JSP 中通过系统内置对象来实现页面的响应、页面切换及数据传递，其相关的对象有 page 对象、out 对象、response 对象和 request 对象。

本章学习要点：

- ❑ 了解 JSP 提供的内置对象
- ❑ 熟悉 out 对象的方法
- ❑ 掌握 out 对象输出的方法
- ❑ 熟悉 page 对象
- ❑ 掌握 request 对象获取客户端信息的方法
- ❑ 掌握 request 对象获取表单数据的方法
- ❑ 掌握 request 对象处理中文的方法
- ❑ 掌握 response 对象重定向的使用

3.1 JSP 内置对象简介

所谓内置对象就是可以不加声明就可以在 JSP 页面脚本（Java 程序片和 Java 表达式）中使用的成员变量，使用这些对象可以使用户更容易收集客户端发送的请求信息，并响应客户端的请求以及存储客户信息，从而简化了 JSP 程序开发的复杂性。

这些内置的对象也称为隐含对象（Implicit Object），JSP 共提供了以下几个内置对象，它们分别是：request、response、out、session、application、page、pageContext、config 和 exception。

下面对 JSP 中的这些内置对象进行简要说明。

1. request

这是一个 javax.servlet.HttpServletRequest 类型对象，通过 getParameter()方法能够得到请求的参数、请求类型（GET、POST 或 HEAD 等）以及 HTTP headers（Cookies、Referer 等）。严格地说，request 是 ServletRequest 而不是 HttpServletRequest 的子类，但 request 还没有 HTTP 之外其他可实际应用的协议。该对象的作用域为用户请求期间。

2. response

这是一个javax.servlet.HttpServletResponse类型对象，它的作用是向客户端返回请求。注意输出流首先需要进行缓存。虽然在 Servlet 中，一旦将结果输出到客户端就不再允许设置 HTTP 状态及 response 头文件，但在 JSP 中进行这些设置是合法的。该对象的作用域为页面执行（响应）期间。

3. out

这是一个 javax.servlet.JspWriter 类型对象，其作用是将结果输出到客户端。为了区分 response 对象，JspWriter 是具有缓存的 PrintWriter。要注意，可以通过指令元素 page 属性调整缓存的大小，甚至关闭缓存。同时，out 在程序代码中几乎不用，因为 JSP 表达式会自动地放入输出流中，而无须再明确指向 out 输出。该对象的作用域为页面执行期间。

4. session

这是与 request 对象相关的一个 javax.servlet.http.HttpSession 对象。会话是自动建立的，因此即使没有引入会话，这个对象也会自动创建，除非在指令元素 page 属性中将会话关闭，在这种情况下，如果要参照会话就会在 JSP 转换成 Servlet 时出错。

该对象适用于在同一个应用程序中每个客户端的各个页面中共享数据，session 对象通常应用在保存用户/管理员信息和购物车信息等。该对象的作用域为会话期间。

5. application

这是一个javax.servlet.ServletContext类型对象，可通过getServletConfig()、getContext()获得。该对象适用于在同一个应用程序中各个用户间共享数据，application 对象通常应用在计数器或是聊天室中。该对象的作用域为整个应用程序执行期间。

6. page

这是一个 javax.server.jsp.HttpJspPage 类型对象，适用于操作 JSP 页面自身，在开发 Web 应用时很少应用，用来表示 JSP 页面 Servlet 的一个实例，相当于 Java 中的 this 关键字。该对象的作用域为页面执行期间。

7. pageContext

这是一个 javax.servlet.jsp.PageContext 类型对象，是 JSP 中引入的新类，它封装了如高效执行的 JspWriter 等服务端的特征。

该对象适用于获取 JSP 页面的 request、response、session、application 和 out 等对象。由于这些对象均为 JSP 的内置对象，所以在实际 Web 应用开发时很少使用 pageContext 对象，而是直接使用相应的内置对象，该对象的作用域为页面执行期间。

8. config

这是一个 javax.servlet.ServletConfig 类型对象，适用于读取服务器配置信息。该对象的作用域为页面执行期间。

9. exception

这是一个 java.lang.Throwable 类型对象，仅在处理错误页面时有效，可以用来处理捕捉的异常。该对象的作用域为页面执行期间。

本章将对其中的 page 对象、out 对象、response 对象和 request 对象进行介绍，其他对象放在第 4 章中介绍。

3.2 页面输出对象 out

out 对象是向客户端的输出流进行写操作的对象，它会通过 JSP 容器自动转换为 java.io.PrintWriter 对象。在 JSP 页面中可以用 out 对象把除脚本以外的所有信息发送到客户端的浏览器。

3.2.1 out 对象成员方法

out 对象最常用的是 print()方法和 println()方法。这两个方都可以将信息输出到客户端浏览器，两者的区别在于 print()方法输出完毕后并不换行，而 println()方法在输出完毕后会换行输出。

在表 3-1 中列出了 out 对象常用的其他方法。

表 3-1 out 对象常用方法

方法名称	使用说明
clear()	清除缓冲区里的数据，而不把数据写到客户端
clearBuffer()	清除缓冲区的当前内容，并把数据写到客户端
flush()	输出缓冲区的数据
getBufferSize()	返回缓冲区以字节数的大小，如不设缓冲区则为 0，缓冲区的大小可用<%@ page buffer="Size"%>设置
getRemainning()	获取缓冲区剩余空间大小
isAutoFlush()	返回缓冲区满时，是自动清空还是抛出异常
close()	关闭输出流，从而可以强制终止当前页面的剩余部分向浏览器输出

3.2.2 输出数据到客户端

out 对象使用时会自动转换为 java.io.PrintWriter 对象，而 PrintWriter 对象是属于 javax.servlet.JspWriter 类实例。因此实际上 out 对象使用的是 JspWriter 对象。

为了区分 response 对象，JspWriter 对象提供了将内容写入响应缓冲区的方法。由于 JspWriter 是从 java.io.Writer 派生而来的，java.io.Writer 提供了一系列的写方法。因此，JspWriter 本身也提供了一系列的 print()方法。对于每一个 print 方法，都有一个等效的

println()方法，在请求的数据显示到响应操作之后，println()方法还会插入一个分行符。

【练习 1】

创建一个 index.jsp 页面，演示使用 out 对象的输出方法向缓冲区中输入数据并显示，代码如下所示。

```
<%
    String[] strs = { "老兔寒蟾泣天色，云楼半开壁斜白。", "玉轮轧露湿团光，鸾佩
    相逢桂香陌。",
            "黄尘清水三山下，更变千年如走马。", "遥望齐州九点烟，一泓海水杯中
            泻。" };
    out.println("<h2>梦天</h2>");                    //输出完换行
    for (int i = 0; i < strs.length; i++) {
        out.print(strs[i]);                          //输出完不换行
        out.print("<br/><br/>");                     //输出完不换行
    }
%>
```

上述语句中，在输出“<h2>梦天</h2>”内容之后将转到下一行继续输出，在 for 循环中虽然调用了 print()方法两次，但是它们的输出并不会换行。因此，运行后最终会看到如图 3-1 所示输出的 HTML 代码。

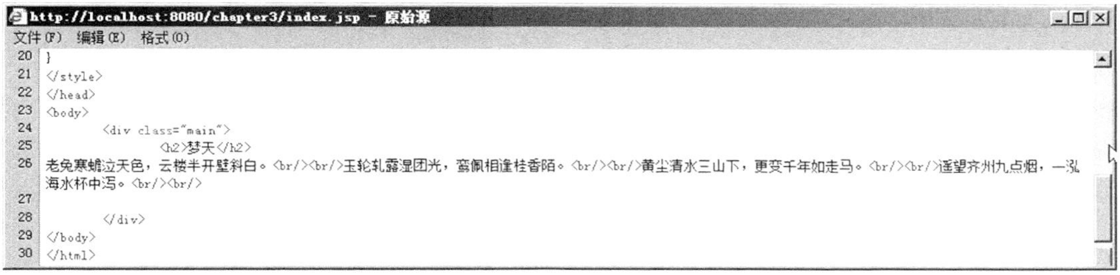

图 3-1 输出的 HTML 代码

页面运行效果如图 3-2 所示。

图 3-2 页面运行效果

3.2.3 管理缓冲区

使用 print()方法输出数据时，默认处理过程是先将数据放入缓冲区，当达到某一状态时才向客户端输出数据。由于 print()方法不是直接向客户端响应数据，所以加快了处理的速度。而实际的输出操作是等到 JSP 容器解析完整个程序后才把缓冲区的数据输出到客户端浏览器上。out 对象提供了一系列方法来管理响应缓冲区数据。

clear()方法用于清除缓冲区中的全部数据，重新响应用户请求。clearBuffer()方法清除当前缓冲区中的数据，而不需重新响应用户请求。因此即使缓冲区中的内容已经提交，也可以使用 clearBuffer()方法。另外，还可以调用 getRemaining()方法获得当前未被使用的缓冲区的大小。

注意 在调用 clear()方法时，如果缓冲区中的数据已经提交，则会产生 IOException 异常。

【练习 2】

下面创建一个 out.jsp 文件演示如何清空缓冲区，获取缓冲区的大小，代码如下所示。


```
<%
    out.println("<h2>梦天</h2>");
    out.clearBuffer();
    out.println("<h2>Hello out 对象!</h2>");
    out.flush();
    out.print("剩余缓冲区大小为: " + out.getRemaining() + "bytes<BR>");
    out.print("默认缓冲区大小为: " + out.getBufferSize() + "bytes<BR>");
    out.print("剩余缓冲区大小为: " + out.getRemaining() + "bytes<BR>");
    out.print("是否使用默认 AutoFlush: " + out.isAutoFlush());
%>
```

在上述调用 out.clearBuffer()语句之前的任何内容都不会输出到浏览器，因为该方法的作用是清空缓冲区的内容。而 flush()方法同样会清除缓冲区中的数据，但会先将信息输出到浏览器，所以在浏览器上看到了“Hello out 对象!”。

最后 4 行语句调用 print()方法，在客户端的浏览器中输出剩余和默认缓冲区大小以及是否使用了默认 AutoFlush 等信息。运行结果如图 3-3 所示。

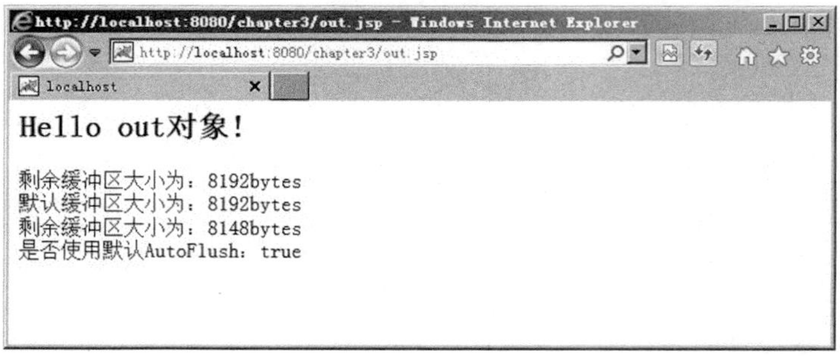

图 3-3 管理缓冲区运行效果

3.3 页面对象 page

page 对象在 JSP 页面中很少使用，它表示当前程序本身，即 this 变量的别名。page 对象是为了执行当前页面的应答请求而设置的 Servlet 类实例。

page 对象是 java.lang.Object 类的实例对象，因此可以使用 Object 类的方法，常用方法如表 3-2 所示。

表 3-2 page 对象的常用方法

方法名称	使用说明
hasCode()	返回网页文件中的 hasCode
getClass()	返回网页的类信息
toString()	返回代表当前网页的文字字符串
equals(Object o)	比较 o 对象和指定的对象是否相等
getServletConfig()	获得当前的 config 对象
getServletInfo()	返回关于服务器程序的信息

【练习 3】

创建一个实例讲解如果使用 page 获取页面信息及调用其方法，步骤如下。

（1）新建一个 JSP 页面，并对 Page 指令进行修改，添加 info 属性。如下所示修改后的 page 指令。

```
<%@ page language="java" import="java.util.*" pageEncoding="GBK" info="
使用 page 对象"%>
```

（2）调用 getServletInfo()方法获取 info 属性的值，代码如下。

```
<%
    String info;
    info = ((javax.servlet.jsp.HttpJspPage) page).getServletInfo();
    out.print("<h1>" + info + "<h1>");
%>
```

（3）调用 page 对象的方法并输出返回值，代码如下。

```
<%! Object obj;//声明一个 Object 变量%>
<p>getClass()方法的返回值：<%=page.getClass()%></p>
<p>toString()方法的返回值<%=page.toString()%></p>
<p>hashCode()方法的返回值：<%=page.hashCode()%></p>
<p>与 Object 对象比较的返回值：<%=page.equals(obj)%></p>
<p>与 this 对象比较的返回值：<%=page.equals(this)%></p>
```

（4）浏览 JSP 页面，page 对象执行效果如图 3-4 所示。

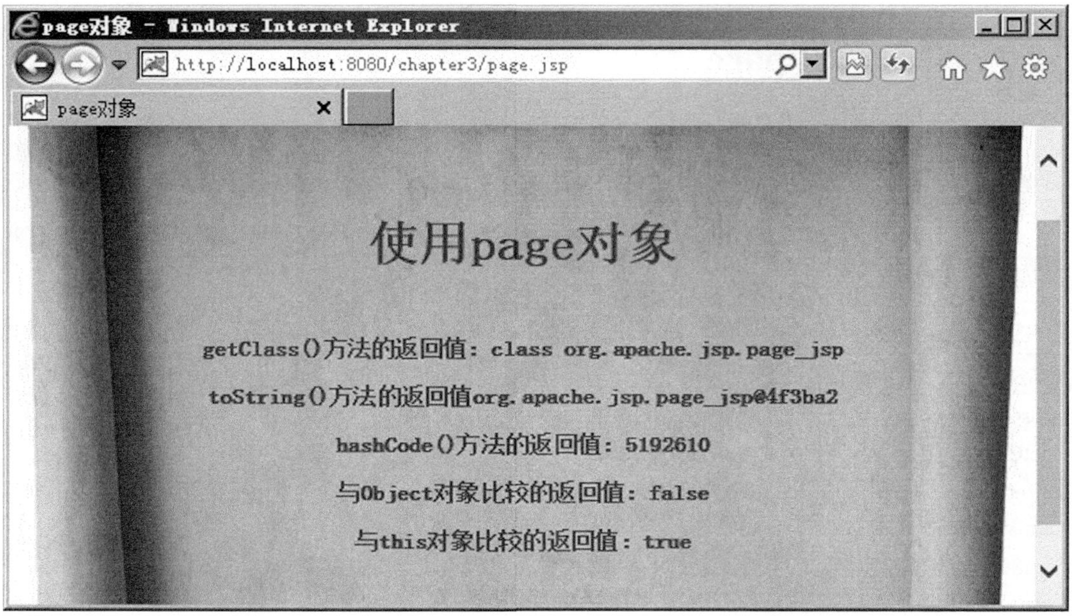

图 3-4 page 对象实例

3.4 页面请求对象 request

request 对象是 javax.servlet.HttpServletRequest 接口的一个实例，父类接口是 ServletRequest。因此它可以调用 HttpServletRequest 接口的方法取得客户端的各种信息。

request 对象的生命周期是由 JSP 容器自动控制的。当客户端通过 HTTP 请求一个 JSP 页面时，JSP 容器就会创建 request 对象并将请求信息包装到 request 对象中；当 JSP 容器处理完请求后，request 对象就会被销毁。

3.4.1 request 对象成员方法

JSP 将客户端信息封装在一个对象中，该对象具有与协议有关的 javax.servlet.ServletRequest 的子类型。对于 HTTP，默认对象是 javax.servlet.HttpServletRequest 类型。它具有请求作用域，这意味着 JSP 在请求时创建它，在请求完成时销毁它。

请求的客户端信息内容包括参数值、获取 cookie、访问请求行元素和访问安全信息等。

在 HttpServletRequest 对象中包含请求的头信息（Header）、系统信息（比如编码方式）、请求的方式（比如 GET 或 POST）、请求的参数名称、URL 信息和 HTML 表单数据信息等。

request 对象的常用方法如表 3-3 所示。

表 3-3 request 对象常用的方法

方法	使用说明
getAttribute()	用于返回指定名称的属性值，如果这个属性不存在则返回 null。与 setAttribute 方法配合使用可实现两个 JSP 文件之间传递参数
setAttribute()	用给出的对象来替代这个请求属性的现有值
getAttributeNames()	返回请求中所有属性的名字的枚举
setCharacterEncoding()	设置编码方式，避免汉字乱码
getCharacterEncoding()	返回请求内容的字符集编码，如果未知则返回空值
getContentLength()	返回请求体的长度（以字节数），如果未知则返回空值
getContentType()	得到请求体的 MIME 类型，如果未知则返回空值
getInputStream()	返回一个可以用来读入客户端请求内容的输入流
getParameter()	返回 name 指定参数的参数值，如果参数不存在则返回空值
getParameterNames()	返回客户端传送给服务器端的所有参数名，结果类型为枚举类型，当传递给此方法的参数名没有实际参数与之对应时，返回空值
getParameterValues()	以字符串数组形式返回包含参数 name 的所有值，如果这个参数不存在则返回空值
getProtocol()	返回一个由客户端请求使用的协议及其版本号组或的字符串
getRemoteAddr()	返回由提交请求的客户端的 IP 地址组成的字符串
getRemoteHost()	返回提交请求的客户端的主机名，如果主机名不能确定，那么就返回客户端的 IP
getServerPort()	用于返回接收当前请求的端口号
getServerName()	返回接收当前请求的服务器的主机名，如果主机名不能确定，那么返回这个主机的 IP
getAuthType()	返回这个请求所使用的认证方式，如果当前没有使用认证，则返回空值
getCookies()	将当前请求中所能找到的所有 cookie 都放在一个对象数组中返回
getDateHeader()	返回指定的日期域的值，如果这个域未知，则返回空值
getHeaderNames()	返回头部所有域名所构成的枚举，如果服务器不能访问该头部的域名，那么返回空值
getMethod()	返回客户端产生请求所使用的方法
getPathInfo()	返回 URL 中跟在服务器路径后面的可选路径信息，如果没有路径信息，则返回空值
getPathTranslated()	返回额外的路径信息，这个路径将被翻译成物理路径，如果没有给出这个额外路径，那么返回空值
getQueryString()	返回 URL 的请求字符串部分，如果没有请求字符串，那么返回空值
getRemoteUser()	返回产生请求的用户的用户名，如果该用户未知，则返回空值
getRequestSessionId()	返回当前请求所指定的会话 ID
getRequestURI()	返回当前请求的客户端地址
getSession()	获得与当前请求绑定的 Session，如果当前 Session 尚不存在，那么就为这个请求创建一个新的 Session
isRequestSessionIdFromCookie()	如果这个请求的会话 ID 是从一个 Cookie 中得来的，那么返回 true
isRequestSessionIdFromURL()	如果这个请求的会话 ID 是从一个 URL 的一部分中得来的，那么返回 true

3.4.2 获取客户端信息

使用 request 内置对象可以获取客户端的一些基本信息，如客户端的 IP 地址、计算机名称、服务器名称、使用端口号、使用协议等，并依据获取的请求信息，进一步操作。

【练习 4】

创建一个 request1.jsp 文件，演示使用 request 对象获取客户端的基本信息，代码如下所示。

```
<table cellpadding="3" cellspacing="3">
    <tr>
        <td>客户使用的协议是:</td>
        <td><%=request.getProtocol()%></td>
    </tr>
    <tr>
        <td>获取接受客户提交信息的页面：</td>
        <td><%=request.getServletPath()%></td>
    </tr>
    <tr>
        <td>接受客户提交信息的长度：</td>
        <td>
            <%= request.getContentLength()%>
        </td>
    </tr>
    <tr>
        <td>客户提交信息的方式：</td>
        <td><%=request.getMethod()%></td>
    </tr>
    <tr>
        <td>获取 HTTP 头文件中 User-Agent 的值：</td>
        <td><%=request.getHeader("User-Agent")%></td>
    </tr>
    <tr>
        <td>获取 HTTP 头文件中 accept 的值：</td>
        <td><%=request.getHeader("accept")%></td>
    </tr>
    <tr>
        <td>获取 HTTP 头文件中 Host 的值：</td>
        <td><%=request.getHeader("Host")%></td>
    </tr>
    <tr>
        <td>获取 HTTP 头文件中 accept-encoding 的值：</td>
```

```
        <td><%=request.getHeader("accept-encoding")%></td>
    </tr>
    <tr>
        <td>获取客户的 IP 地址：</td>
        <td><%=request.getRemoteAddr()%></td>
    </tr>
    <tr>
        <td>获取客户机的名称：</td>
        <td><%=request.getRemoteHost()%></td>
    </tr>
    <tr>
        <td>获取服务器的名称：</td>
        <td><%=request.getServerName()%></td>
    </tr>
    <tr>
        <td>获取服务器的端口号：</td>
        <td><%=request.getServerPort()%></td>
    </tr>
    <tr>
        <td>获取头名字的一个枚举：</td>
        <td>
            <%
                Enumeration enum_headed = requ
                while (enum_headed.hasMoreElements()) {
                    String s = (String) enum_headed.nextElement();
                    out.println(s);
                }
            %>
        </td>
    </tr>
    <tr>
        <td>获取头文件中指定头名字的全部值的一个枚举：</td>
        <td>
            <%
                Enumeration enum_headedValues = request.getHeaders
                ("cookie");
                    while (enum_headedValues.hasMoreElements()) {
                        String s = (String) enum_headedValues.
                        nextElement();
                    out.println(s);
                }
            %>
        </td>
```

```
    </tr>
</table>
```

在浏览器中请求 request1.jsp 查看获取客户端的输出结果，如图 3-5 所示。

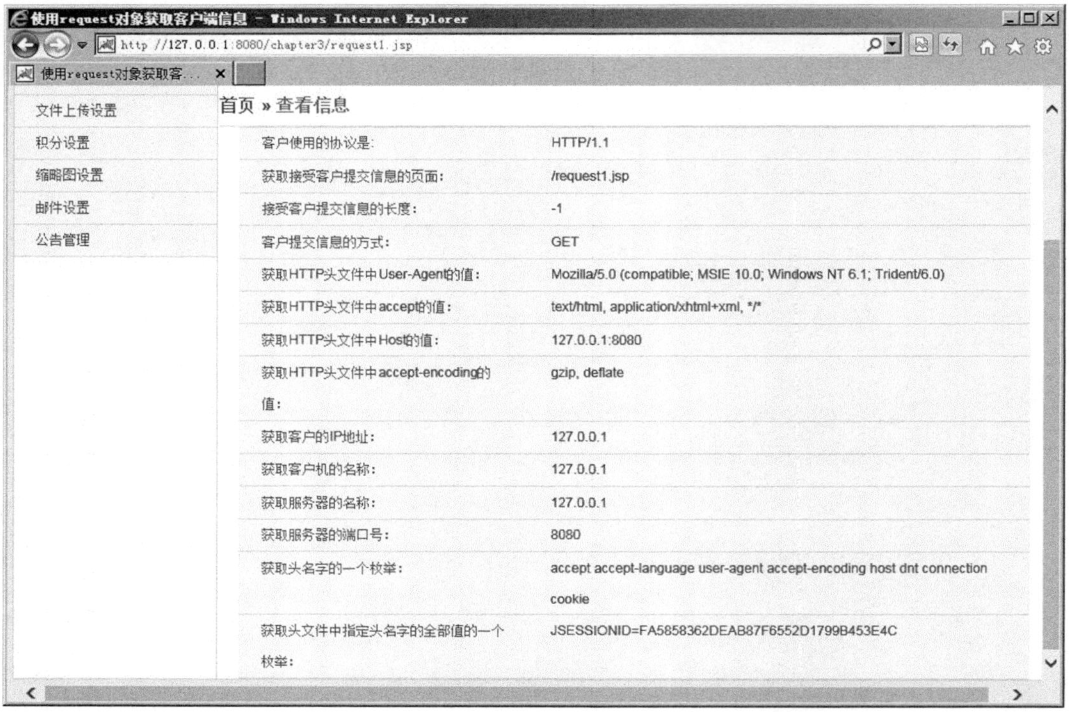

图 3-5 request 获取客户端信息

3.4.3 获取 HTTP Headers 信息

request 对象是 ServletRequest 接口的一个针对 HTTP 和具体实现的子类，HTTP 请求报头中包括客户端向服务器端传递请求的附加信息以及客户端自身的信息。因此，可以使用 request 对象提供的方法，通过 HTTP 获取请求的附加信息和客户端信息。

【练习 5】

创建一个 request2.jsp 文件，使用 request 对象获取 HTTP 请求报头的信息，代码如下所示。

```
<table cellpadding="3" cellspacing="3">
    <tr><td>获取 HTTP 请求头信息: </td>
        <td>
            <%
                Enumeration HeadList = request.getHeaderNames();
                while (HeadList.hasMoreElements()) {
                    String header = (String) HeadList.nextElement();
```

```
                    String content = request.getHeader(header);
                    out.print("["+header+"]: ");
                    out.print(content + "<br>");
                }
            %>
        </td>
    </tr>
    <tr><td>国家：</td>
        <td><%=request.getLocale().getDisplayCountry()%></td>
    </tr>
    <tr><td>语言：</td>
        <td><%=request.getLocale().getDisplayLanguage()%></td>
    </tr>
</table>
```

request2.jsp 页面执行后的输出结果如图 3-6 所示。

图 3-6　获取 HTTP 请求信息

一个 HTTP 请求可以有一个或多个标题，每个标题都有一个名称和值。为了返回所有客户请求的标题名，JSP 调用了 request 对象的 getHeaderNames()方法，然后通过 getHeader()获取相应标题名的取值。图 3-6 中报头各标题及意义如下。

（1）Accept：浏览器可接受的 MIME 类型。

（2）Accept-Charset：浏览器可接受的字符集。

（3）Accept-Encoding：浏览器能够进行解码的数据编码方式。

（4）Accept-Language：浏览器所希望的语言种类，当服务器能够提供一种以上的语言版本时要用到。

（5）Connection：表示是否需要持久连接。

（6）Content-Length：表示请求消息正文的长度。

（7）Cookie：向服务器返回 Cookie，这些 Cookie 是先前由服务器发送到浏览器中的。

（8）Host：初始 URL 中的主机和端口。

3.4.4 获取请求参数

request 对象最常用的方法是获取 URL 请求中的参数。例如，下面的代码请求 search.jsp 时传递了 key 和 from 请求参数。

```
<a href="search.jsp?key=jsp&from=home">搜索 JSP 关键字</a>
```

在 search.jsp 页面中可用 request.getParameter("key")获取 key 参数值“jsp”，用 request.getParameter("from")获取 from 参数值“home”。

提 示

在使用 request 对象的 getParameter()方法获取传递的参数值时，如果指定的参数不存在，将返回 null；如果指定了参数名，但未指定参数值将返回空的字符串""。

除了获取 URL 请求中传递的参数值之外，还可以使用 request 对象获取从表单中提交过来的信息。在一个表单中会有不同的标签元素，对于文本元素、单选按钮、下拉列表框都可以使用 getParameter()方法来获取其具体的值，但对于复选框以及多选列表框被选定的内容，就要使用 getParameterValues()这个方法来获取了，该方法会返回一个字符串数组，通过循环遍历这个数组就可以得到用户选定的所有内容。

【练习 6】

创建一个注册表单，允许会员填写登录名、密码、性别、所在校区和技术，在提交之后获取注册信息并显示到页面。

（1）新建 request3.jsp 文件，设计一个 FORM 表单包括普通文本框、密码框、单选按钮、下拉列表和复选框，代码如下所示。

```
<form action="info.jsp" method="post" id="apForm">
<%request.setCharacterEncoding("UTF-8"); %>
    <div class="content">
        <p>
            登 录 名： <INPUT class="input" type="text" maxLength=32 name=
            "username">
        </p>
        <p>
            登录密码： <INPUT class="input" type=password maxLength=16
            name="userpass">
        </p>
        <p>
           选择性别：<input name="sex" type="radio" value="男" />男 <input
```

```
            name="sex" type="radio" value="女" />女
        </p>
        <p>
            所在校区：<select name="area">
                <option value="中心校区">中心校区</option>
                <option value="经开校区">经开校区</option>
                <option value="人民路校区">人民路校区</option>
            </select>
        </p>
        <p>
            所学技术：<input name="subject" type="checkbox" value="Java
            软件编程" />Java 软件编程 <input name="subject" type="checkbox"
            value="C#软件编程" />    C#软件编程 <input name="subject"
            type="checkbox" value="计算机信息管理" />计算机信息管理 <input
            name="subject" type="checkbox" value="数据结构" />数据结构
        </p>
        <p>
            <INPUT type="submit" name="mysubmit" value="" class="tj">
        </p>
    </div>
</form>
```

（2）表单的 action 属性指定提交到 info.jsp。这一步创建 info.jsp，再使用 request 对象获取表单提交过来的数据，具体代码如下所示。

```
<h2>您的注册信息如下</h2>
<%request.setCharacterEncoding("UTF-8");%>
<p>
    用户名：<%=request.getParameter("username")%><br />
    密码：<%=request.getParameter("userpass")%><br />
    性别：<%=request.getParameter("sex")%><br />
    所在校区：<%=request.getParameter("area")%><br />
    所学技术：<%
                String[] subject = request.getParameterValues
                ("subject");
                    for (int i = 0; i < subject.length; i++) {
            %>
            <%=subject[i]%>
            <%}%>
</p>
```

（3）在浏览器中访问 request3.jsp 页面，会员注册表单运行效果如图 3-7 所示。

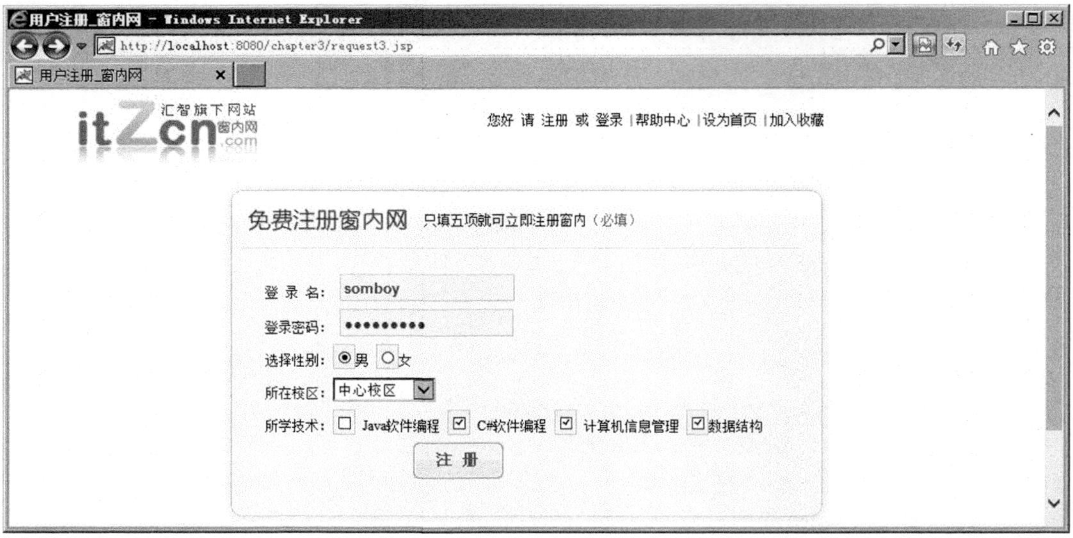

图 3-7　会员注册表单

（4）在表单中填写各项信息之后单击【注册】按钮提交到 info.jsp 页面，查看会员信息效果如图 3-8 所示。

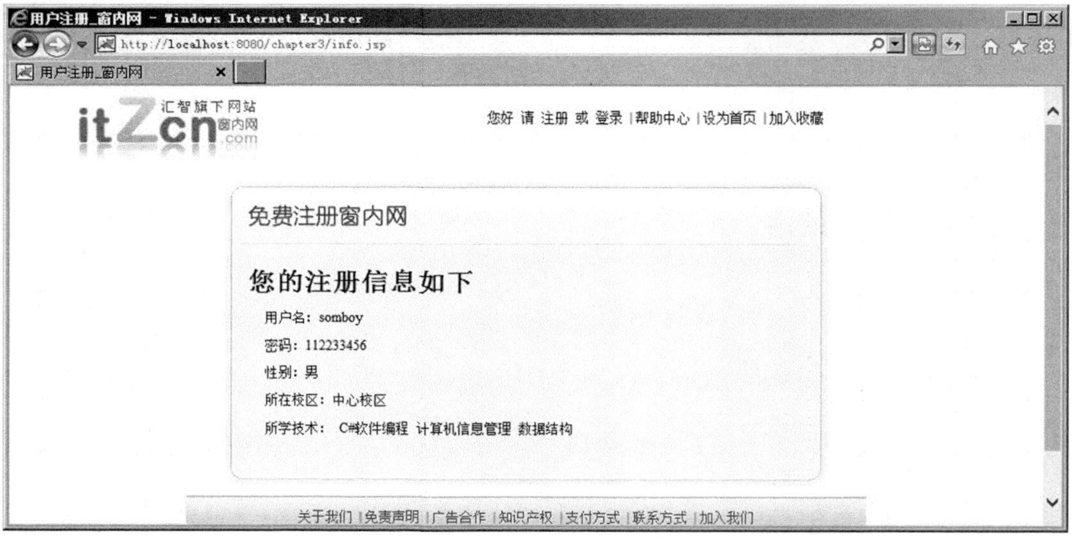

图 3-8　查看会员注册信息

3.4.5　管理请求中的属性

除了使用 URL 和表单提交传递参数之外，request 对象还允许将自定义的属性放在请求中，这些属性可在客户端与服务器端共享。而且与普通的 String 类型参数不同，这些属性可以是任何 Java 类型。

要使用自定义属性需要用到 request 对象的如下方法。

（1）getAttribute(String name)：获取名称为 name 的属性，如果指定的名称不存在则返回 null。

（2）removeAttribute(String name)：从该请求中删除名称为 name 的属性。

（3）setAttribute(String name,Object object)：使用 name 作为属性名称，object 作为属性值添加到 request 对象中。

（4）getAttributeNames()：返回一个枚举，其中包含可以使用所有属性名称。

【练习 7】

创建一个实例讲解如何使用 request 在请求中处理自定义的属性。

（1）在这里需要借助于一个 Book 类，该类包括 id、title 和 author 三个成员，并定义了 set 和 get 方法。

（2）创建一个 JSP 页面，实例化一个 Book 类实例并对成员赋值，然后将该实例作为属性添到 request 对象中，代码如下所示。

```
<%
    Book book = new Book();                          //创建 Book 类实例
     book.setAuthor("祝红涛");
     book.setId(123456);
     book.setTitle("JSP 学习最佳教程");
     request.setAttribute("bk", book);               //添加名称为 bk 的属性
     request.setAttribute("today",new Date()); //添加名称为 today 的属性
%>
```

上述代码向 request 中添加了两个属性，属性名称分别为 bk 和 today。

在需要显示的地方使用 request.getAttribute("bk")获取 Book 类实例，由于这里是保存的对象，所在还需要进行强制类型转换。具体代码如下所示。

```
<% Book bk;
bk=(Book)request.getAttribute("bk"); %>
    <table cellpadding="3" cellspacing="3">
        <tr>
            <td>图书编号：</td>  <td>    <%=bk.getId()%> </td>
        </tr>
        <tr>
            <td>图书标题：</td><td><%=bk.getTitle()%></td>
        </tr>
        <tr>
            <td>图书作者：</td>  <td><%=bk.getAuthor()%></td>
        </tr>
        <tr>
            <td>查看时间：</td>  <td><%=request.getAttribute("today")%>
            </td>
        </tr>
    </table>
```

上述代码使用 request.getAttribute("today")显示了 request 对象中保存的时间。

（3）接下来调用 removeAttribute()方法移除名称为 today 的属性，然后再次调用显示，此时将输出 null，代码如下。

```
<%
    request.removeAttribute("today");
    out.print("现在时间是：" + request.getAttribute("today"));
%>
```

（4）运行 JSP 页面，将看到会正常显示 request 对象保存的属性信息。在调用 removeAttribute()方法移除之后将会显示 null，效果如图 3-9 所示。

图 3-9 使用 request 对象管理自定义属性

3.4.6 处理中文

当用 request 对象获取客户端请求的参数时，如果参数值为中文且未经处理，则获取的参数值将是乱码。在 JSP 页面中解决获取请求参数的中文乱码问题有以下两种情况。

1．获取访问请求参数时乱码

当访问请求参数为中文时通过 request 对象获取的中文参数值为乱码，这是因为请求参数采用的 ISO-8859-1 编码不支持中文。所以只有将获取的数据通过 String 的构造方法使用 UTF-8 或者 GB2312 编码重新构造一个 String 对象，才可以正常显示中文。

例如，在获取中文信息的参数 name 时，可以使用以下代码：

```
<% String name = new String(request.getParameter("name").getBytes
("ISO-8859-1"),"UTF-8"); %>
```

2．获取表单提交的信息乱码

在获取表单提交的信息时，通过 request 对象获取到的中文参数值为乱码。这里可以通过在 page 指令的下方加上调用 request 对象的 setCharacterEncoding()方法将编码设置为 UTF-8 或者 GB2312 解决。

例如，在获取包括中文信息的【用户名】文本框（name 属性为 username）的值时，可以在获取全部表单信息前加上以下代码：

```
<%
    request.setCharacterEncoding("UTF-8");
 %>
```

这样，再使用 request 获取表单信息的时候，就不会产生中文乱码了。

注意

调用 setCharacterEncoding()方法的语句一定要在页面中没有调用任何 request 对象的方法之前使用，否则该语句将不起作用。

3.5 页面响应对象 response

response 对象是 httpServletResponse 类的一个实例，父类接口为 ServletResponse。该对象的主要作用是对客户的请求做出动态响应，向客户端发送数据。response 对象响应信息包含的内容有 MIME 类型的定义、保存 Cookie、连接到 Web 资源的 URL 等。

3.5.1 response 对象成员方法

response 对象提供了用于设置浏览器的响应方法（例如，Cookies 信息）。Response 对象常用方法如表 3-4 所示。

表 3-4 response 对象常用的方法

方法	使用说明
getCharacterEncoding()	返回响应的字符编码的 MIME 类型，如果没有指定类型，那么字符编码被默认设置为 text/plain
getOutputStream()	返回用来写入响应数据的输出流
getWriter()	返回一个打印 writer 来产生返回用户端的格式化的文本响应
setContentLength(int length)	设置返回响应的数据的长度
setContentType(String type)	设置响应的 MIME 类型
addCookie(Cookie cookie)	添加一个 Cookie 对象，用来保存客户端的用户信息
encodingRedirect(String url)	对指定的 URL 进行编码，以便在 sendRedirect()方法中使用
encodingURL()	将指定的 URL 和会话 ID 一起编码
sendError(int code)	用某个状态代码向用户端发送一个发现错误代码，出错信息使用默认值，例如，505 为服务器内部错误；404 为网页找不到错误
sendError(int code,String message)	用给出的状态代码和消息向用户端发送一个发现错误响应
sendRedirect(String url)	用于将对客户端的响应重定向到指定的 URL 上，这里可以使用相对 URL

续表

方法	使用说明
setDataHeader(String name,long value)	将指定的域加到响应首部，并赋给它一个时间值，如果这个域已经设置了值，那么它将被新设置的值代替
setStatus(int code)	设置响应的状态代码，使用默认的消息
setStatus(int code,String message)	设置响应的状态代码及消息
setHeader(String name,String value)	设定指定名字的 HTTP 文件头的值，若该值存在，它将会被新值覆盖
isCommitted()	返回一个布尔值，表示响应是否已经提交；提交的响应已经写入了状态码和报头
addHeader(String name,String value)	添加 HTTP 文件头，该 header 将会传到客户端，若同名的 header 存在，原来的 header 会被覆盖
addDateHeader(String name，long date)	使用给定的名称和日期值添加一个响应报头。日期是根据从新纪元开始的毫秒指定的
containsHeader(String name)	判断指定名字的 HTTP 文件头是否存在并返回布尔值
flushBuffer()	强制缓冲区中的任何内容写入客户
getBufferSize()	返回响应所使用的实际缓冲区大小，如果没有使用缓冲区，则该方法返回 0
setBufferSize(int size)	为响应的主体设置首选的缓冲区大小
setContextLength(int length)	设置数据传输的长度以 Byte 为单位，通常在下载文件时使用
setContextType(String contentType)	设置 JSP 页面的文档格式，与 page 指令的 setContentType 有相同的功能
reset()	清除缓冲区中存在的任何数据，同时清除状态码和报头

3.5.2 处理 HTTP Headers 信息

当客户访问一个页面时，会发送一个 HTTP 报头到服务器。这个 HTTP 请求包括请求行、HTTP 头和信息行。同样，HTTP 响应也包括一些 HTTP 头，另外使用 HTML 中的 META 标签，也可以实现对 HTTP 报头的操作。

META 标签是 HTML 中 HEAD 部分的一个辅助性标签，它位于 HTML 文档头部的<HEAD>标记和<TITLE>标记之间，它提供用户不可见的信息。META 标签通常用来为搜索引擎定义页面主题，或者是定义用户浏览器上的 cookie、网站作者、设定页面格式、标注内容提要和关键字，还可以设置页面的自动刷新时间间隔。

META 标签分为两大部分：HTTP 标题信息（HTTP-EQUIV）和页面描述信息（NAME）。HTTP-EQUIV 类似于 HTTP 的头部协议，用于回应给浏览器一些有用的信息，以帮助正确地显示网页内容。表 3-5 列出了常用的 HTTP-EQUIV 类型。

表 3-5　HTTP-EQUIV 类型的作用

HTTP-EQUIV 类型	说明	用法
Content-Type Content-Language	设定页面使用的字符集，用以说明页面制作所使用的语言，以指示浏览器调用相应的字符集显示页面内容	<Meta http-equiv="Content-Type" Content="text/html; Charset=gb2312"> <Meta http-equiv="Content-Language" Content="zh-CN">

续表

HTTP-EQUIV 类型	说明	用法
Refresh	设置网页的刷新时间，或转移到另外的网页。单位为 s	<Meta http-equiv="Refresh" Content="30"> <Meta http-equiv="Refresh" Content="5; Url=http://www.xia8.net">
Expires	指定网页在缓存中的有效时间，一旦网页过期，必须到服务器上重新下载。必须使用 GMT 的时间格式，或直接设为 0	<Meta http-equiv="Expires" Content="Wed, 26 Feb 2007 08:21:57 GMT">
Pragma	禁止浏览器从本地机的缓存中调用页面内容	<Meta http-equiv="Pragma" Content="No-cach">
Set-Cookie	设定 cookie，如果网页过期，存储的 cookie 也被删除。需要注意的也是必须使用 GMT 时间	<Meta http-equiv="Set-Cookie" Content="cookievalue=xxx; expires=Wednesday,21-Oct-07 15:14:21 GMT; path=/">
Pics-label	设置网页的评定等级。在 IE 的 internet 选项中有一项内容设置，可以防止浏览一些受限制的网站，而网站的限制级别通过该参数来设置	<meta http-equiv="Pics-label" contect="">
windows-Target	强制页面在当前窗口中以独立页面显示，可以防止网页被别人当作一个 frame 页调用	<meta http-equiv="windows-Target" contect="_top">

META 标签中的 NAME 是描述网页的，以便于搜索引擎分类和查找。NAME 的值用于指定所提供信息的类型。有些值是已经定义好的。例如 description（说明）、keyword（关键字）、refresh（刷新）等。还可以指定其他任意值，如 creationdate（创建日期）等。

在 JSP 页面中，可以通过 Response 对象的相应方法，动态地添加新的 HTTP 响应标题值，这些值会被发送到浏览器。如果添加的 HTTP 报头已经存在，则新的值会覆盖原来的标题值。下面是一些常用的修改报头方法。

（1）控制缓存和有效期。

（2）定制 HTTP 报头。

（3）指定 MIME 类型。

用户的浏览器，以及浏览器与服务器之间的任一代理服务器，都可以缓存 HTML 和 JSP 创建的网页。当用户请求页面时，浏览器就发送一个“最新修改”的请求到服务器，询问服务器网页是否被修改。若没有被修改，服务器的响应使用相应的状态码和消息，使浏览器使用缓存的内容而不需要通过网络重新下载页面。反之，浏览器就需要重新下载页面。

通过 HTML 页面的 META 标签控制缓存和有效期的方法如下。

```
<META HTTP-EQUIV="pragma" CONTENT="no-cache">
<META HTTP-EQUIV="Cache-Control" CONTENT="no-cache, must-revalidate">
<META HTTP-EQUIV="expires" CONTENT="0">
```

而在服务器的 JSP 动态页中禁止缓存，则要加入类似如下脚本。

```
response.setHeader("Pragma","No-cache");
response.setHeader("Cache-Control","no-cache");
response.setDateHeader("Expires", 0);
```

使用 response 对象的 addHeader()和 setHeader()方法，可以创建自定义的状态码和 HTTP 报头。该方法需要两个参数：HTTP 报头和设置报头的值。

例如，下面的代码使用 response 对象为 HTTP 响应头添加一个标题 Refresh。实现当客户端接收到这个响应头后，每间隔 1s 将刷新页面。

```
<%
response.setHeader("Refresh","1");
 %>
```

这与在 HTML 页面中使用如下的<META>标签效果相同。

```
<meta http-equiv="refresh" content="1">
```


3.5.3 处理重定向

在一些情况下，当服务器响应用户请求时，需要将用户重新引导到另一个页面或者源文件，这对用户而言是完全透明的。这就是服务器页面的重定向。JSP 页面可以使用 response 对象中的 sendRedirect()方法将客户请求重定向到一个不同的页面资源，例如：

```
response.sendRedirect("newpage.jsp");
```

当重定向页面时，实际上服务器发送了一个特殊的 HTTP 报头 Location，当客户端浏览器读取此报头信息后，将按指定的 URL 载入一个新的页面。

JSP 页面还可以使用 response 对象中的 sendError()方法指明一个错误状态。该方法接收一个错误以及一条可选的错误消息，该消息将在内容主体上返回给客户，例如：

```
response.sendError(500, "请求页面存在错误");
```

上述两个方法都会中止当前的请求和响应。如果 HTTP 响应已经提交给客户，则不会调用这些方法。

【练习 8】

创建一个登录页面，然后根据判断结果决定重定向到主页面还是错误页面。

（1）创建 response.jsp 文件，编写登录表单代码，如下所示。

```
<FORM name=login action=pre.jsp method=post>
```

```
    用户名<INPUT  type="text" name="username"><BR>
    密  码<INPUT  type="password" name="password"><BR> <BR>
     <INPUT class=button type=submit value=确定 name=submit>
     <INPUT class=button type=reset value=取消 name=reset>
</FORM>
```

(2)创建 pre.jsp 文件，使用 request 对象获取用户名和密码。判断如果用户名是 admin，且密码为 888888，则转到 main.jsp 页面显示主界面；否则转发错误页面，给出错误提示信息，代码如下。

```
<%@ page language="java" import="java.util.*" pageEncoding="GBK"%>
    <%
    String username = request.getParameter("username");
    String password = request.getParameter("password");
    if (username.equals("admin")&&password.equals("888888")) {
        response.sendRedirect("main.jsp");
    } else {
        response.sendError(400,"用户名或密码错误，登录失败！");
    } %>
```

(3) 运行 response.jsp，在登录表单中输入“admin”和“888888”，如图 3-10 所示。单击【确定】按钮进入主页面如图 3-11 所示。

图 3-10 登录表单

(4) 如果输入的信息判断失败将调用 response 的 sendError()方法显示错误，页面效果如图 3-12 所示。

图 3-11 登录成功进入的主页面

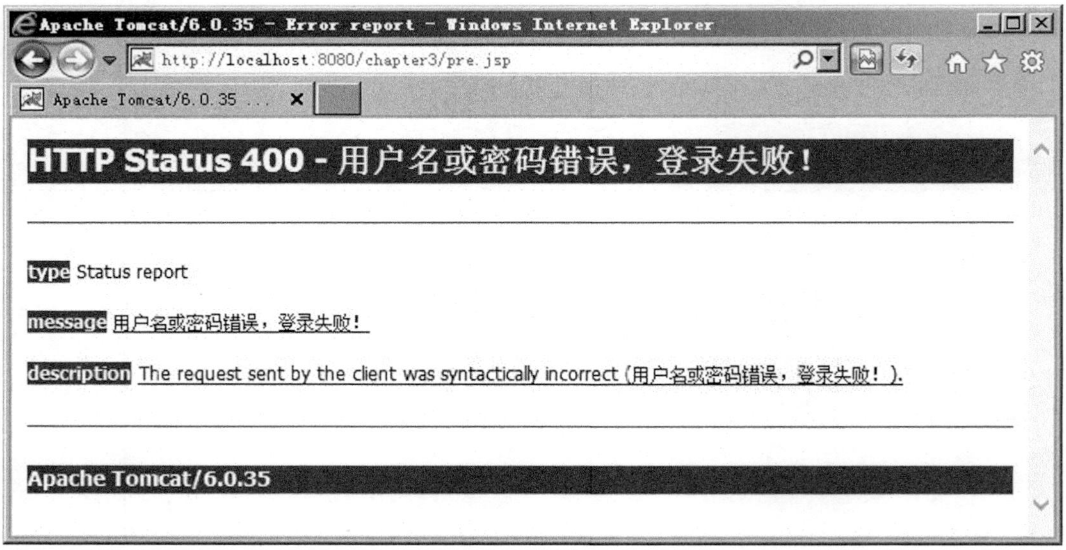

图 3-12 登录失败的错误提示

3.6 实验指导 3-1：维护商品信息

使用本章介绍的 JSP 请求与响应相关的对象实现一个商品信息的维护功能。主要包括一个表单用于添加商品信息，表单提交之后显示商品信息，然后可以对商品执行删除操作。

具体步骤如下。

（1）创建一个 index.jsp 页面作为商品信息输入页面，将表单提交到 list.jsp，具体代码如下所示。

```
    <form action="list.jsp?action=add" method="post">
    <table class="listing" cellpadding="0" cellspacing="0">
        <tr>    <th class="first"  colspan="2">添加商品信息</th></tr>
        <tr><td >商品编号：</td>
            <td><input type="text" name="pdtid"/></td></tr>
        <tr><td >商品名称：</td>
            <td><input type="text" name="pdtname"/></td></tr>
        <tr ><td >商品价格：</td>
            <td>    <input type="text" name="pdtprice"/></td></tr>
        <tr ><td >促销价格：</td>
            <td><input type="text" name="pdtnewprice"/></td></tr>
        <tr ><td >库存数量：</td>
            <td><input type="text" name="pdtamount"/></td></tr>
        <tr ><td >上架日期：</td>
            <td><input type="text" name="pdtdate"/></td>   </tr>
        <tr >
            <td colspan="2"><input type="submit" value="确定"/></td>
        </tr>
    </table>
</form>
```


（2）上述表单的 action 在提交到 list.jsp 时还传递了一个 action 参数，参数值为 add 表示添加动作。创建 list.jsp 页面使用 request 对象首先判断是否 action 参数为 add，如果是，则获取上一个请求提交过来的商品数据，并进行保存。具体代码如下所示。

```
<%@page import="com.Product"%>
<%@ page language="java" import="java.util.*" pageEncoding="utf-8"%>
<%
    request.setCharacterEncoding("UTF-8");          //设置编码方式
    Product product=new Product();                  //创建一个商品实例
    String action = request.getParameter("action");//获取 action 参数
    if ((action != null) && action.equals("add")) {//判断是否执行添加动作
        Product product1 = new Product();           //创建一个临时商品实例
        product1.setName(request.getParameter("pdtname"));
        product1.setId(Integer.parseInt(request.getParameter
    ("pdtid")));
        product1.setPrice(Integer.parseInt(request.getParameter
        ("pdtprice")));
        product1.setNewprice(Integer.parseInt(request.getParameter
        ("pdtnewprice")));
        product1.setAmount(Integer.parseInt(request.getParameter
        ("pdtamount")));
        product1.setDate(request.getParameter("pdtdate"));
        request.setAttribute("phone", product1);
        //将临时商品实例添加到请求头中
```

```
        product = (Product) request.getAttribute("phone");
        //从请求头中获取商品实例
    }
%>
```

（3）新建 com.Product 类，添加 6 个成员分别表示商品编号、商品名称、价格、促销价、库存和上架日期。具体代码如下所示。

```
package com;
public class Product {
    int id=0;
    String name="";
    int price=0;
    int amount=0;
    int newprice=0;
    String date="";
    public int getId() {
        return id;
    }
    public void setId(int id) {
        this.id = id;
    }
    //省略其他属性的 set 和 get
}
```


（4）在 list.jsp 页面合适位置调用 product 输出商品信息，代码如下所示。

```
<table class="listing" cellpadding="0" cellspacing="0">
    <tr><th class="first" width="20">编号</th>
        <th >名称</th>
        <th>原价</th>
        <th>促销价</th>
        <th>库存</th>
        <th>上架日期</th>
        <th>操作</th>
    </tr>
    <tr class="bg">
        <td class="first style1"><%=product.getId()%></td>
        <td ><%=product.getName()%></td>
        <td><%=product.getPrice()%></td>
        <td><%=product.getNewprice()%></td>
        <td><%=product.getAmount()%></td>
        <td><%=product.getDate()%></td>
        <td><a href="del.jsp?action=del&id=<%=product.getId()%>"><img
    src="img/hr.gif" width="16" height="16" alt="" /> 删除</a></td></tr>
</table>
```

（5）在浏览器中打开 index.jsp 将看到添加商品信息表单，如图 3-13 所示。

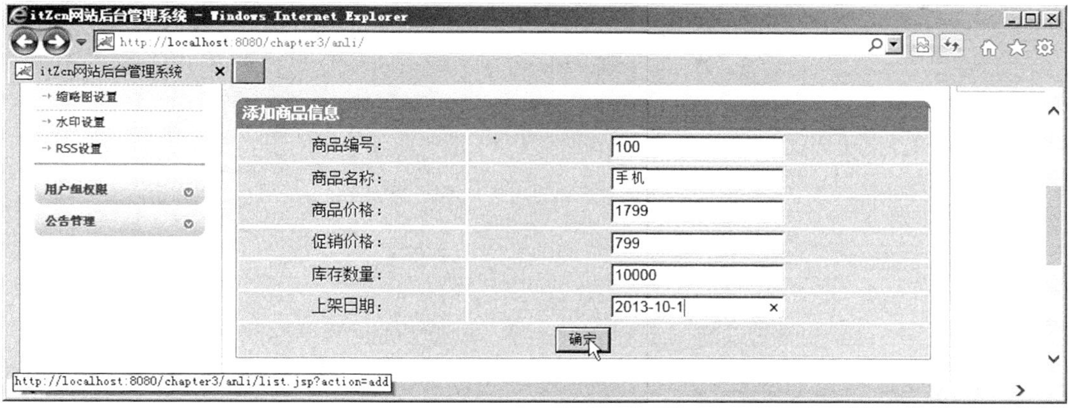

图 3-13 添加商品信息

（6）在输入各项信息之后单击【确定】按钮跳转到 list.jsp 页面，此时显示的商品信息页面效果如图 3-14 所示。

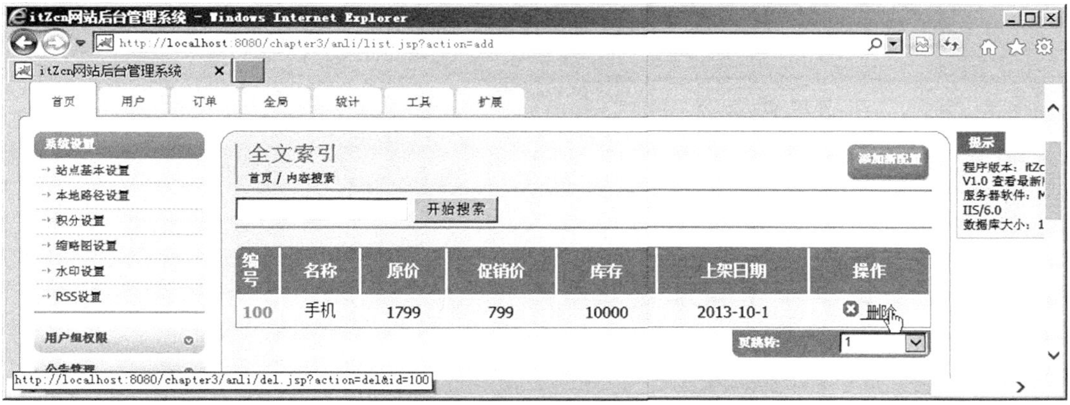

图 3-14 查看商品信息

（7）在查看商品时有一个【删除】链接，单击它转到 del.jsp 页面并传递两个参数，第一个 action 表示操作，第二个 id 表示商品编号。创建 del.jsp 页面，使用 response 对象禁用缓存，再判断是否执行删除操作，如果是则将删除请求转到 list.jsp。代码如下所示。

```
<%
response.setHeader("Pragma","No-cache");              //禁用缓存
response.setHeader("Cache-Control","no-cache");
response.setDateHeader("Expires", 0);

String action=request.getParameter("action");
if ((action != null) && action.equals("del"))        //执行删除操作
{
response.setHeader("refresh", "5; url=list.jsp?action=del");
//页面重定向
out.print("正在删除编号为【"+request.getParameter("id")+"】的商品，5 秒后将转
到 list.jsp 页面。");
}
```

```
    %>
```

上述代码调用 response 对象的 setHeader()方法更改响应信息，使页面 5s 后自动转到 list.jsp，并传递值为 del 的 action 参数。

（8）在 list.jsp 页面中添加删除商品的代码，如下所示。

```
if ((action != null) && action.equals("del")) {
    request.removeAttribute("phone");           //移除属性
    product = new Product();                    //创建一个空的商品
}
```

（9）在图 3-14 中单击【删除】链接进入的 del.jsp 页面效果如图 3-15 所示。5s 之后再转到 list.jsp 页面，商品信息都会清除，如图 3-16 所示。

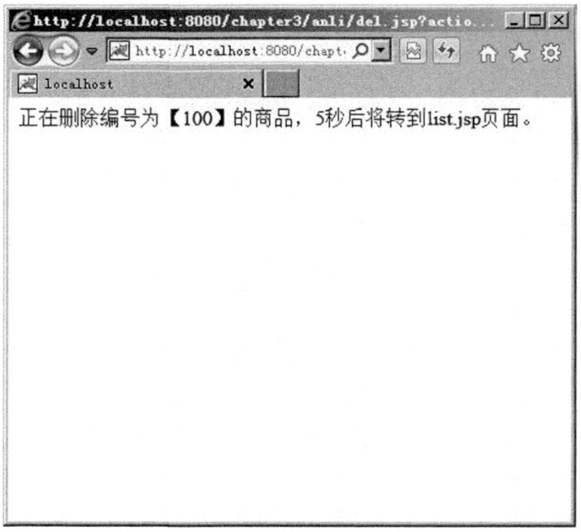

图 3-15　del.jsp 页面效果

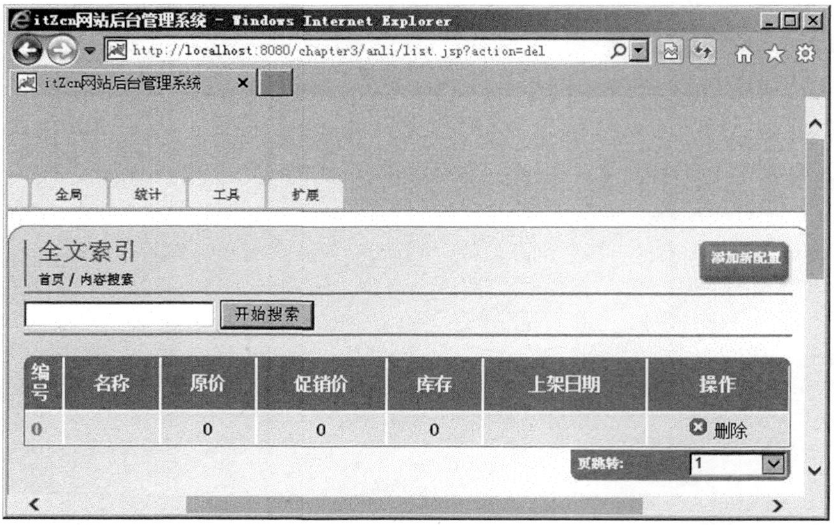

图 3-16　删除后的商品信息查看页面

思考与练习

一、填空题

1. out 对象在 JSP 容器内会自动转换为__________对象。

2. 在空白处填写合适代码，让它运行后会输出“BC”。

```
<%
    out.println("A");
    ___________;
    out.println("B");
    out.println("C");
    out.flush();
%>
```

3. 为了避免产生乱码，将请求编码设置为 GBK 的代码是__________。

4. 下列代码的执行结果是__________。

```
<%
    request.setAttribute("today
    ","Monday");
    request.removeAttribute("to
    day");
    out.print(request.getAttrib
    ute("today"));
%>
```

5. response 对象是__________类的一个实例。

二、选择题

1. 下列不属于 JSP 内置对象的是__________。

A. response

B. request

C. server

D. session

2. 下列不属于 out 对象方法的是__________。

A. print()

B. getBufferSize()

C. isAutoFlush()

D. getClass()

3. page.equals(this)的返回值是__________。

A. true

B. false

C. 0

D. 1

4. 对于链接“index.jsp?user=hello”要获取字符串 hello 可以使用代码__________。

A. request.getParameter("user")

B. out.println("user")

C. out.println("hello")

D. response.sendRedirect("user")

5. 假设要获取服务器的端口号可用代码__________。

A. request.getServerPort()

B. request.getRemoteAddr()

C. request.getServletPath()

D. request.getMethod()

6. 下列不属于 response 对象方法的是__________。

A. getCharacterEncoding()

B. getOutputStream()

C. setHeader()

D. getClass()

三、简答题

1. 简述 JSP 提供了哪些内置对象，作用各是什么。

2. 简述 out 对象对缓冲区的管理方法。

3. 简述 page 对象的使用方法。

4. 列举 request 对象提供的获取客户端信息的方法。

5. 列举 request 对象获取请求数据的方法。

6. 简述 response 对象的使用方法。

第 4 章　保存页面状态

在第 3 章学习了与页面请求和响应相关的 JSP 内置对象，例如使用 out 对象向客户端输出数据、使用 request 对象获取请求数据以及 response 对象重定向等。

虽然，request 对象和 response 对象可以在页面间传递数据，但是它们只对当前请求有效，每切换一个页面需要重新传递一次。而 JSP 提供了更多的方法来实现页面间数据的共享，包括用户会话信息、服务器共享信息以及配置信息等。

本章主要介绍 JSP 中用于保存页面状态和数据的对象，包括 session、pageContext、application 和 config。

本章学习要点：

- ❑ 理解 session 对象的作用域和生命周期
- ❑ 熟悉 session 对象的使用
- ❑ 了解 pageContext 对象
- ❑ 理解 application 对象的作用域和生命周期
- ❑ 掌握 application 对象存取数据的方法
- ❑ 掌握 config 对象获取配置信息的方法

4.1 会话对象 session

如何保持一个客户在一个网站的活动记录，是许多动态技术必须要解决的问题。在 JSP 技术中，通常采用会话跟踪的方式处理。会话跟踪的操作过程是：从一个客户机请求所传送的数据开始，维持状态到下一个请求，并且能够识别出是相同客户机所发送的信息，连接状态信息会一直保存。也就是说，如果 10 位客户访问同一个网站，该网站就会自动生成 10 个不同的会话（session）对象来保存客户的活动信息，一直到该客户离开该网站为止。

4.1.1 session 对象生命周期

众所周知，HTTP 是一种无状态的协议。只有当用户发送请求时，服务器端才会做出响应，像这种客户端和服务器端之间的关系都是离散的。而且在服务器端响应用户的请求之后，服务器端也不能和用户保持连接。因此，如果用户在多个页面之间进行转换时，根本无法识别用户的身份。

session 恰好能为我们解决这个难题，使用 session 可以为客户端用户分配一个编号。那么 session 是如何来分配的呢？它是通过 session ID（简写 SID）来分配的。session ID 是服务器端随机生成的 session 文件的文件名，因此能够保证其唯一性进而确保 session

的安全。

也就是说，当一台 Web 服务器运行时，可能有若干个用户正在浏览这台服务器上的网站。当每个用户首次登录该网站时，服务器会自动为这个用户分配一个 session ID，来标识这个用户的身份。不同的用户会话信息会有不同的 session 对象来保存，因此不必担心两个 session 对象会发生冲突。如图 4-1 所示的示意图说明了这个过程。

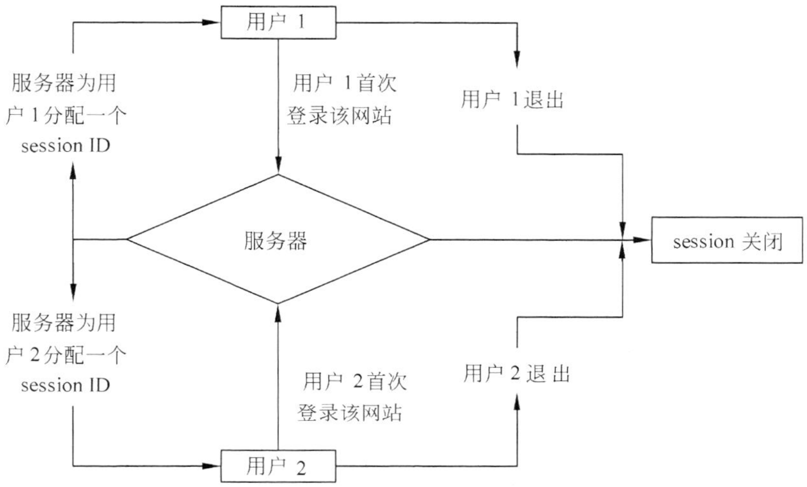

图 4-1 服务器为不同用户分配的不同 session ID

session 作用于同一浏览器中，在各个页面中共享数据。无论当前浏览器是否在多个页面之间执行了跳转操作，整个用户会话一直存在。直到关闭浏览器，其生命周期结束。如果在一个会话中客户端长时间不向服务器发出请求，session 对象就会消失，这个时间取决于服务器。例如，Tomcat 服务器默认为 30min，这个时间可以通过编写程序修改。

4.1.2 session 对象方法

session 对象是 JSP 中一个很重要的内置对象，它是 javax.servlet.httpServletSession 类的一个对象。session 提供了当前用户会话的信息，还提供了对可用于存储信息的会话范围的缓存的访问，以及控制如何管理会话的方法。

session 对象指的是客户端与服务器端的一次会话，从客户端连到服务器的一个 Web 应用程序开始，直到客户端与服务器断开为止。每一个客户端都有一个 session 对象用来存放与这个客户端相关的信息。

表 4-1 列出了 session 对象提供的常用方法。

表 4-1 session 对象常用方法

方法	说明
setAttribute(String name,Object value)	将 value 对象以 name 名称绑定到会话
getAttribute(String name)	从会话 session 对象中获取 name 的属性值，如果属性不存在则返回 null

续表

方法	说明
removeAttribute(String name)	从会话中删除 name 属性，如果不存在不会执行，也不会抛出异常
getAttributeNames()	返回 session 对象中存储的每一个对象，结果为 Enumeration 实例
invalidate()	使会话失效，同时删除属性对象
isNew()	用于检测当前客户是否为新的会话
getCreationTime()	返回会话创建时间
getLastAccessedTime()	返回在会话时间内 Web 容器接收到客户最后发出的请求的时间
getMaxInactiveInterval()	返回在会话期间内客户请求的最长时间，单位为 s
setMaxInactiveInterval (int seconds)	设置允许客户请求的最长时间，如果请求之间超过这个时间，JSP 容器则会认为请求属于两个不同的会话
getServletContext()	返回当前会话的上下文环境，ServletContext 对象可以使 Servlet 与 Web 容器进行通信
getId()	返回会话期间的识别号

4.1.3 session 对象 ID

当一个用户第一次访问 JSP 页面时，JSP 容器会自动创建一个 session 对象。为了区分每一个 session 对象，JSP 容器会为其分配一个唯一的 ID 号。根据 JSP 运行原理，JSP 容器将为每个用户请求启动一个线程，这就是说 JSP 容器会为每个线程分配不同的 session 对象。当客户再次访问服务器时，或者从该服务器连接到其他服务器再回到该服务器时，JSP 容器不再分配给客户新的 session 对象，而是使用完全相同的一个 ID 号，直到客户关闭浏览器，服务器上该客户的 session 对象才被撤销。当用户重新打开浏览器并再次连接到该服务器时，服务器将为该客户再创建一个新的 session 对象，以及 session ID。

和其他内置对象一样，在 JSP 页面中不需要任何代码就可以直接使用 session 对象。调用 session 对象的 getId()方法可以获取服务器分配的 session ID 值。

【练习 1】

假设，现在网站有登录页面 login.jsp 和注册页面 register.jsp。在两个页面中添加如下代码来跟踪用户的会话 ID。

```
会话标识符：<%=session.getId()%>
```

然后在浏览器中浏览 login.jsp 会看到 JSP 容器自动为客户端分配的 ID 值，如图 4-2 所示。该值同样会出现在 register.jsp 页面中，因为是同一个客户，如图 4-3 所示。

4.1.4 存取数据应用

在上面几节详细介绍了 session 对象的基础，由于 session 对象的作用域仅针对单个用户有效。因此，非常适合使用 session 保存用户在整个会话期间的数据，其中用的最多的就是登录功能。

图 4-2 访问 login.jsp

图 4-3 访问 register.jsp

【练习 2】

创建一个用户登录和注销的功能演示如何使用 session 对象保存数据，读取 session

中的数据以及移除数据。

（1）创建登录页面 login.jsp，创建【用户名】和【密码】输入框，并显示用户 ID 值，具体代码如下所示。

```
<form action="check.jsp?action=login" method="post">
    <p style="*margin-top:20px;">用户名 <input class="sr" type="text"
    name="username" maxlength="15" /></p>
    <p>密  码 <input class="sr" type="password" name="userpass"
    maxlength="25"/>
    <a href="./login.jsp?action=lostpass">忘记密码</a></p>
    <p style="padding: 2px 0px 6px 45px; text-indent: -3px;">会话标识符:
    <%=session.getId()%></p>
    <p style="text-indent:40px;">
    <input type="submit" class="Login1" name="mysubmit" value="" />
    </p>
  </form>
```

如上述代码所示，登录表单将提交到 check.jsp。登录表单的运行效果如图 4-4 所示。

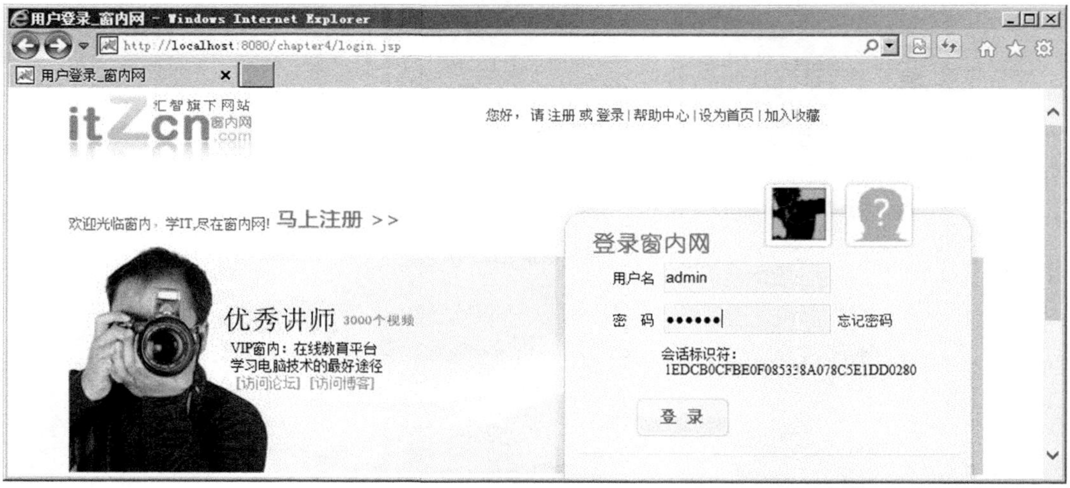

图 4-4 登录表单

（2）创建 check.jsp 页面，使用 request 对象获取提交的数据并判断是否正确。如果正确则添加到 session 中，然后转到主页面 home.jsp；否则显示错误提示。具体代码如下。

```
<%
    response.setHeader("Pragma", "No-cache");
    response.setHeader("Cache-Control", "no-cache");
    response.setDateHeader("Expires", 0);

    String action = request.getParameter("action");
    if ((action != null) && action.equals("login")) {  //登录验证
```

```
        String name = request.getParameter("username");//获取用户名
        String pass = request.getParameter("userpass");//获取密码
        if (name.equals("admin") && pass.equals("123456")) {
        //验证用户名和密码
            session.setAttribute("userid", name);  //保存到当前用户会话中
            response.sendRedirect("home.jsp");     //执行重定向
        }
    } else {
        response.setHeader("refresh", "5; url=login.jsp");
        out.print("用户名或者密码错误，请重输。");
    }
%>
```

上述代码调用 session 对象的 setAttribute()方法向当前用户会话中添加一个名为 userid 的属性，属性的值为提交的用户名。这样一来在用户访问其他页面时就可以使用该属性值。

(3)在网站的 home.jsp 页面中需要显示用户名的地方调用 session 对象的 getAttribute()方法。具体代码如下。

```
<%if(session.getAttribute("userid")!=null){
 %>
您好，[<%=session.getAttribute("userid")%>]用户  | <a href="logout.jsp">
注销</a>
<%}else {%>
<A href="register.html">注册</A> | <A href="login.html">登录</A>
<%}%>
```

上述代码会根据 session 中是否有 userid 来判断是否已登录，如果已登录则显示【用户名】和【注销】链接；否则显示【注册】与【登录】链接。

（4）在 home.jsp 页面的中间位置显示当前时间以及是否新会话。代码如下所示。

```
<%  if(session.getAttribute("userid")!=null){%>
    <h2>欢迎登录窗内网：<%=session.getAttribute("userid") %></h2>
    您登录的时间是：<%=new Date(session.getCreationTime()) %><br>
    是否是新创建的 session：<%=session.isNew() %><br>
    <a href="logout.jsp">注销</a>
<%  }else{  %>
    <center style="margin-top: 20px">
    对不起，您还没有登录， 请先<a href="login.jsp">登录</a>! <br>
   </center>
<%} %>
```

（5）当用户登录之后单击【注销】链接可以清空用户名并转到 home.jsp 页面。如下所示为 logout.jsp 的代码。

```
<%
session.removeAttribute("userid");              //移除会话中的用户名
response.sendRedirect("home.jsp");              //转到 home.jsp
%>
```

上述代码调用 session 对象的 removeAttribute()方法将当前用户会话中名为 userid 的属性移除，即实现清空用户名的效果。

（6）在登录页面中输入正确的用户名之后将转到 home.jsp，效果如图 4-5 所示。

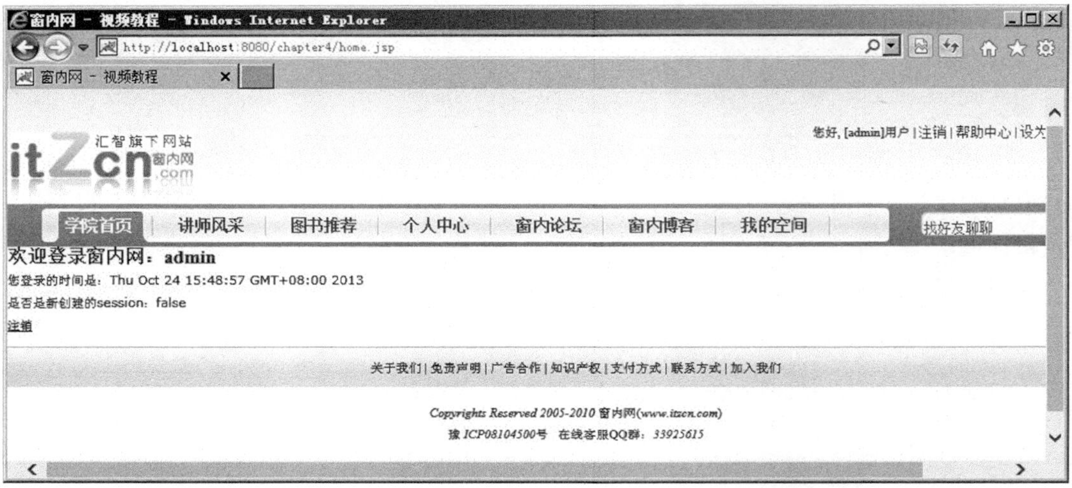

图 4-5 登录后的界面

（7）如果用户单击【注销】链接或者未登录时访问 home.jsp 页面，将看到如图 4-6 所示界面，提示用户进行登录。

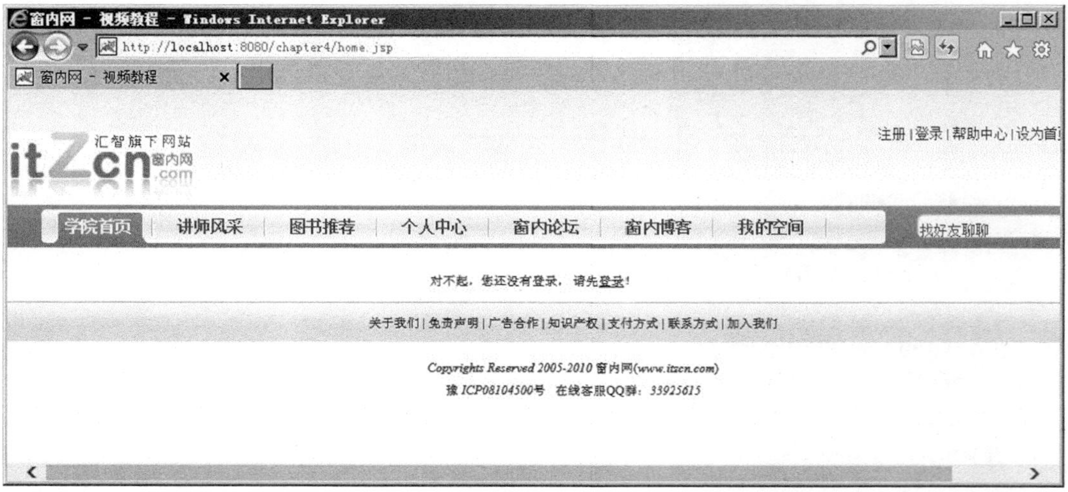

图 4-6 登录前的界面

4.1.5 设置会话的有效时间

当用户访问网站时会产生一个新的会话，这个会话可以记录用户的状态，但是它并不是永久存在的。如果在一个会话中，客户端长时间不向服务器发出请求，这个会话将被自动销毁。这个时间取决于服务器，如 Tomcat 服务器默认为 30min。不过 session 对象提供了一个设置 session 有效时间的方法 setMaxInactiveInterval()。

例如，要将 session 对象的有效时间设置为 1h，代码如下：

```
session.setMaxInactiveInterval(3600);
```

提 示

在操作 session 时，有时需要获取最后一次与会话相关联的请求时间和两个请求的最大时间间隔，可以通过 session 对象提供的 getLastAccessedTime()和 getMaxInactiveInterval()方法实现。

虽然当客户端长时间不向服务器发送请求后，session 对象会自动消失。但是对于某些实时统计在线人数的网站（如聊天室），每次在 session 过期之后才能统计出准确人数。这是远远不够的，需要手动销毁 session。通过 session 对象的 invalidate()方法可以进行销毁。

4.2 实验指导 4-1：在线考试系统

本案例使用 request 对象和 session 对象结合实现简单的在线考试系统。在线考试系统中每位考生需要单独登录，并进行答题，最后给出分数。每位考生使用一个准考证号进行标识，在登录之后该号码会显示在答题页面和分数页面。具体步骤如下。

（1）新建 index.jsp 作为考生登录页面，在这里需要输入准考证号和密码。

```
<FORM action="check.jsp" method="post">
    准考证号：<INPUT  type="text" name="username"> <BR>
    登录密码：<INPUT  type="password" name="userpass"> <BR>  <BR>
    <INPUT type=submit value=确定 name=submit>
    <INPUT type=reset value=取消 name=reset></TD>
</FORM>
```

（2）创建 check.jsp 页面在准考证号和密码都不为空时将准考证号添加到 session 对象中，再转到答题页面 main.jsp，代码如下。

```
<%@ page language="java" import="java.util.*" pageEncoding="utf-8"%>
<%
    String name = request.getParameter("username");    //准考证号
    String pass = request.getParameter("userpass");    //密码
```

```
    if ((name != null) && (pass != null)) {              //两者都不能为空
            session.setAttribute("userid", name);
            //将准考证号添加到 session 对象
            response.sendRedirect("main.jsp"); //转到答题页面 main.jsp
    } else {
        response.setHeader("refresh", "5; url=index.jsp");
        out.print("号码或者密码错误，请重输。");
    }
%>
```

（3）创建 main.jsp 页面，使用 form 创建试题及答题的单选项和复选项。具体代码如下所示。

```
<h1> 在线考试系统</h1>
<%if(session.getAttribute("userid")!=null){ %>
欢迎 <%=session.getAttribute("userid") %> 考生进入在线考试系统！ <hr>
 <form action="result.jsp" method="post">
  <h3>一、单选题(每题 5 分)</h3>
   1.西游记的作者是 ()。<br>
   <input type="radio" name="thor" value="A">A、曹雪芹
   <input type="radio" name="thor" value="B">B、罗贯中
   <input type="radio" name="thor" value="C">C、吴承恩
   <input type="radio" name="thor" value="D">D、司马迁
   <h3>二、多选题（每项 5 分，多选或错选 0 分）</h3>
   2.下列属于中国四大发明的是 ()。<br>
   <input type="checkbox" name="poem" value="A">A、指南针
   <input type="checkbox" name="poem" value="B">B、蒸汽机
   <input type="checkbox" name="poem" value="C">C、火药
   <input type="checkbox" name="poem" value="D">D、自行车<br>
   <input type="checkbox" name="poem" value="E">E、印刷术
   <input type="checkbox" name="poem" value="F">F、造纸
   <input type="checkbox" name="poem" value="G">G、算盘
   <input type="checkbox" name="poem" value="H">H、望远镜  <br>
   <input type="submit" value="提交试卷">
   </form>
   <%
       }else{
   %>
   <center style="margin-top: 20px">
   对不起，您还没有登录， 请先<a href="index.jsp">登录</a>! <br>
  </center>
   <%} %>
```

如上述代码所示，如果没有登录直接访问该页面将提示考生进行登录。

（4）创建 result.jsp 页面，显示考生提交的答案并进行分数的计算。如下所示为显示

答题情况的代码：

```
<%if (session.getAttribute("userid") != null) {%>
    <h1><%=session.getAttribute("userid")%>同学考试结果 </h1>
<%}%><hr>
<%
    String str1 = request.getParameter("thor");          //获取单选题答案
    String[] str2 = request.getParameterValues("poem");//获取多选题答案
    %>
    您的答案如下：<br> 1. <% out.print(str1);     //输出单选题答案  %><br>
    2. <%
        if (str2 != null) {                          //输出多选题答案
            for (int i = 0; i < str2.length; i++) {
                out.print(str2[i]);
            }
        }%>
```

如上述代码所示，对于单选题可以直接获取显示，如果是多选题则需要进行循环遍历输出。

（5）根据考生的选择与正确答案进行匹配，并给出相应的分值，最后计算出总分，代码如下。

```
<%
    int score = 0, score1 = 0;                          //声明变量
    if (str1.equals("C")) {                             //判断单选题答案的得分
        score1 = 5;
    } else {
        score1 = 0;
    }
    for (int i = 0; i < str2.length; i++) {     //判断多选题答案的得分
        if (str2[i].equals("A")) {
            score = 5;
        }
        if (str2[i].equals("C")) {
            score = score + 5;
        }
        if (str2[i].equals("E")) {
            score = score + 5;
        }
        if (str2[i].equals("F")) {
            score = score + 5;
        }
    }
    int s = score + score1;
    %><br> 您的总成绩为：<%=s%>分，总分 25 分
```

（6）将上述几个 JSP 文件部署到 Tomcat，在浏览器中访问 index.jsp 页面，登录效果

如图 4-7 所示。

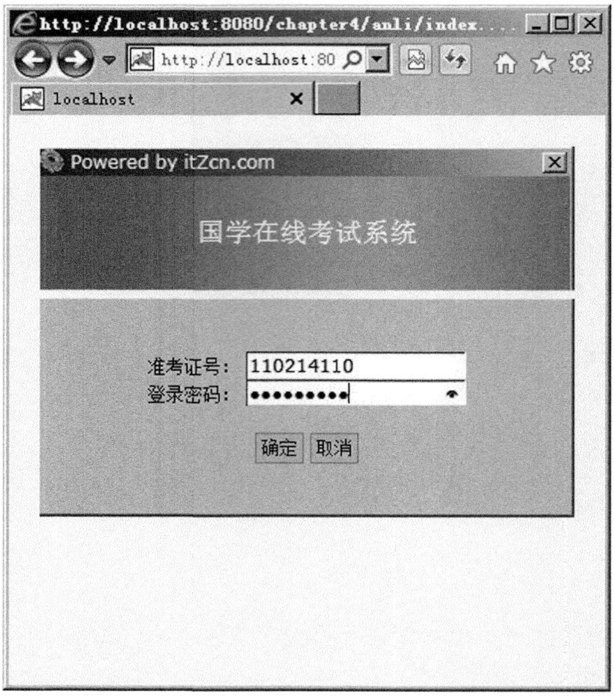

图 4-7 登录页面

（7）输入准考证号和密码之后单击【确定】按钮开始答题，页面效果如图 4-8 所示。

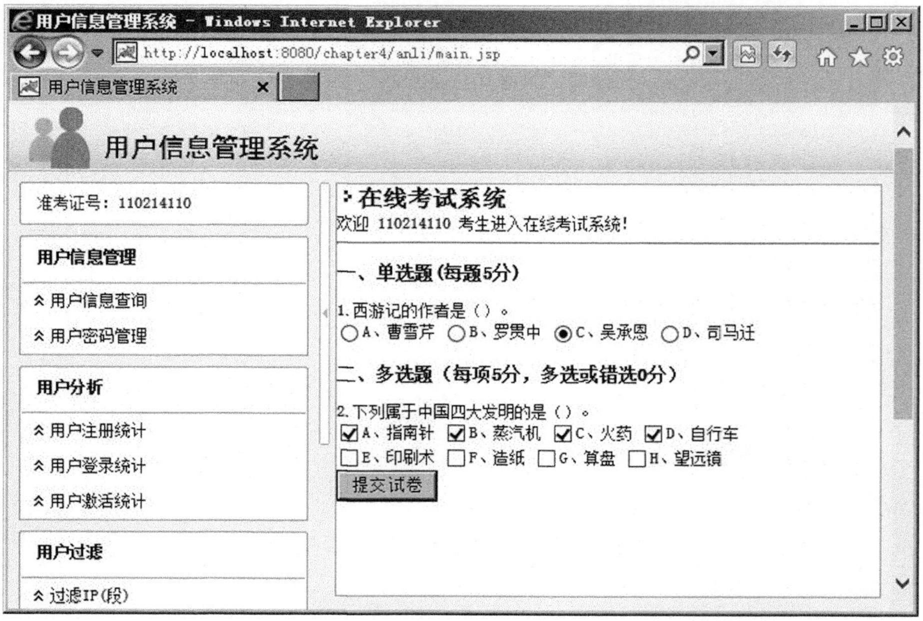

图 4-8 答题页面

（8）答题之后单击【提交试卷】按钮查看考试结果，如图 4-9 所示。

图 4-9　查看结果页面

（9）如果考生没有登录直接访问答题页面 main.jsp 将提示进行登录，效果如图 4-10 所示。

图 4-10　未登录时答题页面效果

4.3 pageContext 对象

pageContext 对象是 javax.servlet.jsp.PageContext 类的一个实例。使用 pageContext 对象可以存取关于 JSP 执行时期所要用到的属性和方法。例如，该对象提供了如下方法获取 JSP 内置对象。

（1）getOut()：返回当前客户端响应被使用的 JspWriter 流，即 out 对象。

（2）getSession()：返回当前页中的 HttpSession 对象，即 session 对象。

（3）getPage()：返回当前页的 Object 对象，即 page 对象。

（4）getRequest()：返回当前页的 ServletRequest 对象，即 requeset 对象。

（5）getResponse()：返回当前页的 ServletResponse 对象，即 response 对象。

（6）getException()：返回当前页的 Exception 对象，即 exception 对象。

（7）getServletConfig()：返回当前页的 ServletConfig 对象，即 config 对象。

（8）getServletContext()：返回当前页的 ServletContext 对象，即 application 对象。

由于 pageContext 是一个抽象类，因此 JSP 容器开发商必须扩展它。在使用 pageContext 对象时，可以在多个作用域上进行操作（页面作用域、请求作用域和应用程序作用域），而且还为简便方法提供了一个与开发商无关的接口。一个开发商可以对该对象提供一种自定义实现，还可以提供独有的额外方法。pageContext 对象的常用方法如表 4-2 所示。

表 4-2 pageContext 对象的方法

方法	说明
void setAttribute(String name,Object attribute)	设置属性及属性值
void setAttribute(String name,Object obj,int scope)	在指定范围内设置属性及属性值
public Object getAttribute(String name)	取属性的值
Object getAttribute(String name,int scope)	在指定范围内取属性的值
public Object findAttribute(String name)	寻找一属性，返回其属性值或 NULL
void removeAttribute(String name)	删除某属性
void removeAttribute(String name,int scope)	在指定范围删除某属性
int getAttributeScope(String name)	返回某属性的作用范围
Enumeration getAttributeNamesInScope(int scope)	返回指定范围内可用的属性名枚举
void release()	释放 pageContext 所占用的资源
void forward(String relativeUrlPath)	使当前页面重导到另一页面
void include(String relativeUrlPath)	在当前位置包含另一文件

pageContext 对象的 setAttribute()方法可以将参数或者 Java 对象绑定到 JSP 内置对象，它的 scope 参数有如下取值：pageContext.PAGE_SCOPE、pageContext.REQUEST_SCOPE、pageContext.SESSION_SCOPE 和 pageContext.APPLICATION_SCOPE。

当 scope 参数的值为 pageContext.SESSION_SCOPE 时，调用 pageContext 对象的 setAttribute()方法和调用 session 对象的 putValue()方法等效，都是将某个参数或者 Java

对象和当前的 session 绑定起来。如果 scope 参数的值为 pageContext.APPLICATION_SCOPE，那么调用 pageContext 对象的 setAttribute()方法和调用 application 对象的 setAttribute()方法等效，scope 的参数值还可以为其他值，原理一样。示例代码如下。

```
<%
    pageContext.setAttribute("password", "123456", pageContext.
    SESSION_SCOPE);
%>
```

pageContext 对象的 getArrtribute()方法和 setArrtribute()是对应的，这个方法的 scope 参数的意义和 setAttribute()方法一样。如果 scope 参数的值是 pageContext.SESSION_SCOPE，那么 getAtttribute()方法就在当前的 session 对象内部查找有没有绑定一个名为 name 的 Java 对象，如果有就返回这个对象，如果没有则返回 null 值。示例代码如下。

```
<%
    pageContext.getAttribute("userName",pageContext.SESSION_SCOPE);
%>
```

4.4 全局应用程序对象 application

application 对象保存了一个 Web 应用系统中一些公用的数据。与 session 对象相比，application 对象所保存的数据可以被所有用户共享，而 session 对象则是每个用户专用。当 Web 服务器中的任一个 JSP 页面开始执行时，将产生一个 application 对象。当服务器关闭时，则产生的 application 对象也随之消失。

4.4.1 application 对象生命周期

application 对象负责提供应用程序在服务器中运行时的一些全局信息。如果客户浏览不同的 Web 应用程序页面，将产生不同的 application 对象。同一个 Web 应用中的所有 JSP 页面都将存取同一个 application 对象，即使浏览这些 JSP 网页的客户不是同一个也是如此。

application 对象在服务器启动时自动创建，在服务器停止时自动销毁。当 application 对象没有被销毁时，所有用户都可以共享它，其生命周期如图 4-11 所示。它适用于在同一个应用程序中的各个用户共享数据。

4.4.2 application 对象方法

application 对象可以是 javax.servlet.ServletContext 类型的，ServletContext 接口让 Servlet 访问关于其环境的信息。javax.servlet.ServletContext 接口提供的方法如表 4-3 所示。

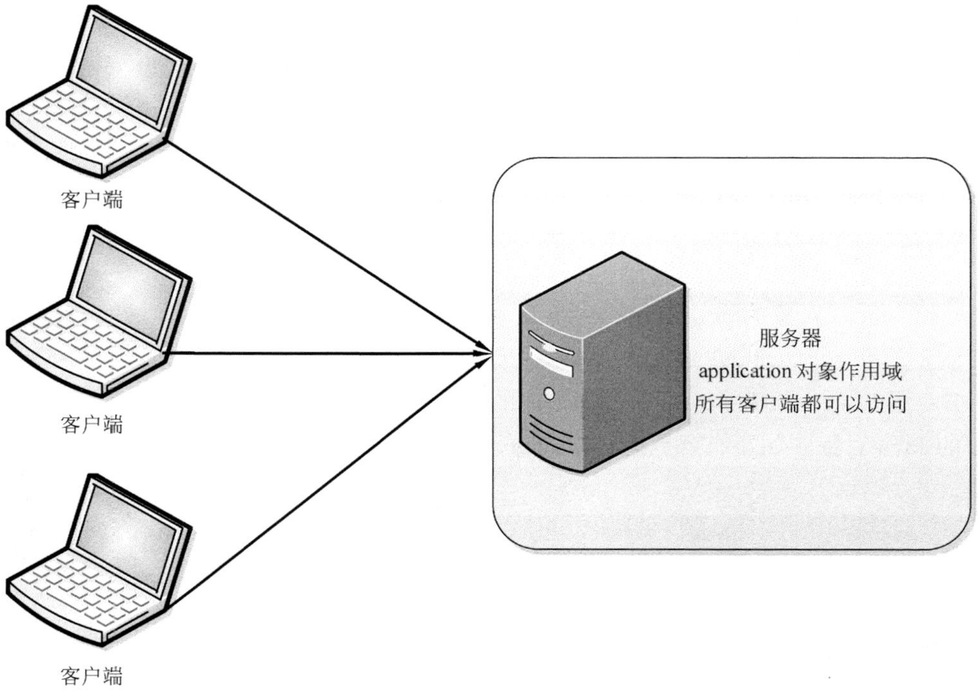

图 4-11 application 对象的生命周期

表 4-3 application 对象的方法

方法名称	说明
getAttribute(String)	返回由 name 指定的 application 对象属性的值。该方法的使用方法与 session 对象相同
getAttributes()	返回 application 对象的所有属性
getContext(String)	取得当前应用的 ServletContext 对象
getInitParameter(String)	返回由 name 指定的 application 属性的初始值
getInitParameters()	返回 application 所有属性的初始值集合
getMajorVersion()	返回 Servlet 容器支持的 Servlet API 的版本号
getMimeType(String)	返回指定文件的类型，未知类型返回 null。一般为 text/html 和 image/gif
getMinorVersion()	返回 Servlet 容器支持的 Servlet API 的副版本号
getRealPath(String)	返回给定虚拟路径所对应物理路径
getResource(String)	返回指定的资源路径对应的一个 URL 对象实例，参数要以“/”开头
getResourcePaths (String)	返回存储在 web-app 中所有资源路径的集合
getServerInfo()	取得应用服务器版本信息
getServlet(String)	在 ServletContext 中检索指定名称的 Servlet
getServlets()	返回 ServletContext 中所有 Servlet 的集合
getServletContextName()	返回本 Web 应用的名称
getServletContextNames()	返回 ServletContext 中所有 Servlet 的名称集合
log (Exception, String)	把指定的信息写入 servlet.log 日志文件
removeAttribute(String)	移除指定名称的 application 属性
setAttribute(String, Object)	设定指定的 application 属性的值

4.4.3 存储数据应用

application 对象针对同一个网站的所有客户有效，因此 application 对象可以实现多客户间的数据共享。下面创建一个网站访问计数器，使用 application 对象保存数据和读取 application 中的数据。

【练习 3】

假设有一个新闻显示页面 news.jsp，要统计该页面的访问量只需添加如下代码。

```
<%
    Integer number=(Integer)application.getAttribute("number");
    //获取 application 对象中的值
    if(number==null){                    //如果是第一次访问，向 application
        number=new Integer(1);           //对象中添加初始值 1
        application.setAttribute("number",number);
    }else{
        number=new Integer(number.intValue()+1);    //将数据值增加 1
        application.setAttribute("number",number);
        //保存到 application 对象中
    }
    out.print("欢迎您！您是本站的第"+number+"位访客"); //输出显示
%>
```


在 IE 浏览器地址栏中输入 news.jsp 页面的地址，多刷新几次会看到访问量在增加，如图 4-12 所示。换一个浏览器再次访问 news.jsp 页面，会发现访问量依然在增加，说明针对每个客户都有效，如图 4-13 所示为 Firefox 访问效果。

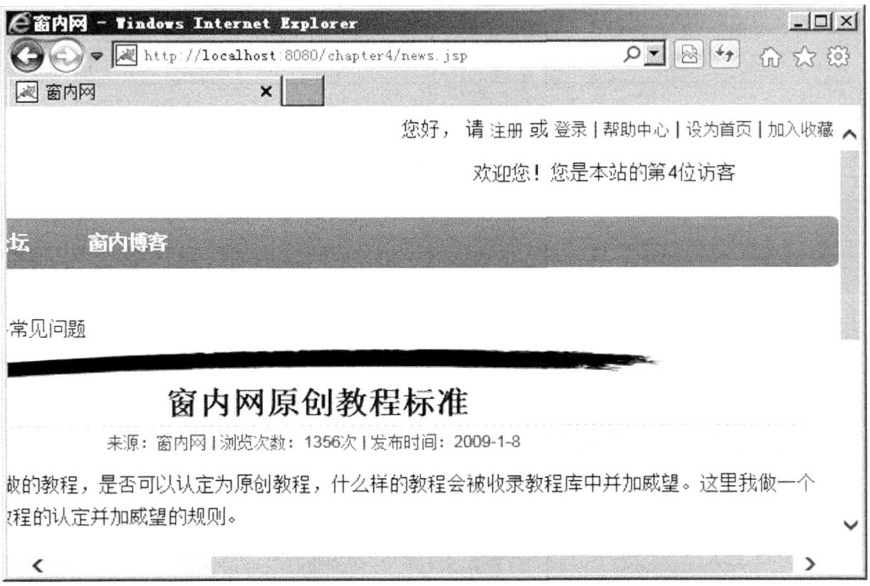

图 4-12　IE 浏览器显示效果

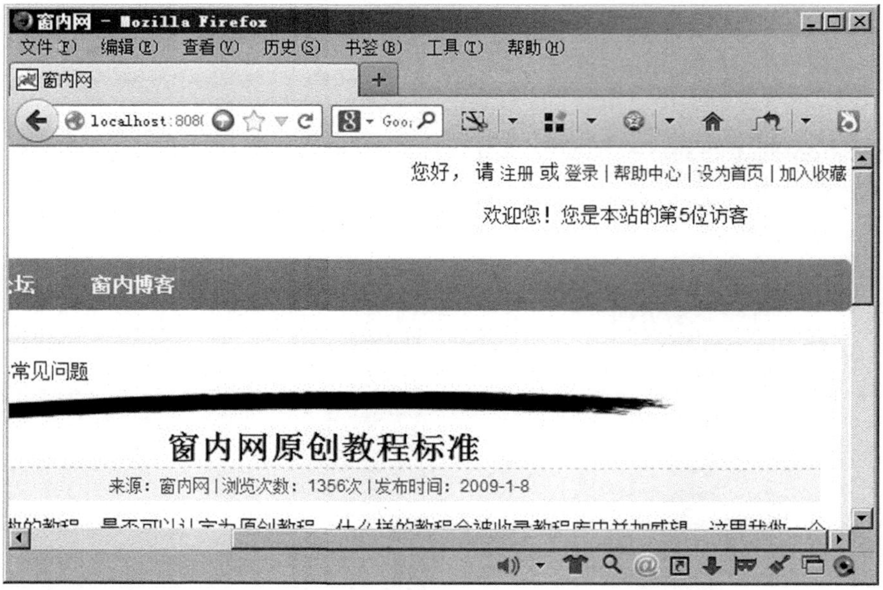

图 4-13 Firefox 浏览器显示效果

4.5 获取配置信息对象 config

config 对象是 javax.servlet.ServletConfig 类型，包含初始化参数以及一些实用方法。在初始化参数中可以读取 web.xml 文件中的环境设置和服务器配置信息。

config 对象的范围是 page。通过使用 config 对象的方法可以获得 Servlet 初始化时的参数，config 对象常用的方法如表 4-4 所示。

表 4-4 config 对象常用的方法

方法名称	说明
ServletContext getServletContext()	返回一个含有服务器相关信息的 ServerContext 对象
String name getServletName()	返回 Servlet 的名称
Enumeration getInitParameterNames()	返回一个枚举对象，该对象由 Servlet 程序初始化需要的所有参数的名称构成
String getInitParameter(String name)	返回 Servlet 程序初始参数的值，参数名由 name 指定

【练习 4】

创建一个 JSP 页面使用 config 对象读取 web.xml 中设置的配置参数信息，步骤如下。

（1）首先在 Web 项目的 WEB-INF 目录下新建一个 web.xml 文件。

（2）在 web.xml 中创建一个到 config.jsp 文件的映射，代码如下。

```
<servlet-mapping>
    <servlet-name>Myconfig</servlet-name>
    <url-pattern>/config.jsp</url-pattern>
</servlet-mapping>
```

（3）创建一个 servlet 节点，然后指定要传递给 config.jsp 的配置信息，即初始化参数和值，代码如下。

```
<servlet>
    <servlet-name>Myconfig</servlet-name>
    <jsp-file>/config.jsp</jsp-file>
    <init-param>
        <param-name>hostip</param-name>
        <param-value>202.102.224.68</param-value>
    </init-param>
    <init-param>
        <param-name>port</param-name>
        <param-value>3721</param-value>
    </init-param>
    <init-param>
        <param-name>mysqlip</param-name>
        <param-value>202.102.227.68</param-value>
    </init-param>
    <init-param>
        <param-name>dbname</param-name>
        <param-value>feitcms</param-value>
    </init-param>
    <init-param>
        <param-name>dbuname</param-name>
        <param-value>hnhzkj</param-value>
    </init-param>
    <init-param>
        <param-name>dbupass</param-name>
        <param-value>heitzcn.com!@#</param-value>
    </init-param>
</servlet>
```

（4）在 WebRoot 目录下新建 config.jsp 文件，并调用 config 对象的 getInitParameter() 方法获取信息，代码如下所示。

```
<table class="listing" cellpadding="0" cellspacing="0">
    <tr>
        <th class="first" colspan="2">查看配置信息</th>
    </tr>
    <tr>
        <td width="150px">服务器 IP 地址</td><td><%=config.
        getInitParameter("hostip")%></td>
    </tr>
    <tr>
        <td>端口</td><td><%=config.getInitParameter("port")%></td>
    </tr>
    <tr>
        <td>MySQL 数据库 IP 地址</td><td><%=config.
```

```
            getInitParameter("mysqlip")%></td>
        </tr>
        <tr>
            <td>数据库</td><td><%=config.getInitParameter("dbname")%></td>
        </tr>
        <tr>
            <td>用户名</td><td><%=config.getInitParameter("dbuname")%></td>
        </tr>
        <tr>
            <td>密码</td><td><%=config.getInitParameter("dbupass")%>
            </td>
        </tr>
        <tr>
            <td>服务器信息</td><td><%=config.getServletContext().
            getServerInfo()%></td>
        </tr>
    </table>
```

（5）在浏览器中访问 config.jsp，查看配置信息的运行效果如图 4-14 所示。

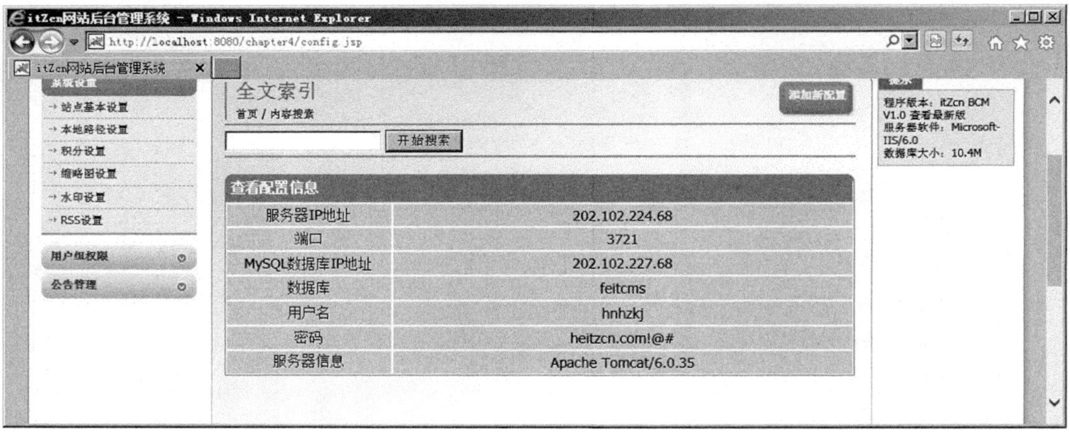

图 4-14　config.jsp 运行效果

思考与练习

一、填空题

1．JSP 中__________对象的生命周期为用户访问过程。

2．session 对象的__________方法用于判断是否开始新的会话。

3．application 对象是__________类型的实例。

4．pageContext 对象的 getServletContext() 方法可以获取__________内置对象。

二、选择题

1．下列不属于 JSP 内置对象的是__________。

A. session

B. application

C. config

D. system

2. 释放 session 对象时，使用的是 session 对象的__________方法。

A. invalidate()

B. getAttribute()

C. getMaxInactiveInterval()

D. isNew()

3. 下面程序执行后，页面上显示的内容是__________。

```
<%
    String str="你好";
    session.setAttribute("key",
    str);
    str="hello";
   String says=(String)session.
    getAttribute("key");
    out.print(says);
%>
```

A. 你好

B. hello

C. key

D. 语句存在错误

4. 使用 session 对象从会话中移除指定对象，应该使用__________方法。

A. getAttribute()

B. invalidate()

C. removeAttribute()

D. isNew()

5. 要创建一个全站都可访问的属性，应该使用 JSP 内置对象中的__________对象。

A. response

B. page

C. session

D. application

6. session 对象的__________方法用于设置会话超时。

A. getMaxInactiveInterval(100)

B. getLastAccessedTime()

C. getCreationTime()

D. setMaxInactiveInterval(100)

三、简答题

1. 简述 session 对象的生命周期。

2. 论述 session 与 application 对象的区别。

3. 简述 session ID 的作用。

4. 罗列 pageContext 对象提供了哪些获取内置对象的方法。

5. 简述 config 对象的使用。

第 5 章　JavaBean 技术

JavaBean 是一个遵循特定写法的 Java 类。在 Java 模型中，通过 JavaBean 可以无限扩充 Java 程序的功能，通过 JavaBean 的组合可以快速生成新的应用程序。JavaBean 的产生使 JSP 页面中的业务逻辑变得更加清晰，程序之中的实体对象及业务逻辑可以单独封装到 Java 类之中。这样不仅提高了程序的可读性和易维护性，而且还提高了代码的重用性。

本章将主要介绍 JavaBean 的构成，以及不同类型属性的使用和 JavaBean 的应用，并详细介绍了不同作用域中 JavaBean 的生命周期。

本章学习要点：

- ❑ 熟练掌握 JavaBean 的构成
- ❑ 掌握 JavaBean 中不同类型属性的使用
- ❑ 掌握 JavaBean 的编写和部署
- ❑ 熟练掌握 JavaBean 在 JSP 页面中的应用
- ❑ 熟练掌握 JavaBean 不同作用域的应用

5.1 JavaBean 概述

JavaBean 实质上是一个 Java 类，一个遵循特定规则的类。当用在 Web 程序中时，会以组件的形式出现，并完成特定的逻辑处理功能。

5.1.1 JavaBean 技术介绍

使用 JavaBean 的最大优点就在于它可以提高代码的重用性。编写一个成功的 JavaBean，宗旨为“一次性编写，任何地方执行，任何地方重用”。

1．一次性编写

一个成功的 JavaBean 组件重用时不需要重新编写，开发者只需要根据需求修改和升级代码即可。

2．任何地方执行

一个成功的 JavaBean 组件可以在任何平台上运行，JavaBean 是基于 Java 语言编写的，所以它可以轻易移植到各种运行平台上。

3. 任何地方重用

一个成功的 JavaBean 组件能够被在多种方案中使用，包括应用程序、其他组件、Web 应用等。

5.1.2 JavaBean 的分类

JavaBean 按功能可分为可视化 JavaBean 和不可视 JavaBean 两类。可视化 JavaBean 就是具有 GUI 图形用户界面的 JavaBean；不可视 JavaBean 就是没有 GUI 图形用户界面的 JavaBean，最终对用户是不可见的，它更多地是被应用到 JSP 中。

不可视 JavaBean 又分为值 JavaBean 和工具 JavaBean。

（1）值 JavaBean：严格遵循了 JavaBean 的命名规范，通常用来封装表单数据，作为信息的容器，如下面的 JavaBean 类。

```
public class User {
    private String username;    //用户名
    private String password;    //密码
    public String getUsername() {
        return username;
    }
    public void setUsername(String username) {
        this.username = username;
    }
    public String getPassword() {
        return password;
    }
    public void setPassword(String password) {
        this.password = password;
    }
}
```

（2）工具 JavaBean：可以不遵循 JavaBean 规范，通常用于封装业务逻辑、数据操作等，例如，连接数据库，对数据库进行增、删、改、查和解决中文乱码等操作。工具 JavaBean 可以实现业务逻辑与页面显示的分离，提高了代码的可读性与易维护性，如下面的代码。

```
public class MyTools {
    public String change(String source) {
        source=source.replace("<","&lt;");
        source=source.replace(">","&gt;");
        return  source;
    }
}
```

5.1.3 JavaBean 规范

通常一个标准的 JavaBean 类需要遵循以下规范。

1. 实现可序列接口

JavaBean 应该直接或间接实现 java.io.Serializable 接口，以支持序列化机制。

2. 公共的无参构造方法

一个 JavaBean 对象必须拥有一个公共类型、默认的无参构造方法，从而可以通过 new 关键字直接对其进行实例化。

3. 类的声明是非 final 类型的

当一个类声明为 final 类型时，它是不可以更改的，所以 JavaBean 对象的声明应该是非 final 类型的。

4. 为属性声明访问器

JavaBean 中的属性应该设置为私有类型（private），可以防止外部直接访问，它需要提供对应的 set×××()和 get×××()方法来存取类中的属性，方法中的“×××”为属性名称，属性的第一个字母应大写。若属性为布尔类型，则可使用 is×××()方法代替 get×××()方法。

JavaBean 的属性是内部核心的重要信息，当 JavaBean 被实例化为一个对象时，改变它的属性值也就等于改变了这个 Bean 的状态。这种状态的改变常常也伴随着许多数据处理动作，使得其他相关的属性值也跟着发生变化。

实现 java.io.Serializable 接口的类实例化的对象被 JVM（Java 虚拟机）转化为一个字节序列，并且能够将这个字节序列完全恢复为原来的对象，序列化机制可以弥补网络传输中不同操作系统的差异问题。作为 JavaBean，对象的序列化也是必需的。使用一个 JavaBean 时，一般情况下是在设计阶段对它的状态信息进行配置，并在程序启动后期恢复，这种具体工作是由序列化完成的。

【练习 1】

创建一个简单的 JavaBean 类 Student，该类中包含属性 name、age、sex，分别表示学生的姓名、年龄和性别。具体的 Student 类的实现如下。

```
import java.io.Serializable;
public class Student implements Serializable {
    public Student() {                               //无参数的构造函数
        super();
    }
    private String name;                             //学生姓名
    private String sex;                              //学生性别
    private int age;                                 //学生年龄
```

```
    public String getName() {
        return name;
    }
    public void setName(String name) {
        this.name = name;
    }
    public String getSex() {
        return sex;
    }
    public void setSex(String sex) {
        this.sex = sex;
    }
    public int getAge() {
        return age;
    }
    public void setAge(int age) {
        this.age = age;
    }
}
```


5.2 JavaBean 属性

JavaBean 的属性与一般 Java 程序中所指的属性，或者与面向对象的程序设计语言中对象的属性是一个概念，在程序中的具体体现就是类中的变量。在 JavaBean 设计中，按照属性的不同作用又可分为 4 类：Simple（简单）属性、Indexed（索引）属性、Bound（关联）属性和 Constrained（限制）属性。

5.2.1 Simple 属性

Simple 属性就是在 JavaBean 中对应了简单的 set×××()和 get×××()方法的变量，在创建 JavaBean 时，简单属性最为常用。

在 JavaBean 中，简单属性的 get×××()与 set×××()方法形式如下。

```
public void set×××(type value);
public type get×××();
```

而对于 Boolean 类型的属性，则应使用 is×××()和 set×××()方法，其形式如下。

```
public void set×××(boolean value){…}
public boolean is××× (){…}
```

【练习 2】

创建一个 JavaBean 类，在该类中分别定义一个 String 类型的 name 属性和一个 Boolean 类型的 role 属性，分别表示用户的姓名和角色。当 role 属性的值为 True 时，表示为管理员角色，否则为普通用户。该 JavaBean 的定义如下。

```
public class User {
    private String name;                          //用户的姓名
    private boolean role;                         //用户的角色
    public String getName() {
        return name;
    }
    public void setName(String name) {
        this.name = name;
    }
    public boolean isRole() {
        return role;
    }
    public void setRole(boolean role) {
        this.role = role;
    }
}
```

提示

一般将属性的访问权限设为 private，这样可以避免使用者直接通过访问属性修改其值。如果为属性提供了对应的 get×××()方法，表示该属性是可读的；如果提供了对应的 set×××()方法，则表示该属性是可修改的。如果某个属性是不可修改的，则不提供该属性的 set×××()方法即可。

5.2.2 Indexed 属性

一个 Indexed 属性表示一个数组值，需要通过索引访问的属性通常称为索引属性。如存在一个大小为 3 的字符串数组，若要获取该字符串数组中指定位置中的元素，需要得知该元素的索引。

在 JavaBean 中，索引属性的 get×××()与 set×××()方法形式如下。

```
public void set×××(type[ ] value);
public type[ ] get×××();
public void set×××(int index,type value);
public type get×××(int index);
```

【练习 3】

对于一个班级来说，可能有多个名称、多个学生。下面就来创建一个班级的 JavaBean 类，并在该类中分别定义一个数组类型和一个 List 类型的属性，同时要为其提供对应的 get×××()和 set×××()方法，代码如下。

```
import java.util.ArrayList;
import java.util.List;
public class Classes {
    private String[] names = new String[3];      //定义 String 类型的数组
```

```
    private List<Student> students = new ArrayList<Student>();
    //定义 List 型数组
    public String[] getNames() {                    //获取一个数组
        return names;
    }
    public void setNames(String[] names) {          //为数组赋值
        this.names = names;
    }
    public String getNames(int index){ //根据索引,获取数组中的某个元素
        return names[index];
    }
    public void setNames(int index , String name){
    //为数组中的某个元素赋值
        this.names[index] = name;
    }
    public List<Student> getStudents() {            //获取一个集合
        return students;
    }
    public void setStudents(List<Student> students) {  //为集合赋值
        this.students = students;
    }
    public Student getStudents(int index){ //根据索引,获取集合中的某个元素
        return students.get(index);
    }
    public void setStudents(int index , Student student){
    //为集合中的某个元素赋值
        this.students.set(index, student);
    }
}
```

5.2.3 Bound 属性

如果在 Simple 或 Indexed 属性上添加一种监听机制，即当某个属性值发生改变时通知监听器，则这个属性属于 Bound 属性。监听器需要实现 java.beans.PropertyChangeListener 接口，负责接收由 JavaBean 组件产生的 java.beans.PropertyChangeEvent 对象，在该对象中包含发生改变的属性名、改变前后的值，以及每个监听器可能要访问的新属性值。

JavaBean 还需要实现 addPropertyChangeListener()方法和 removePropertyChangeListener()方法，以添加和取消属性变化监听器。这两个方法的定义如下。

```
void addPropertyChangeListener(PropertyChangeListener listener);
void removePropertyChangeListener(PropertyChangeListener listener);
```

除此之外，还可以通过 java.beans.PropertyChangeSupport 类来管理监听器。通常情况下，使用该类的实例作为 JavaBean 的成员字段，并将各种工作委托给它。

PropertyChangeSupport 类的构造方法及主要方法如下。

```
public PropertyChangeSupport(Object paramObject)
public void addPropertyChangeListener(PropertyChangeListener
paramPropertyChangeListener)
public void removePropertyChangeListener(PropertyChangeListener
paramPropertyChangeListener)
public void firePropertyChange(String paramString, Object paramObject1,
Object paramObject2)
```

如上述代码所示，在 PropertyChangeSupport 类中主要有三个方法，其中，addPropertyChangeListener()方法表示在监听者列表中加入一个 PropertyChangeListener 监听器；removePropertyChangeListener() 方法表示从监听者列表中删除一个 PropertyChangeListener 监听器；firePropertyChange()方法表示通知用于更新任何注册监听者的一个绑定属性，若改变前的值和改变后的值相等且为非空，则不激发事件。

提示

Bound 属性通常情况下在实现 Java 图形编程的 JavaBean 中大量使用，在开发 JSP 的过程中很少用到。

5.2.4 Constrained 属性

Constrained 属性是在 Bound 属性的基础上添加了一个约束条件，即当某个监听器检测到某个属性值发生改变后，需要由所有的监听器验证通过才能够修改该属性值。只要有一个监听器否决了该属性的变化，值不能被修改。监听器需要实现 java.beans.VetoableChangeListener 接口，该接口负责接收由 JavaBean 组件产生的 java.beans.PropertyChangeEvent 对象，JavaBean 组件可以通过 java.beans. VetoableChange-Support 类激活由监听器接收的实际事件。

JavaBean 还需要实现 addVetoableChangeListener() 方法和 removeVetoable-ChangeListener()方法，以便添加和取消可否决属性变化的监听器。这两个方法的一般定义如下。

```
void addVetoableChangeListener(VetoableChangeListener listener);
void removeVetoableChangeListener(VetoableChangeListener listener);
```

除此之外，还可以通过 java.beans.VetoableChangeSupport 类的 fireVetoableChange() 方法传递属性名称、改变前的值和改变后的值等信息。

提示

Constrained 属性通常情况下在实现 Java 图形编程的 JavaBean 中大量使用，在开发 JSP 的过程中很少能用到。

5.3 实验指导 5-1：邮箱验证

Java 是纯面向对象的编程语言，JSP 是以 Java 为脚本语言的动态技术。它也具有面向对象开发模式的先天条件，所以在 JSP 程序设计之中更应该融入面向对象的思维。本节实验指导将通过一个案例，简单介绍在 JSP 页面中使用 JavaBean 对象的应用。

本实验指导通过非可视化 JavaBean 封装邮箱地址对象，通过 JSP 页面调用此对象来验证邮箱是否合法。其步骤如下。

（1）创建 com.itzcn.bean.Email 类，定义两个属性，代码如下。

```
import java.io.Serializable;
public class Email implements Serializable {
    private static final long serialVersionUID = 1L;
    private String mail = null;                 //Email 地址
    private boolean isMail = false;             //是否为一个标准的 Email 地址
    public Email() {                            //默认无参数的构造函数
        super();
    }
    public Email(String mail) {                 //参数为 mail 的构造方法
        this.mail = mail;
    }
    public String getMail() {
        return mail;
    }
    public void setMail(String mail) {
        this.mail = mail;
    }
    public boolean isMail() {
        String regex =  "^([a-z0-9A-Z]+[-|\\.]?)+[a-z0-9A-Z]@
        ([a-z0-9A-Z]+(-[a-z0-9A-Z]+)?\\.)+[a-zA-Z]{2,}$";//正则表达式
        if (mail.matches(regex)) {
            isMail = true;
        }
        return isMail;
    }
    public void setMail(boolean isMail) {
        this.isMail = isMail;
    }
}
```

（2）创建 index.jsp 页面，用于放置验证邮箱的表单。此表单的提交地址为 result.jsp，主要代码如下。

```
<form method="post" id="searchform" action="result.jsp">
    <fieldset>
        <input type="text" name="mail" id="searchtext" />
        <input type="submit" id="searchsubmit" value="验证" />
    </fieldset>
</form>
```

（3）创建 result.jsp 页面，处理 index.jsp 页面中提交来的表单，在其中实例化 Email 对象，验证邮箱地址。并将验证结果输出到页面中，其主要代码如下。

```
<h2>邮箱认证系统</h2>
<%
    String mail = request.getParameter("mail");
    Email email = new Email(mail);
    if(email.isMail()){
     out.print(mail + "<br>是一个标准的邮箱地址<br>");
    }else{
     out.print(mail + "<br>不是一个标准的邮箱地址<br>");
    }
%>
<a href="index.jsp">[返回]</a>
```


（4）运行 index.jsp 文件，邮箱认证页面运行效果如图 5-1 所示。

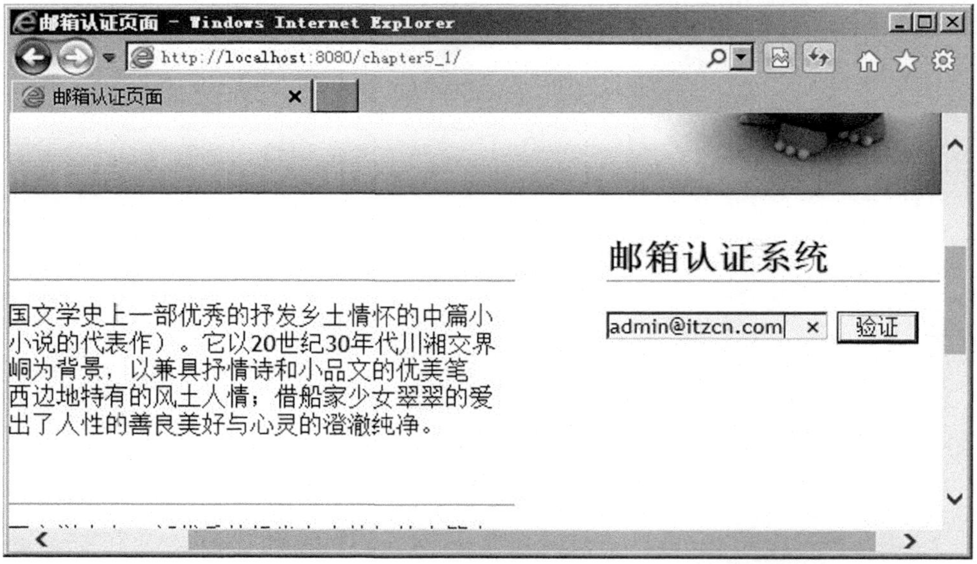

图 5-1　邮箱认证页面

输入标准的邮箱地址，如“admin@itzcn.com”，单击验证，其邮箱认证结果如图 5-2 所示。

输入不标准的邮箱地址，如“admin@itzcn”，单击验证，其邮箱认证结果如图 5-3 所示。

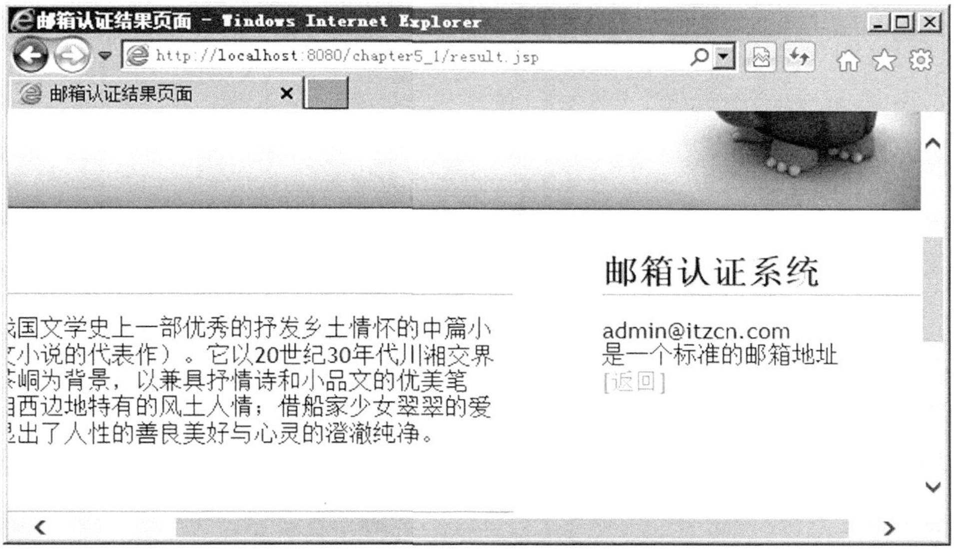

图 5-2 标准的邮箱地址的验证结果

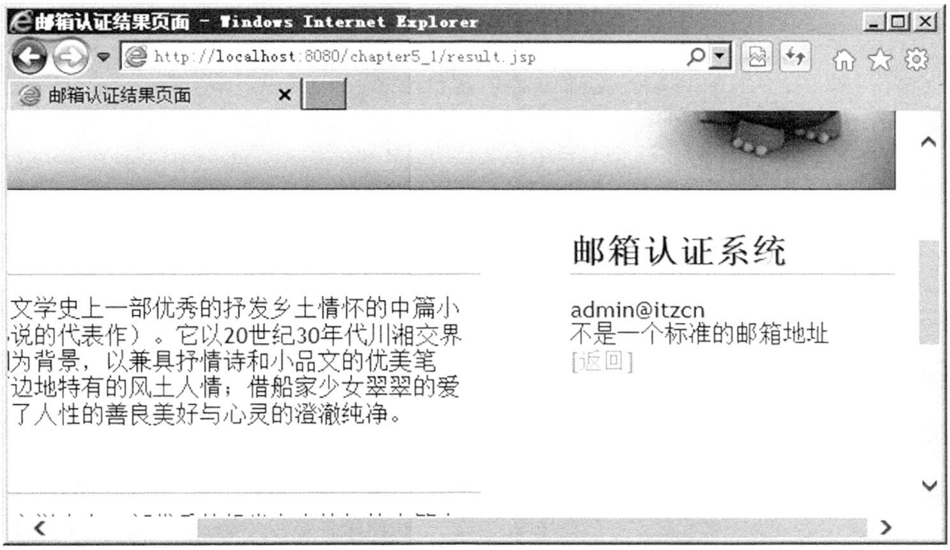

图 5-3 不标准的邮箱地址的验证结果

提示

在该实验指导中所讲述的在 JSP 页面中使用 JavaBean 时，使用的是脚本语言，即在<%与%>之间编写代码，实例化 JavaBean 类，并调用该 JavaBean 类中的属性。其实，JSP 对于在 Web 应用中集成 JavaBean 组件提供了完善的支持，即提供了<jsp:useBean>、<jsp:getProperty>和<jsp:setProperty>标签，使在 JSP 页面中使用 JavaBean 不再需要编写大量的代码。这种支持不仅能缩短开发时间，也为 JSP 应用带来了更多的可扩展性。这在第 2 章中已经介绍了，这里就不再赘述了。

5.4 JavaBean 作用域范围

JavaBean 的功能很强大，不仅可以通过 JavaBean 组件封装许多信息，而且还可以将一些数据处理的逻辑代码隐藏在 JavaBean 内部。为使 JavaBean 更好地服务，需要设置它的作用域，通常使用<jsp:useBean>标签中的 scope 关键字来设定 JSP 页面的生命周期和使用范围。

5.4.1 JavaBean 的作用域简介

在 JSP 页面中有 4 种范围：Page、Request、Session 和 Application。在这里同样可以设定 JavaBean 的作用域，它与 JSP 页面的范围名称相同且意义相同，这 4 种作用域如表 5-1 所示。

表 5-1 JavaBean 在 JSP 中的作用域

作用域	说明
Page	与当前页面相对应，JavaBean 的生命周期存在于一个页面之中，当页面关闭时 JavaBean 被销毁
Request	与 JSP 的 Request 生命周期相对应，JavaBean 的生命周期存在于 request 对象之中，当 request 对象销毁时 JavaBean 也被销毁
Session	与 JSP 的 session 生命周期相对应，JavaBean 的生命周期存在于 session 会话之中，当 session 超时或会话结束时 JavaBean 被销毁
Application	与 JSP 的 application 生命周期相对应，在各个用户与服务器之间共享，只有当服务器关闭时 JavaBean 才被销毁

这 4 种作用范围与 JavaBean 的生命周期是息息相关的。当 JavaBean 被创建后，通过<jsp:setProperty>标签与<jsp:getProperty>标签调用时，将会按照 Page、Request、Session 和 Application 的顺序来查找这个 JavaBean 实例，直至找到一个实例对象为止。如果在这 4 个范围内都找不到 JavaBean 实例，则抛出异常。

5.4.2 Page 作用域

设定一个 JavaBean 的作用域为当前 JSP 页面，通常使用如下的代码。

```
<jsp:useBean id="myBean" class="com.itzcn.bean.MyBean" scope="page"/>
```

如果一个 JavaBean 的 scope 属性设定为 Page，那么它的作用域在这 4 种类型中范围是最小的，客户端每次请求访问时都会创建一个 JavaBean 对象。JavaBean 对象的有效范围是客户请求访问的当前页面文件，当客户执行当前的页面文件完毕后，JavaBean 对象的生命周期结束。

在 Page 范围内，每次访问页面文件时都会生成新的 JavaBean 对象，原有的 JavaBean 对象已经结束生命周期。

【练习 4】

下面以一个登录计数器为例，说明 Page 在 JSP 页面中的作用域。操作步骤如下。

（1）创建一个名称为 MyBean 的 JavaBean 组件，主要代码如下。

```
public class MyBean {
    private String name = null;//用户名
    private String pass = null;//密码
    private int count = 0;      //登录次数
//省略 getter、setter 方法
}
```

（2）创建登录页面 login1.jsp，在该页面中使用 JavaBean 组件，设置其作用域为 Page，代码如下。

```
<jsp:useBean id="myBean" class="com.itzcn.bean.MyBean" scope="page">
</jsp:useBean>
```

（3）在 login1.jsp 页面中添加一个表单，用于登录，方法为 post，地址为 login1.jsp，主要代码如下。

```
<FORM name="form1" action="login1.jsp" method="post">
<UL>
  <LI><LABEL>用户名：<INPUT id=UserName onblur="this.className=
  'input_onBlur'"
  onfocus="this.className='input_onFocus'" name="name"><INPUT id=act
  type=hidden value=cool name=act> </LABEL>
  <LI><LABEL>密  码：<INPUT id=Password onblur="this.className=
  'input_onBlur'"
  onfocus="this.className='input_onFocus'" type=password name="pass">
  </LABEL>
  </LABEL>
  <LI class=CookieDate><LABEL for=CookieDate><INPUT id=CookieDate type=
  checkbox
  value=3 name=CookieDate>保存我的登录信息</LABEL>
  <LI><INPUT type=hidden name=fromurl><INPUT id=Submit onclick="return
  CheckForm();" type=submit value=登  录 name=Submit><A
  href="http://www.itzcn.com">忘记密码？</A>
  <LI class=hr>
  <LI>如果你不是本站会员，请注册
  <LI class=regbt><A href="http://www.itzcn.com"><IMG  src="css/reg.
  jpg"></A> </LI></UL></FORM>
```

（4）在表单中加入用于显示登录次数的代码，代码如下。

```
<%
    if (request.getParameter("name") != null) {
%>
```

```
    <jsp:setProperty property="*" name="myBean" />
    【<jsp:getProperty property="name" name="myBean" />】
        用户已登录
<jsp:getProperty property="count" name="myBean" />次
<%
    }
%>
```

（5）运行程序，访问 login1.jsp 页面，输入登录信息，单击【登录】按钮，在该页面中显示登录的次数，如图 5-4 所示。

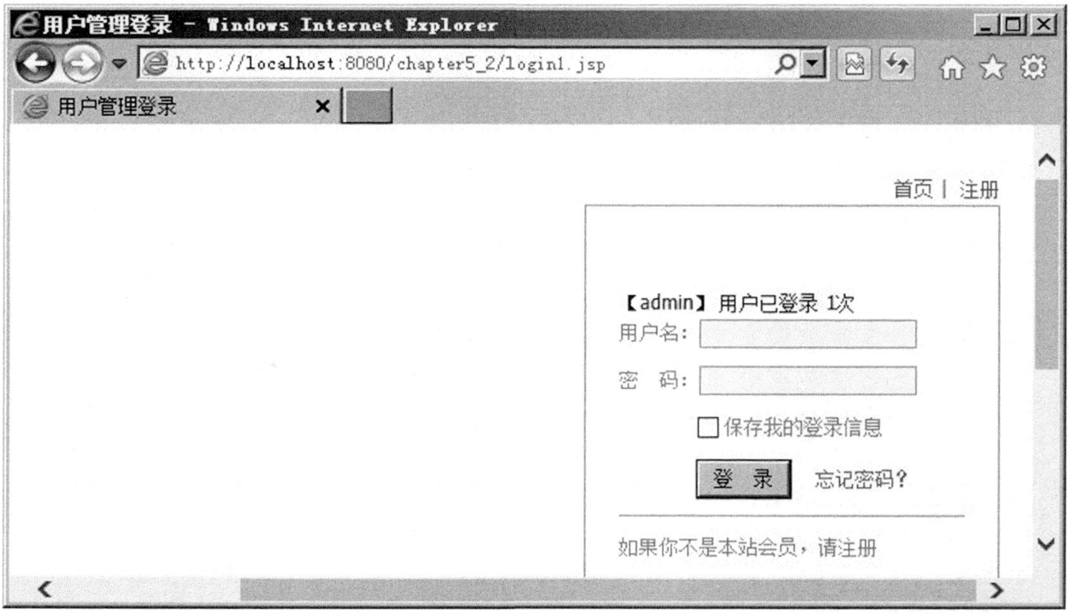

图 5-4 JavaBean 作用域为 Page 的运行结果

注意

无论刷新多少次该页面，页面中的登录次数显示值永远为 1，不会递增，这是因为在 login.jsp 页面中设置了 JavaBean 的作用域为 Page，每当用户执行一次刷新操作，JSP 容器会将 Page 范围内的 JavaBean 删除掉，然后再产生一个新的 JavaBean，因此 count 的值会永远保持为 1。

5.4.3 Request 作用域

设定一个 JavaBean 的作用域为 Request，通常使用如下代码。

```
<jsp:useBean id="myBean" class="com.itzcn.bean.MyBean" scope=
"request"/>
```

当 scope 属性为 request 时，JavaBean 对象被创建后，它将存在于整个 Request 的生命周期内。request 对象是一个内置对象，使用它的 getParameter()方法可以获取表单中的数据信息。

Request 范围的 JavaBean 与 request 对象有着很大的关系。它的存取范围除了 page 外，还包括使用动作元素<jsp:forward>和<jsp:include>包含的页面，所有通过这两个操作指令连接在一起的 JSP 程序都可以共享一个 Request 范围的 JavaBean。该 JavaBean 对象使得 JSP 程序之间传递信息更为容易，不过美中不足的是这种 JavaBean 不能用于客户端与服务端之间传递信息，因为客户端没有办法执行 JSP 程序和创建新的 JavaBean 对象。

【练习 5】

下面仍以一个登录计数器为例，说明 Request 在 JSP 页面中的作用域。操作步骤如下。

（1）创建一个名称为 MyBean 的 JavaBean 组件，代码与练习 4 中步骤（1）的代码一致。

（2）创建登录页面 login2.jsp，在该页面中使用 JavaBean 组件，设置其作用域为 Request，代码如下。

```
<jsp:useBean id="myBean" class="com.itzcn.bean.MyBean" scope="request">
</jsp:useBean>
```

（3）在 login2.jsp 页面中添加一个表单，用于登录，方法为 post，地址为 login2.jsp，代码与练习 4 中步骤（3）的代码类似，这里就省略了。

（4）在表单中加入用于显示登录次数的代码，这里代码与练习 4 中的步骤（4）代码一致。

（5）创建页面 success.jsp，主要代码如下。

```
<%
    if (request.getParameter("name") != null) {
%>
<jsp:setProperty property="*" name="myBean" />
<font color="red">【<jsp:getProperty property="name"  name="myBean" />】
用户已登录<jsp:getProperty property="count" name="myBean" />次</font>
 <% }%>
```

（6）在 login2.jsp 中引用 success.jsp，代码如下。

```
<jsp:include page="success.jsp" flush="true"/>
```

（7）运行程序，访问 login2.jsp 页面，输入登录信息，单击【登录】按钮，在该页面中显示登录的次数，如图 5-5 所示。

注意

如果只运行 success.jsp 页面，页面将不打印任何文字，这是因为在 success.jsp 页面中并没有接收到 login2.jsp 共享的 MyBean 对象，那么 JSP 容器会创建新的 MyBean 对象。

图 5-5 JavaBean 作用域为 Request 时的运行结果

5.4.4 Session 作用域

设定一个 JavaBean 的作用域为 Session，通常使用如下代码。

```
<jsp:useBean id="myBean" scope="session" class="com.itzcn.bean.
MyBean" />
```

当 scope 为 session 时，JavaBean 对象被创建后，它将存在于整个 session 的生命周期内，session 对象是一个内置对象，当用户使用浏览器访问某个页面时，就创建了一个代表该链接的 session 对象，同一个 session 中的文件共享这个 JavaBean 对象。客户对应的 session 生命周期结束时，JavaBean 对象的生命周期也结束。在同一个浏览器中，JavaBean 对象就存在于一个 session 中。当重新打开新的浏览器时，就会开始一个新的 session。每个 session 中拥有各自的 JavaBean 对象。

【练习 6】

下面仍以一个登录计数器为例，说明 Session 在 JSP 页面中的作用域。操作步骤如下。

（1）创建一个名称为 MyBean 的 JavaBean 组件，代码与练习 4 中步骤（1）的代码一致。

（2）创建登录页面 login3.jsp，在该页面中使用 JavaBean 组件，设置其作用域为 Session，代码如下。

```
<jsp:useBean id="myBean" class="com.itzcn.bean.MyBean" scope="session">
</jsp:useBean>
```

（3）在 login3.jsp 页面中添加一个表单，用于登录，方法为 post，地址为 login3.jsp，代码与练习 4 中步骤（3）的代码类似，这里就省略了。

（4）在表单中加入用于显示登录次数的代码，代码如下。

```
<%
    if (request.getParameter("name") != null) {
%>
    <jsp:setProperty property="*" name="myBean" />
        已登录
<jsp:getProperty property="count" name="myBean" />次
<%
    }
%>
```

（5）访问 login3.jsp 页面，多次登录或刷新当前页面，运行结果如图 5-6 所示。

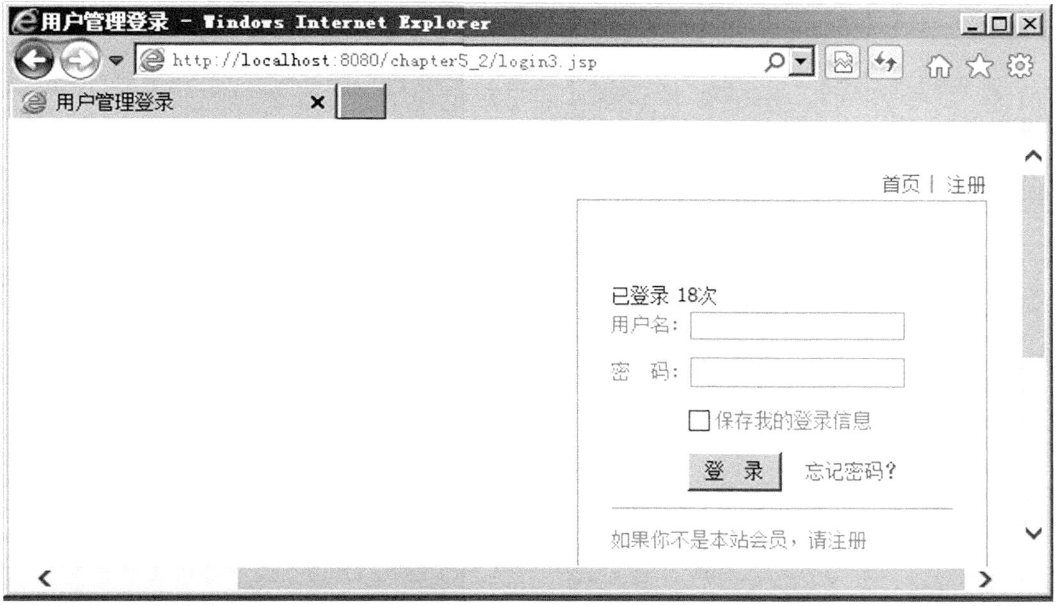

图 5-6　**JavaBean 作用域为 Session 时的运行结果**

> **注 意**
>
> 每当单击【登录】按钮（或刷新当前页面）时，登录次数会增加 1，这是因为在 login3.jsp 文件中赋予 JavaBean 的作用域为 Session。但当开启另外一个窗口时，登录次数又会重新开始从 1 递增，由此可知，作用域为 Session 的 JavaBean 对象在浏览器关闭后消亡。

5.4.5　Application 作用域

设定一个 JavaBean 的作用域为 Application，通常使用如下代码。

```
<jsp:useBean id="myBean" class="com.itzcn.bean.MyBean" scope=
"application" />
```

当 scope 为 application 时，JavaBean 对象被创建后，它将存在于整个主机或虚拟主机的生命周期内，Application 范围是 JavaBean 最长的一个生命周期。同一个主机或虚拟主机中的所有文件共享这个 JavaBean 对象。如果服务器不重新启动，scope 为 application 的 JavaBean 对象会一直存放在内存中，随时处理客户的请求，直到服务器关闭，它在内存中占用的资源才会被释放。在此期间，服务器并不会创建新的 JavaBean 组件，而是创建源对象的一个同步备份，任何备份对象发生改变都会使源对象随之改变，不过这个改变不会影响其他已经存在的备份对象。

【练习 7】

下面仍以一个登录计数器为例，说明 Application 在 JSP 页面中的作用域。操作步骤如下。

（1）创建一个名称为 MyBean 的 JavaBean 组件，代码与练习 4 中步骤（1）的代码一致。

（2）创建登录页面 login4.jsp，在该页面中使用 JavaBean 组件，设置其作用域为 Application，代码如下。


```
<jsp:useBean id="myBean" class="com.itzcn.bean.MyBean" scope=
"application"></jsp:useBean>
```

（3）在 login4.jsp 页面中添加一个表单，用于登录，方法为 post，地址为 login4.jsp，代码与练习 4 中步骤（3）的代码类似，这里就省略了。

（4）在表单中加入用于显示登录次数的代码，代码与练习 6 中的步骤（4）代码一致。

（5）访问 login4.jsp 页面，多次登录、刷新当前页面或者将浏览器关闭重新访问 login4.jsp，运行结果如图 5-7 所示。

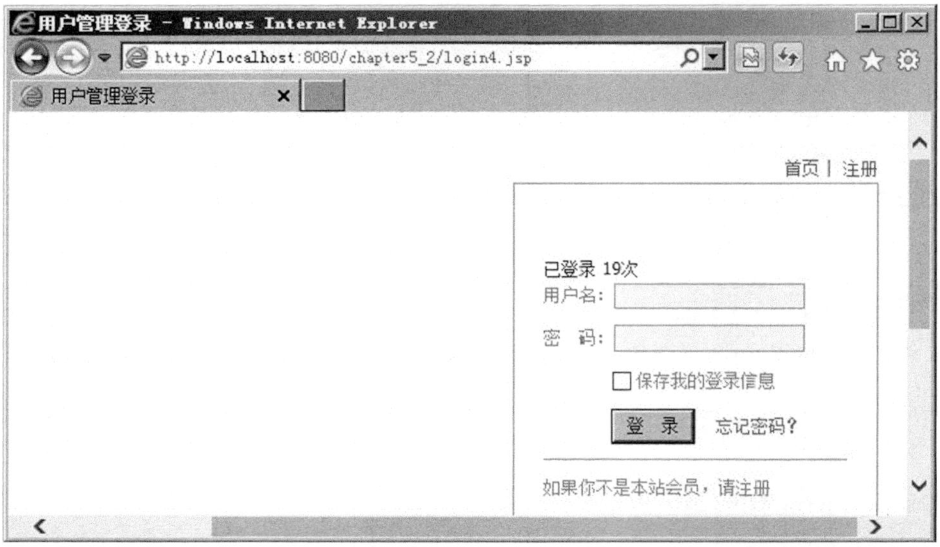

图 5-7　**JavaBean 作用域为 Application 时的运行结果**

注意

每当单击【登录】按钮（或刷新当前页面）时，登录次数会增加数值 1。如果将浏览器窗口关闭，再次运行实例的 login4.jsp 页面，登录次数依然根据上一次的数值累加。将 JSP 容器（Tomcat）重新启动，再次运行 login4.jsp 文件，结果登录会从 1 开始累加。

5.5 实验指导 5-2：统计登录用户数量

通过把 JavaBean 对象放到 Application 作用域中，巧妙地实现统计登录用户位数。

（1）创建一个 MyBean 实体类，代码如下。

```
public class MyBean {
    private String name = null;     //用户名
    private String pass = null;     //密码
    private int count = -1;         //登录次数
//省略 getter、setter 方法
}
```

（2）新建一个 JSP 页面 index.jsp，引入 MyBean 对象，代码如下。

```
<jsp:useBean id="myBean" scope="application" class="com.itzcn.bean.
MyBean"/>
```

（3）在页面中，定义一个用户登录表单，代码如下。

```
<form action="index.jsp" method="post">
    <ul>
      <p class="tit">会员登录</p>
      <li style="padding-top:10px;">用户名:
        <input class="sr" type="text" name="userName" />
        <p> <input type="checkbox" class="rememberme"  name="cookietime"
        value="315360000" />  记住我</p>
      <li>密    码:
        <input class="sr" type="password" name="userPass" id="userpass" />
        <br />
        <p style="top:80px">
     <input type="hidden" name="referer" value="./default.html" />
          <input type="button" id="submit" value="登录"/>
          <input type="hidden" name="loginsubmit" value="true"/>
        </p>
      </li>
  <li>
</li>
      <div class="member"></div>
    </ul>
  </form>
```

（4）获取用户名称，显示欢迎用户登录，第几位登录的用户信息，代码如下。

```
<font color="red"><%
request.setCharacterEncoding("utf-8");
String name = request.getParameter("userName");
if(request.getParameter("userName")!=null&&!request.getParameter
("userName").toString().trim().equals("")){
%>
<jsp:setProperty name="myBean" property="*"/>
欢迎
<%=name %>
登录，您是第
<jsp:getProperty name="myBean" property="count"/>
位登录的用户。
<%} %><br></font>
```

（5）运行 index.jsp，输入用户名与密码，单击【登录】按钮，执行效果如图 5-8 所示。

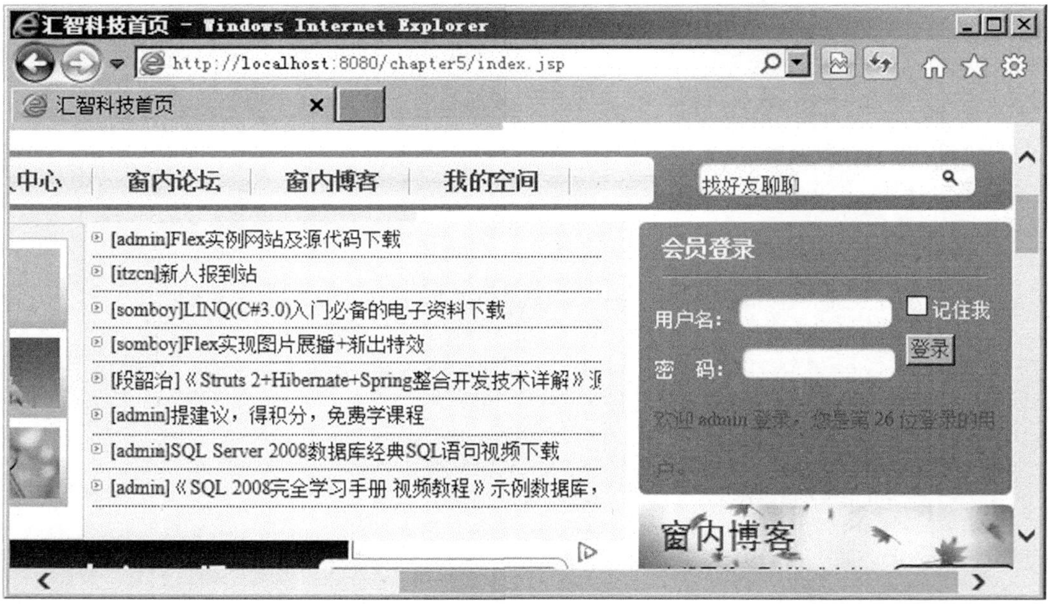

图 5-8　统计登录用户数量

思考与练习

一、填空题

1. __________的产生使 JSP 页面中的业务逻辑变得更加清晰，程序之中的实体对象及业务逻辑可以单独封装到 Java 类之中。

2. 使用 JavaBean 的最大优点就在于它可以提高代码的重用性。编写一个成功的 JavaBean，宗旨为“__________”。

3. 可视化 JavaBean 就是具有__________的 JavaBean。

4．JavaBean 中的属性应该设置为__________，可以防止外部直接访问。

5．一个 Bean 由三部分组成：实现 java.io.serializable 接口、提供无参数的构造方法、__________。

6．JavaBean 应该直接或间接实现__________接口，以支持序列化机制。

二、选择题

1．在 JavaBean 规范中类的属性需要使用__________修饰符来定义。

A．public

B．private

C．protected

D．friendly

2．下列选项中不属于 JavaBean 的属性的是__________。

A．Simple

B．Indexed

C．Bound

D．Complicated

3．设置 JavaBean 属性值使用的是__________标签。

A．<jsp:useBean>

B．<jsp:setProperty>

C．<jsp:getProperty>

D．上述三个标签都可以

4．下列关于 JavaBean 的 4 种作用域范围叙述中错误的是__________。

A．page 作用域不仅是在当前 JSP 页面内有效，在整个服务器中都有效

B．request 的作用域范围的 JavaBean 对象存储在当前 ServletRequest 中，有 request 范围的 JavaBean 实例可以在处理请求所有 JSP 页面中都存在

C．session 作用域范围的 JavaBean 将 JavaBean 对象存储在 HTTP 会话中

D．application 作用域范围的 JavaBean 对所有的用户和所有页面都起作用，只需创建一次，而且将会存在于 Web 应用程序执行的整个过程中

5．<jsp:useBean>标签的 scope 属性不可以设置为__________。

A．out

B．session

C．request

D．application

6．某 JSP 程序中声明使用 JavaBean 的语句如下：

```
<jsp:useBean id="user" class=
"mypackage.User" scope="page"/>
```

要取出该 JavaBean 的 loginName 属性值，以下语句正确的是__________。

A．<jsp:setProperty name="user"property="loginName"/>

B．<jsp:getProperty id="User" property="loginName"/>

C．<%=user.getLoginName()%>

D．<%=user.getProperty("loginName")%>

三、简答题

1．谈谈什么是 JavaBean。

2．简述创建一个 JavaBean 需要遵循的约束。

3．在为 JavaBean 添加 Simple 属性和 Indexed 属性时应该注意什么？

4．如何使用 JavaBean 的 Constrained 属性？

5．简述在 JSP 中使用一个 JavaBean 的过程。

6．简述 JavaBean 的 4 个作用域，并分别说明其作用范围。

第 6 章　Servlet 技术

Servlet 是一种服务器端的 Java 应用程序，具有独立于平台和协议的特性，可以动态地生成 Web 页面。它担当客户请求与服务器响应的中间层，它的功能就是处理客户端请求，并做出响应。Servlet 是 JavaEE 重要的技术，只有好好掌握 Servlet 技术，才能很好地学习其他框架技术。

在 Java Web 程序开发中，Servlet 主要应用于处理各种业务逻辑，它比 JSP 更具有业务逻辑层的意义。而且其安全性、扩展性及性能方面都十分优秀，在 Java Web 程序开发及 MVC 模式的应用方面具有极其重要的意义。

本章将详细介绍 Servlet 技术在开发中的应用，包括 Servlet 过滤器和监听器的使用。

本章学习要点：

- 了解 Servlet 的生命周期
- 了解 Servlet 的特点
- 熟悉 Servlet 的配置
- 熟练掌握实现 Servlet 的接口和方法
- 熟练掌握 Servlet 处理请求和响应
- 了解 Servlet 如何进行会话管理
- 理解过滤器的概念以及工作原理
- 掌握过滤器的使用方法及配置
- 掌握监听器的用法

6.1 Servlet 基础

Servlet 是使用 Java Servlet 接口（API）运行在 Web 应用服务器上的 Java 程序，与普通 Java 程序不同的是，它可以对 Web 浏览器或其他 HTTP 客户端程序发送的请求进行处理，是位于 Web 服务器内部的服务器端的 Java 应用程序。

Servlet 先于 J2EE 平台出现，在过去的一段时间内曾经得到过广泛应用，如今在 J2EE 项目开发中仍然被广泛应用，并且是一种非常成熟的技术。

6.1.1 Servlet 概述

在 JSP 页面开发过程中，人们不断地将 JSP 进行模式化的分离处理。模式化的分离处理将网页中的表示、业务处理及逻辑处理层进行了很好的分离，增强了程序的可扩张性以及维护性。最初的 JSP 开发模式为 JSP+JavaBean，称为 Model 1 模式。在建立中小型网站的过程中，这种模式使用较多。JSP+Servlet+JavaBean 则慢慢演变为 Model 2 模式，它在实际中得到更为广泛的应用，一般的大型网站中都采用这种技术进行构建。

Servlet 是一种独立于平台和协议的服务端的 Java 应用，可以生成动态的 Web 页面。与传统的 CGI（计算机图形接口）和许多其他类似 CGI 技术相比，Servlet 具有更好的可移植性、更强大的功能、更节省投资、效率更高、安全性更好及代码结构更清晰的特点。

Servlet 是使用 Java Servlet 应用程序设计接口（API）及相关类和方法的 Java 程序。除了 Java Servlet API，它还可以使用扩展和添加 API 的 Java 类软件包。Java 语言能够实现的功能，Servlet 也基本上就可以实现（除了图形界面外）。Servlet 主要用于处理客户端传来的 HTTP 请求，并返回一个响应。通常说的 Servlet 就是指 HttpServlet，用于处理 HTTP 请求，能够处理的请求有 doGet()、doPost()、service()等。在开发 Servlet 时，可以直接继承 javax.servlet.http.HttpServlet。

Servlet 需要在 web.xml 中描述，例如映射 Servlet 的名字；配置 Servlet 类、初始化参数；进行安全配置、URL 映射和设置启动的优先权等。Servlet 不仅可以生成 HTML 脚本输出，也可以生成二进制表单输出。

6.1.2 Servlet 的功能

Servlet 通过创建一个框架来扩展服务器的能力，以在 Web 上进行请求和响应服务。当客户机发送请求至服务器时，服务器可以将请求信息发送给 Servlet，并让 Servlet 建立起服务器返回给客户机的响应。当启动 Web 服务器或客户机第一次请求服务时，可以自动装入 Servlet，然后 Servlet 继续运行直到其他客户机发出请求。Servlet 的工作流程如图 6-1 所示。

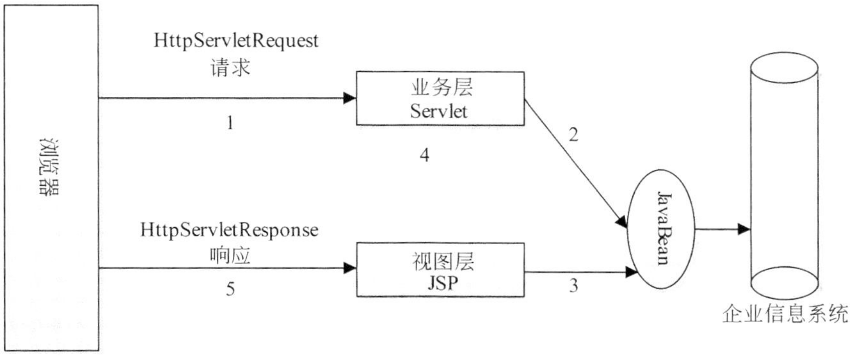

图 6-1 Servlet 的工作流程

Servlet 涉及的范围很广，具体可完成如下功能。

（1）创建并返回一个包含基于客户请求性质的、动态内容的 JSP 页面。

（2）创建可嵌入到现有的 HTML 页面和 JSP 页面中的部分片段。

（3）与其他服务器资源（文件、数据库、Applet、Java 应用程序等）进行通信。

（4）处理多个客户连接，接收多个客户的输入，并将结果发送到多个客户机上。

（5）对特殊的处理采用 MIME 类型的过滤数据，例如图像转换。

（6）将定制的处理提供给所有的服务器的标准例行程序。例如，Servlet 可以设置如何认证合法用户。

6.1.3 Servlet 的特点

Servlet 是一个 Java 类，需要被称为 Servlet 引擎的 Java 虚拟机执行。Servlet 被调用时，就会被引擎装载，并且一直运行直到 Servlet 被显式卸下或者引擎被关闭。即当客户机发送请求至服务器时，服务器可以将请求信息发送给 Servlet，并让 Servlet 建立起服务器返回给客户机的响应。当启动 Web 服务器或客户机第一次请求服务时，可以自动装入 Servlet。装入后，Servlet 继续运行直到其他客户机发出请求。

相对于使用传统的 CGI 编程，Servlet 有如下的优点。

（1）可移植性（Portability）。Servlet 都是利用 Java 语言来开发的，因此，延续 Java 在跨平台上的表现，可以在不同操作系统平台和不同应用服务器平台下运行。

（2）功能强大。Servlet 能够完全发挥 Java API 的威力，包括网络和 URL 存取、多线程、影像处理、RMI（Remote Method Invocation）、分布式服务器组件、对象序列化等。

（3）性能高。Servlet 在加载执行之后，其对象实体通常会一直停留在 Server 的内存中，若有请求发生时，服务器再调用 Servlet 来服务，假若收到相同服务的请求时，Servlet 会利用不同的线程来处理，不像 CGI 程序必须产生许多进程来处理数据。

（4）安全性。Servlet 也有类型检查的特性，并且利用 Java 的垃圾收集与没有指针的设计，使得 Servlet 避免了内存管理的问题。由于在 Java 的异常处理机制下，Servlet 能够安全地处理各种错误，不会因为发生程序上的逻辑错误而导致整体服务器系统的毁灭。例如：某个 Servlet 发生除以零或其他不合法的运算时，它会抛出一个异常（Exception）让服务器处理，如记录在记录文件中。

（5）效率。使用传统的 CGI 编程，对于每个 HTTP 请求都会打开一个新的进程，这样将会带来性能和扩展性的问题。使用 Servlet，由于 Java VM（Java 虚拟机）是一直运行的，因此开始一个 Servlet 只会创建一个新的 Java 线程而不是一个系统进程。

（6）节省投资。不仅有许多廉价甚至免费的 Web 服务器可供个人或小规模网站使用，而且对于现有的服务器，如果它不支持 Servlet，要加上这部分功能也往往是免费的（或只需要极少的投资）。

（7）灵活性和可扩展性。采用 Servlet 开发的 Web 应用程序，由于 Java 类的继承性及构造函数等特点，使得应用灵活，可随意扩展。

6.1.4 Servlet 的生命周期

Servlet 生命周期并不由程序员控制，而是由 Servlet 容器掌管。当启动 Servlet 容器后，就会加载 Servlet 类，形成 Servlet 实例，此时服务器端就处在一个等待的状态，当客户端向服务器发送一个请求，服务器端就会调用相应 Servlet 实例处理客户端发送的请求，处理完毕后，把执行的结果返回。上述操作基本上构成了 Servlet 的生命周期。

1. 生命周期概述

Servlet 作为一种在 Servlet 容器中运行的组件，必然有一个从创建到删除的过程，这个过程通常被称为 Servlet 的生命周期。Servlet 的生命周期包括加载、实例化、初始化、处理客户请求和卸载几个阶段。这个生命周期由 javax.servlet.Servlet 接口的 init()、service()和 destroy()方法所定义。

Servlet 生命周期如图 6-2 所示。

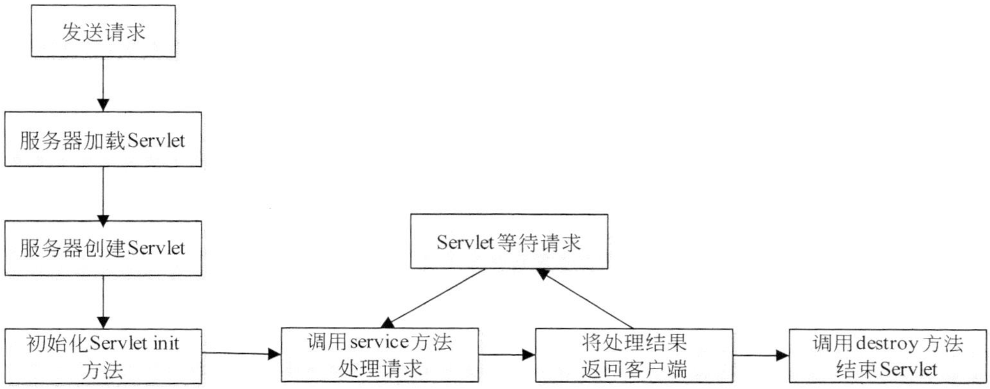

图 6-2 Servlet 生命周期

整个 Servlet 自加载到使用，最后消亡的整个过程，称为 Servlet 的生命周期。Servlet 生命周期定义了一个 Servlet 如何被加载、初始化，以及它怎样接受请求，响应请求，提供服务的整个过程。Servlet 的生命周期始于将它装入 Web 服务器的内存时，并在终止或重新装入 Servlet 时结束。每一个 Servlet 都要经历这样的过程。

2. 生命周期的三个阶段

Servlet 整个生命周期可以划分为三个阶段：初始化阶段、响应客户请求阶段和终止阶段，分别对应 javax.servlet.Servlet 接口中定义的三个方法 init()、service()和 destroy()。每个阶段完成的任务不同，其详细信息如下。

1）初始化

init()方法是 Servlet 生命周期的起点。在 init()方法中，Servlet 创建和初始化它在处理请求时需要用到的资源。下列几种情况下 Tomcat 服务器会装入 Servlet：如果已配置好 Servlet 类的自动装入选项，则在启动服务器时自动装入；在服务器启动后，客户机首次向 Servlet 发出请求时；装入一个 Servlet 类时，服务器创建一个 Servlet 实例并且调用 Servlet 的 init()方法；在初始化阶段，Servlet 初始化参数被传递给 Servlet 配置对象。该阶段主要由 init()方法完成，init()方法仅执行一次，以后就不再执行。

2）处理请求

对于到达服务器的客户机请求，服务器创建特定于请求的一个“请求”对象和一个“响应”对象。服务器调用 Servlet 的 service()方法，该方法用于传递“请求”和“响应”对象。service()方法从“请求”对象获得请求信息、处理该请求并用“响应”对象的方法以将响应传回客户机。service()方法可以调用其他方法来处理请求，例如 doGet()、doPost()或其他的方法。service()方法处于等待的状态，一旦获取请求就会马上执行，该方法可以多次执行。

3）终止

destroy()方法标志 Servlet 生命周期的结束。当服务器不再需要 Servlet，或重新装入 Servlet 的新实例时，服务器会调用 Servlet 的 destroy()方法。调用过 destroy()方法后，前面 Servlet 所占有的资源就会得到释放。

在 Servlet 生命周期的三个阶段中，能够重复执行的是第二个阶段中的 service 方法，该方法中保存的代码主要是对客户端的请求做出响应。第一个和第三个阶段中的 init 和 destroy 方法仅能执行一次，这两个方法主要完成资源的初始化和撤销。

【练习 1】

创建一个 MyServlet 类，该类继承 HttpServlet。重写其 doPost()、doGet()、init()和 destroy()方法，代码如下。

```
public class MyServlet extends HttpServlet {
    private static final long serialVersionUID = 1L;
    public MyServlet() {
        super();
    }
    public void doPost(HttpServletRequest req, HttpServletResponse resp)
            throws ServletException, IOException {
        System.out.println("执行 MyServlet");
    }
    public void doGet(HttpServletRequest req, HttpServletResponse resp)
            throws ServletException, IOException {
        doPost(req, resp);
    }
    public void init() throws ServletException {
        System.out.println("初始化 MyServlet");
        super.init();
    }
    public void destroy() {
        System.out.println("MyServlet 被销毁");
        super.destroy();
    }
}
```


6.2 Servlet 技术开发

在 Java 的 Web 开发中，Servlet 具有重要的功能，程序中的业务逻辑可以由 Servlet 进行处理，也可以通过 HttpServletResponse 对象对请求做出回应。

6.2.1 Servlet 在 Java EE 中的结构体系

Servlet 是一个标准，定义在 JavaEE API 中。其具体的细节由 Servlet 容器实现，如

Tomcat 和 JBoss 等。在 J2EE 架构中 Servlet 结构体系的 UML 如图 6-3 所示。

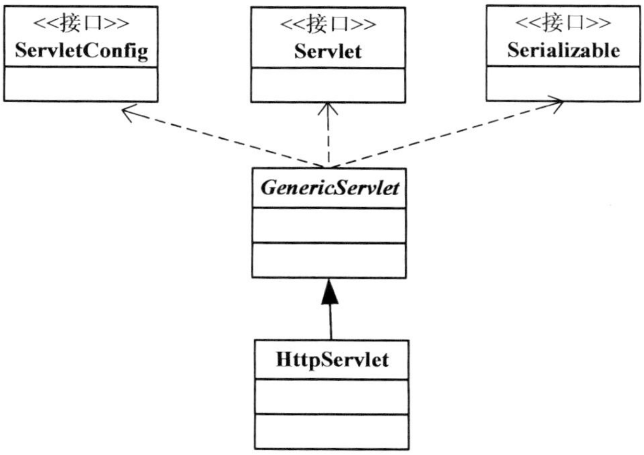

图 6-3　Servlet 结构体系的 UML

在图中 Servlet、ServletConfig 和 Serializable 是接口，其中 Serializable 是 java.io 包中的序列化接口；Servlet 和 ServletConfig 是 javax.servlet 包中定义的接口，这两个接口定义了 Servlet 的基本方法并封装了 Servlet 的相关配置信息。GenericServlet 是一个抽象类，分别实现上述的三个接口。此接口为 Servlet 及 ServletConfig 接口提供了部分实现，但没实现 Http 请求处理。这一操作由其子类 HttpServlet 实现，这个类为 Http 请求中的 POST 和 GET 等类型提供了具体的操作方法。

通常情况下，我们编写的 Servlet 类都继承于 HttpServlet，在开发中使用具体的 Servlet 对象就是 HttpServlet 对象。这是因为 HttpServlet 为 Servlet 做出实现，并提供了 Http 请求的处理方法。

6.2.2　Servlet 核心 API

Servlet 是运行在服务器端的 Java 应用程序，由 Servlet 容器对其进行管理，当用户对容器发送 HTTP 请求时，容器将通知相对应的 Servlet 对象进行处理，完成用户与程序之间的交互。在 Servlet 编程中，Servle API 提供了标准的接口与类，这些对象对 Servlet 的操作非常重要，它们为 HTTP 请求和程序响应提供丰富的方法。

1. javax.servlet.Servlet 接口

javax.servlet.Servlet 接口规定了必须由 Servlet 类实现、由 Servlet 容器识别和管理的方法集。Servlet 接口的基本目标是提供生命期方法 init()、service()和 destroy()方法。该接口常用的方法如表 6-1 所示。

表 6-1　Servlet 接口中的方法及说明

方法	使用说明
void init(ServletConfig config)	Servlet 实例化之后，Servlet 容器调用此方法来完成初始化工作

续表

方法	使用说明
ServletConfig getServletConfig()	返回传递到 Servlet 的 init()方法的 ServletConfig 对象
void service(ServletRequest request, ServletResponse response)	处理 request 对象中描述的请求，使用 response 对象返回请求结果
String getServletInfo()	返回有关 Servlet 的信息，是纯文本格式的字符串，如作者、版权等
void destory()	当 Servlet 将要卸载时由 Servlet 容器调用，释放资源

2．javax.servlet.GenericServlet 抽象类

GenericServlet 是一种与 HTTP 无关的 Servlet，主要用于开发其他 Web 协议的 Servlet 时使用。Servlet API 提供了 Servlet 接口的直接实现，称为 GenericServlet。此类提供除了 service()方法外所有接口中方法的默认实现。这意味着通过简单地扩展 GenericServlet 可以编写一个基本的 Servlet。除了 Servlet 接口外，GenericServlet 也实现了 ServletConfig 接口，处理初始化参数和 Servlet 上下文，提供对授权传递到 init()方法中的 ServletConfig 对象的方法。

3．javax.servlet.HttpServletRequest 接口

HttpServletRequest 接口封装了 HTTP 请求，通过此接口可以获取客户端传递的 HTTP 请求参数，该接口常用的方法如表 6-2 所示。

表 6-2　HttpServletRequest 接口中的方法及说明

方法	使用说明
String getContextPath()	返回上下文路径，此路径以“/”开头
Cookie[] getCookies()	返回所有 Cookie 对象，返回值类型为 Cookie 数组
String getMethod()	返回 HTTP 请求的类型，如 GET 和 POST 等
String getQueryString()	返回请求的查询字符串
String getRequestURI()	返回主机名到请求参数之间部分的字符串
HttpSession getSession()	返回与客户端页面关联的 HttpSession 对象

4．javax.servlet.HttpServletResponse 接口

HttpServletResponse 接口封装了对 HTTP 请求的响应。通过此接口可以向客户端发送响应，该接口常用的方法如表 6-3 所示。

表 6-3　HttpServletResponse 接口中的方法及说明

方法	使用说明
void addCookie(Cookie cookie)	向客户端发送 Cookie 信息
void sendError(int sc)	发送一个错误状态代码为 sc 的错误响应到客户端
void sendError(int sc,String name)	发送包含错误代码状态及错误信息的响应到客户端
void sendRedirect(String location)	将客户端请求重新定向到新的 URL

5．javax.servlet.http.HttpServlet 抽象类

开发一个 Servlet，通常不是通过直接实现 javax.servlet.Servlet 接口，而是通过继承

javax.servlet.http.HttpServlet 抽象类来实现的。HttpServlet 抽象类是专门为 HTTP 设计的，对 javax.servlet.Servlet 接口中的方法都提供了默认实现。一般地，通过继承 HttpServlet 抽象类重写它的 doGet()和 doPost()方法就可以实现自己的 Servlet。

在 HttpServlet 抽象类中的 service()方法一般不需要被重写，它会自动调用和用户请求对应的 doPost()和 doGet()方法。HttpServlet 抽象类支持 7 种典型的 do×××()方法和一些辅助方法，分别是 doPost()、doGet()、doPut()、doDelete()、doHead()、doOptions()和 doTrace()。这 7 个方法中除了对 doTrace()方法与 doOptions()方法进行简单实现外，其他的都需要开发人员在使用过程中根据实际需要对其进行重写。

6.2.3 创建 Servlet 类

Servlet 的创建有两种方法：一种是创建一个普通的 Java 类，使这个类继承 HttpServlet 类，再通过手动配置 web.xml 文件注册 Servlet 对象。第二种方法是直接通过 IDE 集成开发工具进行创建。

【练习 2】

新建 com.itzcn.servlet.MyServlet01 类，并继承 HttpServlet 类，代码如下。

```
public class MyServlet01 extends HttpServlet {
    public MyServlet01() {
        super();
    }
    public void init() throws ServletException {
        super.init();
    }
    protected void doGet(HttpServletRequest req, HttpServletResponse
    resp)
            throws ServletException, IOException {
        super.doGet(req, resp);
    }
    protected void doPost(HttpServletRequest req, HttpServletResponse
    resp)
            throws ServletException, IOException {
        super.doPost(req, resp);
    }
    protected void doPut(HttpServletRequest req, HttpServletResponse
    resp)
            throws ServletException, IOException {
        super.doPut(req, resp);
    }
    public void destroy() {
        super.destroy();
    }
}
```

提 示

HttpServlet 类提供了丰富的 HTTP 请求处理方法；除了 init()方法和 destroy()方法外，还有很多针对不同 HTTP 请求类型提供的方法。

【练习 3】

使用 IDE 集成开发工具创建 Servlet。

（1）在指定的项目中打开 MyEclipse 的 new 指令找到 servlet 命令，如图 6-4 所示。

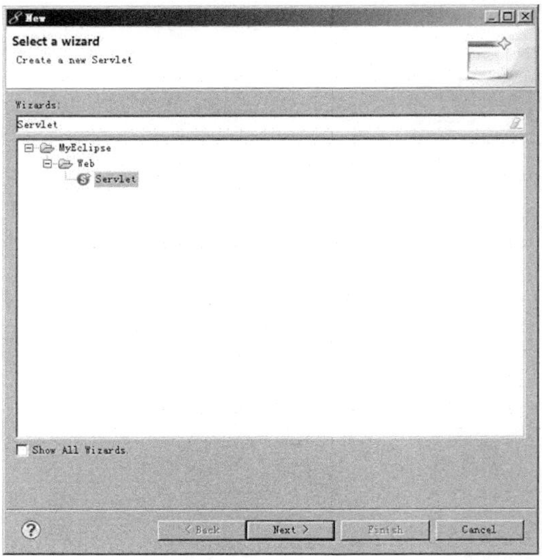

图 6-4 新建 Servlet 选项

（2）进入到创建 Servlet 对话框，按提示创建 Servlet 对象，如图 6-5 所示。

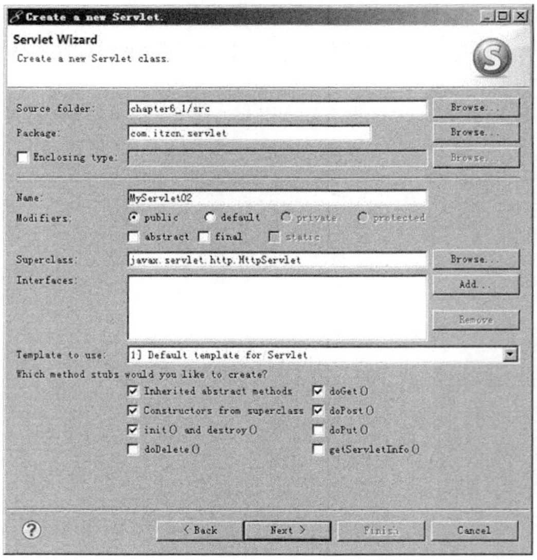

图 6-5 创建 Servlet 窗口

（3）单击 Next 按钮进入到 Servlet 配置对话框，保持默认设置，单击 Finish 按钮完成创建，如图 6-6 所示。

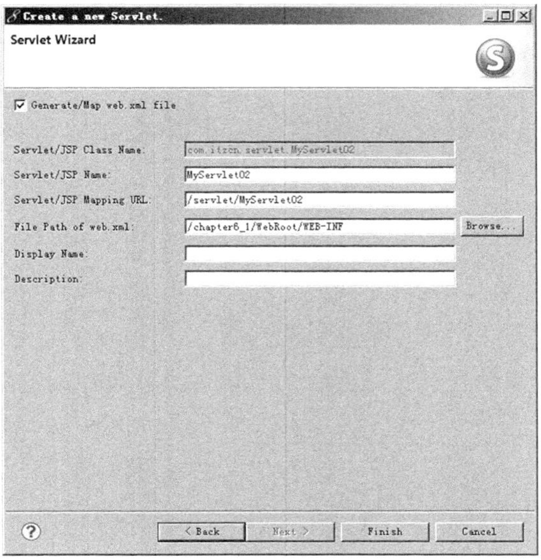

图 6-6 Servlet 的配置

技巧

在使用 IDE 集成开发工具进行创建 Servlet 时，无须在 web.xml 中配置 Servlet，比较方便，大多情况下采用此种方法来创建 Servlet 类。

6.2.4 配置 Servlet 相关元素

一个 Servlet 对象正常运行需要进行适当的配置，以告知 Web 容器哪一个请求调用哪一个 Servlet 对象处理，对 Servlet 起到注册作用。首先需要将该 Servlet 文件编译为字节码文件。在使用 JDK 编译 Servlet 文件时，由于 JDK 中并不包含 javax.servlet 和 javax.servlet.http 程序包，而这两个程序包被包含在 Tomcat 的安装目录下\common\lib\servlet-api.jar。因此，需要为 JDK 配置环境变量，即将%tomcat%\common\lib\servlet-api.jar 添加到 classpath 环境变量中。

Servlet 的配置包含在 web.xml 文件中，主要通过以下两个步骤进行设置。

（1）在 web.xml 文件中，通过<servlet>标签声明一个 Servlet 对象，在此标签下包含两主要子元素，分别为<servlet-name>和<servlet-class>。其中，<servlet-name>元素用于指定 Servlet 的名称，此名称可以为自定义的名称。<servlet-class>元素用于指定 Servlet 对象的完整位置，包含 Servlet 对象的包名与类名，其声明格式如下：

```
<servlet>
    <servlet-name>MyServlet01</servlet-name>
```

```
    <servlet-class>com.itzcn.servlet.MyServlet01</servlet-class>
</servlet>
```

（2）在 web.xml 文件中声明了 Servlet 对象后，需要映射访问 Servlet 的 URL，此操作使用<servlet-mapping>标签进行配置。<servlet-mapping>标签有两个元素，分别为<servlet-name>和<url-pattern>。其中，<servlet-name>元素与<servlet>标签中的<servlet-name>对应，不可以随意命名。<url-pattern>元素用于映射访问 URL，其声明格式如下：

```
<servlet-mapping>
  <servlet-name>MyServlet01</servlet-name>
  <url-pattern>/servlet/MyServlet01</url-pattern>
</servlet-mapping>
```

最后，还需要重新启动 Tomcat。重启 Tomcat 后，就可在浏览器地址栏中输入 Servlet 的地址进行访问。

6.3 Servlet 的典型应用

Servlet 主要用于 B/S 结构，用来充当一个请求控制处理的角色。当浏览器发送一个请求时，由 Servlet 接受并对其执行相应的业务逻辑处理，最后对浏览器做出响应。

Servlet 的典型应用包括：应用 Servlet 处理表单数据，应用 Servlet 读取 Cookie 数据等。

6.3.1 Servlet 读取表单数据

使用 Servlet 读取表单中的数据常用的方法有 getParameter()、getParameterValues()、getParameterNames()和 getParameterMap()。

（1）getParameter()用于单个值的读取，参数多为表单中控件的 name 属性。

（2）getParameterValues()用于多个值的读取。例如，getParameterValues("name")将获取所有 form 表单中 name 属性为“name”的值，返回的是一个 string 数组。遍历数组就可得到 value 值。一般用于获得 checkbox 的值。

（3）getParameterNames()和 getParameterMap()用于参数名的查找，可以获取发送请求页面中 form 表单里所有具有 name 属性的表单对象。返回一个 Enumeration 类型的枚举。通过 Enumeration 的 hasMoreElements()方法遍历。再由 nextElement()方法获得枚举的值。此时的值是 form 表单中所有控件的 name 属性的值。最后通过 request.getParameter()方法获取表单控件的 value 值。

6.3.2 Servlet 实现页面转发

在 Servlet 中通常使用 RequestDispatcher 接口把一个请求转发到另一个 JSP 页面。RequestDispatcher 在类中的声明的代码如下。

```
public interface RequestDispatcher()
```

该接口包含以下两个方法。

（1）forward(ServletRequest request, ServletResponse response)：把请求转发到服务器上的另一个资源（Servlet、JSP 或 HTML）。

（2）include(ServletRequest request, ServletResponse response)：把服务器上的另一个资源（Servlet、JSP 或 HTML）包含到响应中。

使用如下代码可以将页面转向 other.jsp，代码如下。

```
request.getRequestDispatcher("/other.jsp").forward(request, response);
```

6.3.3 Servlet 读取当前页的绝对路径

在 ServletContext 类中，定义了一组方法用于 Servlet 容器之间的通信，以获得相关信息，如文件的 MIME 类型、分发请求和日志等。

可以使用 getRealPath()方法获取指定虚拟路径的绝对路径。

例如，使用如下代码可以获取当前服务器的真实路径，代码如下。

```
ServletContext context = this.getServletContext();
PrintWriter out = response.getWriter();
out.print("当前服务器的真实路径为：" + context.getRealPath(""));
```


6.3.4 Servlet 操作 Cookie

Cookie 用来为 Web 浏览器提供内存，以便程序可以在一个页面中使用另一个页面的输入数据，或者在用户离开页面并返回时恢复用户的优先级及其他的状态变量。

在写入 Cookie 和读取 Cookie 时均需要操作 Cookie 对象，该对象的常用方法如下。

1. 创建 Cookie 对象的方法

调用 Cookie 对象的构造方法可以创建 Cookie，该方法的两个参数为 Cookie 的名称和 Cookie 的值，实现的主要代码如下。

```
Cookie cookie = new Cookie("name", request.getParameter("name"));
```

2. 传送 Cookie 到客户端的方法

在 JSP 中要将封装的 Cookie 对象传送到客户端应使用 response 对象的 addCookie()方法，实现的主要代码如下。

```
response.addCookie(cookie);
```

3. 读取客户端 Cookie 的方法

使用 request 对象的 getCookie()方法将所有客户端传来的 Cookie 对象以数组形式排

列，如果要取出符合需要的 Cookie 对象，则需要循环比较数组中每个对象的关键字。实现的主要代码如下。

```
Cookie[] cookies = request.getCookies();
for (int i = 0; i < cookies.length; i++) {
    request.setAttribute("name", cookies[i].getName());    //获得名字
    request.setAttribute("value", cookies[i].getValue());  //获得值
}
```

4. 设置 Cookie 对象有效时间的方法

通过 Cookie 对象的 setMaxAge()方法设置 Cookie 对象的有效时间，如设置 Cookie 对象保存时间为 1min，代码如下。

```
cookie.setMaxAge(60);
```

5. 通过 Cookie 对象设置 Path 属性的方法

setPath("/")方法定义 Cookie 只发给指定路径的请求，如果未设置 Path 属性，则使用应用程序的默认路径，实现的主要代码如下。

```
cookie.setPath("/");
```


【练习 4】

使用 Servlet 向 Cookie 中写入并读取数据。

（1）创建 com.itzcn.servlet.WriteCookie 类，用于向 Cookie 中写入数据，主要代码如下。

```
public class WriteCookie extends HttpServlet {
    private static final long serialVersionUID = 1L;
    public WriteCookie() {
        super();
    }
    public void destroy() {
        super.destroy();
    }
    public void doGet(HttpServletRequest request, HttpServletResponse
    response)
            throws ServletException, IOException {
        doPost(request, response);
    }
    public void doPost(HttpServletRequest request, HttpServletResponse
    response)
            throws ServletException, IOException {
        request.setCharacterEncoding("utf-8");
        response.setContentType("text/html");
        Cookie cookie = new Cookie("name", request.getParameter("name"));
        response.addCookie(cookie);
        cookie.setMaxAge(60);
```

```
        cookie.setPath("/");
    }
    public void init() throws ServletException {
    }
}
```

（2）创建 com.itzcn.servlet.ReadCookie 类，用于读取 Cookie 中的数据，主要代码如下。

```
public class ReadCookie extends HttpServlet {
    private static final long serialVersionUID = 1L;
//省略部分代码
    public void doPost(HttpServletRequest request, HttpServletResponse
    response)
            throws ServletException, IOException {
        response.setContentType("text/html");
        request.setCharacterEncoding("utf-8");
        Cookie[] cookies = request.getCookies();
        for (int i = 0; i < cookies.length; i++) {
            if (cookies[i].getName().equals("name")){
                request.setAttribute("name", cookies[i].getName());
                                                        //获得名字
                  request.setAttribute("value", cookies[i].getValue());
                                                        //获得值
            }
        }
        request.getRequestDispatcher("/index.jsp").forward(request,
        response);
    }
}
```


6.4 实验指导 6-1：使用 Servlet 处理表单数据

通过 Servlet 处理表单数据，实现添加用户信息功能，并将添加信息放到 ServletContext 中，然后通过 JSP 查看。

（1）创建 com.itzcn.bean.User 类，用于封装用户的信息。其中有 4 个属性，分别是用户姓名、用户年龄、用户性别和用户的住址。主要代码如下.

```
public class User {
    private String name = null;                         //用户姓名
    private int age = -1;                               //用户年龄
    private String sex = null;                          //用户性别
    private String address = null;                      //用户住址
//省略 getter、setter 方法
}
```

（2）创建 index.jsp 页面，主要用于添加人员信息，主要代码如下。

```
<form  action="servlet/AddServlet"  method="post"  onsubmit="return
check(this);">
<TABLE cellSpacing=0 cellPadding=0 width="511" border=0>
  <TBODY>
    <TR>
      <TD width="165" rowSpan=6>
       <DIV align=left><img border="0" src="images/cp.jpg" width="127"
       height="165" ></DIV></TD>
       <TD height=22 align="center" colspan="2"><h2>添加人员信息</h2></TD>
    </TR>
    <TR>
      <TD height=22 width="74">姓名</TD>
      <TD height=22 width="266"><input type="text" name="name"></TD>
    </TR>
    <TR>
      <TD height=22 width="74">年龄</TD>
      <TD height=22 width="266"><input type="text" name="age"></TD>
    </TR>
    <TR>
      <TD height=22 width="74">性别</TD>
      <TD height=22 width="266">
      <input type="radio" name="sex" value="男" checked="checked">男
      <input type="radio" name="sex" value="女">女</TD>
    </TR>
    <TR>
      <TD height=22 width="74">地址</TD>
      <TD height=22 width="266"><textarea rows="5" cols="30" name=
      "address"></textarea></TD>
     </TR>
     <tr>
      <TD height=22 align="center" colspan="2"><input type="submit"
      value="添加"></TD>
     </tr>
  </TBODY>
</TABLE>
</form>
```

（3）在 index.jsp 页面中添加 JavaScript 脚本，防止提交空的信息，代码如下。

```
<script type="text/javascript">
    function check(form){
        with(form){
            if (name.value=="") {
                alert("姓名不能为空");
                return  false;
            }
            if (age.value=="") {
                alert("年龄不能为空");
                return  false;
```

```
            }
            if (address.value=="") {
                alert("地址不能为空");
                return false;
            }
        }
    }
</script>
```

（4）创建 com.itzcn.servlet.AddServlet 类用于处理表单数据，主要代码如下。

```
public class AddServlet extends HttpServlet {
    private static final long serialVersionUID = 1L;
    public AddServlet() {
        super();
    }
    public void destroy() {
        super.destroy();
    }
    public void doGet(HttpServletRequest request, HttpServletResponse
    response)
            throws ServletException, IOException {
        doPost(request, response);
    }
    public void doPost(HttpServletRequest request, HttpServletResponse
    response)
            throws ServletException, IOException {
        request.setCharacterEncoding("utf-8"); //设置 request 的编码格式
        response.setContentType("text/html");
        String name = request.getParameter("name");         //获取用户名
        String ageStr = request.getParameter("age");        //获取用户年龄
        String sex = request.getParameter("sex");           //获取性别
        String address = request.getParameter("address");  //获取地址
        String regex = "^\\+?[1-9][0-9]*$";                 //正则表达式
        int age = 0;
        if (ageStr.matches(regex)) {
            age = Integer.parseInt(ageStr);
        }
        User user = new User();                 //实例化 User
        user.setName(name);
        user.setAddress(address);
        user.setAge(age);
        user.setSex(sex);
        ServletContext application = getServletContext();
                                                //获取 ServletContext 对象
        List<User> lt = (List<User>) application.getAttribute("users");
        if (lt == null) {
            lt = new ArrayList<User>();
        }
```

```
        lt.add(user);
        application.setAttribute("users", lt);
        request.getRequestDispatcher("/list.jsp").forward(request,
        response);
    }
    public void init() throws ServletException {
    }
}
```

注意

HttpServletRequest 对象的 setCharacterEncoding()方法用于设置请求中的字符串编码。如果未设置 HttpServletRequest 对象的字符编码，在处理中文时将出现乱码。

（5）在 web.xml 中配置 AddServlet 对象，主要代码如下。

```
<servlet>
  <servlet-name>AddServlet</servlet-name>
  <servlet-class>com.itzcn.servlet.AddServlet</servlet-class>
</servlet>
<servlet-mapping>
  <servlet-name>AddServlet</servlet-name>
  <url-pattern>/servlet/AddServlet</url-pattern>
</servlet-mapping>
```


技巧

如果使用 IDE 集成开发工具进行创建 Servlet 时，无须再在 web.xml 中配置 Servlet。

（6）创建 list.jsp 页面，用于显示所有已经添加的人员信息，主要代码如下。

```
<TABLE cellSpacing=0 cellPadding=0 width="511" border=1 bordercolor=
"00FF00">
<TBODY>
  <TR>
    <TD height=22 align="center" colspan="4"><h2>查看人员信息</h2></TD>
  </TR>
  <TR align="center" style="font-weight:bold">
        <td width="20%">姓名</td>
        <td width="20%">性别</td>
        <td width="20%">年龄</td>
        <td>地址</td>
  </TR>
     </tr>
     <%
     List<User> lt = (List<User>)application.getAttribute("users");
     if(lt !=null){
     for(User user:lt){%>
     <tr align="center">
         <td><%=user.getName() %></td>
```

```
        <td><%=user.getSex() %></td>
        <td><%=user.getAge() %></td>
        <td><%=user.getAddress() %></td>
    </tr>
    <%}
    }%>
    <TR align="center">
      <TD height=22  colspan="4"><a href="index.jsp">继续添加</a></TD>
    </TR>
  </TBODY>
</TABLE>
```

注意

在该页面中的顶部添加<%@page import="com.itzcn.bean.User"%>代码，将包导入，否则会报错。

（7）运行后打开 index.jsp 页面，添加人员信息，如图 6-7 所示。

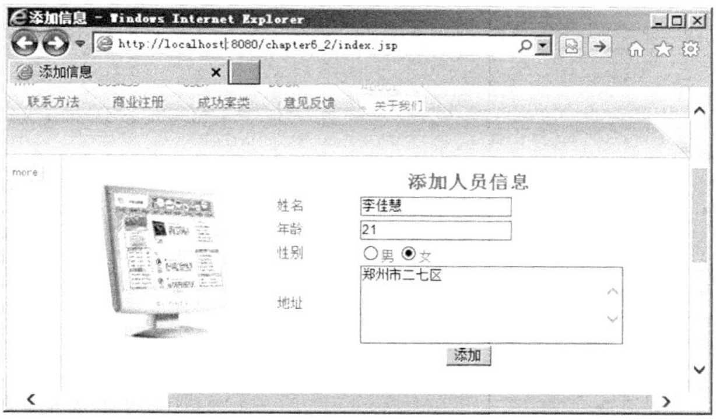

图 6-7 添加人员信息

在页面中输入人员信息后，单击【添加】按钮，可以看到所有已经添加的人员信息，如图 6-8 所示。

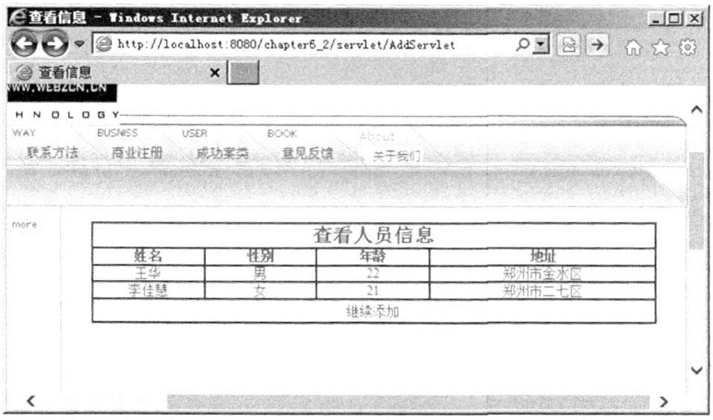

图 6-8 查看人员信息

6.5 Servlet 过滤器

过滤器是 Web 程序中的可重用组件，它在 Servlet 2.3 规范中被引入，其作用十分广泛。过滤器是一个程序，它先于与之相关的 Servlet 或 JSP 页面运行在服务器上。过滤器可附加到一个或多个 Servlet 或 JSP 页面上，并且可以检查进入这些资源的请求信息。

6.5.1 过滤器的处理方式

Servlet 过滤器是客户端与目标资源间的中间层组件，用于拦截客户端的请求与响应信息，如图 6-9 所示。当 Web 容器接收一个客户端请求时，Web 容器判断此请求是否与过滤器对象相关联，如果相关联，容器将这一请求交给过滤器进行处理。在处理过程中，过滤器可以对请求进行操作，如更改请求中的信息数据，在过滤器处理完成之后，再将这一请求交给其他业务进行处理。当所有业务处理完成，需要对客户端进行响应时，容器又将响应交给过滤器处理，过滤器处理响应完成将响应发送到客户端。

在 Web 程序的应用过程中可以防止多个过滤器，如字符编码过滤器、身份验证过滤器等，Web 容器对多个过滤器的处理方式如图 6-10 所示。

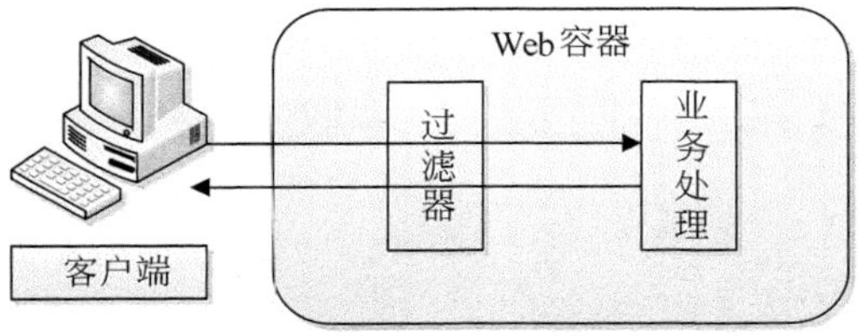

图 6-9 过滤器的应用

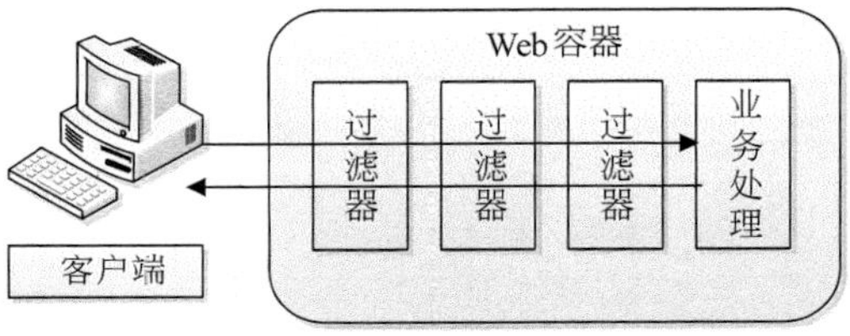

图 6-10 多过滤器的应用

在多个过滤器的处理方式中，容器首先将客户端请求交给第一个过滤器处理，处理完成之后交给下一个过滤器处理，以此类推，直到最后一个过滤器对象。

Servlet 过滤器的基本原理大致是：在 Servlet 作为过滤器使用时，它可以对客户的请求进行处理，处理完毕之后它会交给下一个过滤器处理。这样客户的请求在过滤器链中逐个处理，直到请求发送到目标为止。过滤器主要用于以下场合。

（1）认证过滤：对用户请求进行统一认证。

（2）登录和审核过滤：对用户的访问请求进行审核和对请求信息进行日志记录。

（3）数据过滤：对用户发送的数据进行过滤，修改或替换。

（4）图像转换过滤：转换图像的格式。

（5）数据压缩过滤：对请求内容进行解压，对响应内容进行压缩。

（6）加密过滤：对请求和响应进行加密处理。

（7）令牌过滤：身份验证。

（8）资源访问触发事件过滤。

（9）XSL/T 过滤。

（10）Mime-type 过滤。

6.5.2 过滤器 API

过滤器对象放置在 javax.servlet 包中，名字为 Filter，它是一个接口；除了这个接口外，与过滤器相关的对象还有 FilterConfig 和 FilterChain 对象，这两个对象也是接口，位于 javax.servlet 包中，分别为过滤器的配置对象和过滤器的传递工具。在使用时，定义过滤器对象只需要直接或间接地实现 Filter 接口即可。如图 6-11 所示为 MyFilter1 和 MyFilter2 过滤器，其中 FilterConfig 和 FilterChain 对象用于执行过滤器的相关操作。

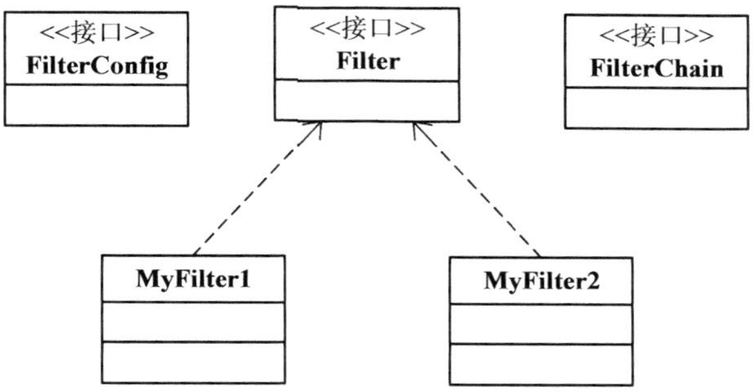

图 6-11　MyFilter1 和 MyFilter2 过滤器

1. Filter 接口

Filter 接口位于 javax.servlet 包中，与 Servlet 接口相似，定义一个过滤器对象需要实现此接口，在 Filter 接口中包含三个方法，如表 6-4 所示。

表 6-4　Filter 接口中的方法及说明

方法	使用说明
void init(FilterConfig arg0)	过滤器的初始化方法，容器调用此方法完成过滤的初始化，对于每一个 Filter 实例，此方法只被调用一次
void doFilter(ServletRequest arg0, ServletResponse arg1,FilterChain arg2)	此方法与 Servlet 的 service()方法类似，当请求及响应交给过滤器时，过滤器调用此方法进行过滤处理
void destroy()	在过滤器生命周期结束时调用此方法，此方法可用于释放过滤器所占用的资源

2. FilterChain 接口

FilterChain 接口位于 javax.servlet 包中，此接口由容器实现，在 FilterChain 接口中只包含一个方法 doFilter()，声明如下：

```
void doFilter(ServletRequest request, ServletResponse response) throws
IOException,ServletException
```

此方法主要用于将过滤器处理的请求或响应传递给下一个过滤器对象。在多个过滤器的 Web 应用中，可以通过此方法进行传递。

3. FilterConfig 接口

FilterConfig 接口位于 javax.servlet 包中，此接口由容器进行实现，用于获取过滤器初始化期间的参数信息，其方法及说明如表 6-5 所示。

表 6-5 FilterConfig 接口中的方法及说明

方法	使用说明
String getFilterName()	返回过滤器名称
String getInitParameter(String name)	返回初始化名称为 name 的参数值
Enumeration getInitParameterNames()	返回所有初始化参数名的枚举集合
ServletContext getServletContext()	返回 Servlet 的上下文对象

6.5.3 创建并配置过滤器

创建一个过滤器对象需要实现 javax.servlet.Filter 接口及其三个方法。在创建一个过滤器对象之后，需要对其进行配置才可以使用。过滤器的配置方法与 Servlet 的配置方法类似，都是通过 web.xml 文件进行配置。

1. 创建过滤器

新建 com.itzcn.filter.MyFilter 类，并实现 Filter 接口，代码如下。

```
public class MyFilter implements Filter {
    public void destroy() {                                  //销毁
        System.out.println("MyFilter 被销毁");
    }
    public void doFilter(ServletRequest arg0, ServletResponse arg1,
            FilterChain arg2) throws IOException, ServletException {
                                                             //处理
        arg2.doFilter(arg0, arg1);                           //将请求向下传递
    }
    public void init(FilterConfig arg0) throws ServletException {
    //初始化
        System.out.println("MyFilter 被初始化");
    }
}
```

提示

使用过滤器并不一定要将请求向下传递到下一过滤器或目标资源，如果业务逻辑需要，也可以在处理后直接回应客户端。

2. 声明过滤器对象

在 web.xml 文件中通过<filter>标签声明一个过滤器对象，在此标签下包含三个常用子元素，分别是<filter-name>、<filter-class>和<init-param>。其中，<filter-name>元素用

于指定过滤器的名称，此名称可以是自定义名称；<filter-class>元素用于指定过滤器对象的完整位置，包含过滤器对象的包名与类名；<init-param>元素用于设置过滤器的初始化参数，为可选项。具体配置方法如下。

```
<filter>
    <filter-name>MyFilter</filter-name>
    <filter-class>com.itzcn.filter.MyFilter</filter-class>
    <init-param>
        <param-name>encoding</param-name>
        <param-value>UTF-8</param-value>
    </init-param>
</filter>
```

提示

<init-param>元素包含两个常用的子元素，分别为<param-name>和<param-value>。其中，<param-name>元素用于声明初始化参数的名称，<param-value>元素用于指定初始化参数的值。

3. 映射过滤器

在 web.xml 文件中声明了过滤器对象后，需要映射访问过滤器的对象，此操作使用<filter-mapping>标签进行配置。在<filter-mapping>标签中主要需要配置过滤器的名称、关联 URL 样式、对应的请求方式等。具体配置方式如下。

```
<filter-mapping>
    <filter-name>MyFilter</filter-name>
    <url-pattern>/MyFilter</url-pattern>
    <dispatcher>REQUEST</dispatcher>
    <dispatcher>FORWARD</dispatcher>
</filter-mapping>
```

其中，各个参数含义如下。

（1）<filter-name>：用于指定过滤器名称，此名称与<filter>标签中的<filter-name>相对应。

（2）<url-pattern>：用于指定过滤器关联的 URL 样式，设置为“/*”为关联所有 URL。

（3）<dispatcher>：用于指定过滤器对应的请求方式，其可选值及使用说明如表 6-6 所示。

表 6-6　<dispatcher>元素的可选值及说明

可选值	使用说明
REQUEST	当客户端直接请求时，则通过过滤器进行处理
INCLUDE	当客户端通过 RequestDispatcher 对象的 include()方法请求时，则通过过滤器进行处理
FORWARD	当客户端通过 RequestDispatcher 对象的 forward()方法请求时，则通过过滤器进行处理
ERROR	当声明产生异常时，则通过过滤器进行处理

6.6 实验指导 6-2：使用过滤器验证用户身份

在首次认证用户身份后都会在 session 中留下相应的用户对象作为标识，在以后的操作中只需要在身份验证的页面或 Servlet 中查看相应的 session 即可。如果在每个页面或 Servlet 中均添加对身份的验证代码会很麻烦，可以使用过滤器来对一批页面或 Servlet 统一进行验证。

（1）创建 login.jsp 页面，用于用户的登录，主要代码如下。

```
<form action="servlet/LoginServlet" method="post" >
  <div id="center_left"></div>
  <div id="center_middle">
      <div id="user">用 户
        <input type="text" name="name" />
      </div>
      <div id="password">密   码
      <input type="password" name="pass" />
      </div>
      <div id="btn"><input type="submit" value="登录"></div>
  </div>
</form>
```


（2）新建 com.itzcn.servlet.LoginServlet 类，继承 HttpServlet 类，用于将从 login.jsp 获取的 User 对象放置在 session 中，并执行跳转到下一个页面的代码，主要代码如下。

```
public class LoginServlet extends HttpServlet {
//省略部分代码
    public void doPost(HttpServletRequest request, HttpServletResponse
    response)
            throws ServletException, IOException {
        response.setContentType("text/html");
        request.setCharacterEncoding("utf-8");
          String name = request.getParameter("name");
          String pass = request.getParameter("pass");
          User user = new User(name,pass);
          HttpSession session = ((HttpServletRequest) request).
          getSession();
          session.setAttribute("user", user);
          request.getRequestDispatcher("/admin/index.jsp").forward
          (request, response);
    }
}
```

（3）新建 com.itzcn.filter.LoginFilter 类，实现 Filter，用于判断 session 中是否存在对象。以此来判断该用户是否登录。主要代码如下。

```
public class LoginFilter implements Filter {
```

```
    private FilterConfig config = null;
//省略部分代码
    public void doFilter(ServletRequest request, ServletResponse
    response,
            FilterChain chain) throws IOException, ServletException {
        request.setCharacterEncoding("utf-8");
        response.setCharacterEncoding("gbk");
        HttpSession session = ((HttpServletRequest) request).
        getSession();
        if (session.getAttribute("user") == null) {
            PrintWriter out = response.getWriter();
            out.print("<script language = javascript>alert('你还没有登
            录!!! ');window.location.href='../login.jsp;'</script>");
        } else {
            chain.doFilter(request, response);
        }
    }
    public void init(FilterConfig filterConfig) throws ServletException {
        this.config = filterConfig;
    }
}
```

（4）在 web.xml 中配置 LoginServlet 和 LoginFilter，主要代码如下。

```
<filter>
  <filter-name>LoginFilter</filter-name>
  <filter-class>com.itzcn.filter.LoginFilter</filter-class>
 </filter>
  <filter-mapping>
   <filter-name>LoginFilter</filter-name>
  <url-pattern>/admin/*</url-pattern>
  </filter-mapping>
  <servlet>
    <servlet-name>LoginServlet</servlet-name>
    <servlet-class>com.itzcn.servlet.LoginServlet</servlet-class>
  </servlet>
  <servlet-mapping>
    <servlet-name>LoginServlet</servlet-name>
    <url-pattern>/servlet/LoginServlet</url-pattern>
  </servlet-mapping>
 <welcome-file-list>
  <welcome-file>login.jsp</welcome-file>
 </welcome-file-list>
```

（5）在 WebRoot 下新建 admin 目录，在其中新建 index.jsp 页面。用于显示用户登录成功后的信息，主要代码如下。

```
<h1> <%User user = (User)request.getSession().getAttribute("user"); %>
欢迎用户[<%=user.getName() %>]登录! </h1>
```

（6）运行后打开 login.jsp 页面，在其中输入用户信息后，其效果如图 6-12 所示。

图 6–12　用户登录页面

单击【登录】按钮，登录成功后页面跳转到 index.jsp，其效果如图 6-13 所示。

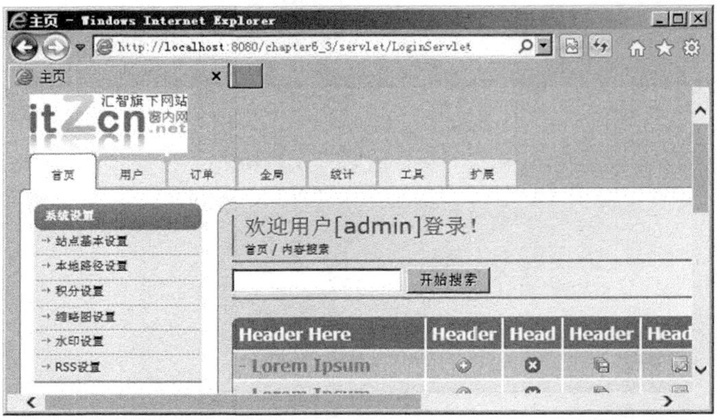

图 6–13　用户登录成功页面

当直接访问 index.jsp 页面时，效果如图 6-14 所示。

图 6–14　未登录直接访问 index.jsp 页面效果

6.7 Servlet 监听器

监听器就是一个实现特定接口的普通 Java 程序，这个程序专门用于监听另一个 Java 对象的方法调用或属性改变，当被监听对象发生上述事件后，监听器某个方法将立即被执行。Servlet 监听器主要用于监听一些重要事件的发生，监听器对象可以在事情发生前或发生后做一些处理。

6.7.1 Servlet 监听器简介

监听器的作用是监听 Web 容器的有效期事件，由容器管理。利用 Listener 接口监听在容器中的某个执行程序，并且根据其应用程序的需求做出适当的响应。Servlet 和 JSP 中的 8 个 Listener 接口和 6 个 Event 类如表 6-7 所示。

表 6-7 Listener 接口与 Event 类

Listener 接口	Event 类
ServletContextListener	ServletContextEvent
ServletContextAttributeListener	ServletContextAttributeEvent
HttpSessionListener	HttpSessionEvent
HttpSessionActivationListener	
HttpSessionAttributeListener	HttpSessionBindingEvent
HttpSessionBindingListener	
ServletRequestListener	ServletRequestEvent
ServletRequestAttributeListener	ServletRequestAttributeEvent

Servlet 事件一共分为三类，分别为上下文事件、会话事件和请求事件。

6.7.2 监听 Servlet 上下文

Servlet 上下文监听可以监听 ServletContext 对象的创建、删除和添加属性，以及删除和修改操作，该监听器需要用到如下两个接口。

1. ServletContextListener 接口

该接口位于 javax.servlet 包内，主要监听 ServletContext 的创建和删除。它提供了两个方法，也称为“Web 应用程序的生命周期方法”。

（1）contextInitialized(ServletContextEvent sce)方法：通知正在收听的对象应用程序已经被加载及初始化。

（2）contextDestroyed(ServletContextEvent sce)方法：通知正在收听的对象应用程序已经被载出，即关闭。

2. ServletContextAttributeListener 接口

该接口位于 javax.servlet 包内，主要监听 ServletContext 属性的增加、删除及修改。

（1）attributeAdded(ServletContextAttributeEvent scab)方法：若有对象加入 Application 的范围，通知正在收听的对象。

（2）attributeRemoved(ServletContextAttributeEvent scab)方法：若有对象从 Application 的范围移除，通知正在收听的对象。

（3）attributeReplaced(ServletContextAttributeEvent scab)方法：若在 Application 的范围内一个对象取代另一个对象，通知正在收听的对象。

6.7.3 监听 HTTP 会话

用于监听 HTTP 会话活动情况和 HTTP 会话中的属性设置情况，也可以监听 HTTP 会话的 active 和 passivate 情况等，该监听器需要用到如下多个接口类。

1. HttpSessionListener 接口

该接口监听 HTTP 会话的创建及销毁，它提供了如下两个方法。

（1）sessionCreated(HttpSessionEvent se)方法：通知正在收听的对象，session 已经被加载及初始化。

（2）sessionDestroyed(HttpSessionEvent se)方法：通知正在收听的对象，session 已经被载出（HttpSessionEvent 类的主要方法是 getSession()，可以使用该方法回传一个 session 对象）。

2. HttpSessionActivationListener 接口

该接口实现监听 HTTP 会话的 active 和 passivate 情况，它提供了如下两个方法。

（1）sessionDidActivate(HttpSessionEvent se)方法：通知正在收听的对象，其 session 已经变为有效状态。

（2）sessionWillPassivate(HttpSessionEvent se)方法：通知正在收听的对象，其 session 已经变为无效状态。

3. HttpSessionAttributeListener 接口

该接口实现监听 HTTP 会话中属性的设置请求，它提供了如下三个方法。

（1）attributeAdded(HttpSessionBindingEvent se)方法：若有对象加入 session 的范围，通知正在收听的对象。

（2）attributeRemoved(HttpSessionBindingEvent se)方法：若有对象从 session 的范围移除，通知正在收听的对象（HttpSessionBindingEvent 类主要有三个方法，分别是 getName()、getSession()、getValues()）。

（3）attributeReplaced(HttpSessionBindingEvent se)方法：若在 session 的范围一个对象取代另一个对象，通知正在收听的对象。

4. HttpSessionBindingListener 接口

该接口实现监听 HTTP 会话中对象的绑定信息，它是唯一不需要在 web.xml 中设置

Listener 的，它提供了如下两个方法。

（1）valueBound(HttpSessionBindingEvent event)方法：当有对象加入 session 的范围时，会自动调用。

（2）valueUnbound(HttpSessionBindingEvent event)方法：当有对象从 session 的范围内移除时，会被自动调用。

6.7.4 监听 Servlet 请求

一旦能够在监听程序中获取客户端的请求，即可统一处理请求。要实现客户端的请求和请求参数设置的监听需要实现如下两个接口。

1. ServletRequestListener 接口

该接口提供了如下两个方法。

（1）requestDestroyed(ServletRequestEvent sre)方法：通知正在收听的对象，ServletRequest 已经被载出，即关闭。

（2）requestInitialized(ServletRequestEvent sre)方法：通知正在收听的对象，ServletRequest 已经被加载及初始化。

2. ServletRequestAttributeListener 接口

该接口提供了如下三个方法。

（1）attributeAdded(ServletRequestAttributeEvent srae)方法：若有对象加入 request 的范围，通知正在收听的对象。

（2）attributeRemoved(ServletRequestAttributeEvent srae)方法：若在对象从 request 的范围移除，通知正在收听的对象。

（3）attributeReplaced(ServletRequestAttributeEvent srae)方法：若在 request 的范围内一个对象取代另一个对象，通知正在收听的对象。

6.8 实验指导 6–3：使用监听器实现同一用户只能有一个在线

当用户来访问一个网站的时候，如果是首次访问，那么在这个网站的服务器端都会创建一个 session 来保存一些属于这个用户的信息。在创建 session 的时候其实是会触发一个 sessionCreated 事件的，同样地，当用户正常退出或者是用户登录了不退出并当 session 生命周期结束的时候，就会触发一个 sessionDestroyed 事件。这两个事件可以通过 HttpSessionListener 监听器来监听到并可以把它们捕捉到。

将用户登录后的信息保存到一个 ServletContext 对象中，ServletContext 对象是在项目第一次启动服务器的时候被创建的，这个对象只被创建一次，是唯一的，可以用 ServletContextListener 这个监听器来监听。

（1）新建 login.jsp 页面，用于用户的登录。主要代码如下。

```
<form action="servlet/LoginServlet" method="post">
    用户名: <input type="text" name="username" style="width:110px" /> <br>
    密     码: <input type="password" name="password"
    style="width:110px" /> <br> <br>
           <input type="submit"name=
    "commit" value="登录" style="color:#666" />
</form>
```

（2）在 login.jsp 页面中添加已登录的用户列表，代码如下。

```
<h2>在线人员</h2>
<%
    ArrayList<String> users= (ArrayList<String>) application.
    getAttribute("users");
    Iterator iter = users.iterator();
    while (iter.hasNext()) {
%>
<li><%=iter.next()%></li>
<%
    }
%>
<p>当前在线的用户数: <%=users.size()%></p>
```


（3）新建 error.jsp，用于当用户重复登录时提示用户。主要代码如下。

```
<script type="text/javascript">
   function warn(){
      alert("您已经登录在线，不能重复登录！");
   }
<body onload="warn();">
<!-- 省略部分代码 -->
    <div id="one">
        <div id="two">
        <h3>欢迎登录窗内网</h3>
        您已经登录在线,不能重复登录! <br>
      <a href="login.jsp">返回主页</a>
    </div>
</body>
```

（4）新建 com.itzcn.servlet.LoginServlet 类并继承 HttpServlet 类，用于用户的登录，并检查该用户是否为重复登录，主要代码如下。

```
public class LoginServlet extends HttpServlet {
    private ArrayList<String> users = null;
    private ServletContext context  =null;
    public LoginServlet() {
        super();
    }
    public void doGet(HttpServletRequest request, HttpServletResponse
    response)
```

```
            throws ServletException, IOException {
        doPost(request, response);
    }
    public void doPost(HttpServletRequest request, HttpServletResponse
    response)
            throws ServletException, IOException {
        request.setCharacterEncoding("utf-8");
        //在项目启动第一次时创建，该项目只创建一次，唯一的
       context = this.getServletContext();
       boolean flag = false;              //是否重复登录
       String url="../login.jsp";
       String username=request.getParameter("username");
       users =(ArrayList<String>)context.getAttribute("users");
                                          //获取用户列表，第一次获取时候为空
       if(users.isEmpty()){               //第一个用户登录时
          users = new ArrayList<String>();
          users.add(username);
          context.setAttribute("users", users);
                              //将第一个用户的名字保存到 ServletContext 对象中
       }else{                 //非第一个用户登录
          for(String user : users){
             if(username.equals(user)){
                              //如果该用户已经登录，请求 error.jsp 不让其再登录
                url = "../error.jsp";
                flag = true;
                break;
             }
          }
          if (!flag) {
             users.add(username);
               //如果该用户没登录,就将该用户的名字保存到 ServletContext 对象中
            }
       }
       response.sendRedirect(url);
    }
    public void init() throws ServletException {
    }
}
```

（5）新建 com.itzcn.listener.OnLineCountListener 类，并实现 ServletContextListener 接口、HttpSessionListener 接口和 HttpSessionAttributeListener 接口，用来统计在线人数，主要代码如下。

```
    public class OnLineCountListener implements ServletContextListener,
HttpSessionListener,
            HttpSessionAttributeListener {
    private ServletContext application = null;
                                              //声明一个 ServletContext 对象
```

```
    private ArrayList<String> users = null;
    private HttpSession session = null;
    private String user = null;
    public void contextInitialized(ServletContextEvent sce) {
                                                    //context 初始化时激发
        // 容器初始化时，向 application 中存放一个空的容器
        this.application = sce.getServletContext();
        this.application.setAttribute("users", new ArrayList<String>());
    }

    public void contextDestroyed(ServletContextEvent sce) {
                                                    //context 删除时激发
    }
    public void sessionCreated(HttpSessionEvent se) {
    }
    public void sessionDestroyed(HttpSessionEvent se) {
        session = se.getSession();
        user = (String)session.getAttribute("username");
      users = (ArrayList<String>)session.getServletContext().
      getAttribute("users");
       for(String u:users){

          if(u.equals(user)){
              users.remove(u);       //将这个用户从 ServletContext 对象中移除
              break;
          }
       }
       session.invalidate();        //将 session 设置成无效
       System.out.println("一个 Session 被销毁了！");
    }
    public void attributeAdded(HttpSessionBindingEvent se) {
        // 如果登陆成功，则将用户名保存在列表之中
        users=(ArrayList<String>)application.getAttribute("users");
        users.add(se.getValue().toString());
        this.application.setAttribute("users", users);
    }
    public void attributeRemoved(HttpSessionBindingEvent se) {
                                    //删除一个新的属性时激发
    }
    public void attributeReplaced(HttpSessionBindingEvent se) {
                                    //属性被替代时激发
    }
}
```

（6）在 web.xml 中配置 Servlet 和 Listener，并设置 session 的生命周期为 1min。主要代码如下。

```
<listener>
```

```
  <listener-class>com.itzcn.listener.OnLineCountListener</listener-class>
 </listener>
 <servlet>
  <servlet-name>LoginServlet</servlet-name>
  <servlet-class>com.itzcn.servlet.LoginServlet</servlet-class>
 </servlet>
<servlet-mapping>
  <servlet-name>LoginServlet</servlet-name>
  <url-pattern>/servlet/LoginServlet</url-pattern>
 </servlet-mapping>
<session-config>
  <session-timeout>1</session-timeout>
 </session-config>
```

（7）运行后打开 login.jsp 页面，输入用户信息后，其效果如图 6-15 所示。

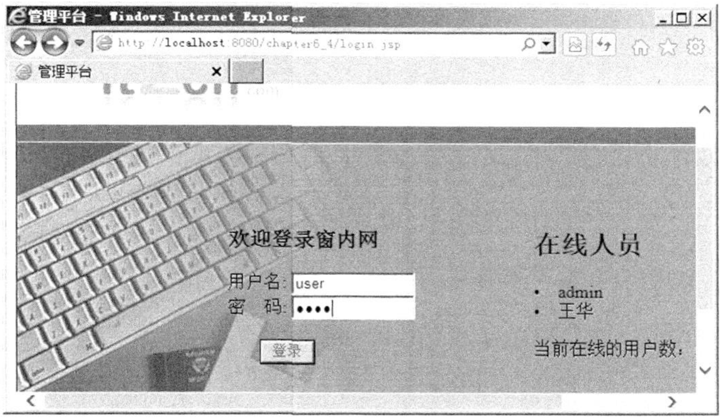

图 6-15　运行后输入用户信息效果

单击【登录】按钮后，登录成功的效果如图 6-16 所示。

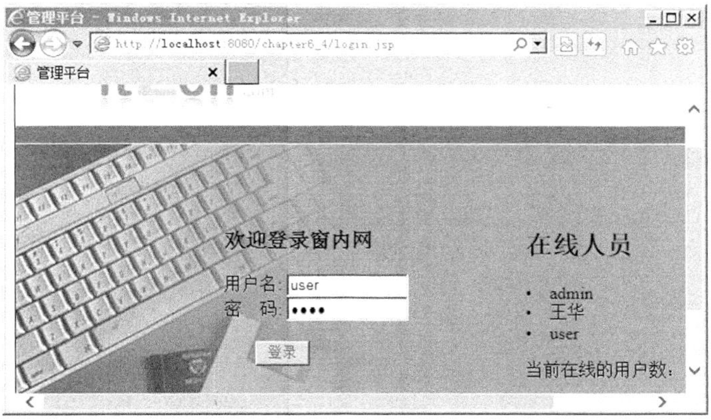

图 6-16　登录后效果

再次输入已经登录过的用户，单击【登录】按钮，其效果如图 6-17 所示。

图 6–17　重复登录效果

思考与练习

一、填空题

1. Servlet 生命周期是由 javax.servlet.servlet. Servlet 接口的 init()、service()和__________方法所定义。

2. 在 Servlet 中数据提交的处理方式有两种，分别是 GET 和__________。

3. 在 Servlet 中，HttpServletResponse 的__________方法用来把一个 HTTP 请求重定向到另外的 URL。

4. Servlet 容器初始化一个 Servlet 对象时，会为这个 Servlet 对象创建一个__________对象，在该对象中包含 Servlet 初始化参数信息。

5. 在 Servlet 运行过程中，Servlet 容器使用接口__________建立起 HTTP 客户和 Web 服务器之间的会话关系。

6. 在 Servlet 过滤器的生命周期方法中，每当传递请求或响应时，Web 容器会调用__________方法。

二、选择题

1. 在 Servlet 生命周期中，对应服务阶段的方法是__________。

A. doGet()

B. doPost()

C. doGet 和 doPost()

D. service()

2. 下列有关 Servlet 的生命周期，说法不正确的是__________。

A. 在创建自己的 Servlet 的时候，应该在初始化方法 init()中创建 Servlet 实例

B. 在 Servlet 生命周期的服务阶段，执行 service()方法，根据用户请求的方法，执行相应的 doGet()或是 doPost()方法

C. 在销毁阶段，执行 destroy()方法后系统立刻进行垃圾回收

D. destroy()方法仅执行一次，即在服务器停止且卸载 Servlet 时执行该方法

3. javax.servlet.Servlet 接口中__________方法表示 Servlet 实例化之后，Servlet 容器调用此方法来完成初始化工作。

A. init()

B. getServletConfig()

C. getServletInfo()

D. destory()

4. 以下哪个标签不属于过滤器标签？__________

A. <filter-name>

B. <filter-class>

C. <filter-mapping>

D. <servlet-class>

5. 以下哪个标签不属于配置 Servlet 时使用的标签？__________

A. <welcome-file>

B. <url-pattern>

C．<servlet-name>

D．<servlet-class>

6．配置过滤器的时候__________不是<dispatcher>元素的可选值。

A．REQUEST

B．RESPONSE

C．INCLUDE

D．FORWARD

7．下列方法中不属于 Servlet 读取表单中的数据常用的方法的是__________。

A．getParameter()

B．getParameterValues()

C．getParameterNames()

D．getParameterMaps()

8．以下哪些接口可以用于监听 HTTP 会话？__________

A．HttpSessionListener

B．HttpSessionActivationListener

C．HttpSessionAttributeListener

D．以上答案均可

三、简答题

1．简述 Servlet 的生命周期。

2．Servlet 是如何进行会话管理的？

3．Servlet 过滤器的工作原理是什么？

4．简述 Servlet 过滤器的配置过程。

第 7 章　EL 表达式

EL 表达式是 JSP 2.0 中引入的一种计算和输出 Java 对象的简单语言。通过它可以简化在 JSP 开发中引用对象，从而规范代码。EL 表达式提供了在 JSP 脚本编制元素范围外使用运行时表达式的功能。脚本编制元素是指页面中能够用于在 JSP 文件中嵌入 Java 代码的元素。它们通常用于对象操作以及执行那些影响所生成内容的计算。

本章将对 EL 表达式的语法、基本应用、运算符以及其隐含对象进行详细介绍。

本章学习要点：

- ❑ 了解表达式语言的概念
- ❑ 掌握 EL 表达式的运算
- ❑ 掌握表达式隐含变量
- ❑ 掌握 EL 函数
- ❑ 了解 EL 函数常遇到的错误

7.1 EL 概述

EL 全名为 Expression Language，它原本是 JSTL1.0 为方便存取数据所自定义的语言。当时 EL 只能在 JSTL 标签中使用。到了 JSP 2.0 之后，EL 已经正式纳入成为标准规范之一。EL 的目的是为了使 JSP 写起来更加简单。表达式语言的灵感来自于 ECMAScript 和 XPath 表达式语言，它提供了在 JSP 中简化表达式的方法。

在 EL 出现前，开发 Java Web 应用时经常需要将大量 Java 代码片段嵌入到 JSP 页面中。这样就会使页面看起来很乱，而使用 EL 则比较简洁。EL 在 Web 开发中比较常用，它通常与 JSTL 一起使用。EL 表达式提供了获取对象及属性的简单方式，还可以支持简单的运算，包括比较运算。

7.1.1 EL 的基本语法

EL 的基本语法很简单，它以“${”开头，以“}”结尾，中间为合法的表达式。其语法格式如下：

```
${expression}
```

以上语法中，expression 为有效的表达式。该表达式可以和静态文本混合，还可以与其他表达式结合成为更大的表达式。

技巧

由于 EL 表达式是以“${”开头，所以如果在 JSP 网页中要显示“${”字符串，必须在前面加上“\”符号，即“/${”，或者写成“${'${'}”也就是用表达式来输出“${”符号。

在 EL 中要输出一个字符串，可以将其放在一对单引号或双引号内。例如，在页面中输出字符串“汇智科技”，可以使用如下代码。

```
${"汇智科技"}
${'汇智科技'}
```

7.1.2 EL 的特点

EL 除了具有语法简单和使用方便的特点外，还具有以下特点。

（1）可以与 JSTL 及 JavaScript 语句结合使用。

（2）自动执行类型转换。如果想通过 EL 输入两个字符串型数值（如 number1 和 number2）的和，可以通过+号连接（如${number1+number2}）。

（3）不仅可以访问一般变量，而且还可访问 JavaBean 中的属性，以及嵌套属性和集合对象。

（4）可以执行算术运算、逻辑运算、关系运算和条件运算等。

（5）可以获得命名空间（PageContext 对象，它是页面中所有其他内置对象的最大范围的继承对象，通过它可以访问其他内置对象）。

（6）在执行除法运算时，如果 0 作为除数，则返回无穷大 Infinity，而不返回错误。

（7）可以访问 JSP 的作用域（request、session、application 及 page）。

（8）扩展函数可以与 Java 里的静态方法执行映射。

7.1.3 使用 EL 表达式的条件

如今 EL 表达式已经是一项成熟、标准的技术，只要安装的 Web 服务器能够支持 Servlet 2.4/JSP 2.0，就可以在 JSP 页面中直接使用 EL 表达式。

由于 EL 表达式是 JSP 2.0 以前的版本所没有的，所以为了和以前的规范兼容，JSP 还提供了禁用 EL 表达式的方法。为了保证页面能正确解析 EL 表达式，还需要确认 EL 表达式没有被禁用。JSP 提供了三种方法来禁用 EL 表达式，只有确认 JSP 中没有使用这三种方法禁用 EL 表达式，才可以正确解析 EL 表达式，否则 EL 表达式的内容将原样显示到页面中。

1. 使用“\”斜杠符号

这种禁用 EL 表达式的方法是非常简单的，该方法是在 EL 表达式的起始标志前面加上“\”符号，即在“${”之前加“\”。具体的语法如下：

```
<body>
    \${expression}
</body>
```

例如，要禁用页面中的 EL 表达式${userName }可以使用如下代码。

```
<body>
```

```
    \${userName }
</body>
```

注意

该语法适合只是禁用页面的一个或几个 EL 表达式的情况。

2. 使用 page 命令

使用 page 指令也可以禁用 EL 表达式，在第 2 章讲解 page 指令的时候就讲过 page 指令的语法，可以使用该指令的 isELIgnored 属性来设置 EL 表达式是否禁用。例如：

```
<%@ page isELIgnored="true" %>
```

上述代码表示在该页面中 EL 表达式被禁用。如果该属性值为 false，表示可以使用 EL 表达式。值得注意的是，页面该属性的默认值为 false，即不设置该属性的时候，页面允许使用 EL 表达式。

注意

该语法适合禁用一个页面中的 EL 表达式。

3. 在 web.xml 中配置<el-ignored>元素

在 web.xml 中配置<el-ignored>元素可以实现禁用服务器中的 EL 表达式。具体代码如下。

```
<jsp-config>
    <jsp-property-group>
        <url-pattern>*.jsp</url-pattern>
        <el-ignored>true</el-ignored>
    </jsp-property-group>
</jsp-config>
```

注意

该语法适合禁用 Web 应用中所有的 JSP 页面。

7.1.4 EL 表达式的存取范围

EL 表达中的变量没有指定范围时，系统默认从 page 范围中查找，然后依次在 request、session 及 application 范围中查找。如果在此过程中找到指定变量，则直接返回，否则返回 null。另外，EL 表达式还提供了指定存取范围的方法。在要输出表达式的前面加入指定存取范围的前缀即可指定该变量的存取范围。EL 表达式中用于指定变量使用范围的前缀如表 7-1 所示。

表 7-1　EL 表达式中使用的变量范围前缀

范围	前缀	举例说明
page	pageScope	例如，${pageScope.username}表示在 page 范围内查找变量 username，若找不到直接返回 null
request	requestScope	例如，${requestScope.username}表示在 request 范围内查找变量 username，若找不到直接返回 null
session	sessionScope	例如，${sessionScope.username}表示在 session 范围内查找变量 username，若找不到直接返回 null
application	applicationScope	例如，${application Scope.username}表示在 application 范围内查找变量 username，若找不到直接返回 null

注意

这里所说的前缀，实际上就是 EL 表达式提供的用于访问作用域范围的隐含对象。

7.1.5　通过 EL 访问数据

通过 EL 提供的“[]”和“.”运算符可以访问数据，通常情况下这两种是等价的，可以相互代替。例如，要访问 JavaBean 对象 user 的 username 属性，可以写成以下两种形式。

```
${user.username}
${user[userename]}
```

但在有些情况下不可相互替代，如当对象的属性名中包括一些特殊符号（“-”或“.”）时，只能使用[]运算符来访问对象属性。例如，${user[user-name]}是正确的，而${user.user-name}则是错误的。另外，EL 的“[]”运算符还可以用来读取数组、List、Map 或者对象容器中的数据。我们将在 EL 表达式的运算符中介绍。

7.1.6　EL 表达式的保留关键字

保留字也称关键字，即在高级语言中已经定义过的字，使用者不能再将这些字作为变量名或过程名使用。和 Java 语言一样，EL 表达式也有自己的保留关键字。在为变量命名时应该避免使用这些关键字，包括在使用 EL 输出已经保存在作用域范围内的变量时，也不能使用关键字。EL 保留字如下。

and	eq	gt	true
le	false	lt	empty
instanceof	div	or	ne
mod	mot	ge	null

注意

如果在 EL 中使用了保留关键字，会抛出 javax.el.ELException 异常。

7.2 EL 表达式的运算符

在 JSP 中，EL 表达式提供了存取数据运算符、算术运算符、关系运算符、逻辑运算符、条件运算符以及 empty 运算符，下面详细介绍这些运算符。

7.2.1 存取运算符

在 7.1.5 节中我们知道 EL 表达式可以使用“[]”和“.”运算符访问数据，同时“[]”运算符还可以用来读取数组、List、Map 或者对象容器中的数据。

1. 数组元素的读取

应用“[]”运算符可以获取数组的指定元素，但是“.”运算符则不能。例如，要获取 request 范围中的数字 arrUser 中的第一个元素，可以使用如下 EL 表达式。

```
${arrUser[0]}
```


提示

由于数组的索引值从 0 开始，所以要获取第一个元素，需要使用索引值 0。

【练习 1】

新建 test01.jsp 页面，使用 for 循环和 EL 表达式将其中的数组中的元素输出。主要代码如下。

```
<%String[] citys = {"郑州","北京","重庆","成都"};
request.setAttribute("citys", citys);
%>
<%String[] getCitys = (String[])request.getAttribute("citys");
for(int i=0;i<getCitys.length;i++){
request.setAttribute("i", i);
%>
[${i}]:${citys[i]}<br>
<%} %>
```

提示

在上述代码必须将循环变量 i 保存在 request 范围内的变量中，否则将不能正确访问数组。这里不能直接使用 Java 代码片段中定义的变量 i，也不能使用<%=i%>输出 i。

2. List 集合元素的读取

应用“[]”运算符可以获取 List 集合中的指定元素。

【练习 2】

新建 test02.jsp 页面，在 session 域中保存一个包含 4 个元素的 List 集合对象，并应用 EL 输出该集合中的第一个元素。主要代码如下。

```
<%List<String> citys = new ArrayList<String>();
citys.add("郑州");
citys.add("北京");
citys.add("重庆");
citys.add("成都");
session.setAttribute("citys", citys);
%>
${sessionScope.citys[0]}
```

3. Map 集合元素的读取

应用“[]”运算符还可以获取 Map 集合中的指定元素。

【练习 3】

新建 test03.jsp 页面，在 application 域中保存一个包含 4 个元素的 Map 集合对象，并应用 EL 输出该集合的第一个元素。主要代码如下。

```
<%Map<String,String> cityMap = new HashMap<String,String>();
cityMap.put("1", "郑州");
cityMap.put("2", "北京");
cityMap.put("3", "重庆");
cityMap.put("4", "成都");
application.setAttribute("citys", cityMap);
%>
<!-- 输出集合中“1”键所对应的值 -->
${applicationScope.citys["1"] }
```


7.2.2 算术运算符

EL 表达式中提供的算术运算符主要有如表 7-2 所示的 5 个。这些运算符多数是 Java 中常用的操作符。

表 7-2 **EL 表达式的算术运算符**

算术运算符	描述	举例	结果
+	加	${1+4}	5
-	减	${4-1}	3
*	乘	${2*4}	8
/或 div	除	${9/3}或${9 div 3}	3
%或 mod	取余	${10%4}或${10mod 4}	2

注 意

EL 表达式无法像 Java 一样将两个字符串使用“+”连接起来，如（"Hello"+"World"）。需采用${"Hello"}${"World"}这样的方法来表示。

7.2.3 关系运算符

在 EL 表达式中，提供了对于两个表达式进行比较运算的关系运算符，EL 表达式的关系运算符可以用来比较整数和浮点数，也可以用来比较字符串。EL 关系运算符如表 7-3 所示。

表 7-3 EL 表达式中的关系运算符

关系运算符	描述	举例	结果
== 或 eq	等于	${"cs"=="cs" }或${"cs" eq "cs"}	true
!= 或 ne	不等于	${3!=9 }或${3 ne 9 }	true
< 或 lt	小于	${7<9 }或${7 lt 9 }	true
> 或 gt	大于	${7>9 }或${7 gt 9 }	false
<= 或 le	小于等于	${7<=9 }或${7 le 9 }	true
>=或 ge	大于等于	${7>=9 }或${7 ge 9 }	false

注意

在使用 EL 表达式关系运算符时，不能写成${param.user1}==${ param. User2}或${${ param.user1}==$ param.user2}}。而应该写成${param.user1 == param.user2}。

7.2.4 逻辑运算符

同 Java 语言一样，EL 也提供了“与”“非”“或”逻辑运算符。EL 逻辑运算符如表 7-4 所示。

表 7-4 EL 表达式中的逻辑运算符

逻辑运算符	描述	举例	结果
&& 或 and	逻辑与	${3==3&&7==5}或${2==2and7==3}	false
! 或 not	逻辑非	${!"123"=="123"}或${not"123"=="123"}	false
|| 或 or	逻辑或	${3==3 || 7==5}或${2==2 or 7==3}	true

表 7-4 中，逻辑与运算符中，只有在两个操作数的值均为 true 时，才返回 true，否则返回 false。例如，如下代码：

```
${username=="itzcn"&&pwd=='123456' }
```

只有当 username 的值为 itzcn，并且 pwd 的值为 123456 时，返回值才为 true，否则将返回 false。

逻辑或运算符中，只要有一个操作数的值为 true，就会返回 true，只有全部的操作数都为 false 时，才会返回 false。例如，如下代码：

```
${username=="itzcn"||pwd=='123456' }
```

当 username 的值为 itzcn，或 pwd 的值为 123456 时，返回值才为 true，否则将返

回 false。

逻辑非是对操作数取反，如果原来的操作数为 true 则返回 false，如果原来的操作数为 false，则返回 true。例如，如下代码：

```
${!username=="itzcn"}
```

如果 username 的值为 itzcn，则返回 false，否者返回 true。

7.2.5 条件运算符

EL 表达式可以利用条件运算符进行求值，其格式如下：

```
${条件表达式?计算表达式1:计算表达式2}
```

在上述语法中，如果条件表达为真，则计算表达式 1，否则就计算表达式 2。但是 EL 表达式中的条件表达式运算符功能比较弱，一般可以用 JSTL 中的条件表达式中的条件标签<c:if>和<c:choose>替代，如果处理的问题比较简单也可以使用。EL 表达式中的条件运算符唯一的优点就是简单方便。例如，如下代码：

```
<body>
    ${password=="123"?"密码正确":"密码错误"}
</body>
```

当密码为 123 时，就输出“密码正确”，否则就输出“密码错误”。

7.2.6 empty 运算符

在 EL 表达式中，有一个特殊的运算符 empty，该运算符是一个前缀运算符，即 empty 运算符位于操作数前方，被用来确定一个对象或变量是否为 null 或为空。empty 运算符语法格式如下：

```
<body>
    ${empty expression}
</body>
```

其中，expression 属性用于指定要判断的变量或对象。

一个变量为 null 或为空代表的是不同的意义。null 表示这个对象没有指明任何对象，而为空表示这个变量所属的对象的内容为空，如空字符串、空的数组或空的 List 容器。

empty 也可以与 not 运算符结合使用，用于确认一个对象或者变量是否为非空。例如，要判断 session 域中的变量 username 是不是为空值可以使用如下代码：

```
<body>
    ${not empty sessionScope.username}
</body>
```

7.2.7 运算符的优先级

运算符的优先级决定了在多个运算符同时存在时，各个运算符的求值顺序。EL 表达式中，运算符优先级如表 7-5 所示。

表 7-5 运算符的优先级

优先级	运算符
高	[]
↓	()
↓	-（负号）、not、!、empty
↓	*、/、div、%、mod
↓	+、-（减号）
↓	<>、<=、>=、lt、gt、le、ge
↓	==、!=、eq、ne
↓	&&、and
低	||、or
	?:/

如表 7-5 所示，运算符的优先级由上到下从高到低。例如，${5*(7+2)}，如果没有使用括号运算符应该先乘除后加减，因为乘除的优先级大于加减。但是由于括号运算符的优先级大于乘除，所以先计算括号运算符中的加减，之后再计算乘除。在复杂的表达式中使用括号运算符使得表达式更容易阅读，还可以避免出错。

7.3 EL 的隐含对象

为了能够获得 Web 应用程序中的相关数据，EL 提供了 11 个隐含对象。这些对象类似JSP的内置对象，直接通过对象名操作。在EL的隐含对象中，除PageContext是JavaBean对象，对应于javax.servlet.jsp.PageContest类型，其他隐含对象均对应于java.util.Map类型，这些隐含对象可以分为页面上下文对象、访问作用域范围的隐含对象和访问环境信息的隐含对象。具体说明如表 7-6 所示。

表 7-6 EL 表达式中的隐含对象

类别	隐含对象	说明
页面上下文对象	pageContext	用于访问 JSP 的内置对象
访问环境信息的隐含变量	param	包含页面所有参数的名字和对应的值的集合
	paramValues	包含页面所有参数的名字和对应的多个值的集合
	header	包含每个 header 名和值的集合
	headerValues	包含每个 header 名和可能的多个值的集合
	cookie	包含每个 cookie 名和值的集合
	initParam	包含 Servlet 上下文初始参数名和对应值的集合
访问作用域范围的隐含变量	pageScope	包含 page（页面）范围内的属性值的集合
	requestScope	包含 request（请求）范围内的属性值的集合

续表

类别	隐含对象	说明
访问作用域范围的隐含变量	sessionScope	包含 session（会话）范围内的属性值的集合
	applicationScope	包含 application（应用）范围内的属性值的集合

7.3.1 页面上下文对象

页面上下文对象为 pageContext，用于访问 JSP 内置对象（如 request、response、out、session、exception 和 page 等，但不能用于获取 application、config 和 pageContext 对象）和 servletContext。在获取这些内置对象后，即可获取其属性值。这些属性与对象的 get×××()方法相对应，在使用时去掉方法名中的 get，并将大写字母改为小写即可。

1. 访问 request 对象

通过 pageContext 获取 JSP 内置对象中的 request 对象，可以使用如下语句。

```
${pageContext.request }
```

获取 request 对象后，可通过该对象获取与客户端相关的信息。例如 HTTP 报头信息、客户信息提交方式和端口号等。在讲解 request 对象的时候，列出了 request 对象用于获取客户端相关信息的常用方法，在此处只需要将方法名中的 get 去掉，并将方法名的首字母改为小写即可。例如，取得请求的 URL，但不包括请求的参数字符串，即 Servlet 的 HTTP 地址，可以使用如下代码。

```
${pageContext.request.requestURL}
```

注意

不可通过 pageContext 对象获取保存在 request 范围内的变量。

2. 访问 response 对象

通过 pageContext 获取 JSP 内置对象中的 response 对象，可以使用如下语句。

```
${pageContext.response }
```

获取 response 对象后，即可通过该对象获取与响应相关的信息。例如，要获取响应的内容类型，可以使用如下代码。

```
${pageContext.response.contentType}
```

上述代码将返回响应的内容类型，这里为“text/html;charset=UTF-8”。

3. 访问 out 对象

通过 pageContext 获取 JSP 内置对象中的 out 对象，可以使用如下语句。

```
${pageContext.out}
```

获取 out 对象后，即可通过该对象获取与输出相关的信息。例如，要获取缓冲区的大小，可以使用如下代码。

```
${pageContext.out.bufferSize}
```

上述代码将返回缓冲区的大小，这里为“8192”。

4．访问 session 对象

通过 pageContext 获取 JSP 内置对象中的 session 对象，可以使用如下语句。

```
${pageContext.session}
```

获取 session 对象后，即可通过该对象获取与 session 相关的信息。例如，要获取 session 的有效时间，可以使用如下代码。

```
${pageContext.session.maxInactiveInterval}
```

上述代码将返回 session 的有效时间，这里为 1800 s，即 30 min。

5．访问 exception 对象

通过 pageContext 获取 JSP 内置对象中的 exception 对象，可以使用如下语句。

```
${pageContext.exception}
```

获取 exception 对象后，即可通过该对象获取 JSP 页面的异常信息。例如，要获取异常信息字符串，可以使用如下代码。

```
${pageContext.exception.message}
```

提 示

在使用该对象时，也需要在可能出现错误的页面中指定错误处理页。并且在其中指定 page 指令的 isErrorPage 属性值为 true，然后使用上面的 EL 输出异常信息。

6．访问 page 对象

通过 pageContext 获取 JSP 内置对象中的 page 对象，可以使用如下语句。

```
${pageContext.page}
```

获取 page 对象后，即可通过该对象获取当前页面的类文件。例如，要获取当前页面的类文件，可以使用如下代码。

```
${pageContext.page.class}
```

上述代码将返回当前页面的类文件，这里为“class org.apache.jsp.index_jsp”。

7．访问 servletContext 对象

通过 pageContext 获取 JSP 内置对象中的 servletContext 对象，可以使用如下语句。

```
${pageContext.servletContext}
```

获取 servletContext 对象后，即可通过该对象获取 Servlet 上下文信息。例如，要获取 Servlet 上下文路径，可以使用如下代码。

```
${pageContext.servletContext.contextPath}
```

7.3.2 访问环境信息的隐含对象

在 EL 中提供了 6 个访问环境信息中的隐含对象，分别为 param、paramValues、header、headerValues、cookie 和 initParam。

1. param 和 paramValues 对象的应用

param 对象用于获取请求参数的值，而如果一个参数名对应多个值时，需要使用 paramValues 对象获取请求参数的值。在应用 param 对象时，返回的结果为字符串；在应用 paramValues 对象时，返回的结果为数组。

例如，在 JSP 页面放置一个名称为 user 的文本框，主要代码如下。

```
<input type="text" name="user" >
```


当表单提交后，获取 user 文本框中的值，可以使用如下的 EL 表达式。

```
${param.user }
```

注意

如果在 user 文本框中输入中文，那么在应用 EL 输出其内容之前，还需要应用 request.setCharacterEncoding("UTF-8");语句设置请求的编码，否则会产生乱码。

在使用 paramValues 对象时，多用于复选框，例如 JSP 页面中放置一个名字为 subject 的复选框组，主要代码如下。

```
<input name="subject" type="checkbox"  value="Java 基础">Java 基础
<input name="subject" type="checkbox"  value="ASP.NET 开发指南">ASP.NET 开发指南
<input name="subject" type="checkbox"  value="Linux 基础学习">Linux 基础学习
<input name="subject" type="checkbox"  value="Oracle 学习手册">Oracle 学习手册
<input name="subject" type="checkbox"  value="JSP Web 学习">JSP Web 学习
```

当表单提交后，要获取 subject 的值，可以使用如下的 EL 表达式。

```
${paramValues.subject[0]}
${paramValues.subject[1]}
${paramValues.subject[2]}
${paramValues.subject[3]}
${paramValues.subject[4]}
```

注意

在应用 param 和 paramValues 对象时，如果指定的参数不存在，则返回空的字符串，而不是 null。

2. header 和 headerValues 对象的应用

header 对象用于获取 HTTP 请求的一个具体的 header 值。但在有些情况下，可能存在同一个 header 拥有多个不同的值，这时就必须使用 headerValues 对象。

例如，要获取 HTTP 请求的 header 的 Host 属性，可以使用如下的 EL 表达式。

```
${header.host }<br>
```

或者是：

```
${header["host"] }<br>
```

要获得 HTTP 请求的 header 的 user-agent 属性，则必须使用如下 EL 表达式。

```
${header["user-agent"] }
```

3. cookie 对象的应用

cookie 对象用于获取 Cookie 对象。如果在 cookie 中已经设定一个名称为 username 的值，那么可以使用${cookie.username}来获取该 Cookie 对象。但是如果要获取该 Cookie 中的值，需要使用 Cookie 对象的 value 属性。

例如，使用 response 设置一个请求有效的 Cookie 对象，然后再使用 EL 表达式获取该 Cookie 对象的值，主要代码如下。

```
<%Cookie cookie = new Cookie("username","itzcn");
response.addCookie(cookie); %>
${cookie.username.value }
```

运行上述代码，将在页面中显示“itzcn”。

4. initParam 对象的应用

initParam 对象用于获取 Web 应用初始化参数的值。例如，在 Web 应用的 web.xml 文件中设置一个初始化的参数 username，具体代码如下：

```
<context-param>
    <param-name>username</param-name>
    <param-value>itzcn</param-value>
</context-param>
```

用于 EL 表达式获取该参数的值的代码如下：

```
${initParam.username }
```

运行后，将在页面中显示“itzcn”。

7.3.3 访问作用域范围的隐含对象

在 EL 中提供了 4 个用于访问作用域范围的隐含对象，即 pageScope、requestScope、sessionScope 和 applicationScope。应用这 4 个隐含对象指定要查找标示符的作用域后，系统将不再按照默认顺序（page、request、session 及 application）来查找相应的标示符。它们与 JSP 中的 page、request、session 及 application 内置对象类似，只不过这 4 个隐含对象只能用来取得指定范围内的属性值，而不能取得其他相关信息。例如，JSP 中的 request 对象除可以存取属性之外，还可以取得用户的请求参数或表头信息等。但是在 EL 中，它就只能单纯用来取得对应范围的属性值。

在 session 中储存一个属性，它的名称为 username，在 JSP 中使用下列代码来取得 username 的值。

```
session.getAttribute("username")
```

在 EL 中，则是使用下列代码来取得其值的。

```
${sessionScope.username}
```

下面分别简单地介绍这 4 个隐含对象。

（1）pageScope：范围和 JSP 的 Page 相同，也就是单一页 JSP Page 的范围（Scope）。

（2）requestScope：范围和 JSP 的 Request 相同，requestScope 的范围是指从一个 JSP 网页请求到另一个 JSP 网页请求之间，随后此属性就会失效。

（3）sessionScope：范围和 JSP 中的 session 相同，它的属性范围就是用户持续在服务器连接的时间。

（4）applicationScope：范围和 JSP 中的 application 相同，它的属性范围是从服务器一开始执行服务，到服务器关闭为止。

7.4 实验指导 7-1：使用 EL 表达式实现计算器

使用 param 对象获取输入框中的运算数，然后通过 EL 的算术运算符实现算术运算。

新建 calc.jsp 页面，在其中添加一个表单，表单中放置两个文本框、一个选择框和一个按钮，主要代码如下。

```
<form action="calc.jsp" method="post">
    第一个运算数：<input type="text" name="calc01"  ><br>
    请选择运算符：
    <select name="op">
        <option selected="selected" value="+">+</option>
        <option value="-">-</option>
        <option value="*">*</option>
        <option value="/">/</option>
    </select><br>
    第二个运算数：<input type="text" name="calc02" ><br>
```

```
    <input type="submit" value="计算">
</form>
<%if(request.getParameter("op")!=null){
String op = request.getParameter("op"); %>
${param.calc01}${param.op}${param.calc02}=
<%if(op.equals("+")) {%>
${param.calc01+param.calc02  }
<%}else if(op.equals("-")){%>
${param.calc01-param.calc02  }
<%} else if(op.equals("*")){%>
${param.calc01*param.calc02  }
<%}else {%>
${param.calc01/param.calc02  }
<%}} %>
```

运行后，在其中输入参与运算的运算数，并选择运算符，其效果如图 7-1 所示。

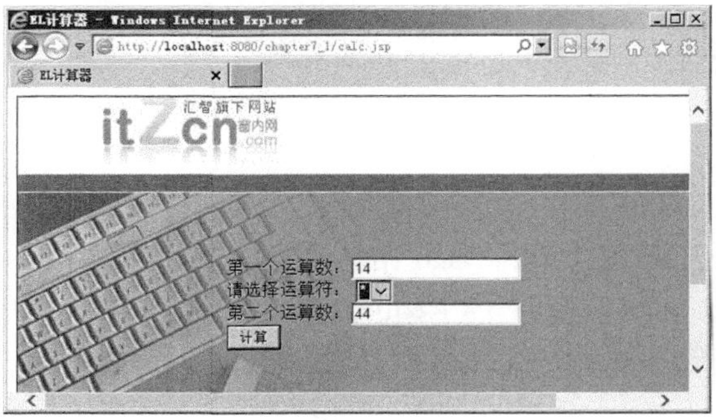

图 7-1 输入运算数和选择运算符

单击【计算】按钮，其计算结果如图 7-2 所示。

图 7-2 计算结果

7.5 定义和使用 EL 函数

在 EL 中允许定义和使用函数。本节将主要讲解如何定义和使用 EL 函数，以及可能出现的错误。

7.5.1 定义和使用 EL 函数

定义和使用 EL 函数需要下列三个步骤。

（1）编写一个 Java 类，并在其中编写静态公共方法，用于实现自定义 EL 标签函数的具体功能。

（2）建立 TLD(Tag Library Descriptor)，定义表达式函数。该函数的文件扩展名为.tld，保存在 Web 应用的 WEB-INF 目录下。

（3）在 JSP 页面中引用标签库，并调用定义的 EL 函数实现相应的功能。

定义函数的语法如下：

```
ns:function(arg1,arg2,arg3,…,argN)
```

其中，前缀 ns 必须匹配包含函数的标签库前缀；function 是定义的函数名；arg1, arg2, arg3,…,argN 是函数的参数。如下示例：

```
<%@ taglib uri="http://jakarta.apache.org/tomcat/examples-taglib"
prefix="fn"%>
${fn:function(param.name)}
```

【练习 4】

创建一个处理字符串的函数，能将文本框中输入的字母转化为大写和小写。

（1）新建 com.itzcn.method.ChangeMethod 类，并在其中添加两个静态方法，分别能将字符串中的字母变为大写和小写，主要代码如下。

```
public class ChangeMethod {
    public static String toUpper(String param){//字符串中的字母转化为大写字母
        return param.toUpperCase();
    }
    public static String toLower(String param){//字符串中的字母转化为小写字母
        return param.toLowerCase();
    }
}
```

（2）在 WEB-INF 下新建 function.tld 文件，用于映射 ChangeMethod 类中的方法，代码如下。

```
<?xml version="1.0" encoding="UTF-8"?>
<taglib version="2.0" xmlns="http://java.sun.com/xml/ns/j2ee"
 xmlns:xsi="http://www.w3.org/2001/XMLSchema-instance" xsi:schemaLocation=
"http://java.sun.com/xml/ns/j2ee http://java.sun.com/xml/ns/j2ee/web-
jsptaglibrary_2_0.xsd">
 <description>JSTL 1.1 functions library</description>
 <display-name>JSTL functions</display-name>
 <tlib-version>1.1</tlib-version>
```

```
  <short-name>fn</short-name>
  <!-- 映射 ChangeMethod 类中的 toUpper()方法 -->
  <function>
   <name>toUpper</name>
   <function-class>com.itzcn.method.ChangeMethod</function-class>
   <function-signature>java.lang.String toUpper(java.lang.String)</
   function-signature>
  </function>
  <!-- 映射 ChangeMethod 类中的 toLower()方法 -->
  <function>
   <name>toLower</name>
   <function-class>com.itzcn.method.ChangeMethod</function-class>
   <function-signature>java.lang.String toLower(java.lang.String)</
   function-signature>
  </function>
</taglib>
```

（3）新建 index.jsp 页面，用于通过 function.tld 标签文件中的映射信息访问 ChangeMethod 类中的方法，主要代码如下。


```
<%@ page language="java" import="java.util.*" pageEncoding="UTF-8"%>
<%@ taglib prefix="fn" uri="/WEB-INF/function.tld"%>
<!DOCTYPE HTML PUBLIC "-//W3C//DTD HTML 4.01 Transitional//EN">
<html>
  <head>
    <base href="<%=basePath%>">
    <title>定义和使用 EL 函数</title>
     <meta http-equiv="pragma" content="no-cache">
     <meta http-equiv="cache-control" content="no-cache">
     <meta http-equiv="expires" content="0">
     <meta http-equiv="keywords" content="keyword1,keyword2,keyword3">
     <meta http-equiv="description" content="This is my page">
  </head>
  <body>
     <form action="index.jsp" method="post">
     要转换的字符串：<input type="text" name="text" />
     <input type="submit" name="commit" value="提交" />
     <input type="reset" value="重置" />
     </form>
     <%request.setCharacterEncoding("UTF-8"); %>
     转换之前的字符串为：${param.text}<br>
     转换为大写字母的字符串为：${fn:toUpper(param.text)}<br>
     转换为小写字母的字符串为：${fn:toLower(param.text) }
  </body>
</html>
```

技巧

如果在 web.xml 中配置函数的映射，则在使用时只需在 jsp 页面中的 uri 属性值写为 web.xml 中的 taglib-uri 标签的属性值。

（4）运行后，打开 index.jsp 页面，输入要转换的字符串，其效果如图 7-3 所示。

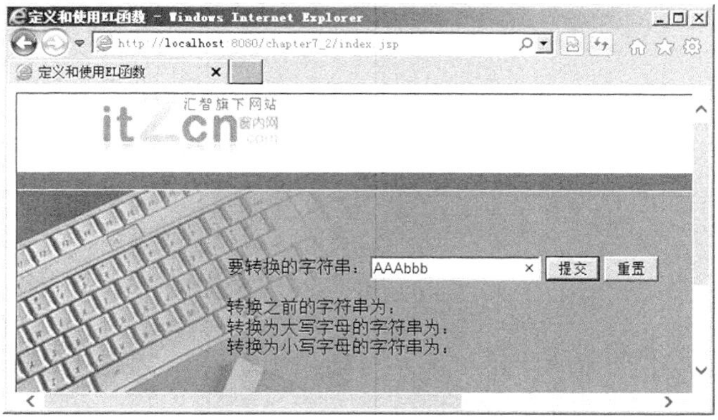

图 7-3 输入转换的字符串

单击【提交】按钮，会将输入的字符串转换成全部大写和全部小写，其效果如图 7-4 所示。

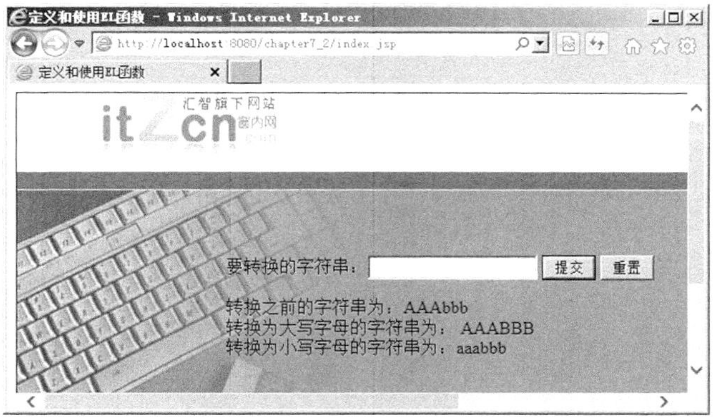

图 7-4 字符串的转换结果

7.5.2 常见的错误

在定义和使用 EL 函数时，可能出现如下错误信息。

1. 由于没有指定完整的类型名而产生的异常信息

在编写 EL 函数的时候，如果出现如图 7-5 所示的异常信息，则是由于在标签库描述文件中没有指定完整的类型名而产生的。

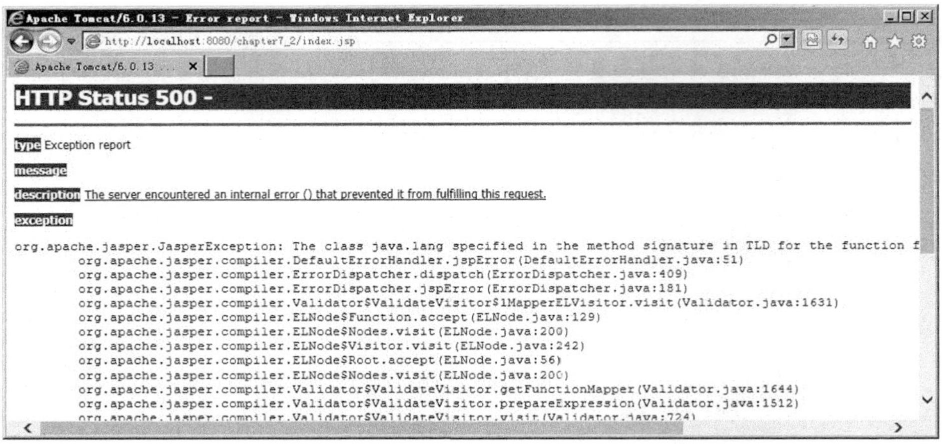

图 7-5　由于没有指定完整的类型名而产生的异常信息

解决的方法是在扩展名为“.tld”的文件中指定完整的类型名，如在上面的这个异常中，可将完整的类型名设置为“java.lang.String”。

2. 由于在标签库的描述文件中输入了错误的标记名产生的异常信息

在编写 EL 函数时，如果出现如图 7-6 所示的异常信息，则可能是由于在标签库描述文件中输入了错误的标记名造成的。例如，这个异常信息就是由于将标记名“<function-signature>”写成“<function-sinature>”引起的。

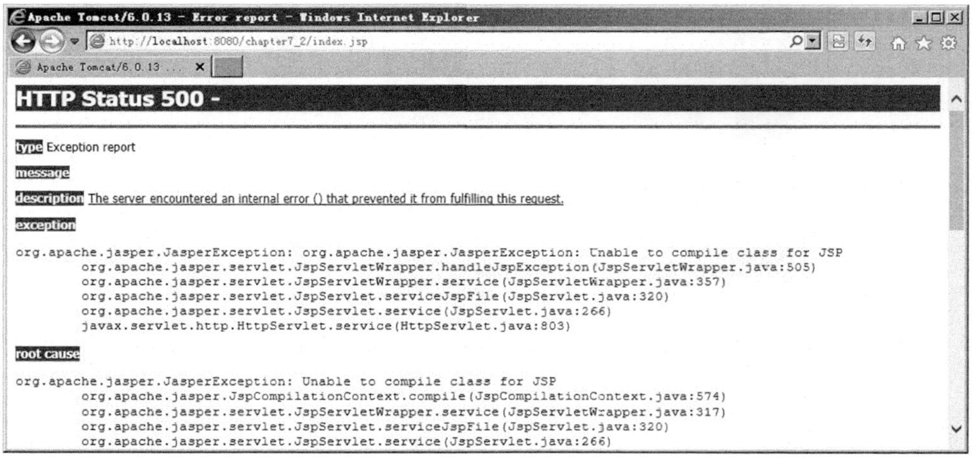

图 7-6　由于在标签库的描述文件中输入了错误的标记名产生的异常信息

解决办法是将错误的标记名修改正确，并重新启动服务器运行程序。

3. 由于定义的方法不是静态方法所产生的异常信息

在编写 EL 函数时，如果出现如图 7-7 所示的异常信息，则可能是由于在编写 EL 函数时使用 Java 类中定义的函数对应的方法不是静态方法所造成的。

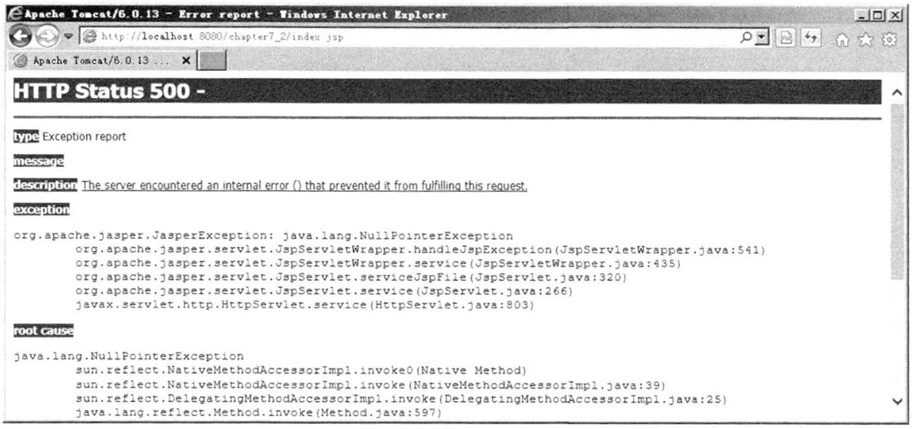

图 7-7　由于定义的方法不是静态方法所产生的异常信息

解决方法是将该方法修改为静态方法，即在声明方法时使用 static 关键字。

7.6 实验指导 7-2：使用 EL 访问 JavaBean 属性

提交用户在注册页面填写的信息，然后使用 EL 表达式将提交的数据显示在新的页面中。

（1）新建 com.itzcn.bean.User 类，类中定义了 6 个属性，主要代码如下。

```
private String userName = null;                                  //用户名
private String userPass = null;                                  //密码
private String sex = null;                                       //性别
private int age = 0;                                             //年龄
private String[] likes = null;                                   //爱好
private String job = null;                                       //职业
//省略 getter、setter 方法
```

（2）新建 index.jsp 页面，用于用户填写注册信息。主要代码如下。

```
<p style="font-size:20px" align="center">会员信息注册</p>
<form action="register.jsp" method="post">
    用户名：<input type="text" name = "userName" size="20"><br>
    密码：<input type="password" name = "userPass" size="21" ><br>
    性别：<input type="radio" name = "sex" value="男" checked="checked">男
    <input type="radio" name = "sex" value="女">女<br>
    年龄：<input type="text" name = "age" ><br>
    兴趣爱好：<input type="checkbox" name="likes" value="乒乓球">乒乓球
    <input type="checkbox" name="likes" value="足球">足球
    <input type="checkbox" name="likes" value="上网">上网
    <input type="checkbox" name="likes" value="聊天">聊天
    <input type="checkbox" name="likes" value="看书">看书
    <input type="checkbox" name="likes" value="玩游戏">玩游戏
    <br>
```

```
    职业：<select name="job">
        <option value="其他" >其他
        <option value="学生" >学生
        <option value="工程师" >工程师
        <option value="白领" >白领
    </select><br>
    <input type="submit" value="提交">
</form>
```

（3）新建 register.jsp 页面，用于使用 EL 表达式将注册信息显示出来。在其中使用<jsp:useBean>标签导入 User，并使用<jsp:setProperty>标签将 index.jsp 页面表单中表单元素中的数据存放在 User 类中，主要代码如下。

```
<%request.setCharacterEncoding("utf-8"); %>
<jsp:useBean id="user" class="com.itzcn.bean.User" scope="page"></
jsp:useBean>
<jsp:setProperty property="*" name="user"/>
<!-- 省略部分代码 -->
<p style="font-size:20px" align="center">会员注册信息</p>
用户名：${user.userName}<br>
密码：${user.userPass}<br>
性别：${user.sex}<br>
年龄：${user.age}<br>
兴趣爱好：${user.likes[0]}
        ${user.likes[1]}
        ${user.likes[2]}
        ${user.likes[3]}
        ${user.likes[4]}
        ${user.likes[5]}
        ${user.likes[6]}<br>
职业：${user.job}<br>
```

（4）运行后打开 index.jsp 页面，在其中输入注册信息，其效果如图 7-8 所示。

输入注册信息后单击【提交】按钮，在 register.jsp 页面中显示会员注册信息，如图 7-9 所示。

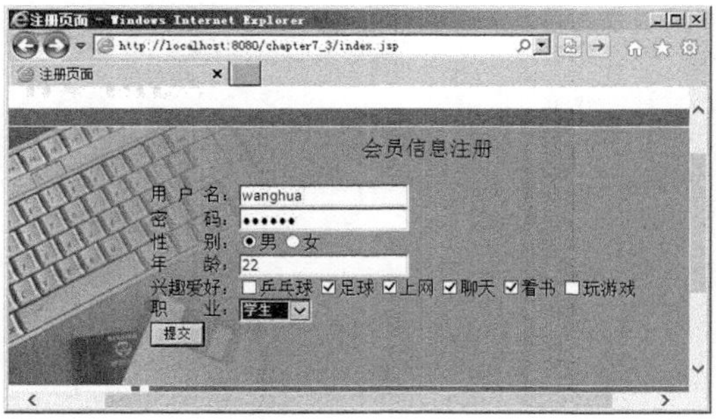

图 7-8　注册页面

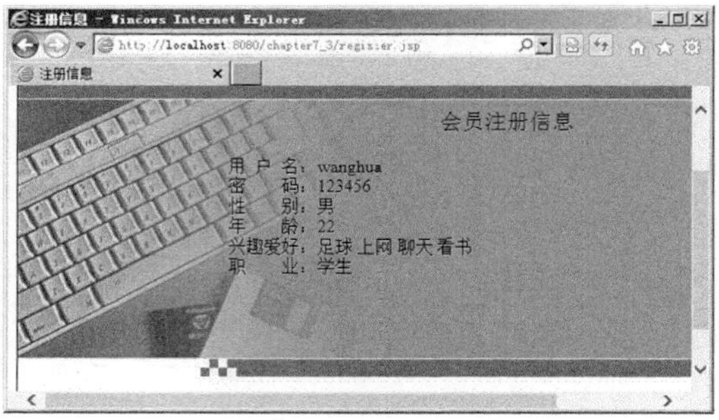

图 7-9　显示会员注册信息

思考与练习

一、填空题

1. EL 表达式的基本语法结构为________。

2. EL 表达式中提供“[]”操作符和____________两种运算符来存取数据。

3. 页面上下文对象是指__________，它用于访问 JSP 的内置对象。

4. 如果在 EL 中使用了保留关键字，会抛出__________异常。

5. 在 EL 中提供了 6 个访问环境信息中的隐含对象，分别是 param、paramValues、header、headerValues、__________和 cookie 对象。

6. 在 EL 表达式中，有一个特殊的运算符__________，用来确定一个对象或变量是否为 null 或为空。

7. 创建 EL 函数，在 Java 文件中要编写公共方法为__________方法。

8. 访问作用域范围的隐含对象包括 pageScope、__________、sessionScope 和 applicationScope。

二、选择题

1. 下面哪个不是 EL 表达式中与范围有关的隐含对象？__________

A. pageScope
B. requestScope
C. sessionScope
D. cookieScope

2. 下列哪个是 EL 表达式中的逻辑运算符？__________

A. && 或 and
B. == 或 eq
C. /或 div
D. empty

3. 下列哪个是 EL 表达式中的算术运算符？__________

A. && 或 and
B. == 或 eq
C. /或 div
D. empty

4. 下列哪个是 EL 表达式中的关系运算符？__________

A. && 或 and
B. == 或 eq
C. /或 div
D. empty

5. 下列不属于 EL 表达式的存取范围的是__________。

A. page
B. request
C. session
D. cookie

6. 下列哪个运算符优先级最高？________

A. []
B. ()
C. *
D. ==

7. 在 EL 表达式中，与输入有关的隐含对象有 param 和____________。

A. paramValues
B. requestScope
C. sessionScope
D. cookieScope

三、简答题

1. 说出 EL 表达式中的几种保留关键字。
2. 简述 EL 表达式中运算符的优先级。
3. 简述定义 EL 函数的步骤以及注意事项。
4. 说出使用 EL 函数时常见的错误。

第 8 章　JSTL 标签库

JSTL（JSP Standard Tag Library，JSP 标准标签库）是一个不断完善的开放源代码的 JSP 标签库，是由 Apache 的 Jakarta 小组来维护的。JSTL 只能运行在支持 JSP 1.2 和 Servlet2.3 规范的容器上，如 Tomcat 4.x。在 JSP 2.0 中也是作为标准支持的。

使用 JSTL 可以取代在 JSP 程序中嵌入 Java 代码的做法，大大提高了程序的可维护性。JSTL 标签库主要包括核心标签库、格式标签库、SQL 标签库、XML 标签库和函数标签库这 5 种标签库。

本章将主要讲解 JSTL 核心标签库中的具体标签应用。

本章学习要点：

- ❑ 了解 JSTL
- ❑ 掌握核心标签库
- ❑ 熟练应用表达式标签
- ❑ 熟练掌握流程控制标签
- ❑ 熟练掌握循环标签
- ❑ 熟练掌握 URL 操作标签
- ❑ 了解其他 4 个标签库的使用

8.1 JSTL 标签库简介

JSTL 由 5 个功能不同的标签库组成，分别是核心标签库、格式标签库、SQL 标签库、XML 标签库和函数标签库等。在使用这些标签之前必须在 JSP 页面的顶部使用 <%@taglib %>指令定义应用的标签库和访问前缀，如使用核心标签库的 taglib 指令代码如下。

```
<%@ taglib uri="http://java.sun.com/jsp/jstl/core" prefix="c"%>
```

使用格式标签库的 taglib 指令代码如下。

```
<%@ taglib uri="http://java.sun.com/jsp/jstl/fmt" prefix="fmt"%>
```

使用函数标签库的 taglib 指令代码如下。

```
<%@ taglib uri="http://java.sun.com/jsp/jstl/functions" prefix="fn" %>
```

使用 SQL 标签库的 taglib 指令代码如下。

```
<%@ taglib uri="http://java.sun.com/jsp/jstl/sql" prefix="sql" %>
```

使用 XML 标签库的 taglib 指令代码如下。

```
<%@ taglib uri="http://java.sun.com/jsp/jstl/xml" prefix="x" %>
```

下面分别介绍 JSTL 提供的五个标签库。

1. 核心标签库

核心标签库主要用于完成 JSP 页面的常用功能，包括 JSTL 的表达式标签、URL 标签、流程控制标签和循环标签等。其中，表达式标签包括<c:out>、<c:set>、<c:remove>和<c:catch>；URL 标签包括<c:import>、<c:redirect>、<c:url>和<c:param>；流程控制标签包括<c:if>、<c:choose>、<c:when>和<c:otherwise>；循环标签包括<c:forEach>和<c:forTokens>。它们的基本作用如表 8-1 所示。

表 8-1 核心标签库的基本作用

标签	作用
<c:out>	将表达式的值输出到 JSP 页面中，相当于 JSP 表达式<%=表达式%>
<c:set>	在指定范围中定义变量或为指定的对象设置属性值
<c:remove>	从指定的 JSP 范围中移除指定的变量
<c:catch>	捕获程序中出现的异常，相当于 Java 语言中的 try…catch 语句
<c:import>	导入站内或其他网站的静态和动态文件到 Web 页面中
<c:redirect>	将客户端发出的 request 请求重定向到其他 URL 服务端
<c:url>	使用正确的 URL 重写规则构造一个 URL
<c:param>	为其他标签提供参数信息，通常与其他标签结合使用
<c:if>	根据不同的条件去处理不同的业务，与 Java 语言中的 if 语句类似
<c:choose>、<c:when>和<c:otherwise>	根据不同条件完成指定的业务逻辑，如果没有符合的条件，则执行默认条件的业务逻辑，相当于 Java 语言中的 switch 语句
<c:forEach>	根据循环条件遍历数组和集合类中的所有或部分数据
<c:forTokens>	迭代字符串中由分隔符分隔的各成员

2. 格式标签库

格式标签库提供了一个简单的国际化标记，也称为“I18N 标签库”，用于处理和解决与国际化相关的问题。另外，该标签库中包含用于格式化数字和日期显示格式的标签。由于该标签库在实际项目开发中并不经常使用，所以就不详细介绍了。

3. 函数标签库

函数标签库提供了一系列字符串操作函数，用于完成分解字符串、连接字符串、返回字符串，以及确定字符串是否包含特定的子串等功能。由于该标签库在实际项目开发中并不经常使用，所以就不详细介绍了。

4. SQL 标签库

SQL 标签库提供了基本的访问关系型数据的能力，使用该标签可以简化对数据库的访问。如果结合核心标签库，则可以方便地获取结果集并迭代输出结果集中的数据。由于该标签库在实际项目开发中并不经常使用，所以就不详细介绍了。

5. XML 标签库

XML 标签库可以处理和生成 XML 的标记，使用这些标记可以很方便地开发基于 XML 的 Web 应用。由于该标签库在实际项目开发中并不经常使用，所以就不详细介绍了。

> **注 意**
> 注意使用 JSTL 标签库之前，需要将 jstl.jar 文件配置到项目中，这样才可以在项目中使用 JSTL 标签。

8.2 表达式标签

表达式标签主要包括<c:out>、<c:set>、<c:remove>和<c:catch>4 个标签。下面将分别介绍这些标签的使用。

8.2.1 <c:out>输出标签

<c:out>标签用于将表达式的值输出到 JSP 页面中，该标签类似 JSP 的表达式<%=表达式%>，或者是 EL 表达式${expression}，与 JSP 的内置对象 out 相似。有两种语法格式：一种没有标签体，另一种有标签体，两种语言的输出结果完全相同。<c:out>语法格式如下。

语法 1：没有标签体。

```
<c:out value="exception"[escapeXml="true|false"] [default=
"defaultValue"]></c:out>
```

语法 2：有标签体。

```
<c:out value="exception" [escapeXml="true|false"]>
   defaultValue
</c:out>
```

语法 1 和语法 2 的输出结果完全相同。

其中，各项参数含义如下。

（1）value：用于指定将要输出的变量或表达式，是 Object 类型，可以使用 EL。

（2）escapeXml：可选项，用于指定是否转换特殊字符，默认值为 true，表示转换，如“<”转换为“<”是 Object 类型，不可以使用 EL。可以被转换的字符如表 8-2 所示。

表 8-2　可以被转换的字符

字符	字符实体代码	字符	字符实体代码
<	<	>	>
'	'	"	"
&	&		

（3）default：可选项，用于指定当 value 属性值等于 null 时，将要显示默认值。如果没有指定该属性，并且 value 的属性值为 null，该标签输出空的字符串。也不可以使用 EL。

【练习 1】

新建 out.jsp 页面，在其中首先使用 taglib 指令引用 JSTL 的核心标签库。然后添加两个<c:out>标签用于输出字符串，其中这两个标签的 escapeXml 属性值分别为 true 和 false。其主要代码如下。

```
<%@ page language="java" import="java.util.*" pageEncoding="UTF-8"%>
<%@ taglib uri="http://java.sun.com/jsp/jstl/core" prefix="c"%>
<!DOCTYPE HTML PUBLIC "-//W3C//DTD HTML 4.01 Transitional//EN">
<html>
  <head>
    <title>使用 &lt;c:out&gt;标签</title>
  </head>
  <body>
      escapeXml 属性为 true 时:
      <c:out value="<font color='red'>汇智科技</font>" escapeXml="true">
      </c:out><br>
      escapeXml 属性为 false 时:
      <c:out value="<font color='red'>汇智科技</font>" escapeXml="false">
      </c:out>
  </body>
</html>
```

运行后打开 out.jsp 页面，可以看到如图 8-1 所示的效果。

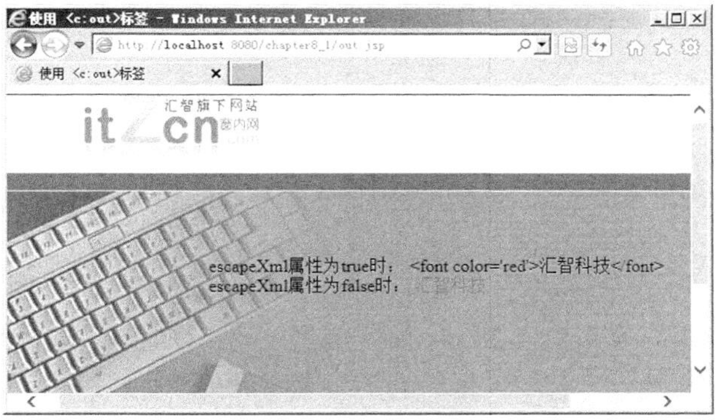

图 8-1 使用<c:out>标签

从图中可以看出，当 escapeXml 的属性为 true 时，输出的字符串中的<font color='red'>汇智科技</font>以字符串的形式输出；为 false 时，作为 HTML 标记输出。

打开网页查看源码可以看到，escapeXml 属性为 true 时，网页源码为：

```
escapeXml 属性为 true 时:
&lt;font color=&#039;red&#039;&gt;汇智科技&lt;/font&gt;<br>
```

escapeXml 属性为 false 时，网页源码为：

```
escapeXml 属性为 false 时：
<font color='red'>汇智科技</font>
```

8.2.2 <c:set>设置标签

<c:set>标签用于在某个范围（page、request、session、application 等）中为某个名称设定特定的值，或者设定某个已经存在的 JavaBean 对象的属性。使用该标签可以在页面中定义变量，而不用在 JSP 页面中嵌入打乱 HTML 排版的 Java 代码。<c:set>标签的 4 种语法格式如下。

语法 1：使用 value 属性设定一个特定范围中的属性。

```
<c:set value="value" var="varName" [scope="{page|request|session|
application}"]/>
```

语法 2：使用 value 属性设定一个特定范围中的属性，并带有一个标签体。

```
<c:set var="varName" [scope="{page|request|session|application}"]>
   body 部分
</c:set>
```


语法 3：设置某个特定对象的一个属性。

```
<c:set value="value" target="object" property="propertyName"/>
```

语法 4：设置某个特定对象的一个属性，并带有一个 body。

```
<c:set target="targe" property="propertyName">
   body 部分
</c:set>
```

其中，各个参数含义如下。

（1）var：用于指定变量名，通过该标签定义的变量名可以通过 EL 指定为<c:out>的 value 属性，该属性为 String 类型。

（2）value：用于指定变量值，可以使用 EL，该属性类型为 Object。

（3）scope：用于指定变量的作用域，默认值是 page，可选值包括 page、request、session 和 application，不可以使用 EL，该属性的类型为 String。

（4）target：用于指定存储变量值或者标签体的目标对象，可以是 JavaBean 或 Map 集合对象。可以使用 EL，该属性的类型为 Object。

（5）property：用于指定目标对象存储数据的属性名，不可以使用 EL，该属性的类型为 String。

其中，target 属性不能是直接指定的 JavaBean 或 Map，而应该是使用 EL 表达式或一个脚本表达式指定的真正对象。例如，要为 JavaBean User 的 id 属性赋值，那么 target 属性值应该是“tareget ="${user}"”，而不应该是“tareget = "user"”，其中 user 为 User 的对象。

【练习 2】

使用<c:set>标签定义变量并为 JavaBean 属性赋值。

(1) 新建 com.itzcn.bean.User 类，其中有三个属性，主要代码如下。

```
public class User {
    private String name = null;      //姓名
    private int age = 0;             //年龄
    private String sex = null;       //性别
//省略 getter、setter 方法
}
```

(2) 新建 set.jsp 页面，在其中首先使用 taglib 指令引用 JSTL 的核心标签库，并使用<jsp:userBean>标签引入 User 类。然后使用<c:set>标签为 JavaBean 的 name 和 age 属性设置值，并使用<c:out>标签输出该属性。其主要代码如下。

```
<%@ page language="java" import="java.util.*" pageEncoding="UTF-8"%>
<%@ taglib uri="http://java.sun.com/jsp/jstl/core" prefix="c"%>
<jsp:useBean id="user" class="com.itzcn.bean.User" ></jsp:useBean>
<!DOCTYPE HTML PUBLIC "-//W3C//DTD HTML 4.01 Transitional//EN">
<html>
  <head>
    <title>使用 &lt;c:set&gt;标签</title>
  </head>
  <body>
  <c:set value="王华" var="name1" scope="session"></c:set>
  <c:set var="name2" scope="session">李欣欣</c:set>
  <c:set value="孙子明" target="${user}" property="name"></c:set>
  <c:set target="${user}" property="age">19</c:set>
  <li>从 session 中得到的值: ${sessionScope.name1}</li>
  <li>从 session 中得到的值: ${sessionScope.name2}</li>
  <li>从 Bean 中获取对象 user 的 name 值: <c:out value="${user.name}">
  </c:out></li>
  <li>从 Bean 中获取对象 user 的 age 值: <c:out value="${user.age}">
  </c:out></li>
  </body>
</html>
```

(3) 运行后打开 set.jsp 页面，其运行效果如图 8-2 所示。

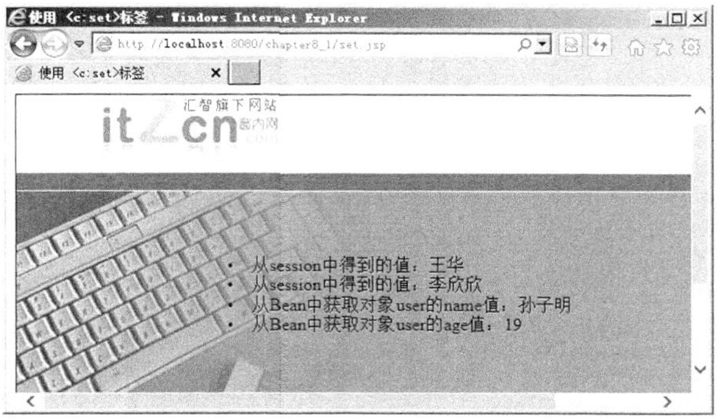

图 8-2 使用<c:set>标签

注 意

在使用语法 3 和语法 4 时，如果 target 属性值为 null，或者不是 java.util.Map 对象，或者不是 JavaBean 对象的有效属性，就会抛出异常。

8.2.3 <c:remove>移除标签

该标记的作用是在指定作用域内删除变量，其语法形式如下所示。

```
<c:remove var="name" [scope="page|request|session|application"] />
```

其中，各个参数含义如下。

（1）var：用于指定要移除的变量名称。

（2）scope：用于指定变量范围，可选值有 page、request、session 和 application，默认值是 page。如果在该标签中没有指定变量的有效范围，那么将分别在 page、request、session 和 application 的范围内查找要移除的变量并移除。例如，在一个页面中，存在不同范围的两个同名变量，当不指定范围时移除该变量，这两个范围内的变量都将被移除。因此，在移除变量时，最好指定有效的范围。

提 示

当指定的要移除的变量不存在时，并不会抛出异常。

【练习 3】

使用<c:remove>标签定义变量移除变量。

新建 remove.jsp 页面，在其中首先使用 taglib 指令引用 JSTL 的核心标签库。使用<c:set>标签定义一个 page 范围内的变量，然后通过<c:remove>标签移除该变量，在移除的前后使用<c:out>标签输出该变量。其主要代码如下。

```
<c:set var="name" value="汇智科技" scope="page"></c:set>
移除前输出变量 name 的值：
<c:out value="${pageScope.name }" default="空"></c:out><br>
<c:remove var="name"/>
移除后输出变量 name 的值：
<c:out value="${pageScope.name }" default="空"></c:out><br>
```

运行后打开 remove.jsp 页面，其运行效果如图 8-3 所示。

图 8-3 使用<c:remove>标签

8.2.4 <c:catch>捕获异常标签

<c:catch>标签用于捕捉程序中出现的异常，如果需要它还可以将异常信息保存在指定的变量中。该标签与 Java 语言中的 try…catch 语句类似。<c:catch>标签语法格式如下。

```
<c:catch [var="varName"]>
    //可能出现的异常信息
</c:catch>
```

上述语法中，var 属性为可选属性，用于指定存储异常信息的变量。如果不需要存储异常信息，可以省略该属性。

【练习 4】

使用<c:catch>捕获程序中出现的异常，并使用<c:out>输出该异常信息。

（1）新建 com.itzcn.bean.User 类，其中有三个属性，代码与练习 2 中步骤（1）的代码一致，这里就省略了。

（2）新建 catch.jsp，用于异常的捕获并输出异常信息，主要代码如下。

```
<c:catch var="exception">
<c:out value="${user.pwd}"></c:out>
</c:catch>
抛出的异常信息为：<c:out value="${exception }"></c:out>
```

（3）运行后打开 catch.jsp 页面，其运行效果如图 8-4 所示。

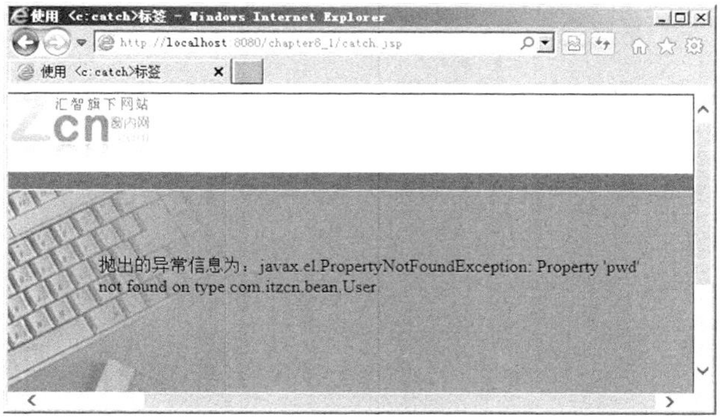

图 8-4　使用<c:catch>标签

8.3 URL 操作标签

URL 操作标签是指与文件导入、重定向、URL 地址生成以及参数传递相关的标签。JSTL 中提供的与 URL 相关的标签有<c:import>、<c:redirect>、<c:url>和<c:param>4 个。下面将分别介绍这些标签的使用。

8.3.1 <c:import>文件导入标签

<c:import> 把其他静态或动态文件包含到 JSP 页面。与<jsp:include>的区别是后者只能包含同一个 Web 应用中的文件，前者可以包含其他 Web 应用中的文件，甚至是网络上的资源。<c:import>标签的语法如下。

语法 1：资源的内容作为 String 对象向外暴露。

```
<c:import url="url" [context="context"]
[var="varName"] [scope="{page|request|session|application}"] [charEncoding=
"charEncoding"]>
    标签体
</c:import>
```

语法 2：资源的内容作为 Reader 对象向外暴露。

```
<c:import url="url" [context="context"]
varReader="varReaderName" [charEncoding="charEncoding"]>
    标签体
</c:import>
```


上述语法中，url 属性用于指定被导入文件资源的 URL 地址，可以使用 EL，该属性类型为 String。

（1）context：上下文路径，应用于访问服务器的其他 Web 应用，其值必须是“/”开头。如果指定了该属性，那么 URL 属性值也必须以“/”开头。可以使用 EL，该属性类型是 String。

（2）charEncoding：用于指定被导入的资源的字符编码，可以使用 EL，该属性类似为 String。

（3）var：用于指定变量名称，该变量用于以 String 类型保存获取的资源，不可以使用 EL。

（4）scope：用于指定变量的存在范围，默认值是 page，可选值有 page、request、session 和 application。不可以使用 EL，该属性类型为 String。

（5）varReader：用于接受导入文本的 java.io.Reader 变量名，不可以使用 EL，该属性类型是 Reader。

【练习 5】

使用<c:import>标签包含 index.jsp 页面。新建 import.jsp 页面，使用<c:import>标签将 index.jsp 页面导入，主要代码如下。

```
<%@ page language="java" import="java.util.*" pageEncoding="UTF-8"%>
<%@ taglib uri="http://java.sun.com/jsp/jstl/core" prefix="c"%>
<!DOCTYPE HTML PUBLIC "-//W3C//DTD HTML 4.01 Transitional//EN">
<html>
  <head>
    <title>使用 &lt;c:import&gt;标签</title>
```

```
    </head>
    <c:import url="index.jsp" charEncoding="utf-8">
    </c:import>
    <body>
    </body>
</html>
```

8.3.2 <c:url>生成 URL 地址标签

<c:url>标签用于生成 URL。<c:url>标签的主要功能是：附加当前 Servlet 上下文的名称、为会话管理重写 URL 和请求参数名称和值的 URL 编码。这在为 J2EE Web 应用程序构造 URL 时特别有用。

<c:url>标签没有标签体时的语法：

```
<c:url value="value" [context="context"] [var="varName"] [scope="{page|
request|session+application}"]/>
```

<c:url>标签有标签体时的语法：

```
<c:url value="value" [context="context"] [var="varName"] [scope="{page|
request|session+application}"]>
<c:param name="name" value="value"/>
</c:url>
```

其中，各个参数含义如下。

（1）value：用于指定将要处理的 URL 地址，可以使用 EL，该属性类型是 String。

（2）context：当使用相对路径访问外部资源时，context 指定了这个资源上下文的名称。一般在“/”后跟本地 Web 应用程序的名称，可以使用 EL，该属性类型为 String。

（3）var：用于指定变量名，用于保存新生成的 URL 字符串。不可以使用 EL，该属性类型是 String。

（4）scope：用于指定变量的存在范围。不可以使用 EL，该属性类型是 String。

【练习 6】

创建 url.jsp 页面，使用<c:url>标签生成 URL 地址。其主要代码如下。

```
<c:url value="http://127.0.0.1:8080" var="url" scope="session">
</c:url>
<a href="${url}">Tomcat 首页</a>
```

提示

在应用<c:url>标签生成新的 URL 地址时，空格符将被转换为加号“+”。

8.3.3 <c:redirect>重定向标签

<c:redirect>重定向标签可以将客户端发出的 request 请求重定向到其他 URL 服务端，

由其他程序处理客户的请求。在此期间可以修改或添加 request 请求中的属性，然后把所有属性传递到目标路径。该标签的语法格式如下。

语法 1：没有标签体的情况。

```
<c:redirect url="value" [context="context"]/>
```

语法 2：在有标签情况下，标签体中将指定查询的参数。

```
<c:redirect url="value" [context="context"]>
   <c:param name="name" value="value"/>
</c:redirect>
```

其中，各个参数含义如下。

（1）url：必选属性，用于指定待定向资源的 URL，可以使用 EL，该属性类型为 String。

（2）context：用于在使用相对路径访问外部 context 资源时指定资源名。一般在“/”后跟本地 Web 应用程序的名称。可以使用 EL，该属性类型为 String。

【练习 7】

创建 redirect.jsp 页面，使用<c:redirect>标签将页面跳转到 index.jsp 页面，并且将用户名和密码传递到该页面，查看地址栏信息的改变。其主要代码如下。


```
<c:redirect url="index.jsp">
    <c:param name="name" value="admin"></c:param>
    <c:param name="pass" value="123456"></c:param>
</c:redirect>
```

8.3.4 <c:param>参数传递标签

<c:param>标签用于为其他标签提供参数信息，与<c:import>、<c:redirect>和<c:url>标签组合可以实现动态定制参数，从而使标签可以完成更复杂的程序应用。该标签语法格式如下。

```
<c:param name="prarname" value="paramvalue"/>
```

其中，各个参数含义如下。

（1）name：用于指定参数名，如果参数名为 null 或者是空，该标签将不起任何作用。可以引用 EL。该属性类型为 String。

（2）value：用于指定参数值，如果参数值为 null，则将作为空值处理。

8.4 流程控制标签

流程控制在程序中会根据不同的条件处理不同的业务，即执行不同的程序代码来产生不同的运行结果，使用流程控制可以处理程序中的任何可能发生的事件。在 JSTL 中包含<c:if>、<c:choose>、<c:when>和<c:otherwise>4 种流程控制标签。

8.4.1 <c:if>条件判断标签

<c:if>标签是判断标签中较简单的一个，它根据不同的条件处理不同的业务，对单个测试表达式进行求值，类似于 Java 标签中的 if 语句。仅当对表达式求出的值为 true 时，才处理标记的主体内容；如果求出的值为 false，就忽略该标签的主体内容。

提示

虽然<c:if>标签没有对应的 else 标签，但是利用 JSTL 提供的<c:choose>、<c:when>和<c:otherwise>标签也可以实现 if else 功能。

<c:if>标签有两种语法格式，分别如下。

语法 1：可判断条件表达式，并将条件的判断结果保存在 var 属性指定的变量中，而这个变量存在于 scope 属性所指定的范围内。

```
<c:if test="testCondition" var="varName" [scope="page|request|session|
application"]/>
```

语法 2：不但可以将 test 属性的判断结果保存在指定范围的变量中，还可以根据条件的判断结果执行标签主体。标签主体可以是 JSP 页面能够使用的任何元素，如 HTML 标记、Java 代码或者嵌入到其他 JSP 标签。

```
<c:if test="testCondition" var="varName" [scope="page|request|session|
application"]>
标签主体
</c:if>
```

其中，各个参数含义如下。

（1）test：必选属性，用于指定条件表达式，可以使用 EL，该属性的类型为 boolean。

（2）var：可选属性，用于指定变量名。这个属性会指定 test 属性的判断结果将存放在哪个变量中，如果该变量不存在就创建它。不可以使用 EL，该属性的类型为 String。

（3）scope：表示存储范围，该属性用于指定 var 属性所指定的变量的存在范围，不可以使用 EL，该属性类型为 String。

【练习 8】

创建 if.jsp 页面，使用<c:if>标签判断保存的用户名是否为空，并将判断结果保存到变量 result 中，当 result 不为空时来输出用户名。其主要代码如下。

```
<c:if test="${empty param.username }" var="result">
    <form action="" method="post" name="form1">
    用户名:
    <input name="username" type="text" id="username">
    <input  type="submit" value="登录">
    </form>
</c:if>
<c:if test="${!result }">
```

```
    欢迎[${param.username}]光临窗内网!
</c:if>
```

8.4.2 <c:choose>标签

<c:choose>标签可以根据不同的条件完成指定的业务逻辑，如果没有符合的条件，则会执行默认条件的业务逻辑。需要注意的是，<c:choose>标签只能作为<c:when>和<c:otherwise>标签的父标签。可以在其中嵌套<c:when>和<c:otherwise>标签来完成。该标签语法格式如下。

```
<c:choose>
    标签体(<c:when>和<c:otherwise>子标签)
</c:choose>
```

<c:choose>标签没有相关属性，只是作为<c:when>和<c:otherwise>标签的父标签使用。并且在该标签中除了空白字符之外，只能包括<c:when>和<c:otherwise>标签。

在一个<c:choose>标签中可以包含多个<c:when>标签来处理不同条件的业务逻辑，但是只能有一个<c:otherwise>标签来处理默认条件的业务逻辑。

在运行时首先判断<c:when>标签的条件是否为 true。如果为 true，则将<c:when>标签体中的内容显示在页面上；否则就判断下一个<c:when>标签的条件。如果该标签的条件也不满足，则继续判断下一个<c:when>标签，直到<c:otherwise>标签体执行。

8.4.3 <c:when>标签

<c:when>条件测试标签是<c:choose>标签的子标签，它根据不同的条件执行相应的业务逻辑。可以存在多个<c:when>标签来处理不同条件的业务逻辑，该标签的语法格式如下所示。

```
<c:when test="testCondition">
    标签体
</c:when>
```

上述语法中 test 属性表示条件表达式，用于判断条件真假的表达式，是 boolean 类型，可以使用 EL。

> **注意**
> 在<c:choose>中必须有一个<c:when>标签，但是<c:otherwise>标签为可选。如果省略，当所有的<c:when>标签不满足条件时，将不会处理标签的标签体。并且，<c:when>标签必须出现在<c:otherwise>标签之前。

8.4.4 <c:otherwise>标签

<c:otherwise>标签也是<c:choose>标签的子标签，用于定义<c:choose>标签中的默认

条件处理逻辑。如果没有任何一个结果满足<c:when>标签指定的条件，将会执行这个标签体中定义的逻辑代码，该标签的语法格式如下。

```
<c:otherwise>
    标签体
</c:otherwise>
```

注意

<c:otherwise>标签必须定义在所有<c:when>标签的后面，即它是<c:choose>标签的最后一个子标签。

8.5 实验指导 8-1：使用流程控制标签划分成绩

根据输入的成绩，来划分等级。

新建 score.jsp 页面，使用<c:if>标签判断保存的成绩是否为空，并将判断结果保存到变量 result 中，当 result 不为空时根据成绩来输出不同的结果。其主要代码如下。

```
<%@ page language="java" import="java.util.*" pageEncoding="UTF-8"%>
<%@ taglib uri="http://java.sun.com/jsp/jstl/core" prefix="c" %>
<!DOCTYPE HTML PUBLIC "-//W3C//DTD HTML 4.01 Transitional//EN">
<html>
  <head>
    <title>使用 &lt;流程控制&gt;标签</title>
  </head>
   <body>
     <c:if test="${empty param.score }" var="result">
     <form action="" method="post" name="form1">
     成绩：<input name="score" type="text" id="score">
     <input  type="submit" value="查询">
     </form>
     </c:if>
     <c:if test="${!result }">
     <c:choose>
    <c:when test="${param.score>=90&&param.score<=100}">
    你的成绩为优秀！
    </c:when>
    <c:when test="${param.score>=70&&param.score<90}">
    您的成绩为良好！
    </c:when>
    <c:when test="${param.score>60&&param.score<70}">
    您的成绩为及格！
    </c:when>
        <c:when test="${param.score>=0&&param.score<=60}">
     对不起，您没有通过考试！
    </c:when>
```

```
    <c:otherwise>
    对不起，您输入的成绩无效！
    </c:otherwise>
    </c:choose>
    </c:if>
  </body>
</html>
```

运行后打开 score.jsp 页面，输入成绩，其效果如图 8-5 所示。

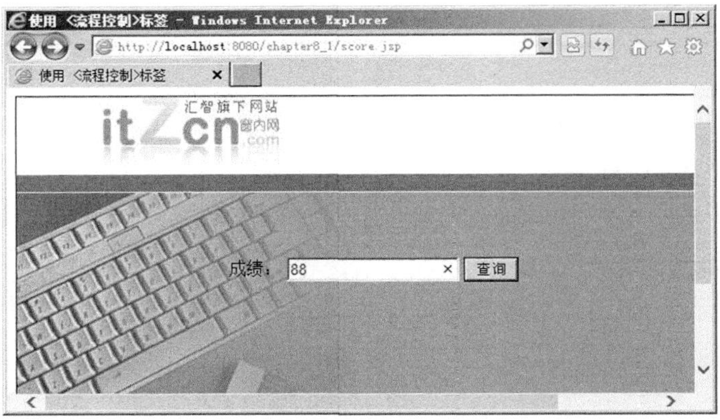

图 8-5 输入成绩

输入成绩后单击【查询】按钮，显示不同的信息，如图 8-6 所示。

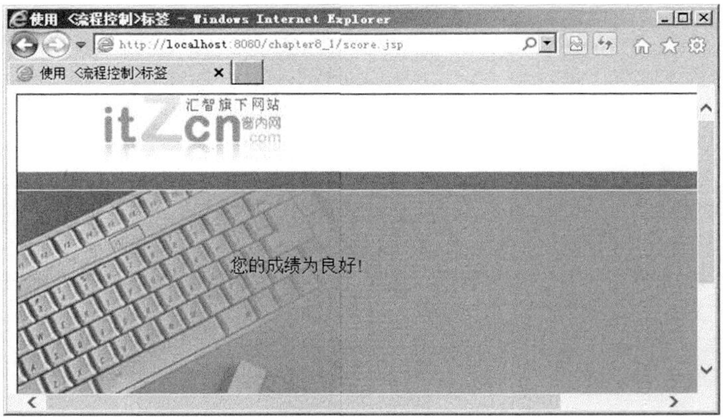

图 8-6 根据成绩显示结果

8.6 循环标签

循环标签是程序算法中的重要环节，有很多常用的算法都是在循环中完成的，如递归算法、查询算法和排序算法等。JSTL 标签库中包含<c:forEach>和<c:forTokens>两个循环标签。

8.6.1 <c:forEach>循环标签

<c:forEach>循环标签可以根据循环条件遍历数组和集合类中的所有或部分数据，如在使用 Hibernate 技术访问数据库时返回的数组、java.util.List 和 java.util.Map 对象。它们封装了从数据库中查询的数据，这些数据都是 JSP 页面需要的。如果在 JSP 页面中使用 Java 代码来循环遍历所有的数据，会使页面非常混乱，不易分析和维护。使用 JSTL 的<c:forEach>标签循环来显示这些数据不但可以解决 JSP 页面混乱问题，也提高了代码的可维护性。该标签语法格式如下。

1. 集合成员迭代

```
<c:forEach items="collection" [varStatus="varStatusName"] [var=
"varName"]
[begin="begin"] [end="end"] [step="step"]
    标签体
</c:forEach>
```

其中，items 是必选属性，通常使用 EL 指定，其他属性均为可选属性。

2. 数字索引迭代

```
<c:forEach [var="varName"] [varStatus="varStatusName"]
[begin="begin"] [end="end"] [step="step"]
    标签体
</c:forEach>
```

其中，begin 和 end 属性是必选的，其他属性为可选属性。

其中，各个参数含义如下。

（1）items：用于指定被循环遍历的对象，多用于数组与集合类。其值可以是数组、集合类、字符串和枚举类型。可以通过 EL 指定。该属性类似为 String。

（2）var：用于指定循环体的变量名，该变量用于保存 items 指定的对象成员。不可以通过 EL 指定。该属性类似为 String。

（3）begin：用于指定循环变量的起始位置，如果没有指定，则从集合的第一个值开始迭代。可以使用 EL，该属性类似为 int。

（4）end：用于指定循环的终止位置，如果没有指定，则一直迭代到集合的最后一位，可以使用 EL，该属性类似为 int。

（5）step：用于指定循环的步长，可以使用 EL，该属性类似为 int。

（6）varStatus：用于指定循环的状态变量，该属性还有 4 个状态属性，如表 8-3 所示。

表 8-3 varStatus 状态属性

变量	类型	描述
index	int	当前循环的索引值，从 0 开始
count	int	当前循环的循环计数，从 1 开始
first	boolean	是否为第一次循环
last	boolean	是否为最后一次循环

【练习 9】

创建 forEach.jsp 页面，使用<c:forEach>遍历 List 集合中的图书信息。其主要代码如下。

```
<%List<String> list = new ArrayList<String>();
        list.add("Java 入门经典");
        list.add("Oracle 学习手册");
        list.add("C#编程基础");
        list.add("轻松学 Linux");
        list.add("ASP.NET 实践");
        request.setAttribute("bookList", list);
%>
<b><c:out value="不指定 begin 和 end 的迭代：" /></b><br>
<c:forEach items="${bookList}" var="book" >
    <c:out value="${book}"/><br>
</c:forEach>
<B><c:out value="指定 begin 和 end 的迭代：" /></B><br>
   <c:forEach var="book" items="${bookList}" begin="1" end="3" step="2">
    <c:out value="${book}" /><br>
```


运行后打开 forEach.jsp 页面，其运行效果如图 8-7 所示。

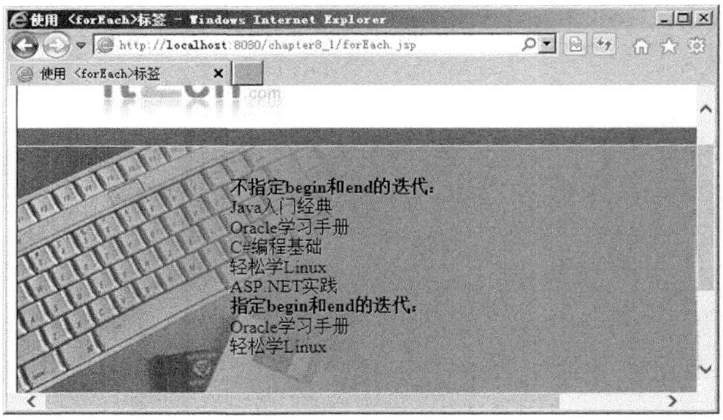

图 8-7 使用<c:forEach>遍历 List 集合中的图书信息

8.6.2 <c:forTokens>迭代标签

除<c:forEach>以外，核心标签库还提供了另一个迭代标记：<c:forTokens>。JSTL 的这个定制操作与 Java 语言的 StringTokenizer 类的作用相似，可以用指定的分隔符分隔一个字符串，根据分隔的数量确定循环的次数。<c:forTokens>标签的语法如下。

```
<c:forTokens items="stringOfTokens" delims="delimiters"
    [var="varName"]
    [varStatus="varStatusName"]
```

```
    [begin="begin"] [end="end"] [step="step"]>
        标签体
</c:forTokens>
```

其中，各个参数含义如下。

（1）items：用于指定要迭代的 String 对象，该字符串通常由指定的分隔符分隔，不可以使用 EL，该属性是 String 类型。

（2）delims：用于指定分隔字符串的分隔符，可以同时有多个分隔符，可以使用 EL，该属性是 String 类型。

（3）begin：用于指定迭代的开始位置，索引值从 0 开始。可以使用 EL，该属性类似为 int。

（4）end：用于指定迭代的结束位置，可以使用 EL，该属性类似为 int。

（5）step：用于指定迭代的步长，默认步长为 1。可以使用 EL，该属性类似为 int。

（6）var：用于指定变量名，该变量保存分隔后的字符串。不可以通过 EL 指定，该属性类似为 String。

（7）varStatus：用于指定循环的状态变量，同<c:forEach>标签，该属性也有 4 个状态属性。

【练习 10】

创建 forTokens.jsp 页面，使用<c:forTokens>标签迭代输出按指定分割符分割字符串，主要代码如下。

```
<c:set value="Java 入门经典、Oracle 学习手册、C#编程基础、轻松学 Linux、ASP.NET
实践" var="params"></c:set>
<b>原字符串：</b><br>
<c:out value="${params }"></c:out><br>
<b>分割后的字符串：</b><br>
<c:forTokens items="${params }" delims="、" var="c1">
    <c:out value="${c1}"></c:out><br>
</c:forTokens> <br>
```

运行后打开 forTokens.jsp 页面，效果如图 8-8 所示。

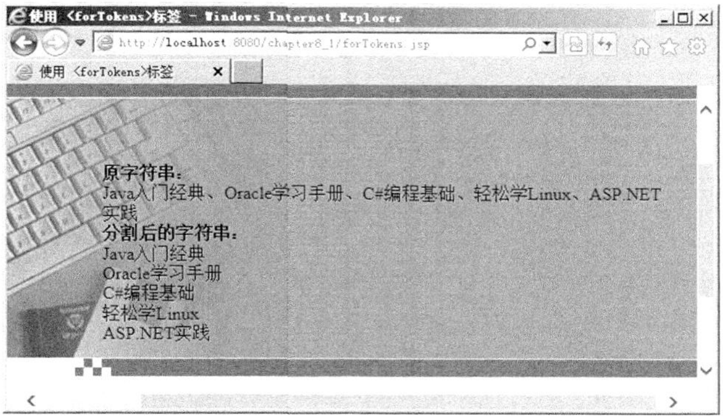

图 8-8 使用<c:forTokens>标签分割字符串

8.7 实验指导 8-2：使用 JSTL 标签库完成用户的登录

使用 JSTL 判断用户在登录页面输入的信息是否合法，如果合法就保存在 session 范围内，然后显示用户登录成功，否则提示登录失败信息。

（1）新建 index.jsp 页面，在其中放置一个用于登录的表单，并使用流程控制标签来检测用户是否登录。其主要代码如下。

```
<c:choose>
<c:when test="${empty sessionScope.user}">
    <form action="deal.jsp" method="post">
    <table >
        <tr>
            <td>用户名</td>
            <td><input type="text" name="userName" size="20"></td>
        </tr>
        <tr>
            <td>密    码</td>
            <td><input type="password" name="pass" size="21"></td>
        </tr>
        <tr>
            <td align="center"></td>
            <td align="center"><input type="submit" value="登录"><input
            type="reset" value="重置"></td>
        </tr>
    </table>
    </form>
</c:when>
<c:otherwise>
    欢迎${sessionScope.user }登录！<c:url var="url" value="logout.jsp">
    </c:url>
    <a href ="${url }">退出</a>
</c:otherwise>
</c:choose>
```

（2）新建 deal.jsp 页面，用于处理用户输入的信息是否合法。如果合法则保存用户名到 session 中，并将页面重定向到 index.jsp 页面。否则弹出提示框，再将页面重定向到 index.jsp 页面。主要代码如下。

```
<c:choose>
    <c:when test="${param.userName=='itzcn'&&param.pass=='123456' }">
        <c:set var="user" scope="session" value="${param.userName }">
        </c:set>
        <c:redirect url="index.jsp"></c:redirect>
    </c:when>
    <c:otherwise>
        <script language="javascript">
```

```
            alert("您输入的用户名或密码错误！");
            window.location.href="index.jsp";
        </script>
    </c:otherwise>
</c:choose>
```

（3）新建 logout.jsp 页面，用于用户的退出，主要代码如下。

```
<% session.invalidate(); %>
<c:redirect url="index.jsp"/>
```

提示
在上述三个页面中均需应用 taglib 指令引用 JSTL 的核心标签库。

运行后打开 index.jsp 页面，输入登录信息，其效果如图 8-9 所示。

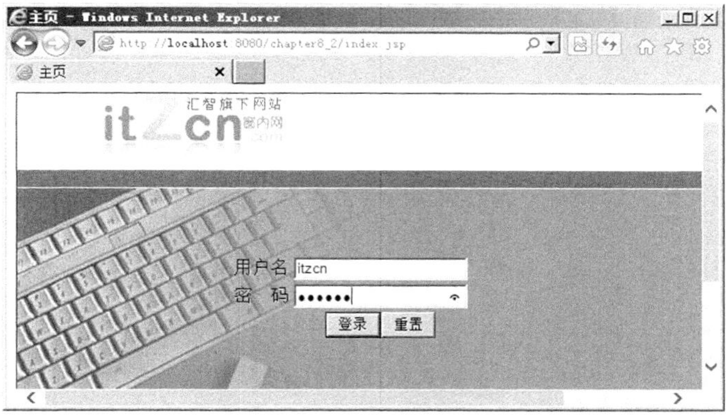

图 8-9 用户登录页面

当输入错误的用户信息时，显示效果如图 8-10 所示。

图 8-10 错误的用户信息

当输入正确的用户信息时，登录成功。效果如图 8-11 所示。

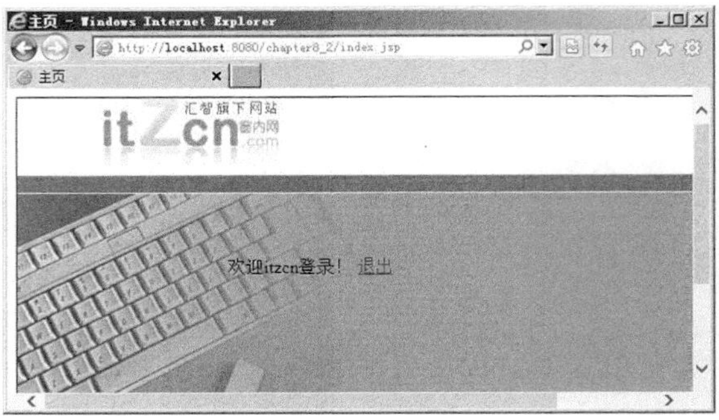

图 8-11 登录成功页面

思考与练习

一、填空题

1. 在 JSP 页面中使用________指令来使用自定义标记。

2. JSTL 标签库实际上是由 5 种功能不同的标签库组成，分别是核心标签库、格式标签库、__________、XML 标签库和函数标签库。

3. __________主要用于完成 JSP 页面的常用功能，其前缀是 c。

4. __________将客户端发出的 request 请求重定向到其他 URL 服务端。

5. 虽然<c:if>标签没有对应的 else 标签，但是利用 JSTL 提供的<c:choose>、__________和<c:otherwise>标签也可以实现 if else 功能。

二、选择题

1. 将表达式的值输出到 JSP 页面应该选择__________标签。

A. <c:set>

B. <c:out>

C. <c:remove>

D. <c:catch>

2. <c:set>标签中的 scope 属性，表示变量作用域，默认情况下是__________。

A. application

B. page

C. session

D. request

3. <c:when>和<c:otherwise>的父标签是__________。

A. <c:choose>

B. <c:set>

C. <c:catch>

D. <c:forEach>

4. __________标签是将文件导入站内或者将他网站的静态和动态文件导入到 Web 页面中。

A. <c:import>

B. <c:url>

C. <c:redirect>

D. <c:param>

5. 在 JSTL 标签中，__________标签可以根据循环条件遍历数组和集合类中的所有或部分数据。

A. <c:choose>

B. <c:remove>

C. <c:forTokens>

D. <c:forEach>

6. 在 JSTL 标签库中，__________封装了关于数据库访问的通用逻辑。

A. SQL 标签库

B. XML 标签库

C. 函数标签库

D. 格式标签库

三、简答题

1. 简述 5 种不同标签的区别。

2. 表达式标签包括哪几种？主要作用是什么？

3. 简述操作数据库的基本标签。

第 9 章　数据库应用技术

数据库在 Web 程序中扮演着非常重要的角色。如何获取数据、增加数据、删除数据以及如何对数据库进行管理，是每个程序开发者必须面对的问题。为了使程序开发人员不必考虑所用的数据库，更方便开发应用程序，Java 平台提供了一个标准的数据库访问接口集——JDBC API。

本章主要介绍 JDBC 的基本概念和相关接口，如何使用 JDBC 提供的接口操作数据库，使用预编译语句等。

本章学习要点：

- 掌握 JDBC 的概念
- 掌握 JDBC API 常用的接口和方法
- 熟练掌握使用不同方式连接数据库
- 熟练掌握数据库的更新操作
- 熟练掌握数据库的显示和查询操作
- 熟练掌握数据库分页显示
- 掌握预编译语句的处理

9.1 JDBC 概述

JDBC 全称 Java Data Base Connectivity（Java 数据库连接）是一种用于执行 SQL 语句的 Java API。JDBC 可以为多种关系数据库提供统一访问，它由一组用 Java 语言编写的类和接口组成。JDBC 提供了一个标准，使数据库开发人员能够构建更高级的工具和接口，编写数据库应用程序。

9.1.1 JDBC 简介

JDBC 是 Sun 公司提供的一套数据库编程接口 API 函数，是由 Java 语言编写的类。使用 JDBC 开发的程序能够自动地将 SQL 语句传送给相应的数据库管理系统。不但如此，使用 Java 编写的应用程序可以在任何支持 Java 的平台上运行，不必在不同的平台上编写不同的应用。Java 和 JDBC 的结合可以让开发人员在开发数据库应用程序时真正实现"Write Once，Run Everywhere"。

通过 JDBC 组件，向各种关系数据库发送 SQL 语句就是一件很容易的事。换言之，有了 JDBC API，就不必为访问 Sybase 数据库专门写一个程序，为访问 Oracle 数据库又专门写一个程序，为访问 Informix 数据库又写另一个程序等。只须用 JDBC API 写一个程序就够了，它可以向相应数据库发送 SQL 语句。而且，使用 Java 编程语言编写的应用程序，无须考虑要为不同的平台编写不同的应用程序。将 Java 和 JDBC 结合起来将使程序员只须写一遍程序就可让它在任何平台上运行。

JDBC 在 Java 程序中所起的作用如图 9-1 所示。

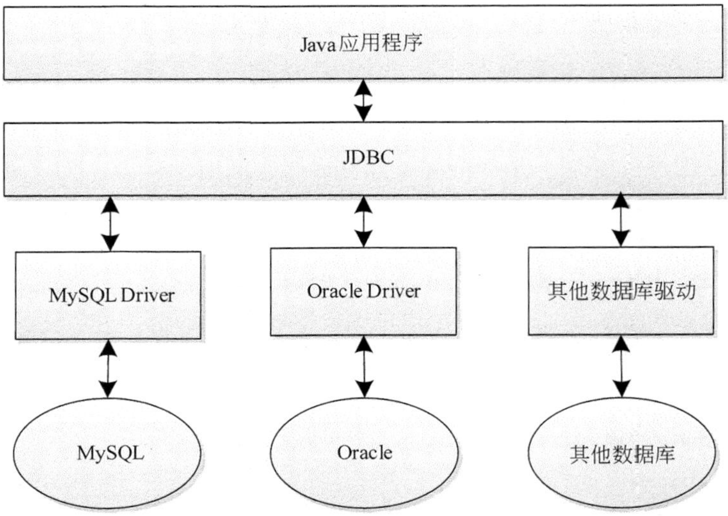

图 9-1 应用程序、JDBC 和驱动程序之间的关系

JDBC API 类库中封装了基本的 SQL 概念和方法，是一种自然的 Java 接口。因此，熟悉 ODBC 的程序员将发现 JDBC 很容易使用。JDBC 保留了 ODBC 的基本设计特征；事实上，两种接口都基于 X/Open SQL CLI（调用级接口）。它们之间最大的区别在于：JDBC 以 Java 风格与优点为基础并进行优化，因此更加易于使用。

9.1.2 JDBC 驱动程序分类

JDBC 可以看作一个中间件，它与数据库厂商提供的驱动程序通信，而驱动程序再与数据库通信，从而屏蔽不同数据库驱动程序之间的差异。客户端只需要调用 JDBC API 就可以与不同的数据库进行交互。所以使用 JDBC API 所开发出来的应用程序将不再受限于具体数据库产品。JDBC 驱动程序可以分为以下 4 类。

1. JDBC-ODBC 桥

微软公司推出的 ODBC 比 JDBC 出现的时间要早，ODBC 组件中封装了访问大多数数据库的驱动程序，故使用 ODBC 可以访问绝大多数数据库。当 Sun 公司推出 JDBC 的时候，提供了 JDBC-ODBC 桥来访问更多的数据库。JDBC-ODBC 桥本质是一个驱动程序，JDBC API 通过 ODBC 去访问数据库。这种机制实际上是把标准的 JDBC 调用转换成相应的 ODBC 调用，并通过 ODBC 库与数据库进行交互，如图 9-2 所示。

从图 9-2 可以看出，通过 JDBC-ODBC 桥的方式访问数据库，需要经过多层调用，因此利用 JDBC-ODBC 桥访问数据库的效率比较低。不过在数据库没有提供 JDBC 驱动，能够通过 ODBC 访问数据库的情况下，利用 JDBC-ODBC 桥驱动访问数据库就是一种比较好的访问方式。例如，要访问 Microsoft Access 数据库，就只能利用 JDBC-ODBC 桥来访问。

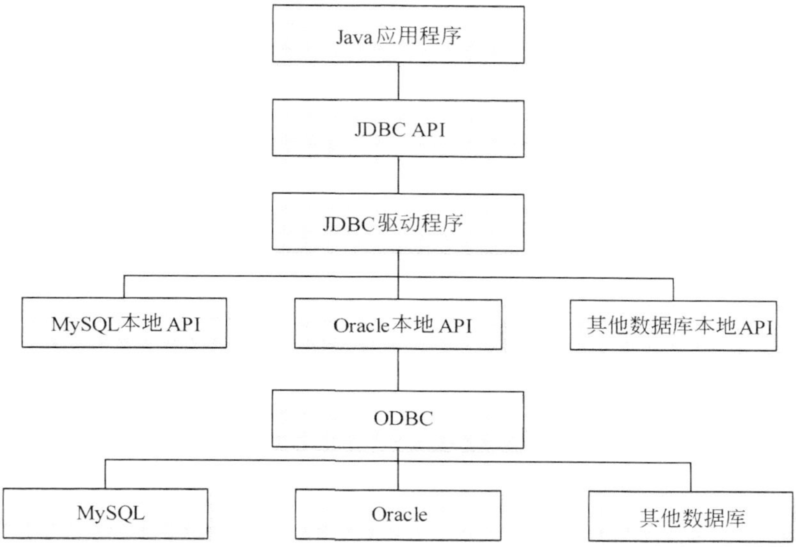

图 9-2 通过 **JDBC-ODBC** 桥访问数据库

利用 JDBC-ODBC 访问数据库，需要客户的机器具有 JDBC-ODBC 桥驱动，ODBC 驱动程序和相应数据库的本地 API。在 JDK 中，提供了 JDBC-ODBC 桥的实现类（sun.jdbc.odbc.JdbcOdbcDriver 类）。

2. 本地协议的纯 Java 驱动程序

多数数据库厂商已经支持客户程序通过网络直接与数据库通信的网络协议。这种类型的 JDBC 驱动程序完全用 Java 编写，通过与数据库建立套接字连接，采用具体于厂商的网络协议把 JDBC API 调用转换为直接的网络调用（如 Oracle Thin JDBC Driver），如图 9-3 所示。

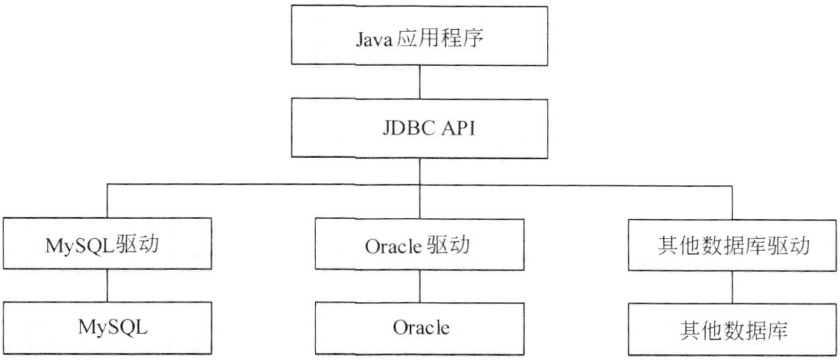

图 9-3 通过本地协议的纯 **Java** 驱动程序访问数据库

与其他三种驱动程序相比较而言，这种类型的驱动程序访问数据库的效率是最高的。但是，每个数据库厂商都有各自的协议。因此，访问不同的数据库，需要不同的数据库驱动程序。目前，几个主要的数据库厂商（Microsoft、Sysbase、Oracle 等）都提供各自的 JDBC 数据库驱动程序。

3．部分本地 API Java 驱动程序

大部分数据库厂商都提供与数据库进行交互所需要的本地 API。这些 API 一般使用 C 语言或类似的语言编写，因此这些 API 依赖于具体平台。这一类型的 JDBC 驱动程序使用 Java 编写，它调用数据库厂商提供的本地 API。当我们在程序中利用 JDBC API 访问数据库时，JDBC 驱动程序将调用请求转换为厂商提供的本地 API 调用，数据库处理完请求将结果通过这些 API 返回，进而返回给 JDBC 驱动程序，JDBC 驱动程序将结果转化为 JDBC 标准形式，再返回给客户程序，如图 9-4 所示。

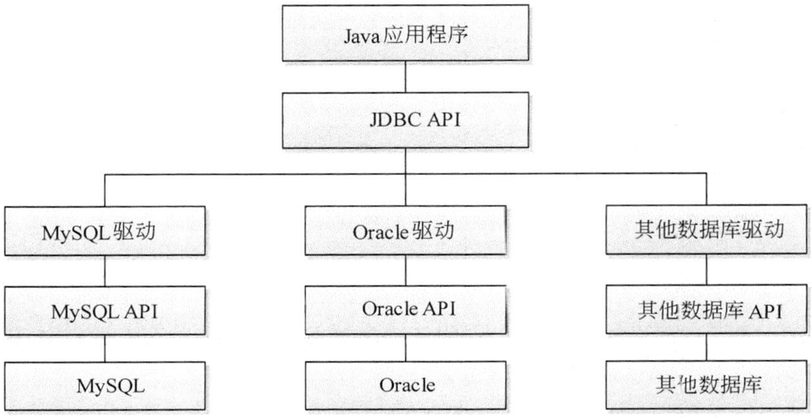

图 9-4 部分本地 API Java 驱动程序

4．JDBC 网络纯 Java 驱动程序

这种驱动利用作为中间件的应用服务器来访问数据库。应用服务器作为一个到多个数据库的网关，客户端通过它可以连接到不同的数据库服务器。应用服务器通常都有自己的网络协议，Java 客户端程序通过 JDBC 驱动程序将 JDBC 调用发送给应用服务器，应用服务器使用本地驱动程序访问数据库，从而完成请求，如图 9-5 所示。

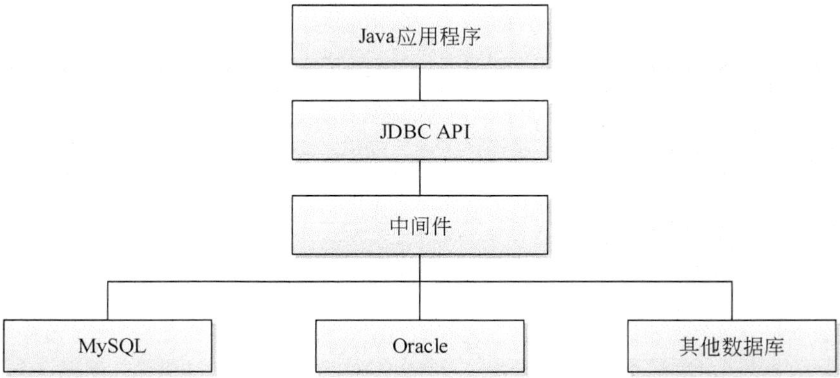

图 9-5 利用作为中间件的应用服务器访问数据库

9.2 JDBC 常用接口

JDBC 只是一个编程接口集，它所定义的接口主要包含在 java.sql（JDBC 核心包）和 javax.sql（JDBC Optional Package）。这两个包大部分是接口，并没有实现具体的连接操作数据库功能，而具体的连接操作功能是由特定的 JDBC 驱动程序提供的。

（1）java.sql：该包中的类和接口主要针对基本的数据库编程服务，如生成连接、执行语句以及准备语句和运行批处理查询等。同时也有一些高级的处理，比如批处理更新、事务隔离和可滚动结果等。

（2）javax.sql：该包主要为数据库方面的高级操作提供了接口和类。

java.sql 包的主要对象和接口如表 9-1 所示，其中除了 java.sql.DriverManager 是类之外，其他的全是接口。

表 9-1 JDBC 常用接口

接口或类	说明
java.sql.Connection	与特定数据库的连接（会话）。在连接上下文中执行 SQL 语句并返回结果
java.sql.Driver	每个驱动程序类必须实现的接口。Java SQL 框架允许多个数据库驱动程序。每个驱动程序都应该提供一个实现 Driver 接口的类
java.sql.DriverManager	管理一组 JDBC 驱动程序的基本服务
java.sql.Statement	用于执行静态 SQL 语句并返回它所生成结果的对象
java.sql.PreparedStatement	表示预编译的 SQL 语句的对象。SQL 语句被预编译并存储在 PreparedStatement 对象中，然后可以使用此对象多次高效地执行该语句
java.sql.CallableStatement	用于执行 SQL 存储过程的接口
java.sql.ResultSet	表示数据库结果集的数据表，通常通过执行查询数据库的语句生成
java.sql.ResultSetMetaData	可用于获取关于 ResultSet 对象中列的类型和属性信息的对象

JDBC API 应用程序结构图如图 9-6 所示。

9.2.1 驱动程序管理器 DriverManager

DriverManager 类是 JDBC 的管理层，作用于用户和驱动程序之间。它跟踪可用的驱动程序，并在数据库和相应驱动程序之间建立连接。另外，DriverManager 类也处理诸如驱动程序登录时间限制，以及登录和跟踪消息的显示等事务。

DriverManager 主要通过 getConnection()方法来取得 Connection 对象的引用，常用方法如表 9-2 所示。

1. JDBC 相关驱动

DriverManager 类包含一系列 Driver 类，它们已经通过调用方法 DriverManager.registerDriver 对自己进行注册。所有 Driver 类都必须包含一个静态部分。它创建该类的实例，然后加载该实例对 DriverManager 类进行注册。这样，用户正常情况下将不会直接调用 DriverManager.registerDriver，而是在加载驱动程序时由驱动程序自动调用。

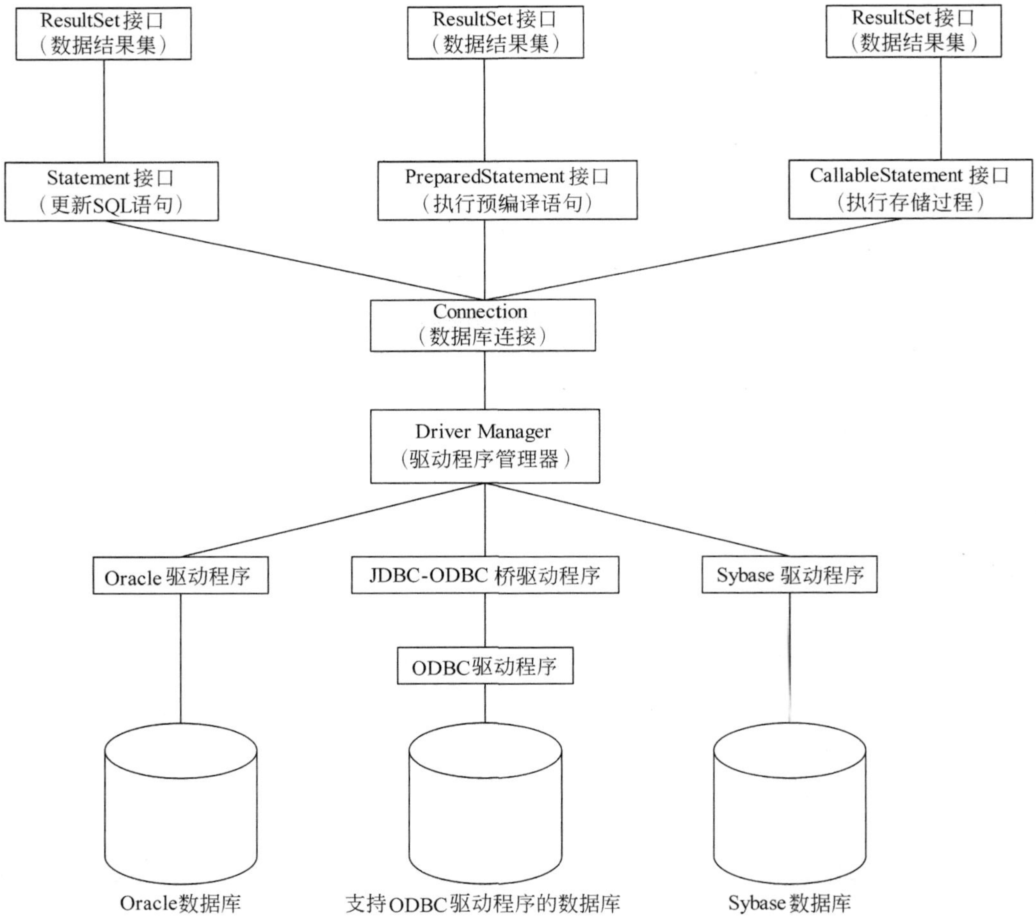

图 9-6 JDBC API 结构图

表 9-2 DriverManager 类提供的常用方法

方法	说明
getConnection(String url)	根据指定数据库连接 URL 建立与数据库的连接，参数 url 为数据库连接 URL
getConnection(String url,String username, String password)	根据指定数据库连接 URL、username 及 password 建立与数据库的连接，参数 url 为数据库连接 URL，username 为连接数据库的用户名，password 为连接数据库的密码
getConnection(String url,Properties info)	根据指定数据库连接 URL 及数据库连接属性建立与数据库的连接，参数 url 为数据库连接 URL，info 为连接属性
setLoginTimeout(int seconds)	设置要进行登录时驱动程序等待的超时时间
deregisterDriver(Driver driver)	从 DriverManager 的管理列表中删除一个驱动程序，参数 driver 为要删除的驱动对象
registerDriver(Driver driver)	向 DriverManager 注册一个驱动对象，参数 driver 为要注册的驱动

1）Driver 接口

java.sql.Driver 是所有 JDBC 驱动程序需要实现的接口。这个接口是提供给数据库厂商使用的，不同厂商实现该接口的类名是不同的。

2）com.microsoft.sqlserver.jdbc.SQLServerDriver

这是微软公司的 SQL Server 2000 的 JDBC 驱动的类名。SQL Server 2000 的 JDBC 驱动需要单独下载，读者可以在微软公司的网站（http://www.microsoft.com）上下载 JDBC 驱动程序的安装。

3）oracle.jdbc.driver.OracleDriver

这是 Oracle 的 JDBC 驱动的类名，Oracle 的 JDBC 驱动不需要单独下载，在 Oracle 数据库产品的安装目录下就可以找到。假如将 Oracle 9i 第 2 版安装在 D:\oracle 目录，那么在 D:\oracle\ora92\jdbc\lib 目录下就可以找到 Oracle 的 JDBC 驱动。读者只需要在 Oracle 安装目录下搜索 jdbc 目录，找到后进入里面的 lib 子目录也可以找到。

4）com.mysql.jdbc.Driver

这是 MySQL 的 JDBC 驱动的类名。MySQL 是开放源代码的数据，以前的 MySQL 驱动的类是 org.git.mm.mysql.Driver，新的 MySQL JDBC 驱动程序版本为了向后兼容，保留了这个类。在新的应用中，建议使用新的驱动类。MySQL 的 JDBC 驱动也需要单独下载。下载地址为：http://www.mysql.com。同时还可以下载图形客户端工具（包括管理工具和查询浏览器）及数据库安装程序。

2. 加载与注册 JDBC 驱动

加载 Driver 类，然后在 DriverManager 中注册的方式有以下两种。

1）调用 Class.forName()方法

该方法可以显式地声明加载驱动程序类。由于它与外部设置无关，因此推荐使用这种加载驱动程序的方法。以下是加载 MySQL 类的形式：

```
Class.forName("com.mysql.jdbc.Driver");
```

如果将 com.mysql.jdbc.Driver 编写为加载时创建的实例，并调用以该实例为参数的 DriverManager.registerDriver()方法，则它在 DriverManager 的驱动程序列表中，并可用于创建连接。

2）将驱动程序添加到 java.lang.System 的属性 jdbc.drivers 中

这是一个由 DriverManager 类加载的驱动程序类名的列表，由冒号分隔。初始化 DriverManager 类时，它搜索系统属性 jdbc.drivers，如果用户已输入了一个或多个驱动程序，则 DriverManager 类将试图加载它们。

下面所示的代码是通常情况下用驱动程序（例如，JDBC-ODBC 桥驱动程序）建立连接所需的步骤，它使用了前面介绍的显式声明加载驱动程序类方法。

```
Class.forName("sun.jdbc.odbc.JdbcOdbcDriver");
String URL="jdbc:odbc:DataBase";
DriverManager.getConnection(URL,"username","password");
```

其中，DataBase 为数据源名称，URL 用于标识一个被注册的驱动程序，驱动程序管理器通过这个 URL 选择正确的驱动程序，从而建立到数据库的连接。它的语法格式如下所示：

```
jdbc:subprotocol:subname
```

它们之间用冒号（:）分开为三个部分，如下所示。

（1）协议：在 JDBC 中唯一允许的协议只能为 jbdc。

（2）子协议：子协议用于标识一个数据库驱动程序。

（3）子名称：子名称的语法与具体的驱动程序相关，驱动程序可以选择任何形式的适合其实现的语法。

下面是使用 JDBC 连接常见数据库的 URL 表示形式。

（1）连接 SQL Server：

```
jdbc:microsoft:sqlserver://localhost:1433;databasename=users
```

（2）连接 Oracle：

```
jdbc:oracle:thin:@localhost:1521:ORCL
```

（3）连接 MySQL：

```
jdbc:mysql://localhost:3306/databasename
```


上述字符串说明使用纯 Java 驱动器建立网络连接。子名称指定了数据库所在的网络地址为“localhost”，端口分别为 1433，1521 和 3306，数据库名称为“users”。

9.2.2 数据库连接接口 Connection

Connection 对象代表与数据库的连接。连接过程包括所执行的 SQL 语句和在该连接上所返回的结果。一个应用程序可与单个数据库有一个或多个连接，或者可与许多数据库有连接。

最简单获取 Connection 接口的方法是调用 DriverManager 类的 getConnection()方法，该返回值即为当前驱动程序与数据库连接的会话。如表 9-3 所示列出了 Connection 接口的常用方法。

表 9-3 Connection 类的常用方法

方法	描述
Statement createStatement()	创建一个 Statement 对象来将 SQL 语句发送到数据库
PreparedStatement prepareStatement(String sql)	创建一个 PreparedStatement 对象来将参数化的 SQL 语句发送到数据库
CallableStatement prepareCall(String sql)	创建一个 CallableStatement 对象来调用数据库存储过程
void setAutoCommit(boolean autoCommit)	将此连接的自动提交模式设置为给定状态。autoCommit 为 true 表示启用自动提交模式；为 false 表示禁用自动提交模式
void commit()	使所有上一次提交/回滚后进行的更改成为持久更改，此方法只应该在已禁用自动提交模式时使用
void rollback()	取消在当前事务中进行的所有更改，并释放此 Connection 对象当前持有的所有数据库锁

例如，载入一个 JDBC 驱动程序，然后使用 Connection 与 MySQL 数据库建立连接。代码如下所示。

```
Driver driver=new com.mysql.jdbc.Driver();
DriverManager.registerDriver(driver);
connection=DriverManager.getConnection("jdbc:mysql://localhost:3306/ss
h", "root", "root");
```

使用 Connection 与数据库建立了连接，当使用完毕之后就必须关闭它。下面是执行关闭操作的简单代码。

```
private void close(){
    if(null!=connection){
        connection.close();
    }
}
```

【练习 1】

下面通过一个示例来演示 JDBC 连接 MySQL 数据库的方法，其他数据库类似，就不再介绍。具体步骤如下所示。

（1）首先到 http://www.mysql.com 官网下载 MySQL 安装程序。

（2）安装 MySQL，并指定使用的端口（默认为 3306）和管理员密码。

（3）使用管理员 roo 和指定的密码登录到 MySQL，并创建一个 db_book 示例数据库。

（4）编写代码之前，还需要下载 MySQL 数据库对应的 JDBC 驱动程序。这里下载的是 mysql-connector-java-5.1.6-bin.jar 压缩包。

（5）下载完毕后，将压缩包复制到 WebRoot 的 lib 目录下。

（6）在 WebRoot 目录下创建 testConnection.jsp 作为实例文件。

（7）使用 DriverManager 注册 MySQL 数据库的 JDBC 驱动程序，代码如下所示。

```
<%@page import="java.sql.*"%>
<h2>测试数据库的连接</h2><hr>
    <%
    try {
        Driver driver=new com.mysql.jdbc.Driver();
        DriverManager.registerDriver(driver);                //加载驱动
    } catch (SQLException e) {
        e.printStackTrace();
        out.print("驱动加载失败");
    }
     %>
```

上述代码尝试加载 MySQL 数据库驱动，如果获取不到驱动类，就会输出提示信息“驱动加载失败”。也可以使用如下的等效代码来加载 MySQL 数据库驱动。

```
    try {
     Class.forName("com.mysql.jdbc.Driver");
     System.out.println("成功加载 MySQL 驱动程序");
```

```
    }
    catch (ClassNotFoundException e) {
      out.println("找不到 MySQL 驱动程序");
      e.printStackTrace();
    }
```

（8）有了 MySQL 驱动之后便可以建立到 db_book 数据库的连接。连接时需要指定连接字符串、用户名和密码，代码如下所示。

```
    <%
     try {
         String url="jdbc:mysql://localhost:3306/db_book";
         Connection connection=DriverManager.getConnection(url, "root",
         "123456");  //获取连接
         out.println("数据库连接成功");
         connection.close();                              //关闭连接，释放资源
     } catch (Exception e) {
             out.println("数据库连接失败！<br/>");
             out.print("错误信息：" + e.toString());
     }
%>
```


如果连接成功就会输出提示信息“数据库连接成功”，再关闭连接，释放资源。否则输出“数据库连接失败”和错误信息。

（9）在浏览器中访问 testConnection.jsp 页面，如果所有配置正确将显示如图 9-7 所示效果。连接失败将显示如图 9-8 所示效果。

图 9-7 连接成功

图 9-8 连接失败

9.2.3 执行 SQL 语句接口 Statement

Statement 对象用于将 SQL 语句发送到数据库中。实际上有三种 Statement 对象，它们都作为在给定连接上执行 SQL 语句的容器：Statement、PreparedStatement 和 CallableStatement（后两个后面会具体介绍），它们都专用于发送特定类型的 SQL 语句，Statement 对象用于执行不带参数的简单 SQL 语句。

Statement 对象用于已经建立数据库连接的基础上，建立连接之后就可以用该连接发送 SQL 语句，Statement 对象通过 Connection 的方法 createStatement()创建。具体格式代码如下。

```
Connection connection=DriverManager.getConnection("jdbc:mysql://
localhost:3306/db", "root", "root");
Statement statement=connection.createStatement();
```

为了执行 Statement 对象，发送到数据库的 SQL 语句通常作为参数提供给 Statement 的方法，代码如下。

```
String sql="select * from user";
ResultSet rs=statement.executeQuery(sql);
```

Statement 对象向数据库提交 SQL 语句，并返回相应结果的类，其中的语句可以是 SQL 语句的查询、修改或插入。它的常用方法如表 9-4 所示。

表 9-4 Statement 接口的常用方法

方法	描述
Boolean execute(String sql)	执行给定的 SQL 语句，该语句可能返回多个结果
void close()	立即释放此 Statement 对象的数据库和 JDBC 资源，而不是等待该对象自动关闭时发生此操作
ResultSet executeQuery(String sql)	执行给定的 SQL 语句，该语句返回单个 ResultSet 对象
int executeUpdate(String sql)	执行给定 SQL 语句，该语句可能为 insert、update 或 delete 语句，或者不返回任何内容的 SQL 语句（如 SQL DDL 语句）
ResultSet getResultSet()	以 ResultSet 对象的形式获取当前结果。每个结果只应调用一次此方法
Connection getConnection()	获取生成此 Statement 对象的 Connection 对象

在使用 Statement 的方法时，语句可能返回或不返回 ResultSet 对象。如果提交的是查询语句，通常使用 executeQuery(String sql)方法；如果提交的是修改、插入或删除语句，通常使用 executeUpdate(String sql)方法。在不需要 statement 对象时应该显式地关闭它，关闭 Statement 对象可以直接调用 close()方法，这样能够立即释放资源，避免内存问题。

9.2.4 执行动态 SQL 语句接口 PreparedStatement

9.2.3 节介绍了通过 Connection 获取 Statement 对象，然后用 Statement 与数据库管理系统进行交互。Statement 对象在每次执行 SQL 语句时都将该语句传递给数据库。在多次执行同一语句时，效率很低，为了解决这个问题，可以使用 PreparedStatement 对象，该对象继承自 Statement 接口，PreparedStatement 对象包含已经编译的 SQL 语句，由于该对象的 SQL 语句已经预编译过（在 PreparedStatement 对象创建时将 SQL 语句传递给数据库做预编译），所以其执行速度要快于 Statement 对象。

PreparedStatement 对象的 SQL 语句还可以接收参数。在语句中指出需要接收哪些参数，然后进行预编译。在每一次执行时，可以将不同的参数传递给 SQL 语句，大大提高了程序的效率与灵活性。

同 Statement 一样，PreparedStatement 对象也是通过 Connection 来获取的，代码如下。

```
Connection connection=DriverManager.getConnection("jdbc:mysql://
localhost:3306/db", "root", "root");
String sql="insert into user values(?,?,?,?)";
PreparedStatement pStatement=connection.prepareStatement(sql);
```

如上述代码所示，以带输入参数的SQL语句形式创建了一个PreparedStatement对象，前面提过，PreparedStatement 对象的 SQL 语句可以接收参数。在 SQL 语句被数据库管理系统正确执行之前，必须为参数（就是 SQL 语句中是“?”的地方）进行初始化，初始化格式如下。

```
String sql="insert into user values(?,?,?,?)";
PreparedStatement pStatement=connection.prepareStatement(sql);
pStatement.setInt(1,6);
pStatement.setString(2,"chun");
pStatement.setString(3,"nv");
pStatement.setInt(4,23);
pStatement.executeUpdate();
```


如上述代码所示为向数据库表 user 中插入一条记录，初始化一般调用 PreparedStatement 对象的 set×××()方法，如果输入参数的数据类型是 int 型，则调用 setInt()方法；如果输入参数是 String 型，则调用 setString()方法。一般说来，Java 中提供的简单和复合数据类型，都可以找到相应的 set×××()方法。set×××()方法有两个参数：第一个是 int 型，表示 PreparedStatement 对象的第几个参数将要被初始化；第二个参数表示将要被初始化的参数的值。例如，pStatement.setInt(1,6)表示为 sql 语句的第一个参数赋值为 6，即第一个问号的值为 6。PreparedStatement 的一个对象的参数已被初始化以后，该参数的值一直保持不变，直到它被再一次赋值为止。

在 9.2.3 节的查询语句中，使用的查询语句调用 executeQuery()，该方法的返回值为 ResultSet 对象，即为一个结果集。而 executeUpdate()方法的返回值为一个 int 类型的整数，表示 executeUpdate()方法执行后所更新的数据库中记录的行数。如果返回值为 1，表示有一条记录受到了影响；如果返回值为 0，表示没有记录被更新。

注意

PreparedStatement 对象的 executeUpdate()方法所执行的 SQL 语句是 DDL（例如，创建表、删除表）类型时，SQL 语句并不是直接对表中的记录进行操作。这时 executeUpdate()方法的返回值是 0。

9.2.5 执行存储过程接口 CallableStatement

CallableStatement 接口为数据库管理系统提供了一种以标准形式调用存储过程的方法，调用存储过程可以在 JSP 程序执行之前，就将 SQL 语句由数据库管理系统编译好，从而进一步缩短程序执行时间，提高运行效率。

> **提示**
> 存储过程（Stored Procedure）就是在大型数据库系统中，一组为了完成特定功能的SQL语句集，经编译后存储在数据库中，用户通过指定存储过程的名字并给出参数（如果该存储过程带有参数）来执行它，由于存储过程在运算时生成执行方式，所以，以后对其再运行时其执行速度很快。

存储过程一般都是在数据库管理系统中创建，在应用程序中调用。下面先创建一个简单的向表中插入数据的存储过程，代码如下。

```
mysql> create procedure addUser(name varchar(30),sex varchar(20),age int)
    -> insert into user(name,sex,age)
    -> values(name,sex,age);
```

上述代码是在MySQL中创建存储过程addUser，该存储过程是向表user中插入记录。存储过程创建好以后，下面介绍怎样调用该存储过程。

JSP 调用数据库管理系统的存储过程必须要通过 CallableStatement 对象。CallableStatement 接口是 PreparedStatement 的子接口，它可以使用 Statement 对象和 PreparedStatement 对象中的方法。同它的父接口一样，一个 CallableStatement 对象也必须通过 Connection 对象获取。下面的代码是创建一个 CallableStatement 对象用以调用存储过程的语法。

```
Connection connection=DriverManager.getConnection("jdbc:mysql://
localhost:3306/db", "root", "root");
String sql="{call addUser(?,?,?)}";
CallableStatement cs=connection.prepareCall(sql);
```

同PreparedStatement一样，CallableStatement对象一般都与一个需要输入参数的SQL语句相关联。在该SQL语句被数据库管理系统执行之前，一定要对参数进行初始化。代码如下。

```
CallableStatement cs=connection.prepareCall(sql);
cs.setString(1,"lin");
cs.setString(2,"nv");
cs.setInt(3,23);
```

为CallableStatement对象对应的SQL语句的特定参数进行初始化，也要调用与参数的数据类型相同的set×××()方法，如setString()。在CallableStatement对象对应的SQL语句的参数被初始化以后，就可以将该语句传递给数据库管理系统执行，取得执行结果了。该示例为插入语句，所以需要使用executeUpdate()方法，代码如下。

```
try{
int i=cs.executeUpdate();
}catch(SQLException e){
}
```

上述代码中执行结果返回值为 i，如果 i 为 1，插入成功；否则插入失败。可据此在页面输出提示信息。例如：

```
int i=cs.executeUpdate();
if(i==1){
    out.print("添加记录成功");
}else{
    out.print("添加记录失败");
}
```

9.2.6 访问结果集接口 ResultSet

ResultSet 接口类似于一个数据表，通过该接口的实例可以获取检索结果集，该接口的实例通常通过查询数据库的语句生成。它可以检索到符合 SQL 语句的所有行，并且通过 get()方法对这些行中的数据进行访问。

ResultSet 对象具有指向当前数据行的指针，最初指向第一行记录的前方，可以通过该对象的 next()方法将指针移到下一行，如果存在下一行返回 true，否则返回 false，据此可以通过 while 循环迭代 ResultSet 结果集。ResultSet 对象提供了从当前行检索不同列值的 get×××()方法，该方法均有两个重载方法分别根据列的索引编号和列的名称索引列值。ResultSet 常用方法如表 9-5 所示。

表 9-5 ResultSet 接口常用方法

方法	描述
boolean absolute(int row)	将光标移动到此 ResultSet 对象的给定行编号，参数 row 为正时从结果集第一行开始编号，为负时从结果集最后一行开始编号
void close()	立即释放此 ResultSet 对象的数据库和 JDBC 资源，而不是等待该对象自动关闭时发生此操作
boolean next()	将光标从当前位置向前移一行。ResultSet 光标最初位于第一行之前；第一次调用 next 方法使第一行成为当前行；第二次调用使第二行成为当前行，以此类推
int getInt()	以 int 的形式获取此 ResultSet 对象的当前行中指定列的值
Long getLong()	以 long 的形式获取此 ResultSet 对象的当前行中指定列的值
float getFloat()	以 float 的形式获取此 ResultSet 对象的当前行中指定列的值
String getString()	以 String 的形式获取此 ResultSet 对象的当前行中指定列的值
boolean getBoolean()	以 boolean 的形式获取此 ResultSet 对象的当前行中指定列的值
Date getDate()	以 Date 的形式获取此 ResultSet 对象的当前行中指定列的值
Object getObject()	以 Object 的形式获取此 ResultSet 对象的当前行中指定列的值

例如，如下代码获取一个 ResultSet 对象，遍历该对象中的每一行数据，并输出。

```
Connection connection=DriverManager.getConnection("jdbc:mysql://
localhost:3306/db", "root", "root");
Statement statement=connection.createStatement();
String sql="select * from user";                //查询语句
ResultSet rs=statement.executeQuery(sql);       //获取 ResultSet 结果集
```

```
while(rs.next()){                                   //遍历 ResultSet 结果集
    out.print(rs.getString(2)+"<br>");
    out.print(rs.getString(3)+"<br>");
    out.print(rs.getInt(4)+"<br>");
}
```

9.3 连接数据库

每个数据库厂商都有一套访问自己数据库的 API，这些 API 可能以各种语言的形式提供。由于这些数据库访问 API 都不相同，导致了使用某一个特定数据库的程序不能移植到另一个数据库上。而 JDBC 是数据库 API 与应用程序之间的中间组件，应用程序通过 JDBC 组件可以将操作“翻译”给数据库。应用程序只需要调用 JDBC API，由 JDBC 的实现层（JDBC 驱动程序）去处理与数据库的通信，从而让应用程序不再受限于具体的数据库产品。

下面介绍 JDBC 常见的两种连接方式。

9.3.1 纯驱动连接

纯 Java 驱动方式用 JDBC 驱动直接访问数据库，驱动程序完全由 Java 语言编写，运行速度快，而且具备了跨平台的特点。但是，由于这类 JDBC 驱动是数据库厂商特定的，即这类 JDBC 驱动只对应一种数据库，因此访问不同的数据库需要下载专用的 JDBC 驱动。如图 9-9 所示，描述了纯 Java 驱动方式的工作原理。

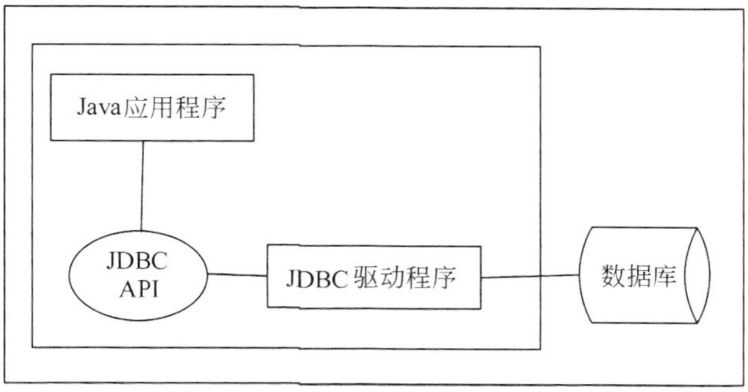

图 9-9 纯 Java 驱动方式

如果使用纯 Java 驱动方式进行数据库连接，首先需要下载数据库厂商提供的驱动程序 jar 包，并将 jar 包放到项目的 lib 目录下。

在 9.2.2 节中介绍了使用 MySQL 的 jar 驱动程序连接数据库的方法。下面以连接 SQL Server 2008 数据库为例进行介绍，第一步是从微软的官方网站下载驱动程序 jar 包。

然后使用如下代码利用 jar 包提供的驱动以纯 Java 方式连接数据库。

```
Class.forName("com.microsoft.sqlserver.jdbc.SQLServerDriver");
DriverManager.getConnection("jdbc:sqlserver://localhost:1433;databaseN
```

```
ame=test","sa","123456");
```

在上述代码中，test 为数据库的名称，sa 为数据库用户名，123456 为数据库密码。

9.3.2 ODBC 桥连接

JDBC-ODBC 桥连接就是将对 JDBC API 的调用转换为对另一组数据库连接（即 ODBC）API 的调用。如图 9-10 所示，描述了 JDBC-ODBC 桥连的工作原理。

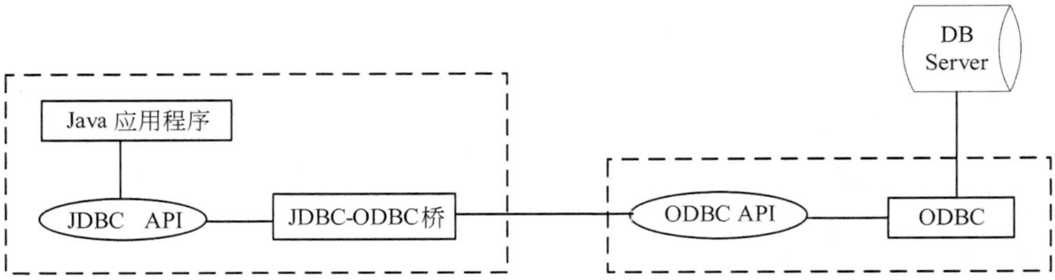

图 9-10 JDBC-ODBC 桥连

【练习 2】

因为在 JDK 中已经包含 JDBC-ODBC 桥连的驱动接口，所以利用 JDBC-ODBC 桥连时，不需要额外下载 JDBC 驱动程序，只需要配置 ODBC 数据源即可，配置步骤如下所示。

（1）打开 Windows 系统的控制面板，选择【管理工具】|【数据源】项打开【ODBC 数据源管理器】对话框，如图 9-11 所示。

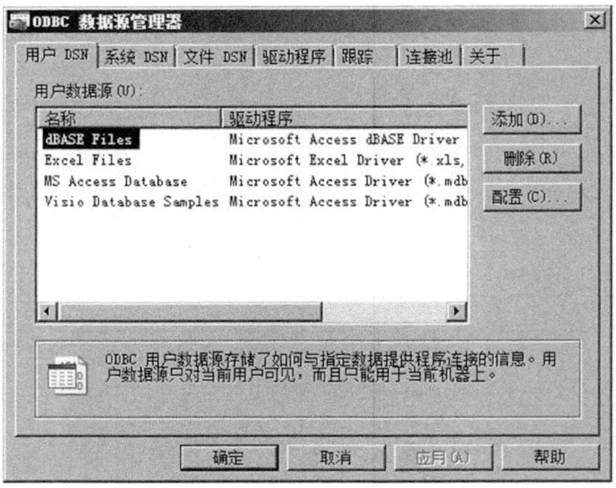

图 9-11 【ODBC 数据源管理器】对话框

（2）单击【添加】创建数据源，选择 Microsoft Access Driver（*.mdb,*.accdb）选项后单击【完成】按钮，如图 9-12 所示。

（3）设置数据源名称为“mydb”，单击【选择】按钮选择 Access 数据库所在的位置，如图 9-13 所示。单击【确定】按钮完成数据源的创建。

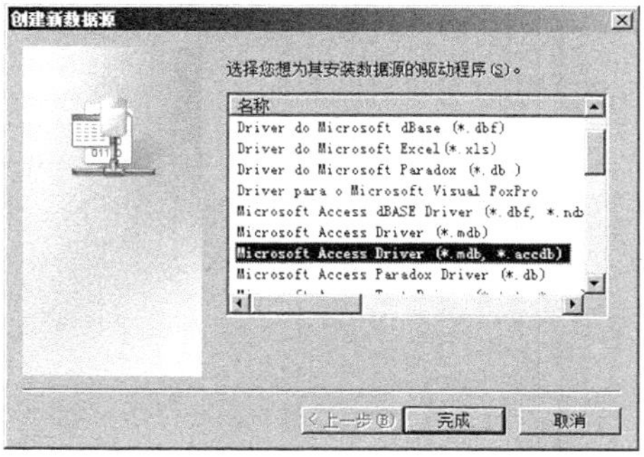

图 9-12 创建 Access 数据源

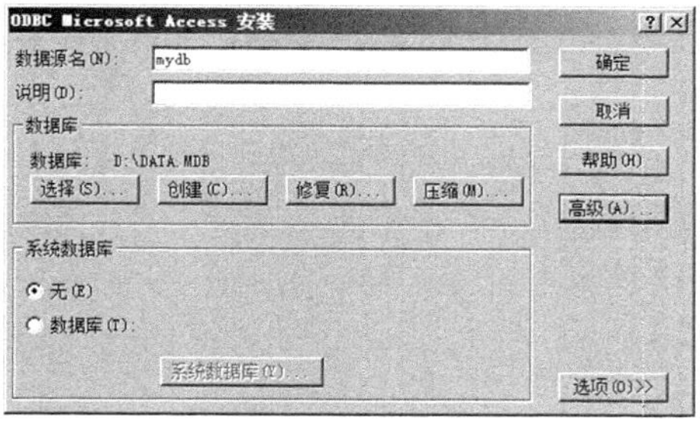

图 9-13 创建 Access 数据源

（4）创建一个 JSP 页面，使用上面创建的 mydb 数据源测试连接。代码如下所示。

```
<%
    try {
        Class.forName("sun.jdbc.odbc.JdbcOdbcDriver");
                                                    //加载 ODBC 驱动程序
        String url = "jdbc:odbc:mydb";              //指定数据源名称
        DriverManager.getConnection(url);           //建立连接
        out.println("JDBC-ODBC 连接 Access 数据库成功!! ");
    } catch (Exception ex) {
        ex.printStackTrace();
        out.println("JDBC-ODBC 连接 Access 数据库失败!! ");
    }
%>
```

9.4 实验指导 9-1：图书信息管理

建立到数据库的连接之后，便可以对数据库进行各种操作。这里以一个图书信息管理数据库为例，详细介绍如何使用 JDBC 中的类和接口执行 SQL 语句、查询数据、显示数据，以及调用存储过程。

首先使用 MySQL 数据库创建一个名为 db_book 的数据库，再创建一个 books 表，表的结构如表 9-6 所示。

表 9-6 books 表结构

列名称	数据类型	说明
id	int(10)	主键、自增
name	varchar(45)	图书名称
author	varchar(45)	图书作者
price	int(10)	图书价格
publisher	varchar(45)	出版社
intro	text	内容简介

9.4.1 添加数据

创建 books 表之后里面还没有数据，下面通过 JDBC 使用 JSP 页面实现向 books 表中插入数据。具体步骤如下。

（1）创建 bookAdd.jsp 页面，制作一个用于输入图书信息的表单，代码如下所示。

```
<form action="bookServlet" method="post">
    图书编号：<input type="text" name="id" /><br>
    图书名称：<input type="text" name="name" /><br>
    图书价格：<input type="text"name="price" /><br>
    出  版  社：<input type="text" name="publisher" /><br>
    图书作者：<input type="text" name="author" /><br>
    内容简介：<textarea name="comments"cols="40" rows="4"></textarea><br>
    <input type="hidden" name="action" value="add"/>
    <input type="submit" name="commit" value="提交" /><input type="reset"
    value="重置" />
</form>
```

上述表单包含一个名为 action 的隐藏域，其值 add 表示执行添加动作，最后以 POST 方式提交到 bookServlet。

（2）在项目中创建名为 bookServlet 的 Servlet，并在 web.xml 中进行正确配置。

（3）进入 bookServlet 的 doPost()方法，判断如果 action 不为空并且等于 add，那么就建立连接，执行 INSERT 语句插入数据，最后关闭连接并转到查看页面。具体代码如下所示。

```
    String action = request.getParameter("action");
    if (action != null) {
        String url = "jdbc:mysql://localhost:3306/db_book";//连接字符串
        String username = "root";                          //用户名
        String password = "123456";                        //密码
        Connection conn = null;                            //连接对象
        if (action.equals("add")) {
            try {
                Class.forName("com.mysql.jdbc.Driver");     //准备驱动
                conn = DriverManager.getConnection(url, username,
                password);                                  //建立连接
                //创建执行语句
                //使用 PreparedStatement 添加多个参数
                String sql = "insert into books values(?,?,?,?,?,?)";
                PreparedStatement pstmt = conn.prepareStatement(sql);
                //将从表单中获取的数据添加到预编译对象中
                pstmt.setInt(1, Integer.parseInt(request.getParameter
                ("id")));
                pstmt.setString(2, request.getParameter("name"));
```

```
            pstmt.setString(3, request.getParameter("author"));
            pstmt.setInt(4, Integer.parseInt(request.getParameter
            ("price")));
            pstmt.setString(5, request.getParameter("publisher"));
            pstmt.setString(6, request.getParameter("comments"));
            //执行 INSERT 语句
            pstmt.executeUpdate();
            //关闭 pstmt
            pstmt.close();
            response.sendRedirect("bookList.jsp");
                                               //重定向到 bookList.jsp
        } catch (ClassNotFoundException e) {
            e.printStackTrace();
        } catch (SQLException e) {
            e.printStackTrace();
        }
    }
}
```

上述代码中，使用 request 对象获取客户端传递的参数值，并依据这些参数值传递给 PreparedStatement 预编译对象。该对象会依次作为 INSERT 语句的值，调用 executeUpdate() 方法执行插入。最后关闭对象和重定向 bookList.jsp 页面显示所有图书信息。

（4）在浏览器中访问 bookAdd.jsp 页面，添加图书信息的表单运行效果如图 9-14 所示。单击【提交】按钮之后在转到的 bookList.jsp 页面中可以查看图书信息，该页面在 9.4.2 节中介绍。从 MySQL 数据库中打开 books 表即可看到新增加的数据，如图 9-15 所示。

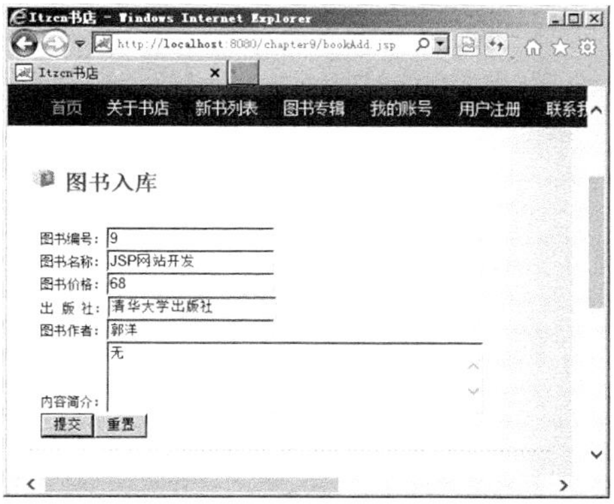

图 9-14 添加图书

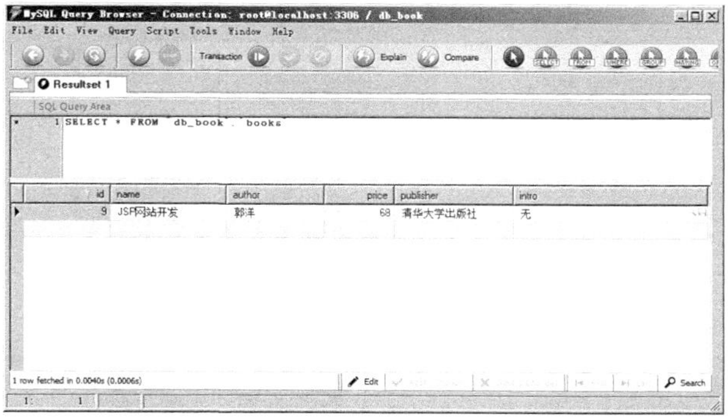

图 9-15 查看添加后的数据

提示

为了避免在插入中文时出现乱码，需要在 bookAdd.jsp 和 bookServlet 中同时使用 request.setCharacterEncoding("UTF-8")进行编码转换。

9.4.2 查询数据

查询数据与添加数据的操作基本相似，都需要建立连接、执行 SQL 语句及关闭连接。与添加数据不同的是，在查询数据时使用的是 SELECT 语句，而且在查询完成之后还需要对结果集进行处理，即逐行显示到页面上。

下面介绍在添加图书数据之后，查询所有图书数据的方法。

创建 bookList.jsp 页面，建立到 db_book 的数据库连接，然后调用 ResultSet 接口的方法获取数据。具体代码如下所示。

```
<%
    try {
        //驱动类
        String url = "jdbc:mysql://localhost:3306/db_book";
        String username = "root"; //用户名
        String password = "123456"; //密码
        Connection conn = null;
        Statement statement = null;
        Class.forName("com.mysql.jdbc.Driver");
        conn = DriverManager.getConnection(url, username, password);
        statement = conn.createStatement();
        String sql = "select * from books";
        ResultSet rs = statement.executeQuery(sql);
                                                  //创建 ResultSet 接口对象
%>
    <table border="0" cellpadding="4" cellspacing="1" bgcolor="#CBD8AC"
    width="100%">
     <tr align="center" bgcolor="#FAFAF1" >
        <td>编号</td><td>书名</td><td>作者</td><td>价格</td><td>出版社
        </td><td>简介</td><td>操作</td>
    </tr>
    <%while (rs.next()) {        //判断是否有数据%>
    <tr>
        <td><%=rs.getString("id")%></td>
        <td><%=rs.getString("name")%></td>
        <td><%=rs.getString("author")%></td>
        <td><%=rs.getString("price")%></td>
        <td><%=rs.getString("publisher")%></td>
        <td><%=rs.getString("intro")%></td>
        <td><a href="bookUpdate.jsp?id=<%=rs.getString("id")%>"><img
        src="imgs/edit.gif"/></a><a href="bookServlet?action=del&id=
        <%=rs.getString("id")%>"><img src="imgs/del.gif"/></a></td>
    </tr>
    <%  }
        conn.close();
    } catch (Exception e) {
```

```
        e.printStackTrace();
    }%></table>
```

上述代码中，首先创建数据库连接对象 conn，并调用该对象的 createStatement 方法创建了 Statement 对象 statement。statement 对象调用 executeQuery()方法创建了一个数据集对象 rs，其代码为“ResultSet rs=statement.executeQuery(sql)”，记录集对象 rs 是符合 SQL 查询语句的数据集合。此时 rs 的指针指向的是第一条数据记录的前面，如果要获取记录集中的数据，需要使用 next()方法向下移动指针。在 while 循环中，退出循环代码“rs.next()”表示当下面存在数据库记录时，就向下移动到下一条记录。代码“rs.getString(2)”表示从数据集中获取列索引值为 2 的选项，其他语句以此类推。

在默认情况下，同一时间每个 Statement 对象只能打开一个 ResultSet 对象。因此，如果读取一个 ResultSet 对象与读取另一个交叉，则这两个对象必须是由不同的 Statement 对象生成的。如果存在某个语句打开当前的 ResultSet 对象，则 Statement 接口中的所有执行方法都会隐式关闭它。

在添加多个图书信息之后，bookList.jsp 页面的运行效果如图 9-16 所示。

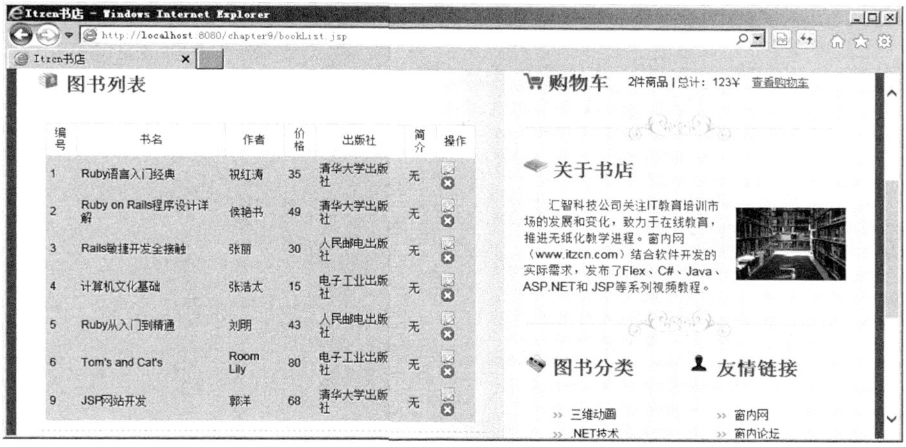

图 9-16　显示图书信息

9.4.3　更新数据

更新数据的实现主要分为两步，第一步是将要修改的数据显示出来让用户进行修改，第二步是接收这些修改保存到数据表中。

从查询数据页面中单击图标可以在 bookUpdate.jsp 页面对图书信息进行修改，修改完成之后单击【提交】按钮进行保存。

创建 bookUpdate.jsp 页面，该页面是添加数据与更新数据的混合，既显示了图书信息，又提供了修改表单。具体代码如下所示。

```
    <%
    try {
```

```
        //省略数据库连接代码
        statement = conn.createStatement();
        String sql = "select * from books where id="+request.getParameter
        ("id"); //查询图书
        ResultSet rs = statement.executeQuery(sql);
%><%if (rs.next()) {%>
<form action="bookServlet" method="post">
    图书名称：<input type="text" name="name" value="<%=rs.getString
    ("name")%>" /><br>
    图书价格：<input type="text" name="price" value="<%=rs.getString
    ("price")%>" /><br>
    出  版  社：<input type="text" name="publisher" value="<%=rs.getString
    ("publisher")%>" /><br>
    图书作者：<input type="text" name="author" value="<%=rs.getString
    ("author")%>" /><br>
    内容简介：<textarea name="comments"cols="40" rows="4"><%=rs.getString
    ("intro")%></textarea><br>
    <input type="hidden" name="action" value="update"/>
    <input type="hidden" name="id" value="<%=request.getParameter
    ("id")%>"/>
    <input type="submit" name="commit" value="提交" /><input type="reset"
    value="重置" /><br>
</form>
<%
        }
            conn.close();
        } catch (Exception e) {
            e.printStackTrace();
        }
%>
```

如上述代码所示，由于一次只能修改一本图书的数据，所以使用 if (rs.next())判断结果集是否有数据，而不是 while(rs.next())循环。表单的隐藏域 action 表示执行更新操作，隐藏域 id 表示要更新的图书编号。

进入 bookServlet 的 doPost()方法，判断如果 action 是 update 则执行 UPDATE 语句，更新完成之后转到 bookList.jsp 页面。实现代码如下所示。

```
    if (action.equals("update")) {
        try {
            Class.forName("com.mysql.jdbc.Driver");
            conn = DriverManager.getConnection(url, username, password);
            //创建执行语句
            //使用 PreparedStatement 添加多个参数
            String sql = "update books set name=?,author=?,price=?,
            publisher=?,intro=? where id=?";
            PreparedStatement pstmt = conn.prepareStatement(sql);
            //将从表单中获取的数据添加到预编译对象中
            pstmt.setString(1, request.getParameter("name"));
```

```
            pstmt.setString(2, request.getParameter("author"));
            pstmt.setInt(3, Integer.parseInt(request.getParameter
            ("price")));
            pstmt.setString(4, request.getParameter("publisher"));
            pstmt.setString(5, request.getParameter("comments"));
            pstmt.setInt(6, Integer.parseInt(request.getParameter
            ("id")));
            //执行更新语句
            pstmt.executeUpdate();
            //关闭pstmt
            pstmt.close();
            response.sendRedirect("bookList.jsp");
        } catch (ClassNotFoundException e) {
            e.printStackTrace();
        } catch (SQLException e) {
            e.printStackTrace();
        }
    }
```

与添加数据类似，这里也使用 PreparedStatement 类创建预编译对象，然后将从表单中获取的数据添加到预编译对象中。在更新时图书编号不可修改，以它为标识修改图书名称、价格、出版社、作者和内容简介，更新界面如图 9-17 所示。

修改完成之后单击【提交】按钮即可查看更新后的图书列表，如图 9-18 所示。

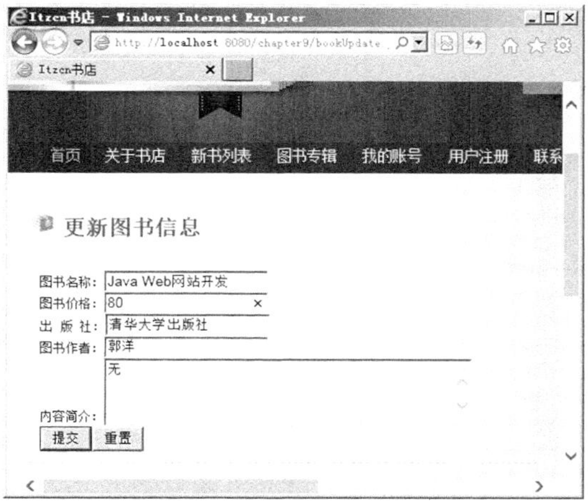

图 9-17 更新图书信息

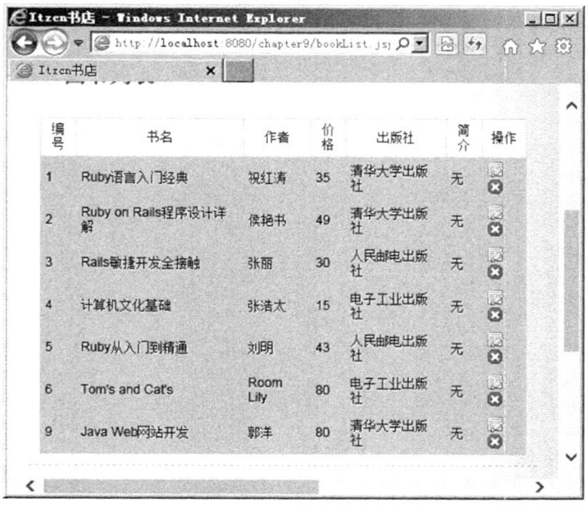

图 9-18 更新后的图书列表

9.4.4 删除数据

在图书列表中单击图标可以删除一行数据，与更新图书一样，都是以图书编号为标识。

进入 bookServlet 的 doGett()方法，判断如果 action 是 del 则表示要删除数据，获取图书编号再执行 DELETE 语句，删除完成之后转到 bookList.jsp 页面。实现代码如下所示。

```
String action = request.getParameter("action");
if (action.equals("del")) {
    //省略数据库连接代码
    try {
        Class.forName("com.mysql.jdbc.Driver");
        conn = DriverManager.getConnection(url, username, password);
        //创建执行语句
        String sql = "delete from books where id="+request.
        getParameter("id");
        PreparedStatement pstmt = conn.prepareStatement(sql);
        //执行更新语句
        pstmt.executeUpdate();
        //关闭 pstmt
        pstmt.close();
        response.sendRedirect("bookList.jsp");
    } catch (ClassNotFoundException e) {
        e.printStackTrace();
    } catch (SQLException e) {
        e.printStackTrace();
    }
}
```


9.4.5 调用存储过程

存储过程可以使得对数据库的管理、显示关于数据库及其用户信息的工作容易得多。存储过程是 SQL 语句和可选控制流语句的预编译集合，以一个名称存储并作为一个单元处理。存储过程存储在数据库内，可由应用程序通过一个调用执行，而且允许用户声明变量、有条件执行以及完成其他强大的编程功能。

存储过程可包含程序流、逻辑以及对数据库的查询。它们可以接收参数、输出参数、返回单个或多个结果集以及返回值。存储过程的功能取决于数据库所提供的功能。

JDBC 的 CallableStatement 接口为所有的数据库提供了一种以标准形式调用存储过程的方法。CallableStatement 接口主要有两种调用形式：带结果参数的形式和不带结果参数的形式。

这里以带参数的存储过程为例。在 db_book 数据库中创建一个存储过程实现查询价格在某个范围内的图书信息。具体创建语句如下。

```
CREATE  PROCEDURE  'p_searchBooksByPrice'(IN  'minprice'  integer,IN
'maxprice' integer)
BEGIN
SELECT * FROM books where price>=minprice and price<=maxprice;
END
```

创建的存储过程名称为 p_searchBooksByPrice，参数 minprice 表示最低价格，参数 maxprice 表示最高价格，最终返回两个价格范围内的所有数据。

例如，要查询价格在 20～60 元之间的图书可用如下语句。

```
call p_searchBooksByPrice(20,60)
```

call 是 MySQL 的关键字，表示要调用存储过程，后面是存储过程的名称及参数，语句的执行结果如图 9-19 所示。

在 JSP 页面中调用存储过程也是使用上述语句，不同的是还需要使用 ResultSet 接口将结果显示到页面上。创建 bookPrice.jsp 页面实现调用 p_searchBooksByPrice 存储过程查询价格在 20～60 元之间的图书，主要代码如下所示。

```
<%
    try {
        //省略数据库连接代码
        conn = DriverManager.getConnection(url, username, password);
        //指定调用存储过程的语句
        CallableStatement  callableStatement = conn.prepareCall("{call
        p_searchBooksByPrice(?,?)}");
        callableStatement.setInt(1, 20);            //传递最低价格参数
        callableStatement.setInt(2, 60);            //传递最高价格参数
        ResultSet rs = callableStatement.executeQuery();   //执行
%>
    <table border="0" cellpadding="4" cellspacing="1" bgcolor="#CBD8AC"
    width="100%">
        <tr align="center" bgcolor="#FAFAF1" >
        <td>编号</td><td>书名</td><td>作者</td><td>价格</td><td>出版社
        </td><td>简介</td><td>操作</td>
    </tr>
    <%while (rs.next()) {%>
    <tr>
        <td><%=rs.getString("id")%></td>
        <td><%=rs.getString("name")%></td>
        <td><%=rs.getString("author")%></td>
        <td><%=rs.getString("price")%></td>
        <td><%=rs.getString("publisher")%></td>
        <td><%=rs.getString("intro")%></td>
        <td><a href="bookUpdate.jsp?id=<%=rs.getString("id")%>"><img
        src="imgs/edit.gif"/></a><a href="bookServlet?action=del&id=
        <%=rs.getString("id")%>"><img src="imgs/del.gif"/></a></td>
    </tr>
    <%
        }
            conn.close();
        } catch (Exception e) {
            e.printStackTrace();
        }
```

```
%></table>
```

页面的运行效果如图 9-20 所示。通过对比图 9-19 和图 9-20 可以看到查询结果相同。

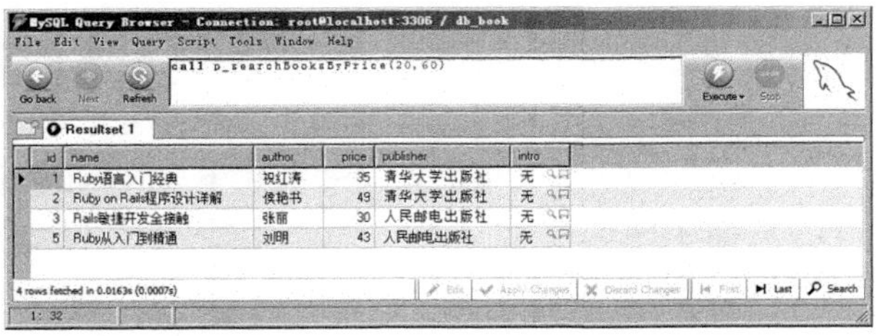

图 9-19 数据库中调用存储过程

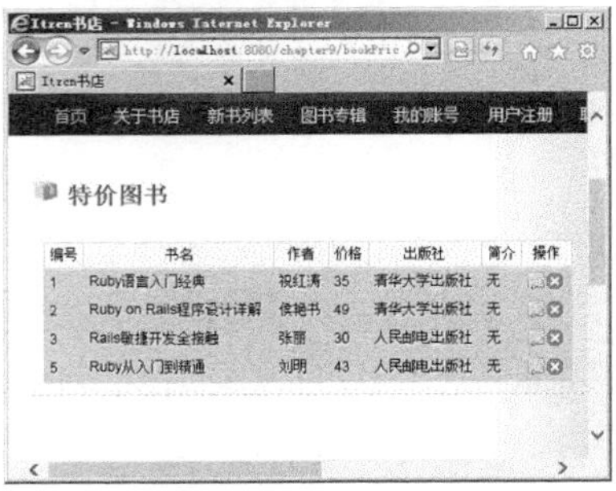

图 9-20 页面中调用存储过程

9.4.6 分页显示

数据库分页显示信息是 Web 应用程序中经常遇到的问题，当用户的数据查询结果太多而超过计算机屏幕显示的范围时，为了方便用户的访问，往往采用数据库分页显示的方式。

所谓分页显示，也就是将数据库中的结果集人为地分成一段一段的来显示，这里需要两个初始的参数：

（1）每页多少条记录（PageSize）；

（2）当前是第几页（CurrentPageID）。

现在只要再给一个结果集，就可以显示某段特定的结果出来。至于其他的参数，如上一页（PreviousPageID）、下一页（NextPageID）、总页数（numPages）等，都可以根据前边的参数得到。首先获取记录集中记录的数目，假设总记录数为 m，每页显示数量是 n,那么总页数的计算公式是：如果 m/n 的余数大于 0，总页数=m/n 的商+1；如果 m/n 的余数等于 0，总页数=m/n 的商。即：

```
总页数=(m%n)==0?(m/n):(m/n+1);
```

如果要显示第 P 页的内容，应当把游标移动到第(P-1)×n+1 条记录处。

下面创建一个 bookPage.jsp 页面，将图书信息每页显示三条，主要代码如下所示。

```
<%
    try {
        //省略数据库连接代码
        conn = DriverManager.getConnection(url, username, password);
        ResultSet rs = null;
        statement = conn.createStatement();
%>
<table border="0" cellpadding="4" cellspacing="1" bgcolor="#CBD8AC"
    width="100%">
    <tr align="center" bgcolor="#FAFAF1">
```

```
        <td>编号</td>
        <td>书名</td>
        <td>作者</td>
        <td>价格</td>
        <td>出版社</td>
        <td>简介</td>
    </tr>
    <%
            String sql = "select * from books";//查询所有数据
            rs = statement.executeQuery(sql);
            int intPageSize;                              //一页显示的记录数
            int intRowCount;                              //记录的总数
            int intPageCount;                             //总页数
            int intPage;                                  //待显示的页码
            String strPage;
            int i;
            intPageSize = 3; //设置一页显示的记录数
            strPage = request.getParameter("page");//取得待显示的页码
            if (strPage == null)
                    //判断strPage是否等于null，如果是，显示第一页数据
            {
                intPage = 1;
            } else {
                intPage = java.lang.Integer.parseInt(strPage);
                        //将字符串转换为整型
            }
            if (intPage < 1) {
                intPage = 1;
            }
            rs.last();       //获取记录总数
            intRowCount = rs.getRow();
            intPageCount = (intRowCount + intPageSize - 1) /
            intPageSize;    //计算总页数
                if (intPage > intPageCount)
                    intPage = intPageCount; //调整待显示的页码
                if (intPageCount > 0) {
                    //将记录指针定位到待显示页的第一条记录上
                    rs.absolute((intPage - 1) * intPageSize + 1);
                }
                //下面用于显示数据
                i = 0;
                while (i < intPageSize && !rs.isAfterLast()) {
        %>
        <tr>
            <td><%=rs.getString("id")%></td>
            <td><%=rs.getString("name")%></td>
            <td><%=rs.getString("author")%></td>
            <td><%=rs.getString("price")%></td>
            <td><%=rs.getString("publisher")%></td>
            <td><%=rs.getString("intro")%></td>
```

```
                </tr>
                <%
                    rs.next();  i++;
                    }
                    rs.close();//关闭连接、释放资源
                    statement.close();
                        conn.close();%>
                        <tr>
                        <td colspan="6">    共<%=intRowCount%>个记录，分
                        <%=intPageCount%>页显示/当前第<%=intPage%>页
                    <%
                    for (int j = 1; j <= intPageCount; j++) {
                        out.print("  <a href='bookPage.jsp?page="
                        + j + "'>"+ j + "</a>");
                    }
                    } catch (Exception e) {
                        e.printStackTrace();
                    }
                    %></td>
                </tr>
        </table>
```


上述代码一次性查询所有图书信息，然后获取记录的总数，并计算页数。然后通过 ResultSet 对象的 absolute()方法对数据进行定位，接下来使用 while 循环显示数据，每显示一行移动一次指针位置，并递增变量 i 的值。最后输出总记录数、总页数、当前页数以及分页链接。

默认浏览 bookPage.jsp 页面显示第一页的数据，如图 9-21 所示。如图 9-22 所示为查看第二页数据的效果。

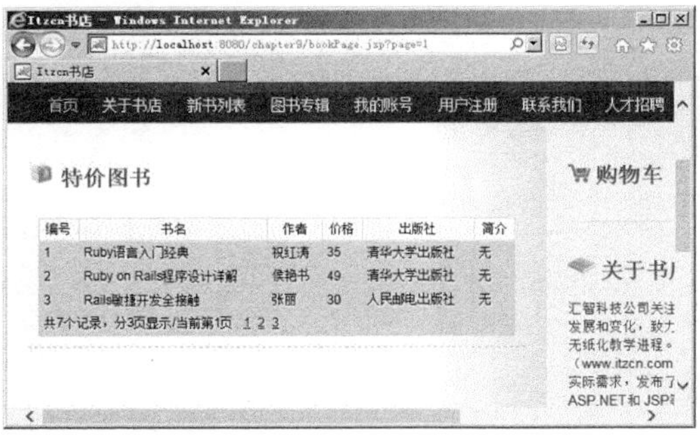

图 9-21 查看第一页数据

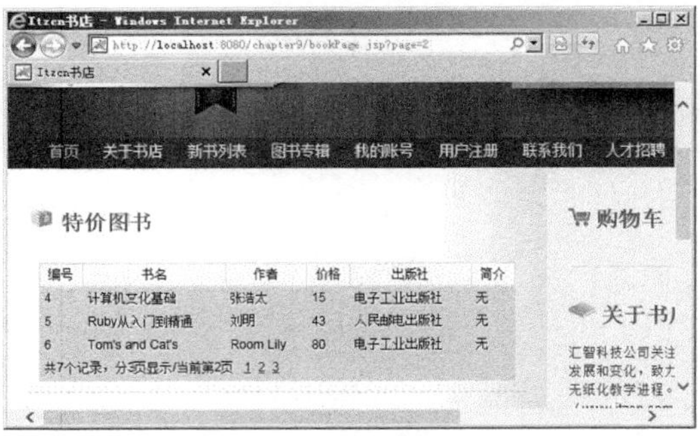

图 9-22 查看第二页数据

9.5 使用连接池

使用传统的数据库连接方式（通过 DriverManager 类）时，一个数据库连接对象均为一个物理数据库连接，每次操作都打开一个物理连接，使用完都关闭连接，这样造成系统的性能低下。而使用连接池可以减少数据库连接次数，提高效果和性能。

JDBC 提供了 javax.sql.DataSource 接口，它负责建立与数据库的连接，在应用程序访问数据库时不需要编写连接数据库的代码，可以直接从数据源获得数据库连接。在 DataSource 中事先建立了多个数据库连接，这些数据库连接保存在连接池（Connect Pool）中。Java 程序访问数据库时，只需要从连接池中取出空闲状态的数据库连接；当程序访问数据库结束，再将数据库连接放回连接池。

DataSource 对象是由 Web 容器（Tomcat）提供的，因此需要采用 Java 的 JNDI（Java Naming and Directory Interface）来获得 DataSource 对象。JNDI 是一种将对象和名字绑定的技术，容器生产出对象，都和唯一的名字绑定。外部程序可以通过名字来获取该对象。

javax.naming.Context 提供了查找 JNDI Resource 的接口。例如，可以通过以下代码获取名为 jdbc/db_book 数据源的引用。

```
Context initContext = new InitialContext();
Context envContext  = (Context)initContext.lookup("java:/comp/env");
DataSource ds = (DataSource)envContext.lookup("jdbc/db_book");
```

得到 DataSource 对象以后，可以通过 DataSource 的 getConnection()方法获取数据库连接对象 Connection，代码如下。

```
Connection conn = ds.getConnection();
```

当程序结束数据库访问之后，应该调用 Connection 的 close()方法及时将连接返回给连接池，使 Connection 处于空闲状态。

【练习 3】

使用连接池的第一步是在 Tomcat 中配置数据源。方法是在 WebRoot/META-INF 下创建一个名为 context.xml 的配置文件，文件内容如下。

```
<?xml version="1.0" encoding="UTF-8"?>
<Context      path="/dbtom"      docBase="dbtom"      reloadable="true"
crossContext="true">
    <Resource                                    //定义数据源
        name="jdbc/dbtom"                        //数据源名称
        auth="Container"                         //由容器创建和管理数据源
        type="javax.sql.DataSource"              //数据源类型
        maxActive="100"                          //最大数据库活跃连接数量
        maxIdle="30"                             //最大数据库空闲连接数量
        maxWait="10000"                          //最大数据库等待连接数量
        username="root"                          //用户名
        password="root"                          //密码
        driverClassName="com.mysql.jdbc.Driver"    //MySQL 数据库连接驱动
        url="jdbc:mysql://localhost:3306/test1"/>  //连接数据库的 URL 地址
</Context>
```

上述文件中的 driverClassName 表示连接数据库的驱动程序，该段代码中使用的是 MySQL 数据库的驱动程序，如果使用的是 Oracle 或者 SQL Server，只需将该属性改为对应的 JDBC 驱动程序即可。

Resource 标记中属性的描述如表 9-7 所示。

表 9-7　Resource 标记属性描述

属性名称	描述
name	指定 Resource 的 JNDI 名字
auth	指定管理 Resource 的 Manager，它有两个可选值：Container 和 Application。前者表示由容器创建 Resource，后者表示由 Web 应用来创建和管理 Resource
type	指定 Resource 所属的 Java 类名
maxActive	指定数据库连接池中处于活动状态的数据库连接的最大数目
maxIdle	指定数据库连接池中处于空闲状态的数据库连接的最大数目
maxWait	指定数据库连接池中的数据库连接处于空闲状态的最长时间(以 ms 为单位)，超过这一时间将会抛出异常
username	指定连接数据库的用户名
password	指定连接数据库的密码
driverClassName	指定连接数据库的 JDBC 驱动程序
url	指定连接数据库的 URL

提示

如果将 context.xml 做了修改，需要重新部署 Tomcat 服务器修改才会起作用。

配置好了 context.xml 之后，第二步是将 MySQL 的 JDBC 驱动程序复制到 Web-INF/lib 目录下。在 Web-INF 目录下创建 JSP 页面，该页面用来获取数据库连接，页面主要代码如下。

```
<%
    try{
        Context initContext = new InitialContext();     //初始化 Context
        Context envContext  = (Context)initContext.lookup("java:/comp/
        env");                                          //获得数据源
        DataSource ds = (DataSource)envContext.lookup("jdbc/db_book");

        Connection conn = ds.getConnection();           //获得连接对象
        out.print("连接 MySQL 数据库成功！ ");
        conn.close();
    }catch(Exception e){
        out.print("数据库连接失败 ");
    }
    %>
```

最后，在浏览器中访问上面的 JSP 页面测试连接池是否配置正确。

9.6 高级结果集

使用 Statement 实例执行 SQL 语句之后会得到一个 ResultSet 类型对象，通常称之为结果集，里面包含符合条件的所有行的集合。获得结果集之后，通常需要从结果集中检索并显示其中的信息。在实验指导 9-1 中介绍了如何对结果集进行遍历以及分页，本节介绍如何使用可滚动和可更新的结果集。

9.6.1 可滚动结果集

当需要在结果集中任意地移动游标时，则应该使用可滚动结果集。可滚动结果集提供了多种移动和定位游标的方法，既可以向前或向后进行相对定位，也可以进行各种绝对定位。

ResultSet 接口提供了如表 9-8 所示的方法支持可滚动结果集。

表 9-8 可滚动结果集中的方法

方法	说明
boolean previous()	与 next()方法相反，将游标向后移动一行，如果游标位于一个有效数据行则返回 true
boolean first()	将游标移动到第一行，如果游标位于一个有效数据行则返回 true
boolean last()	将游标移动到最后一行，如果游标位于一个有效数据行则返回 true
void beforeFirst()	将游标移动到第一行之前，如果游标位于一个有效数据行则返回 true，通常是为了配合 next()方法的使用
Void afterLast()	将游标移动到最后一行之后，如果游标位于一个有效数据行则返回 true，通常是为了配合 previous()方法的使用
boolean relative(int rows)	相对于游标的当前位置将游标移动参数 rows 指定的行数，rows 为正数游标向前移动，rows 为负数游标向后移动，如果游标位于一个有效数据行则返回 true
boolean absolute(int row)	将游标移动到参数 row 指定的数据行，rows 为正数游标从结果集的开始向前移动，rows 为负数游标从结果集的末尾处向后移动，rows 为零则将游标移动到第一行之前，如果游标位于一个有效数据行则返回 true
boolean isBeforeFirst()	如果游标在第一行之前则返回 true
boolean isAfterLast()	如果游标在最后一行之后则返回 true
boolean isFirst()	如果游标在第一行则返回 true
boolean isLast()	如果游标在最后一行则返回 true

【练习 4】

创建 JSP 页面 canMoveResult.jsp，然后使用表 9-8 中列出的方法对结果集进行移动，并输出显示。主要实现代码如下所示：

```
<%
        //省略数据库连接代码
    try {
        Class.forName("com.mysql.jdbc.Driver");
        conn = DriverManager.getConnection(url, username, password);
        stmt = conn.createStatement(ResultSet.TYPE_SCROLL_INSENSITIVE,
        ResultSet.CONCUR_READ_ONLY);
        //执行 SQL 查询语句得到可滚动结果集
        ResultSet rs = stmt.executeQuery("select * from books");
        out.println("<b>当前游标是否在第一行之前: " + rs.isBeforeFirst() +
        "</b><br>");
        out.println("由前至后顺序显示结果集 : <br>");
```

```
//使用 next()方法顺序显示结果集
while (rs.next()) {
    String id = rs.getString(1);
    out.println(id + "、 ");
}
out.println("<hr/><b>当前游标是否在最后一行之后:" + rs.isAfterLast()
+ "</b><br>");
out.println("由后至前逆序显示结果:<br>");
//使用 previous()方法逆序显示结果
while (rs.previous()) {
    String id = rs.getString(1);
    out.println(id + "、 ");
}
out.println("<hr/><br>将游标移动到第一行<br>");
rs.first();
out.println("<b>当前游标是否在第一行:" + rs.isFirst() + "</b><br>");
out.println("结果集第一行的数据为:<br>");
out.println(rs.getString(1) + " " + rs.getString(2) + " "+
rs.getString(3) + " " + rs.getString(4));
out.println("<hr/>将游标移动到最后一行<br>");
rs.last();
out.println("<b>当前游标是否在最后一行: " + rs.isLast() + "</b>
<br>");
out.println("结果集最后一行的数据为: <br>");
out.println(rs.getString(1) + " " + rs.getString(2) + " "+
rs.getString(3) + " " + rs.getString(4));
//游标的相对定位
out.println("<hr/>将游标移动到最后一行的前三行<br>");
rs.relative(-3);
out.println("<b>结果集最后一行的前三行数据为: </b><br>");
out.println(rs.getString(1) + " " + rs.getString(2) + " "+ rs.
getString(3) + " " + rs.getString(4));
//游标的绝对定位
out.println("<hr/>将游标移动到第三行<br>");
rs.absolute(3);
out.println("<b>结果集第三行的数据为: </b><br>");
out.println(rs.getString(1) + " " + rs.getString(2) + " "+ rs.
getString(3) + " " + rs.getString(4));
//beforeFirst()方法和 next()方法配合使用
out.println("<hr/><b>先将游标移动到第一行之前</b>");
rs.beforeFirst();
out.println("<br>再次由前至后显示结果: <br>");
while (rs.next()) {
    String id = rs.getString(1);
    out.println(id + "、 ");
}
rs.close();
stmt.close();
```

```
    } catch (ClassNotFoundException e) {
        System.out.println(e);
    }
%>
```

运行结果如图 9-23 所示。

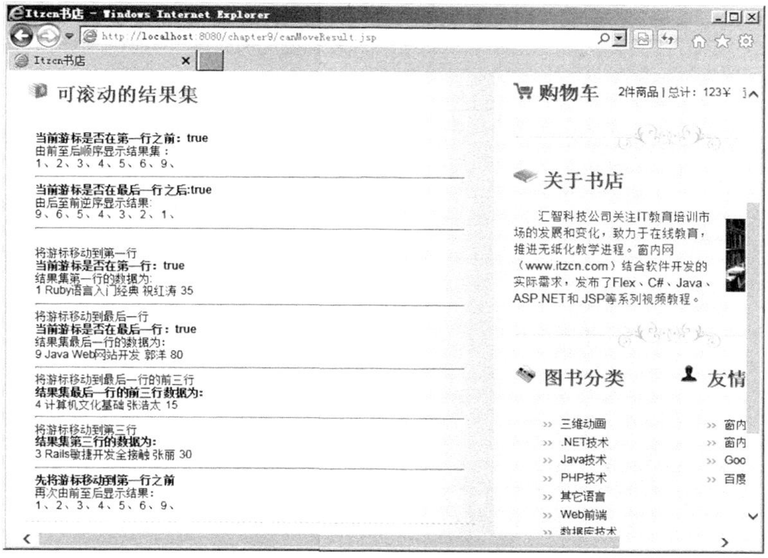

图 9-23　可滚动结果集

9.6.2　可更新结果集

当需要更新结果集的数据并将这些更新保存到数据库时，使用可更新结果集则有可能大大降低程序员的工作量。

在创建可更新结果集时，需要注意的是将 resultSetConcurrency 参数设置为 ResultSet.CONCUR_UPDATE 常量。

ResultSet 接口提供的与可更新结果集相关的方法如表 9-9 所示。

表 9-9　可更新结果集的方法

方法	说明
void update×××(int columnIndex, ××× ×)	按列号修改当前行中指定数据列的值为×，其中×的类型为×××所对应的 Java 数据类型
void update×××(String columnName, ××× ×)	按列名修改当前行中指定数据列的值为×，其中×的类型为×××所对应的 Java 数据类型
void updateRow()	使用当前数据行的新内容更新底层的数据库，只有当游标位于当前行的时候才能调用该方法，如果游标位于插入行时调用该方法则会抛出异常
void deleteRow()	将当前数据行从结果集中删除并从底层数据库中删除该数据行。只有当游标处于当前行时才能调用该方法

续表

方法	说明
void insertRow()	将插入行的内容插入到结果集中并同时插入到底层数据库中。只有当游标处于当前行时才能调用该方法
void moveToInsertRow()	将游标移动到结果集对象的插入行，只有当游标处于当前行时才应该调用该方法
void cancelRowUpdates()	取消使用 update×××方法对当前行数据所做的修改，只有当游标处于当前行时才能调用该方法
void moveToCurrentRow()	将游标移动到当前行，只有当游标处于插入行时才应该调用该方法

【练习 5】

创建一个 JSP 页面 canUpdateResult.jsp，使用表 9-9 列出的方法查询 books 表所有数据并创建一个可更新的结果集。然后修改第二行数据的 ID 为 8，插入一行新数据，最后删除第三行数据。

（1）创建可更新的结果集，查询 books 表的数据并显示到页面。代码如下所示。


```
<h2><img src="imgs/bullet1.gif" />更新前结果集</h2>
    <%
        try {
            //省略数据库连接代码
            Class.forName("com.mysql.jdbc.Driver");
            conn = DriverManager.getConnection(url, username, password);
            statement = conn.createStatement(ResultSet.TYPE_SCROLL_
            SENSITIVE,
                    ResultSet.CONCUR_UPDATABLE);
            String sql = "select * from books";
            ResultSet rs = statement.executeQuery(sql);
    %>
    <table border="0" cellpadding="4" cellspacing="1" bgcolor="#CBD8AC"
        width="100%">
        <tr align="center" bgcolor="#FAFAF1">
        <td>编号</td><td>书名</td><td>作者</td><td>价格</td><td>出版社
        </td><td>简介</td>
        </tr>
        <%while (rs.next()) {   %>
        <tr>
            <td><%=rs.getString("id")%></td>
            <td><%=rs.getString("name")%></td>
            <td><%=rs.getString("author")%></td>
            <td><%=rs.getString("price")%></td>
            <td><%=rs.getString("publisher")%></td>
            <td><%=rs.getString("intro")%></td>
        </tr>
        <%}%>
    </table>
```

注意上述代码中创建 statement 对象的方式，ResultSet.CONCUR_UPDATABLE 表示结果集可滚动，ResultSet.CONCUR_UPDATABLE 表示结果集可更新。

（2）使用 ResultSet 提供的可更新方法对前面的查询结果集进行修改，具体代码如下所示。

```
<%      //修改数据记录
        rs.absolute(2);
        rs.updateInt("id", 8);
        rs.updateRow();
        //插入一条数据记录
        rs.moveToInsertRow();
        rs.updateInt(1, 10);
        rs.updateString(2, "猫和老鼠");
        rs.updateString(3, "汤姆");
        rs.updateInt(4, 18);
        rs.updateString(5, "教育出版社");
        rs.updateString(6, "无");
        rs.insertRow();
        //删除一行数据
        rs.absolute(3);
        rs.deleteRow();
%>
```


（3）更新完成之后，将光标移动到结果集的第一行然后遍历输出，代码如下所示。

```
<h2>    <img src="imgs/bullet1.gif" />更新后结果集    </h2>
<table border="0" cellpadding="4" cellspacing="1" bgcolor="#CBD8AC"
width="100%">
    <tr align="center" bgcolor="#FAFAF1">
        <td>编号</td><td>书名</td><td>作者</td><td>价格</td><td>出版社
        </td><td>简介</td>
    </tr>
    <%
        rs.beforeFirst();              //将光标移动到第 1 行
        while (rs.next()) {
    %>
    <tr>
        <td><%=rs.getString("id")%></td>
        <td><%=rs.getString("name")%></td>
        <td><%=rs.getString("author")%></td>
        <td><%=rs.getString("price")%></td>
        <td><%=rs.getString("publisher")%></td>
        <td><%=rs.getString("intro")%></td>
    </tr>
        <%
        }
            rs.close();
            statement.close();
```

```
            conn.close();
        } catch (Exception e) {
                e.printStackTrace();
        }
        %>
</table>
```

（4）运行 canUpdateResult.jsp 页面，从输出的两个结果集中可以看出更新前后的变化，如图 9-24 所示。

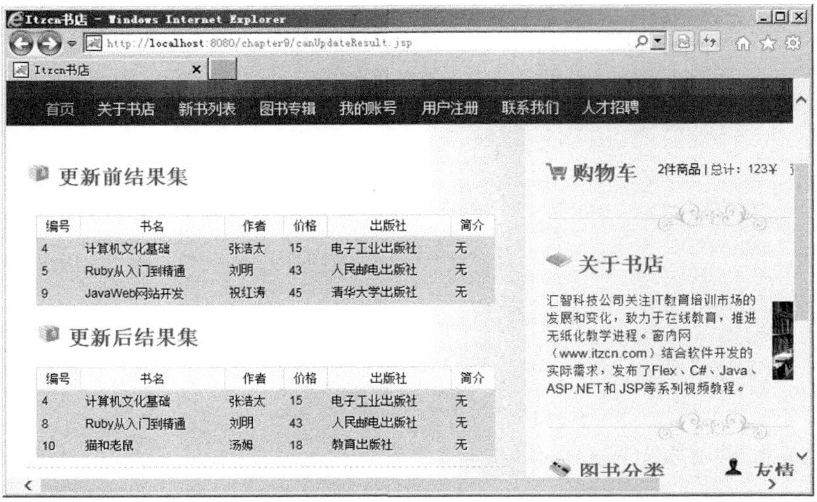

图 9-24　更新前后结果集内容

9.7 实验指导 9-2：实现一个基于 MVC 的留言本

本节介绍如何使用 JSP+JavaBean+Hibernate 来实现留言板功能，来体验一下简单的 MVC 模式。相信通过本节的学习，读者会更加喜欢学习 JSP。

9.7.1 了解 MVC

MVC 是一种经典的程序设计理念，此模式将应用程序分成三个部分，即模型层（Model）、视图层（View）和控制层（Controller）。

在 Java Web 开发中，控制器的角色由 Servlet 来实现，视图的角色由 JSP 页面来实现，模型的角色由 JavaBean 来实现。MVC 架构如图 9-25 所示。

Servlet 充当控制器的角色，它接受请求，并且根据请求信息将它们分发给适当的 JSP 页面来产生响应。Servlet 控制器还根据 JSP 视图的需求生成 JavaBean 的实例并输入给 JSP 环境。JSP 视图可以通过直接调用 JavaBean 实例的方法或使用<jsp:userBean>和<jsp:getProperty>动作元素来得到 JavaBean 中的数据。

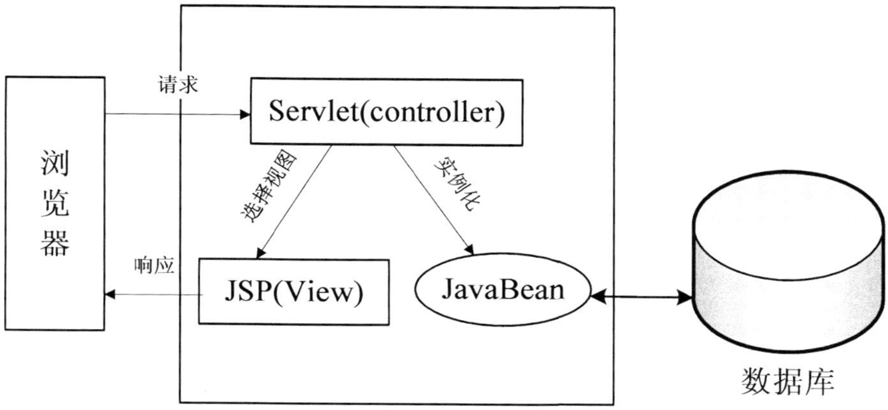

图 9-25 MVC 结构图

9.7.2 创建数据库和表

本次实例使用的仍然是 MySQL 数据库，实例数据库的名称为 message，创建语句如下。

```
create database message;
```

创建一个 user_info 数据表用于保存留言的用户信息，创建语句如下。

```
create table user_info(
user_id int auto_increment primary key,
user_account varchar(100),
user_pwd varchar(50)
);
```

在 user_info 表中，user_id 为主键，表示用户编号，user_account 表示用户名称，user_pwd 表示用户密码。

创建一个用于保存留言信息的 message_info 表，包括留言编号、用户编号、留言内容和时间，创建语句如下。

```
create table message_info(
message_id int auto_increment primary key,
user_id int,
message_content varchar(250),
message_time datetime
);
```

向 user_info 表中初始化一个默认用户，语句如下。

```
insert into user_info(user_account,user_pwd)
values('xiaoke','123456');
```

向 message_info 表中初始化一条留言，语句如下。

```
insert into message_info(user_id,message_content,message_time)
values(1,'你们的网站( ^_^ )不错嘛','2010-12-10');
```

9.7.3 编写实体层

实例数据库创建完成之后，接下来开始实现留言本的功能。第一步是创建一个新的 Web 项目，然后针对 MVC 中的 Model 层进行实现。

在本实例中 Model 层主要包括两个类，放在 src/entity 包下，分别是 User 类和 Message 类。

创建 User.java 实现 User 类，并创建成员，定义读取和设置方法。其主要代码如下所示。

```
package entity;
public class User {
    private int user_id;              //用户 ID
    private String user_account;      //用户名称
    private String user_pwd;          //用户密码
    public int getUser_id() {
        return user_id;
    }
    public void setUser_id(int user_id) {
        this.user_id = user_id;
    }
    //省略其他属性 get 和 set 的编写
}
```


Message 类表示留言实体，它除了属性之外还包括一个带 3 个参数的构造函数，实现代码如下所示：

```
package entity;
import java.io.Serializable;
public class Message implements Serializable{
    private static final long serialVersionUID = 1L;
    private int message_id;                           //留言 ID
    private User user;                                //相对应留言用户信息
    private String message_content;                   //留言内容
    private String message_time;                      //留言时间
    public Message(String message_cotent,String message_time,User user)
    {
        this.message_content=message_cotent;
        this.user=user;
        this.message_time=message_time;
    }
    //省略他属性 get 和 set 的编写
}
```

如上述代码所示，在 Message 类中将 User 实体类作为该类的属性，可以方便用来得到 User 实体类的信息。

9.7.4 编写 DAO 层

有了实体层之后接下来编写 DAO 层，DAO 层封装了每个实体的所有功能供其他层调用。

在 src 下创建 dao 包，新建 UserDao.java 编写用户实体所需的方法，这里主要是根据用户名和密码进行验证，实现代码如下所示。

```
public class UserDao {
    Connection conn = null;
    PreparedStatement pre = null;
    ResultSet res = null;

    //根据用户名和密码来查询用户信息
    public User getUser(String account, String pwd) {
        User user = new User();
        try {
            Class.forName("com.mysql.jdbc.Driver");
            conn = DriverManager.getConnection(    "jdbc:mysql://
            localhost:3306/message", "root", "123456");
            String sql = "select * from user_info where user_account=? and
            user_pwd=?";
            pre = conn.prepareStatement(sql);  //准备查询语句
            pre.setString(1, account);         //为用户名参数赋值
            pre.setString(2, pwd);             //为密码参数赋值
            res = pre.executeQuery();          //执行查询，返回结果集
            while (res.next()) {    //读取集合中的信息，并封装到User实体类中
                user.setUser_account(res.getString("user_account"));
                user.setUser_id(res.getInt("user_id"));
                user.setUser_pwd(res.getString("user_pwd"));
            }
        } catch (Exception e) {
            e.printStackTrace();
        }
        return user;
    }
}
```

创建用于封装留言方法的 MessageDao.java 类，主要包括添加留言和获取所有留言。其中添加留言使用的是 addMessage()方法，需要一个 Message 实体作为参数。具体代码如下所示。

```
    public int addMessage(Message message) {
        int i = 0;
```

```
        try {
            Class.forName("com.mysql.jdbc.Driver");
            conn = DriverManager.getConnection("jdbc:mysql://localhost:
            3306/message", "root", "123456");
            String sql = "insert into message_info(user_id,message_
            content,message_time) values(?,?,?)";
            pre = conn.prepareStatement(sql);          //准备插入语句
            pre.setInt(1, message.getUser().getUser_id());
                                                //为插入语句中的参数赋值
            pre.setString(2, message.getMessage_content());
            pre.setString(3, message.getMessage_time());
            i = pre.executeUpdate();
        } catch (Exception e) {
            e.printStackTrace();
        }
        return i;
    }
```

创建 meList()方法查询所有的留言数据，然后添加到 Message 实体集合中最后返回，代码如下所示。


```
    // 得到消息的集合
    public List<Message> meList() {
        List<Message> meList = new ArrayList<Message>();
                                    //创建集合来存储 Message 实体类
        try {
            Class.forName("com.mysql.jdbc.Driver");
            conn = DriverManager.getConnection("jdbc:mysql://localhost:
            3306/message", "root", "123456");
        //查询 message_info 表和 user_info 表的信息
            String sql = "select * from message_info,user_info where
            message_info.user_id=user_info.user_id";
            pre = conn.prepareStatement(sql);       //准备查询语句
            res = pre.executeQuery();               //执行查询语句
            while (res.next()) {
                Message message = new Message();
                                    //创建 Message 对象，用来封装读取信息
                message.setMessage_content(res.getString("message_
                content"));
                message.setMessage_id(res.getInt("message_id"));
                message.setMessage_time(res.getString("message_
                time"));
                User user = new User(); //将读取的信息封装到 User 实体类中
                user.setUser_account(res.getString("user_account"));
                user.setUser_id(res.getInt("user_id"));
                user.setUser_pwd(res.getString("user_pwd"));
                message.setUser(user);
                meList.add(message);    //将 Message 类添加到集合中
```

```
        }
    } catch (Exception e) {
        e.printStackTrace();
    }
    return meList;
}
```

9.7.5 用户登录

有了 DAO 层之后实例的框架就搭建好了，下面以留言本的功能为例介绍视图层与控制器层的具体实现，首先以用户登录为例。

在 WebRoot 中创建一个 anli 目录，新建一个名为 index.jsp 的页面作为登录页面。主要代码如下所示。

```
<h2>登录到留言本</h2><hr>
    <form action="<%=request.getContextPath()%>/anli/
    UserLoginServlet" name="form1" method="post">
    <table cellspacing=1 cellpadding=0 width=400 id=CommonListArea
    align="center">
    <tr id=CommonListCell height="30">
        <td width="40%" align="right"><b>用户名：</b></td>
        <td><input type="text" size="30" name="account" value=""
        style="WIDTH: 150"></td>
    </tr>
    <tr id=CommonListCell height="30">
        <td width="40%" align="right"><b>密   码:
        </b></td>
       <td><input size="30" type="password" name="pwd" style="WIDTH:
        150"></td>
    </tr>
    <tr id=CommonListCell height="30">
        <td align="center" colspan="2"><input type="submit" value="
        登录 "> <input type="button" value=" 取消 "></td>
    </tr>
    </table>
</form>
```

输入用户名和密码表单提交之后将以 POST 方式转交给 anli/UserLoginServlet 处理。在项目的 src 目录下新建 servlet 包，并创建名为 UserLoginServlet 的 Servlet。

然后在 doPost()方法中调用用户 DAO 的方法进行验证，具体代码如下所示。

```
public void doPost(HttpServletRequest request, HttpServletResponse
response)
        throws ServletException, IOException {

    String account = request.getParameter("account");  //获得用户名
    String pwd = request.getParameter("pwd");        //获得用户密码
```

```
        UserDao ud = new UserDao();                  //创建 UserDao 对象
        User user = ud.getUser(account, pwd);  //调用查询 User 对象方法
        HttpSession session = request.getSession();
        session.setAttribute("user", user);//
                                                //将查询的用户存放到 session 对象中
        request.getRequestDispatcher("/anli/message.jsp").
        forward(request, response);
    }
```

在上述代码中首先使用 request.getParameter()获得用户提交的信息（用户名和密码），并封装到实体 User 类中；然后调用 UserDao 类的 getUser()方法，该方法返回一个 User 对象，并将该对象存放到 Session 中；最后跳转到/anli/Message.jsp 页面。

如图 9-26 所示为留言本登录页面 index.jsp 的运行效果。

图 9-26　留言本登录

9.7.6 发表留言

在实例中用户只有登录之后才可以发表留言，发表留言页面是 anli/message.jsp。发表表单的代码如下所示。

```
<form action="MessageAddServlet" method="post" name="f">
<table>
    <tr><td>昵称：</td>
    <td><c:if test="${user==null}">
            <a href="index.jsp">你还没有登录</a>
        </c:if>
        <c:if test="${user!=null}">${user.user_account }</c:if>
    </td></tr>
    <tr><td>内容：</td>
        <td><textarea name="content" rows="10" cols="40"></textarea>
        </td>
    </tr>
    <tr id=CommonListCell height="30">
```

```
        <td align="center" colspan="2"><input type="submit" value="
        提交 "> <input type="button" value=" 取消 "></td>
    </tr>
</table>
</form>
```

上述代码创建的留言表单将转交给 MessageAddServlet 进行处理。在表单中使用<c:if test="${user==null}判断用户是否登录，如果登录就显示用户的名称。如果未登录就显示“你还没有登录”链接，单击该链接进入用户登录（index.jsp）页面。

创建 MessageAddServlet，在 doPost()方法中调用 MessageDao 的 addMessage()方法实现添加留言。具体实现代码如下所示。

```
public void doPost(HttpServletRequest request, HttpServletResponse
response)
        throws ServletException, IOException {
    PrintWriter out = response.getWriter();
    HttpSession session = request.getSession();
    User user = (User) session.getAttribute("user");
    if (user == null) {                        //跳转到用户登录页面
        request.getRequestDispatcher("/Message_board/index.jsp").
        forward(request, response);
        return;
    }
    //获得留言的时间
    SimpleDateFormat sdf = new SimpleDateFormat("yyyy-MM-dd HH:mm:
    ss");
    String content = request.getParameter("content");  // 留言内容
    Message message = new Message(content, sdf.format(new Date()),
    user);
    MessageDao md = new MessageDao();           //创建 MessageDao 对象
    int count = md.addMessage(message);//       //调用添加留言的方法
    if (count == 1) {                     //如果留言成功，跳转到留言列表页面
            request.getRequestDispatcher("/anli/
            MessageServlet").forward(request,response);
    } else {                              //如果留言失败，提示留言失败!
        out.println("<script>alert('留言失败!! ');</script>");
    }
}
```

在上述代码中，首先使用“User user = (User) session.getAttribute("user");”来判断 User 对象是否存在，如果为 null，就跳转到用户登录页面；否则就获得用户留言的信息，并封装到实体 Message 中，之后调用 MessageDao 类的 addMessage()方法来添加留言；最后对返回的结果做出判断。

如图 9-27 所示为登录之后用户发表留言的表单效果，在表单上面显示的是留言列表，当前只有一条留言。

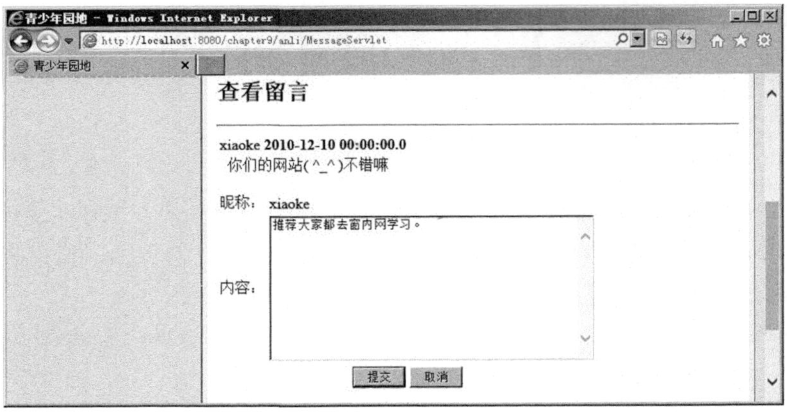

图 9-27 发表留言

9.7.7 查看留言

查看留言位于 message.jsp 页面中，它的布局代码如下。

```
<h2>查看留言</h2><hr>
<c:if test="${meList!=null}">
    <c:forEach items="${meList}" var="ml">
        <table>
            <tr><td>${ml.user.user_account } <b>${ml.message_time} </b>
            </td></tr>
            <tr><td>  ${ml.message_content }</td></tr>
        </table>
    </c:forEach>
</c:if>
```

与它相关的是 MessageServlet，调用 MessageDao 类中的 md.meList()方法返回所有留言的列表，并将该集合存放到内置对象 Session 中。主要代码如下所示。

```
public void doPost(HttpServletRequest request, HttpServletResponse
response)
        throws ServletException, IOException {
    HttpSession session=request.getSession();
    MessageDao md=new MessageDao();          //创建 MessageDao 对象
    List<Message> eml=md.meList();           //调用返回留言列表的方法
    session.setAttribute("meList",eml); //将集合存放在 Session 对象中
    request.getRequestDispatcher("/anli/message.jsp").
    forward(request, response);
}
```

提交留言之后将会看到新的留言列表，如图 9-28 所示。

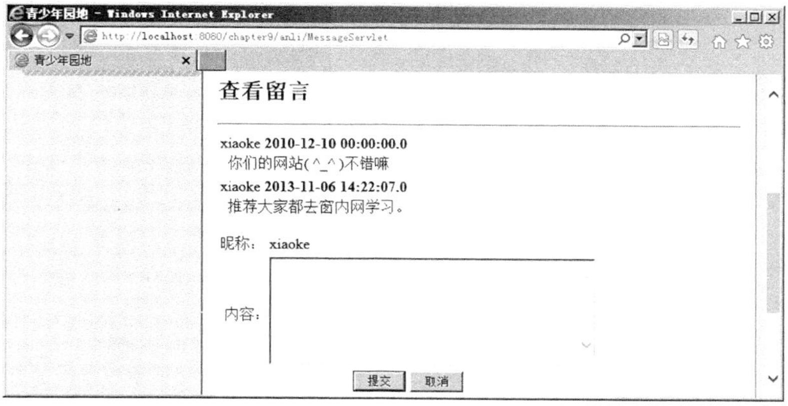

图 9-28 提交之后的留言列表

思考与练习

一、填空题

1．数据库连接实例 Connection 是通过__________调用 getConnection()方法获取的。

2. PreparedStatement 接口继承____________接口。

3．Statement 接口的____________方法可以执行 SQL 查询并获取到 ResultSet 对象。

4．下列代码中，应该填写的内容是____________。

```
Connection connection=
DriverManager.getConnection
("");
String sql="select * from
student where id=?";
PreparedStatement pre=
connection.prepareStatement
(sql);
pre.setInt(____________,13);
//将第 1 列的值设置为 13
ResultSet res=pre.
executeQuery();
```

二、选择题

1．JDK 中提供的__________类的主要职责是：依据数据库的不同，管理不同的 JDBC 驱动程序。

A．DriverManager

B．Connection

C．Statement

D．Class

2．下列类或接口中__________提供了处理事务的方法。

A．CallableStatement

B．PreparedStatement

C．Connection

D．Statement

3．下列类或接口中能够执行存储过程的是__________。

A．CallableStatement

B．PreparedStatement

C．Connection

D．Statement

4．假设已经获得 ResultSet 对象 res，那么获取第一行数据的正确语句是__________。

A．rs.hasNext();

B．rs.next();

C．rs.nextRow();

D．rs.hasNextRow();

5．给定如下 Java 代码片段，假定已经获得一个数据库连接，使用变量 con 来表示。要从表 FirstLeveTitle 中删除所有 creator 列值为“未知”的记录（creator 字段的数据类型为 varchar），可以填入下列线处的代码是__________。

```
    String      sql="delete      from
FirstLeveTitle where creator=?";
    PreparedStatement
pre=con.preparedStatement(sql);
    __________
    pre.executeUpdate();
```

A．pre.setString(0, "未知");

B．pre.setString(1, "未知");

C．pre.setInt(0, "未知");

D．pre.setInt(1, "未知");

6．下列有关 JDBC 核心接口类描述有误的是__________。

A. Statement 接口的 executeQuery(String sql)方法用于执行给定的 SQL 语句，该语句返回单个 ResultSet 对象

B. Statement 接口的 executeUpdate(String sql)方法用于执行给定的 SQL 语句，该语句可能为 INSERT、UPDATE 或 DELETE 语句，或者不返回任何内容的 SQL 语句（如 SQL DDL 语句）

C．ResultSet 接口的 deleteRow()方法可从此 ResultSet 对象删除当前行，但相应行的底层数据库中并没有删除此行

D．ResultSet 接口的 last()方法用于将指针移动到此 ResultSet 对象的最后一行

三、简答题

1．简述 JDBC 的概念。

2．JSP 连接数据库常用的有两种方式：使用 JDBC-ODBC 桥与使用纯 Java 驱动程序。叙述两种方式的工作原理。

3．简述几种不同的结果集的使用方法以及作用。

4．简述 JDBC 连接数据库进行分页显示的原理。

5．什么是预处理语句？使用预处理语句有哪些优点？

6．简述使用 JDBC 调用存储过程的步骤和方法。

第 10 章　JSP 实用组件

经过前几章的学习相信读者已经具备使用 JSP 开发简单网站的能力。本章将介绍一些 JSP 开发过程中经常用到的实用组件，如使用 Common-FileUpload 组件实现文件上传、Java Mail 组件发送邮件、JFreeChart 组件显示图表以及处理 XML 等。

本章学习要点：

- ❑ 了解 Common-FileUpload 组件的核心类
- ❑ 掌握实现文件上传和限制文件类型的方法
- ❑ 掌握无组件文件上传与下载的实现
- ❑ 掌握 Java Mail 组件发送邮件的设置和核心代码
- ❑ 熟悉 JFreeChart 组件显示图表的方法
- ❑ 掌握 DOM 加载 XML 文件的方法
- ❑ 掌握 DOM 对根节点、元素节点和属性节点的操作

10.1 Common-FileUpload 组件上传文件

文件上传是最常见的 Web 应用之一，例如上传资料或者照片。在 JSP 中有两种文件上传方式，即使用 JSP 文件流实现文件上传以及使用第三方组件上传。实际开发时通常使用第三方组件来实现，因为这样可以节约开发时间，提高开发效率。目前最常用的文件上传组件即为 Commen-FileUpload，下面详细介绍一下该组件。

10.1.1 Common-FileUpload 安装与配置

Common-FileUpload 组件是 Apache 组织下 jakarta-common 项目组中的一个子项目，该组件可以方便地将 multipart/form-data 类型请求中的各种表单域解析出来，并实现一个或多个文件的上传，同时也可以限制上传文件的大小等内容。

【练习 1】

使用 Common-FileUpload 组件时首先要下载安装，具体的步骤如下。

（1）使用 http://commons.apache.org/fileupload/打开 Common-fileUpload 组件首页，单击版本组件（例如，fileUpload 1.2.2）后面的 Here 超链接进入下载页面。

（2）进入到 Common-FileUpload 组件下载页面，单击 Common-FiileUpload-1.2.2.bin.zip 超链接，即可下载该组件

（3）下载完成以后会得到 Common-FileUpload-1.2.2.bin.zip 文件。解压该文件，在 lib 文件夹下可以找到 commons-fileupload-1.2.2.jar 文件，该文件就是在使用 Common-FileUpload 组件时所必需的文件。在使用时直接将其复制到 Web 应用的 lib 目

录下即可。

在使用 Common-FileUpload 组件时，还需要 Common-IO 组件的支持。Common-IO 组件也是 Apache 组织下的项目。该组件可以在 http://commons.apache.org/io/网站下载，具体步骤见练习 2。

【练习 2】

（1）打开 http://commons.apache.org/io/网站，进入 Common-IO 组件的首页。在该页的 Releases 菜单下单击选定版本（例如，Common IO 2.4）后的 Download now 超链接，进入下载页面。

（2）进入下载页面后，单击 Commons-io-2.4-bin.zip 超链接即可下载所需文件。

（3）下载完成以后，会得到 Common-IO-2.4-bin.zip 文件。解压该文件，在 lib 文件夹下可以找到 commons-io-2.4.jar 文件，该文件就是在使用 Common-FileUpload 组件时所必需的文件。在使用时也需要将其复制到 Web 应用的 lib 目录下。

10.1.2 上传的核心类 DiskFileUpload

DiskFileUpload 类是 Common-FileUpload 组件的核心类，开发人员可以根据该类提供的相关方法设置上传文件，该类的常用方法如下。

1．setSizeMax()方法

setSizeMax 方法用于设置请求消息实体内容的最大允许大小，以防止客户端故意通过上传特大的文件来塞满服务器端的存储空间，单位为字节。其完整语法定义如下。

```
public void setSizeMax(long sizeMax)
```

如果请求消息中的实体内容的大小超过了 setSizeMax()方法的设置值，该方法将会抛出 FileUploadException 异常。

2．setSizeThreshold()方法

文件上传组件在解析和处理上传数据中的每个字段内容时，需要临时保存解析出的数据。因为 Java 虚拟机默认可以使用的内存空间是有限的，超出限制时将会发生“java.lang.OutOfMemoryError 错误，如果上传的文件很大，在内存中将无法保存该文件内容，文件上传组件将用临时文件来保存这些数据；但如果上传的文件很小，将其直接保存在内存中更加有效。setSizeThreshold()方法用于设置是否使用临时文件保存解析出的数据的那个临界值，该方法传入参数的单位是字节。其完整语法定义如下：

```
public void setSizeThreshold(int sizeThreshold)
```

3．setRepositoryPath()方法

setRepositoryPath()方法用于设置 setSizeThreshold()方法中提到的临时文件的存放目录，这里要求使用绝对路径。其完整语法定义如下：

```
public void setRepositoryPath(String repositoryPath)
```

如果不设置存放路径，那么临时文件将被储存在 java.io.tmpdir 这个 JVM 环境属性所指定的目录中，Tomcat 将这个属性设置为了“<Tomcat 安装目录>/temp/”目录。

4. parseRequest()方法

parseRequest()方法是 DiskFileUpload 类的重要方法，它是对 HTTP 请求消息进行解析的入口方法，如果请求消息中的实体内容的类型不是 multipart/form-data，该方法将抛出 FileUploadException 异常。parseRequest()方法解析出 form 表单中每个字段的数据，并将其分别封装为独立的 FileItem 对象，然后将这些 FileItem 对象添加到一个 List 集合对象中返回。该方法的语法格式如下。

```
public List parseRequest(HttpServletRequest req)
```

parseRequest()方法还有一个重载方法，该方法集中处理上述所有方法的功能，其完整语法定义如下。

```
parseRequest(HttpServletRequest req,int sizeThreshold,long sizeMax, String
path)
```

这两个 parseRequest()方法都会抛出 FileUploadException 异常。

5. isMultipartContent()方法

isMultipartContent()方法用于判断请求消息中的内容是否是 multipart/form-data 类型，是则返回 true，否则返回 false。isMultipartContent()方法是一个静态方法，不用创建 DiskFileUpload 类的实例对象即可被调用，其完整语法定义如下。

```
public static final boolean isMultipartContent(HttpServletRequest req)
```

10.1.3 处理的核心类 ServletFileUpload

ServletFileUpload 类是 Common-fileUpload 组件处理文件上传的核心类，常用方法如下。

1. isMultipartContent(HttpServletRequest request)

返回 boolean 值，用于判断是否为上传文件的请求，主要判断 form 表单提交请求类型是否为 multipart/form-data。其语法格式如下。

```
public Boolean isMultipartContent(HttpServletRequest request)
```

2. parseRequest(HttpServletRequest request)

该方法从请求中获取上传文件域的 List 集合。其格式语法如下。

```
public List parseRequest(HttpServletRequest)
```

3. getFileSizeMax()

获取 FileItem 对象文件大小的最大值，返回值为 Long 类型。FileItem 对象为 parseRequest()方法获取 List 中的元素。其语法格式如下。

```
public void setFileSizeMax(Long fileSizeMax)
```

Common-FileUpload 组件在处理表单时需要使用 ServletFileUpload 类的 parse Request(request)方法获取上传文件的 List 集合，然后使用 isFormFile()方法判断是普通的表单属性还是一个文件，如果是普通的表单属性，可以通过 FileItem 对象的 getFieldName()方法获取表单元素的名称。例如：

```
fileitem.getFileName();
```

获取表单元素的值可以使用 FileItem 对象的 getString()方法。例如：

```
String formname=item.getFieldName();            //获取表单元素名
String formcon=item.getString("utf-8");         //获取表单内容
    if(formname.equals("name")){
    name=formcon;
    }
```


上述代码中，设置编码格式为 utf-8 是为了避免乱码。

10.1.4 限制文件类型类 SuffixFileFilter

如果上传文件的类型为可执行文件，可能会对服务器造成安全隐患，因此需要限制文件的上传类型。因此需要应用 Common-io 组件中的 SuffixFileFilter 类，该类用于过滤文件的后缀名，也就是过滤文件类型。该类提供了三个构造方法，如表 10-1 所示。

表 10-1 SuffixFileFilter 类的构造方法

方法	描述
public SuffixFileFilter(String suffix)	参数 suffix 表示要过滤的文件后缀字符串
public SuffixFileFilter(String[] suffixs)	参数 suffixs 表示要过滤的文件后缀字符串数组
public SuffixFileFilter(List suffixs)	参数 suffixs 表示要过滤的文件后缀字符串集合

该类主要应用的方法就是 accept(File file)方法，该方法为过滤方法，参数 file 表示要过滤的文件对象。如果 file 对象的文件类型与构造方法中指定的字符串、字符串数组或集合所表示的后缀相同则返回 true；否则返回 false。

例如，要对“.exe”和“.dat”文件进行过滤，示例代码如下。

```
String files[]=new String[]{".exe",".dat"};
SuffixFileFilter filter=new SuffixFileFilter(files);
```

10.1.5 实现上传

使用 Common-FileUpload 组件实现文件上传时，需要实现以下几个步骤。

（1）首先要创建一个 JSP 页面用来添加上传文件的表单及其表单元素。在该表单中需要通过文件域指定要上传的文件，示例代码如下。

```
<input type="file" name="fileupload">
```

上述属性的意义如下。

① name：用于指定文件域的名称。

② type：用于指定标记的类型，这里需要使用 file 类型，表示文件域。

文件域需要被定义在 form 表单下，而 form 表单的 enctype 属性必须被设置为 multipart/form-data，否则文件无法上传。

（2）使用 Common-FileUpload 组件实现文件上传时，需要通过 DiskFileItemFactory 工厂类创建一个 DiskFileItemFactory 对象，通过它来解析请求。示例代码如下。

```
DiskFileItemFactory factory= new DiskFileItemFactory();
ServletFileUpload upload=new ServletFileUpload(factory);
```

（3）创建一个文件上传对象后，即可应用该对象解析上传请求。在解析上传请求时，首先要获取全部的表单项，如果为普通表单输入域则做普通表单输入域的操作，如果为文件域就应该做相应的文件上传处理。想要获取所有的表单项，可以通过文件上传对象的 parseRequest()方法来实现。示例代码如下。

```
List list=upload.parseRequest(request);
```

上述代码的作用为获取全部的表单项，其中 request 为 HttpServletRequest 对象。获取所有表单项以后将其放入 list 集合中，然后再进行其他的操作，示例代码如下。

```
Iterator iterator=list.iterator();
    while(iterator.hasNext()){
        FileItem item=(FileItem)iterator.next();    //创建 FileItem 实例
        if(!item.isFormField()){
            //省略部分代码
        }
    }
```

为了遍历出所有文件域，上述代码在遍历时调用 FileItem 实例的 isFormField()方法，该方法能够判断获取到的表单域是否为文件域。如果是则准备文件上传工作；否则进行其他操作。

（4）在实现文件上传过程时需要获取上传文件的文件名，这可以通过 FileItem 类的 getName()方法实现。例如：

```
String filePath=item.getName();
```

注 意

getName()方法只是在表单域为文件域时才有效。

在上传文件时通过 getSize()方法能够获取上传文件大小，示例代码如下。

```
Long fileSize=item.getSize();
```

在上传文件时通过 getContentType()方法能够获取上传文件的类型，示例代码如下。

```
String fileType=item.getContentType();
```

【练习 3】

通过上面的介绍，我们知道了 Common-FileUpload 组件与文件上传有关的方法，下面通过一个简单的案例来演示具体的文件上传实现过程。

（1）在 Web 项目 chapter10 的 WebRoot 目录下创建 index.jsp 页面，在该页面中添加一个文件域的表单，设置提交类型为 multipart/form-data。主要代码如下。

```
<h2><img src="imgs/bullet1.gif" />上传图书封面</h2>
<div class="prod clear">
<form action="FileUpload" name = "one" enctype="multipart/form-data"
method="post">
    选择一张图片<input type="file" name="fileupload" value= "upload"/><br>
    <input type = "submit" value ="上传">      <input type = "reset"
value = "取消">
</form>
</div>
```


（2）index.jsp 页面中的文件上传表单将请求提交到名为 FileUpload 的 Servlet 中，并将上传的文件写入项目下的 upload 目录。FileUpload 主要代码如下：

```
public  void  doPost(HttpServletRequest  request,  HttpServletResponse
response)
            throws ServletException, IOException {
        response.setCharacterEncoding("utf-8");
        response.setContentType("text/html;charset=utf-8");
        PrintWriter out = response.getWriter();
        String uploadpath="";//定义上传文件地址
        //实例化一个硬盘文件工厂，用来配置上传组件 ServletFileupload
    DiskFileItemFactory factory= new DiskFileItemFactory();
    //创建处理工具（ServletFileupload 对象）
    ServletFileUpload upload=new ServletFileUpload(factory);
    int maxsize=5*1024*1024;
    upload.setHeaderEncoding("utf-8");
    List<FileItem> items = null;
        try {//解析请求
            items = upload.parseRequest(request);
        } catch (FileUploadException e) {
            e.printStackTrace();
        }
    Iterator<FileItem> iterator=items.iterator();//创建列表迭代器
       File uploadFile = new File(request.getSession().getServletContext().
```

```
        getRealPath("/") + "upload/");
          uploadpath=uploadFile.getAbsolutePath()+File.separator +uploadpath;
      if (uploadFile.exists()==false) {
           uploadFile.mkdir();
      }
      while(iterator.hasNext()){
          FileItem item=(FileItem)iterator.next();
          if(!item.isFormField()){
          String filePath=item.getName();                  //获取源文件路径
          if(filePath!=null){
              File filename=new File(item.getName());
          }
          if(item.getSize()>maxsize){
              out.print("<p align='center'>上传失败，文件大小不得超过 5M
              </p>");
                  break;
      }
    File saveFile=new File(uploadpath,filePath);
    try {
      item.write(saveFile);
              out.println("<p align='center'>文件上传成功!!<p>");
          } catch (Exception e) {
              //TODO Auto-generated catch block
              e.printStackTrace();
              out.println("<p align='center'>文件上传失败!!<p>");
          }
      }
  }
```

上述代码执行结束以后，如果上传成功则页面显示“文件上传成功!!”，否则显示“文件上传失败!!”。

（3）运行 index.jsp 页面，在文件上传表单中选择一个文件。选择完毕之后单击【上传】按钮，文件开始上传，如图 10-1 所示。如果上传成功页面会显示“文件上传成功!!”。可以在网站根目录下的 upload 文件夹中查看上传的文件，如图 10-2 所示。

图 10-1　选择文件并上传

图 10-2　查看上传的文件

10.2 实验指导 10-1：限制上传类型

在 10.1 节使用 Common-FileUpload 组件实现了一个最简单的上传文件功能，以此演示了该组件的使用方法。本次实例将在该功能的基础之上添加对文件类型的限制，实现不能上传 jpg、gif、png 和 bmp 类型文件。具体步骤如下。

（1）在 chapter10 项目 WebRoot 目录下创建 JSP 文件 limit.jsp，该文件主要代码如下。

```
<h2><img src="imgs/bullet1.gif" />上传图书课件</h2>
<form action="LimitFile" name = "one" enctype="multipart/form-data"
method="post">
    选择一个 rar 或者 zip 文件<input type="file" name="fileupload" value=
    "upload"/><br>
    <input type = "submit" value ="上传">  <input type = "reset" value =
    "取消">
</form>
```

上述代码指定提交以后将请求交给 LimitFile 处理，LimitFile（Servlet）用来处理判断文件类型是否匹配，上传文件，显示上传结果。

（2）创建名为 LimitFile 的 Servlet，并在 doPost()方法中编写实现代码，如下所示。

```
public void doPost(HttpServletRequest request, HttpServletResponse
response)
        throws ServletException, IOException {
    request.setCharacterEncoding("utf-8");
    response.setCharacterEncoding("utf-8");
    response.setContentType("text/html;charset=utf-8");
    PrintWriter out = response.getWriter();
    String uploadpath = "";
    DiskFileItemFactory factory = new DiskFileItemFactory();
    factory.setSizeThreshold(30 * 1024);
    factory.setRepository(factory.getRepository());
    ServletFileUpload upload = new ServletFileUpload(factory);
    List list = null;
    try {
        list = upload.parseRequest(request);
        String[] limit = new String[] { ".jpg", ".gif",".png",".bmp" };
        //定义限制的文件类型
        SuffixFileFilter filter = new SuffixFileFilter(limit);
        //获取 SuffixFileFilter 实例
        Iterator iterator = list.iterator();
        while (iterator.hasNext()) {
            FileItem item = (FileItem) iterator.next();
            if (!item.isFormField()) {
                String filePath = item.getName();
                if (filePath != null) {
                    File filename = new File(item.getName());
                }
```

```
                File uploadFile = new File(request.getSession().getServlet
                Context().getRealPath("/")+ "upload/");
                uploadpath = uploadFile.getAbsolutePath() + File.separator
                + uploadpath;
                File saveFile = new File(uploadpath, filePath);
                boolean flag = filter.accept(saveFile);
                if (flag) {                    //如果 flag 为真，提示错误信息
                    out.print("禁止上传图片文件。 ");
                    break;
                } else {
                    try {
                        item.write(saveFile);
                        out.println("<p align='center'>文件上传成功!!<p>");
                    } catch (Exception e) {
                        e.printStackTrace();
                        out.println("<p align='center'>文件上传失败!!
                        <p>");
                    }
                }
            }
        }
    } catch (FileUploadException e1) {
        e1.printStackTrace();
    }
}
```


上述代码在字符串数组 limit 中定义了不允许上传的文件类型，然后将该数组传递给 SuffixFileFilter 类的构造函数。再通过该类的 accept()方法验证当前上传的文件是否符合条件。最后将文件保存到项目的 upload 目录下。

（3）运行程序，在浏览器地址栏中输入“http://localhost:8080/chapter10/limit.jsp”，打开上传界面。选择一个非图片类文件，例如 PDF 文件，然后单击【上传】按钮将显示文件上传成功，如图 10-3 所示。如果上传 jpg、gif、png 和 bmp 类型文件将会提示禁止上传。

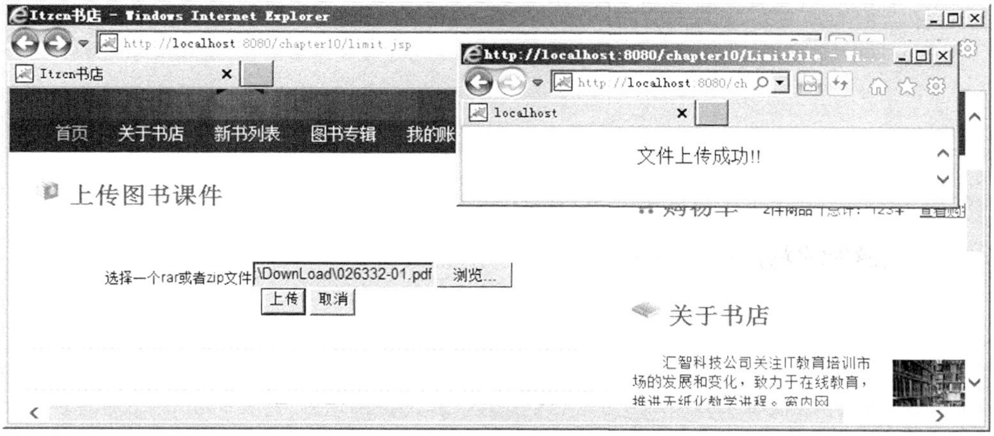

图 10-3　限制上传文件类型

10.3 实验指导 10-2：无组件文件上传

虽然使用 Common-FileUpload 组件可以方便地上传文件，但它本质上使用的是 Java 文件流技术，只是进行了封装。因此了解无组件文件上传也是非常有必要的。

如果要把一个文件从客户端上传到服务器端，需要在客户端和服务器端建立一个通道传递文件的字节流，并在服务器端进行上传操作。这通常要用到两个 JSP 页面，第一个 JSP 页面用于选择要上传的文件，第二个 JSP 页面用于从客户端获取该文件里面的信息，并把这些信息以与客户端相同的格式保存在服务器端，即文件上传的功能实现页面。

本次实例将详细介绍使用 JSP 无组件实现上传功能的过程。

（1）在 Web 项目 chapter10 的 WebRoot 目录下创建 uploadfile.jsp 页面。在该页面中添加一个文件域的表单，设置提交类型为 multipart/form-data。主要实现代码如下。

```
<h2><img src="imgs/bullet1.gif" />上传图书封面</h2>
<div class="prod clear">
<form action="upload.jsp" enctype="multipart/form-data" method="post">
    选择一张图片<input type="file" name="fileupload" value="upload"/><br>
    <input type = "submit" value ="上传">
    <input type = "reset" value = "取消">
</form>
</div>
```


在上述代码中，需要注意的是<form method="post" action="upload.jsp" enctype="multipart/form-data">语句，该语句的 method 属性表示提交信息的方式是采用数据块，action 属性表示处理信息的页面，ENCTYPE="multipart/form-data"表示以二进制的方式传递提交的数据。

（2）创建 upload.jsp 页面获取提交过来的文件信息，并保存在项目的 upload 目录中，主要实现代码如下。

```
<%
   int MAX_SIZE = 102400 * 102400;                 //定义上载文件的最大字节
   String rootPath;                                //创建根路径的保存变量
   DataInputStream in = null;                      //声明文件读入类
   FileOutputStream fileOut = null;
   String remoteAddr = request.getRemoteAddr();//取得客户端的网络地址
   rootPath = request.getSession().getServletContext().getRealPath("/")
   + "upload/";                                    //创建文件的保存目录
   out.println("<h3>上传文件保存目录为"+rootPath+"</h3>");
   String contentType = request.getContentType();//取得客户端上传的数据类型
try{
   if(contentType.indexOf("multipart/form-data") >= 0){
   in = new DataInputStream(request.getInputStream()); //读入上传的数据
   int formDataLength = request.getContentLength();
   if(formDataLength > MAX_SIZE){
      out.println("<P>上传的文件字节数不可以超过" + MAX_SIZE + "</p>");
```

```
        return;
    }
    byte dataBytes[] = new byte[formDataLength];     //保存上传文件的数据
    int byteRead = 0;
    int totalBytesRead = 0;
    while(totalBytesRead < formDataLength){       //上传的数据保存在 byte 数组
         byteRead = in.read(dataBytes,totalBytesRead,formDataLength);
        totalBytesRead += byteRead;
}
    String file = new String(dataBytes);          //根据 byte 数组创建字符串
    String saveFile = file.substring(file.indexOf("filename=\"") + 10);
                                                  //取得上传的数据的文件名
    saveFile = saveFile.substring(0,saveFile.indexOf("\n"));
    saveFile = saveFile.substring(saveFile.lastIndexOf("\\") + 1,saveFile.
    indexOf("\""));
    int lastIndex = contentType.lastIndexOf("=");
    String boundary = contentType.substring(lastIndex + 1,contentType.
    length());                                    //取得数据的分隔字符串
    String fileName = rootPath + saveFile;
    int pos;
    pos = file.indexOf("filename=\"");
    pos = file.indexOf("\n",pos) + 1;
    pos = file.indexOf("\n",pos) + 1;
    pos = file.indexOf("\n",pos) + 1;
    int boundaryLocation = file.indexOf(boundary,pos) - 4;
    int startPos = ((file.substring(0,pos)).getBytes()).length;
                                                  //取得文件数据的开始的位置
    int endPos = ((file.substring(0,boundaryLocation)).getBytes()).length;
                                                  //取得文件数据的结束的位置
    File checkFile = new File(fileName);          //检查上载文件是否存在
    if(checkFile.exists()){
         out.println("<p>" + saveFile + "文件已经存在.</p>");
     }
    File fileDir = new File(rootPath);        //检查上载文件的目录是否存在
    if(!fileDir.exists()){
       fileDir.mkdirs();
     }
    fileOut = new FileOutputStream(fileName);           //创建文件的写出类
    fileOut.write(dataBytes,startPos,(endPos - startPos)); //保存文件的数据
    fileOut.close();
     out.println("<p align='center'><font color=red size=5>" + saveFile +
     "文件成功上传.</font></p>");
    }
    else{
    String content = request.getContentType();
    out.println("<p>上传的数据类型不是 multipart/form-data</p>");
     }
    }catch(Exception ex)
```

```
    {
        throw new ServletException(ex.getMessage());
    }
%>
<a href="uploadfile.jsp">继续上传文件</a>
```

将上述代码保存名称为 upload.jsp。代码实际上分为两个部分，一部分是获取上传的文件的属性信息和文件内容，一部分是将获得的信息转换为指定格式的文件保存在服务器的上面。

然后使用字符串对象的方法 substring 拆分指定的字符串内容。语句 new DataInputStream(request.getInputStream())表示建立一个管道，指向要上传的文件，并以数据流的形式读取文件的内容，request.getInputStream()表示获取上传的文件信息，返回的类型是 InputStrem 输入流对象。在这里需要注意的是字符串的使用。in.read(dataBytes，totalBytesRead，formDataLength)表示读取客户端的信息并放入到 dataBytes 字节数组中，从指定的位置开始，保存指定的长度。依据字节数组保存的信息，来获取要上传的文件的名字，这里还使用了 String 对象的拆分的功能。

在保存该文件之前还要使用 if(checkFile.exists())判断上传的文件是否存在，使用 if(!fileDir.exists()) 检查保存的文件目录是否存在。一切检查完成后，使用 fileOut.write(dataBytes，startPos，(endPos - startPos))语句保存文件信息，即把字节数组里面的信息放入到 File checkFile = new File(fileName)语句创建的文件中去。最后输出上传文件的名字是否成功。

（3）运行文件上传表单，单击【浏览】按钮选择一个要上传的文件，效果如图 10-4 所示。

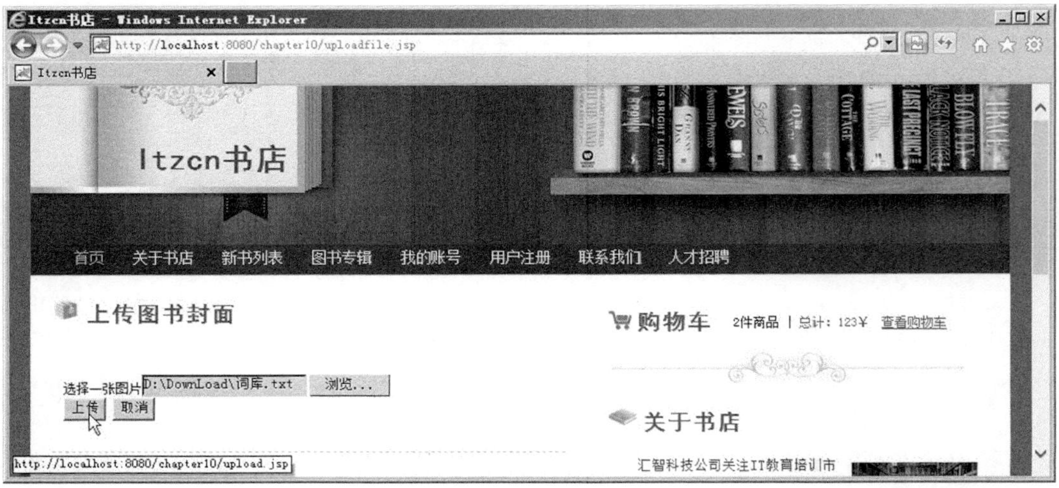

图 10-4　选择文件窗口

（4）选择完毕后单击【上传】按钮就会显示上传结果，如图 10-5 所示。上传成功后，可以查看服务器目录中是否存在该文件。

图 10-5 无组件上传上传成功

10.4 实验指导 10-3：无组件文件下载

文件下载与文件上传是相反的操作，文件下载可以将服务器端的文件保存在本地，如下载电影、下载歌曲和文档等。

与上传相比，文件下载功能的实现比较简单，无须使用第三方组件，而是直接使用 JSP 的内置类。这些类分别是文件类 File、字节输入流类 FileInputStream 和字节输出流类 OutputStream。

本次实例将详细介绍实现文件下载的过程，实例一共需要用到 4 个文件，具体实现步骤如下。

（1）首先在 Web 项目 chapter10 中创建 GetFile.java 文件定义一个 GetFile 类。再编写 getPath()方法来获取某路径下的所有文件，主要代码如下。

```
public class GetFile {
    private static ArrayList<String> filelist = new ArrayList<String>();
    public static List<String> getPath(String filePath){
        List<String> list = new ArrayList<String>();
        File root = new File(filePath);
         File[] files = root.listFiles();
         for(File file:files){
            if(file.isDirectory()){          //递归调用
             getPath(file.getAbsolutePath());
             filelist.add(file.getAbsolutePath());
            }else{
             SimpleDateFormat sdf = new SimpleDateFormat("yyyy-MM-dd");
                 String time =  sdf.format(new Date(file.lastModified
                 ()));
                 list.add(file.getAbsolutePath()+ "#" + new File(file.
```

```
                getAbsolutePath()).getName()+ "#" + time + "#"+(new
                File(file.getAbsolutePath())).length()+"字节" );
            }
        }
        return list;
    }
}
```

其中，file.getAbsolutePath()用来获取文件的路径，getName()用来获取文件的名称，time 为创建文件的时间，length 为文件的大小，单位为字节。最后查找的文件结果返回为 list 集合。

(2)创建一个名为 DownLoadFile 的 Servlet，该 Servlet 用于调用 GetFile 类的 getPath()方法获取项目 upload 目录下的文件，然后将文件集合 list 传到页面 list.jsp，以供下载。主要代码如下。

```
public void doGet(HttpServletRequest request, HttpServletResponse
response)
        throws ServletException, IOException {
    response.setCharacterEncoding("gb2312");
    response.setContentType("text/html;charset=gb2312");
    request.setCharacterEncoding("gb2312");
    List<String> list = GetFile.getPath(request.getSession().getServlet
    Context().getRealPath("/") + "upload/");
    request.setAttribute("list",list);
    request.getRequestDispatcher("list.jsp").forward(request, response);
}
```

(3) 接下来创建 list.jsp 页面，将由 Servlet 传来的 list 集合的内容显示到页面中，并提供下载链接，主要代码如下。

```
<% List<String> list=(List) request.getAttribute("list");%>
  <table border="0" cellpadding="4" cellspacing="1" bgcolor="#CBD8AC"
  width="100%">
   <tr align="center" bgcolor="#FAFAF1" >
    <td>文件名称</td>
    <td>上传时间</td>
    <td>文件大小</td>
    <td>操    作</td>
   </tr>
   <%for (String str :list){%>
   <tr align="center">
   <%
   String param[] = str.split("#");
  %>
  <td align="center"><%=param[1]%></td>
  <td align="center"><%=param[2]%></td>
  <td align="center"><%=param[3]%></td>
   <td align="center"><a href ="download.jsp?path=<%=param[0]%>">下载
```

```
    </a></td>
    </tr><%
}%></table>
```

上述代码中“List<String> list=(List) request.getAttribute("list")”用来接收 Servlet 中的 list 集合，“String param[] = str.split("#");”用来分割字符串。

（4）创建 download.jsp 实现文件下载功能。根据 list.jsp 页面提交过来的路径信息创建 File 文件对象，然后将响应头设置为下载格式，之后通过输出流以流的方式输出。主要代码如下。

```
<%
    request.setCharacterEncoding("gb2312");
    response.setCharacterEncoding("gb2312");          //设置响应编码格式
    response.setContentType("text/html;charset=gb2312");
    String pathname = request.getParameter("path"); //获取传递过来的参数
    pathname = new String(pathname.getBytes("iso8859-1"), "gb2312");
    File file = new File(pathname);                        //创建 File 对象
    out.println(java.net.URLEncoder.encode(file.getName(), "iso8859-1"));
    out.println(java.net.URLEncoder.encode(file.getName(), "gb2312"));
    out.println(URLDecoder.decode(file.getName(), "utf-8"));
    if (file.exists() == false) {
        out.println("<p align ='center'>文件不存在或已被删除，下载失败!!<p>");
    } else {
        InputStream ins = new FileInputStream(file);
                                          //创建 InputStream 对象，读取文件
        OutputStream os = response.getOutputStream();  //获取响应输出流
        response.addHeader(
                "Content-Disposition",
                "attachment;filename="
                        + java.net.URLEncoder.encode(file.getName(),
                        "gb2312"));
        response.addHeader("Content-Length", file.length() + "");
        response.setContentType("application/octet-stream");
                                                    //设置响应正文类型
        int data = 0;
        while ((data = ins.read()) != -1) {        //从文件流中循环读取字节
            os.write(data);                        //将输出字节流
        }
        out.clear();
        out = pageContext.pushBody();
        os.close();
        ins.close();
    }
%>
```

（5）运行 http://localhost:8080/chapter10/DownLoadFile 文件查看下载页面，会看到所

有文件的名称、上传时间、文件大小以及下载链接，如图 10-6 所示。

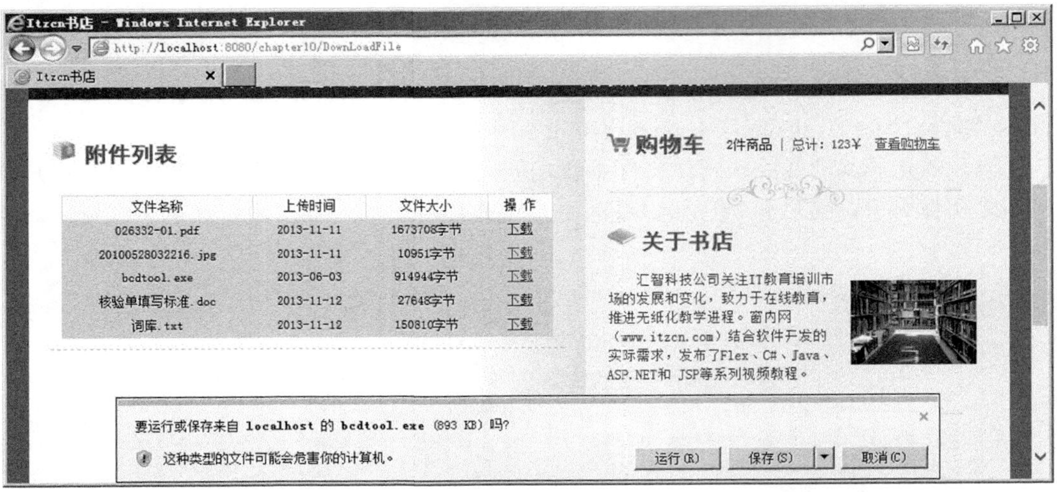

图 10-6　下载文件

（6）单击【下载】链接就会提示是保存还是打开文件，单击【保存】按钮即可将文件下载下来；单击【取消】按钮回到原页面。

10.5 发送 E-mail

对于网站来说，具有发送接收 E-mail 的功能是能够提高访问量的好办法。在 JSP 中，使用 Java Mail 组件能够实现发送邮件的功能，下面详细介绍它的用法。

10.5.1 Java Mail 组件简介

JavaMail API 是一个用于阅读、编写和发送电子信息的集成包。与 Eudora、Pine 及 Microsoft Outlook 相似，这个包用来创建邮件用户代理类型程序。MUA 类型的程序能让用户阅读和书写邮件，而它依赖邮件传输代理处理实际消息传输。

JavaMail 体系可以分为如下三层，JavaMail API 包抽象层、Interent 邮件实现层和协议实现层。

（1）抽象层。该层定义了用于邮件处理功能的抽象类、接口和抽象方法，所有的邮件系统都支持这些功能，它独立于供应商和协议信息。抽象层位于 JavaMail 顶级包（即 javax.mail）内。

（2）Internet 邮件实现层。该层实现了部分抽象层元素，它遵循 Internet 标准——RFC822 和 MIME。Internet 邮件实现层所定义的类和接口大多位于 java.mail.internet 包内。

（3）协议实现层。该层有服务提供商实现对特定协议的支持，如 SMTP、POP、IMAP

和 NNTP。

图 10-7 描述了 JavaMail 的分层体系，JavaMail 客户机使用 JMS API，服务供应商提供 JMS API 的实现。

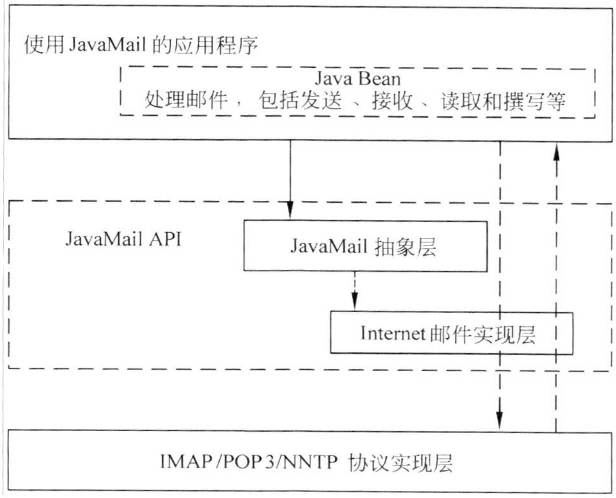

图 10-7 JavaMail 分层体系

10.5.2 Java Mail 核心类

核心 JavaMail API 可以分为两部分，一部分由 7 个类组成：Session、Message、Address、Authenticator、Transport、Store 和 Folder，它们都来自 JavaMail API 顶级包。这些类可以完成大量常见的电子邮件任务，包括发送消息、检索消息、删除消息、认证、回复消息、转发消息、管理附件、处理基于 HTML 文件格式的消息以及搜索或过滤邮件列表。图 10-8 描述了 JavaMail 邮件收发过程。

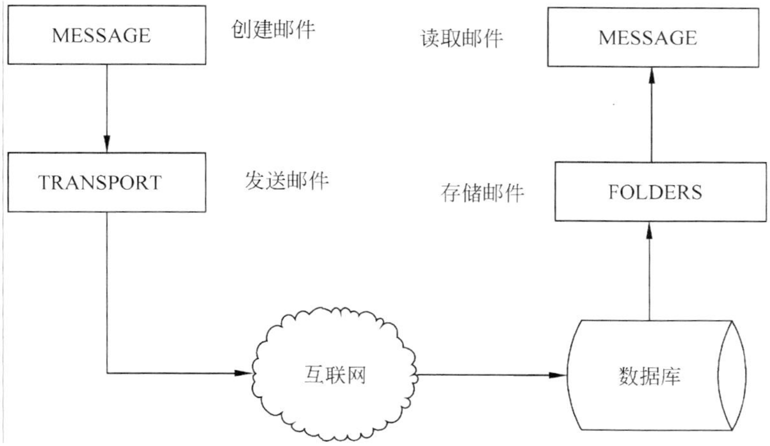

图 10-8 JavaMail 邮件收发过程

下面给出这 7 个核心类的简单介绍，以使读者能对 JavaMail 框架有个大体的了解。

1. java.mail.Session

Session 类定义了一个基本邮件会话，它是 Java Mail API 最高层入口类，所有其他类都必须经由 Session 对象才得以生效。Session 对象管理配置选项和用于与邮件系统交互的用户认证信息，它使用 Java.mail.Properties 对象获取信息，如邮件服务器、用户名、密码以及整个应用程序中共享的其他信息。

Session 类的构造方法是私有的，所以可以使用 Session 类提供的 getDefaultInstance() 这个静态工厂方法获得一个默认的 Session 对象。

```
Properties props = new Properties();
Session session = Session.getDefaultInstance(props, null);
```

或者使用 getInstance()这个静态工厂方法获得自定义的 Session。

```
Properties props = new Properties();
Session session = Session.getInstance(props, null);
```

2. java.mail.Message

获得 Session 对象后，可以使用 Message 类继续创建要发送的邮件信息。Message 实现了 Part 接口，它表示一个邮件消息，包含一系列属性和一个消息内容。

Message 是个抽象类，实际使用时必须用一个子类代替以表示具体的邮件格式。例如，JavaMail API 提供了 MimeMessage 类，该类扩展自 Message，实现了 RFC822 和 MIME 标准。Message 的子类通常通过字节流构建其相应实例。

可以用如下的方法创建一个 Message。

```
MimeMessage message = new MimeMessage(session);
```

一旦得到了 message，就可以设置它的各个部分（parts）。设置内容（content）的基本机制是使用 setContent()方法。

```
message.setContent("Email Content. ","text/plain");
```

> **注意**
> 对于普通文本类型的邮件，有一种机制是首选（message.setText("Email Content. ")）的设置内容的方法。如果要创建其他类型的 message，比如 HTML 类型的 message，那么还需要使用前者（message.setContent("Email Content. ","text/html");）

设置主题（subject）使用的是 setSubject()方法，代码如下所示。

```
message.setSubject("Subject ");
```

3. java.mail.Address

Address 类表示电子邮件地址，它是一个抽象类。javax.mail.internet.InternetAddress

类提供具体实现，且通常可串行化。

在创建了 Session 和 Message 并设置了消息内容后，可以用 Address 确定邮件消息的发送者和接收者地址。

创建一个地址非常简单，代码如下所示。

```
Address address = new InternetAddress("suixin@asiainfo.com");
```

这时，需要为 message 的 from 以及 to 字段创建 address 对象。为了识别发送者，需要使用 setFrom()和 setReplyTo()方法。

```
messge.setFrom(address);
```

如果 message 需要显示多个 from 地址，可以使用 addFrom()方法。

```
Address address[] = {....};
message.addFrom(address);
```

为了辨识 message 的收件人，需要使用 setRecipient()方法。这个方法除了 address 参数之外，还需要一个 Message.RecipientType。

```
message.addRecipient(type,address);
```


Message.RecipientType 有如下几个预先定义类型。

（1）Message.RecipientType.TO：收件人。

（2）Message.RecipientType.CC：抄送。

（3）Message.RecipientType.BCC：暗送。

4. javax.mail.Authenticator

通过 Authenticator 设置用户名、密码，来访问受保护的资源，这里的资源一般指的是邮件服务器。

Authenticator 也是一个抽象类，需要自己编写子类以备应用。编写时需要实现 getPasswordAuthentication()方法，并返回一个 PasswordAuthentication 实例。使用时必须在 session 被创建时注册 Authenticator。这样，当需要进行认证时，Authenticator 就可以被获得。

```
Properties props = new Properties();
//设置属性
Authenticator auth = new YourAuthenticator();
Session session = Session.getDefaultInstance(props, auth);
```

5. java.mail.Transport

Transport 类在发送信息时将被用到。这个类实现了发送信息的协议（通称为 SMTP），此类是一个抽象类，可以使用这个类的静态方法 send()来发送消息。

```
Transport.send(message);
```

当然，方法是多样的。也可由 Session 获得相应协议对应的 Transport 实例。并通过传递用户名、密码、邮件服务器主机名等参数建立与邮件服务器的连接，并使用 sendMessage()方法将信息发送，最后关闭连接。

```
message.saveChanges(); //implicit with send()
Transport transport = session.getTransport("smtp");
transport.connect(host, username, password);
transport.sendMessage(message, message.getAllRecipients());
transport.close();
```

注 意

如果需要在发送邮件过程中监控 mail 命令，可以在发送前设置 debug 标志。

```
session.setDebug(true)
```

6. java.mail.Store 和 java.mail.Folder

接收邮件和发送邮件很类似，都要用到 Session。但是在获得 Session 后，需要从 Session 中获取特定类型的 Store，然后连接到 Store，这里的 Store 代表了存储邮件的邮件服务器。在连接 Store 的过程中，可能需要用到用户名、密码或者 Authenticator。


```
Store store = session.getStore("pop3");
store.connect(host, username, password);
```

在连接到 Store 后，一个 Folder 对象即目录对象将通过 Store 的 getFolder()方法被返回，可从这个 Folder 中读取邮件信息。

```
Folder folder = store.getFolder("INBOX");
folder.open(Folder.READ_ONLY);
Message message[] = folder.getMessages();
```

上面的例子首先从 Store 中获得 INBOX 这个 Folder（对于 POP3 协议只有一个名为 INBOX 的 Folder 有效），然后以只读（Folder.READ_ONLY）的方式打开 Folder，最后调用 Folder 的 getMessages()方法得到目录中所有 Message 的数组。

在读取邮件时，可以用 Message 类的 getContent()方法接收邮件或是 writeTo()方法将邮件保存，getContent()方法只接收邮件内容（不包含邮件头），而 writeTo()方法将包括邮件头。

```
System.out.println(((MimeMessage)message).getContent());
```

在读取邮件内容后，不要忘记关闭 Folder 和 Store。

```
folder.close(aBoolean);store.close();
```

传递给 Folder.close()方法的 boolean 类型参数表示是否在删除操作邮件后更新 Folder。

10.5.3 设置 Java Mail

在前面介绍了 Java Mail 组件的配置及核心类，使用具体 Java Mail 发送邮件之前通常都会自己封装一个类，并对邮件的信息进行配置。

【练习 4】

首先定义一个 MailSenderInfo 类用于设置邮件，代码如下所示。

```
public class MailSenderInfo {
    private String mailServerHost;          //发送邮件的服务器的 IP
    private String mailServerPort = "25";   //发送邮件的服务器的端口
    private String fromAddress;             //邮件发送者的地址
    private String toAddress;               //邮件接收者的地址
    private String userName;            //登录邮件发送服务器的用户名和密码
    private String password;            //登录邮件发送服务器和密码
    private boolean validate = false;   //是否需要身份验证
    private String subject;             //邮件主题
    private String content;             //邮件的文本内容
    private String[] attachFileNames;   //邮件附件的文件名
    //省略 Getters 和 Setters
    /**
     * 获得邮件会话属性
     */
    public Properties getProperties() {
        Properties p = new Properties();
        p.put("mail.smtp.host", this.mailServerHost);
        p.put("mail.smtp.port", this.mailServerPort);
        p.put("mail.smtp.auth", validate ? "true" : "false");
        return p;
    }
}
```

如上述代码所示，在 MailSenderInfo 类中主要设置了发送邮件的基本信息 get 和 set 方法。

然后定义一个 SimpleMailSender 类用于发送邮件，主要代码如下所示。

```
public class SimpleMailSender {
    /**
     * 以文本格式发送邮件
    * @param mailInfo
     *待发送的邮件的信息
     */
    public boolean sendTextMail(MailSenderInfo mailInfo) {
        //判断是否需要身份认证
    MyAuthenticator authenticator = null;
    Properties pro = mailInfo.getProperties();
    if (mailInfo.isValidate()) {
```

```
        //如果需要身份认证，则创建一个密码验证器
        authenticator = new MyAuthenticator(mailInfo.getUserName(),
        mailInfo.getPassword());
    }
    //根据邮件会话属性和密码验证器构造一个发送邮件的 session
    Session sendMailSession = Session.getDefaultInstance(pro, authentic-
    cator);
    try {
        //根据 session 创建一个邮件消息
        Message mailMessage = new MimeMessage(sendMailSession);
        //创建邮件发送者地址
        Address from = new InternetAddress(mailInfo.getFromAddress());
        //设置邮件消息的发送者
        mailMessage.setFrom(from);
        //创建邮件的接收者地址，并设置到邮件消息中
        Address to = new InternetAddress(mailInfo.getToAddress());
        mailMessage.setRecipient(Message.RecipientType.TO, to);
        //设置邮件消息的主题
        mailMessage.setSubject(mailInfo.getSubject());
        //设置邮件消息发送的时间
        mailMessage.setSentDate(new Date());
        //设置邮件消息的主要内容
        String mailContent = mailInfo.getContent();
        mailMessage.setText(mailContent);
        //发送邮件
        Transport.send(mailMessage);
        return true;
    } catch (MessagingException ex) {
        ex.printStackTrace();
    }
    return false;
    }
}
```


在上述代码中，首先使用 mailInfo.isValidate()来判断是否需要身份认证，如果需要身份认证，就创建一个密码验证器“new MyAuthenticator(mailInfo.getUserName(), mailInfo.getPassword())”；然后根据“Session sendMailSession = Session.getDefaultInstance(pro, authenticator)”构建邮件发送的 Session，其中 pro 为邮件会话的属性，authenticator 为密码验证器。

其次根据 session 创建一个邮件消息“Message mailMessage = new MimeMessage(sendMailSession)”并设置邮件信息的地址和发送者；再次使用“Address to = new InternetAddress(mailInfo.getToAddress())”将邮件的接收地址创建到邮件信息中；最后使用 Transport.send("")将邮件消息发送出去。

MyAuthenticator 类继承了 Authenticator 类，主要代码如下所示。

```
public class MyAuthenticator extends Authenticator {
    String userName = null;
    String password = null;
```

```
    public MyAuthenticator() {
    }
    public MyAuthenticator(String username, String password) {
        this.userName = username;
        this.password = password;
    }
    protected PasswordAuthentication getPasswordAuthentication() {
        return new PasswordAuthentication(userName, password);
    }
}
```

在 MyAuthenticator 类中，该类继承了 Authenticator，它代表一个可以为网络连接获取认证信息的对象，它通常通过提示用户输入用户名和密码来收集认证信息，使连接可以访问受保护的资源。

10.5.4 实现发送 E-mail

经过 10.5.3 节的邮件配置工作，基本工作已经准备好了。接下来便可以在 JSP 页面中填写发送邮件的信息，并提交到 JavaMail（Servlet）中进行处理。具体步骤如下所示。

【练习 5】

首先创建一个名为 sendmail.jsp 的文件，然后设计发送邮件的表单，包括发件人、收件人、主题和内容，最后将表单提交到名为 SendMessage 的 Servlet。代码如下所示。

```
<h2><img src="imgs/bullet1.gif" />联系我们</h2>
<div class="prod clear">
<form name="SendMessage" Method="post" action="SendMessage">
<table  border="0"  cellpadding="4"  cellspacing="1"  bgcolor="#CBD8AC"
width="100%">
    <tr>
        <td>发件人： </td>
        <td><input type="text" name="From" size="30" maxlength="30">
        </td>
    </tr>
    <tr>
        <td>收件人：</td>
        <td><input type="text" name="To" size="30" maxlength="30"></td>
    </tr>
    <tr>
        <td>主题： </td>
        <td><input type="text" name="Subject" size="30" maxlength="30">
        </td>
    </tr>
    <tr>
        <td>内容： </td>
        <td><textarea name="Message" cols="40" rows=4></textarea></td>
    </tr>
```

```
    <tr>
        <td colspan="2" align="center">
            <input type="submit" value="提交"><input type="reset" value="
            重填">
        </td>
    </tr>
    </table>
    </form>
</div>
```

创建 SendMessage.java 文件，在 Servlet 的 doPost()方法中处理用户提交的邮件信息。具体代码如下所示。

```
public void doPost(HttpServletRequest request, HttpServletResponse
response)
        throws ServletException, IOException {
    response.setCharacterEncoding("gb2312");
    response.setContentType("text/html;charset=gb2312");
    request.setCharacterEncoding("gb2312");
    PrintWriter out = response.getWriter();
    String fromUserName = request.getParameter("From");    //发信人
    String toUserName = request.getParameter("To");        //收信人
    String subject = request.getParameter("Subject");      //主题
    String content = request.getParameter("Message");      //发送内容
    //MailSenderInfo 类主要是设置邮件
    MailSenderInfo mailInfo = new MailSenderInfo();
    mailInfo.setMailServerHost("smtp.163.com");
    mailInfo.setMailServerPort("25");
    mailInfo.setValidate(true);
    mailInfo.setUserName(fromUserName);
    mailInfo.setPassword("****");                       //邮箱密码
    mailInfo.setFromAddress(fromUserName);              //发信人
    mailInfo.setToAddress(toUserName);                  //收信人
    mailInfo.setSubject(subject);                       //发送主题
    mailInfo.setContent(content);                       //发送内容
    //SimpleMailSender 类主要用来发送邮件
    SimpleMailSender sms = new SimpleMailSender();
    boolean sendMil = sms.sendTextMail(mailInfo);  //发送文体格式
    if (sendMil == true)
        out.println("发送成功!! ");
    else
        out.println("发送失败!! ");
}
```

运行 sendmail.jsp 页面，然后填写发件人、收件人、主题以及内容，单击【提交】按钮之后会显示发送成功。此时登录对方邮箱即可看到邮件，如图 10-9 所示为发送 QQ 邮件时的界面和提示。

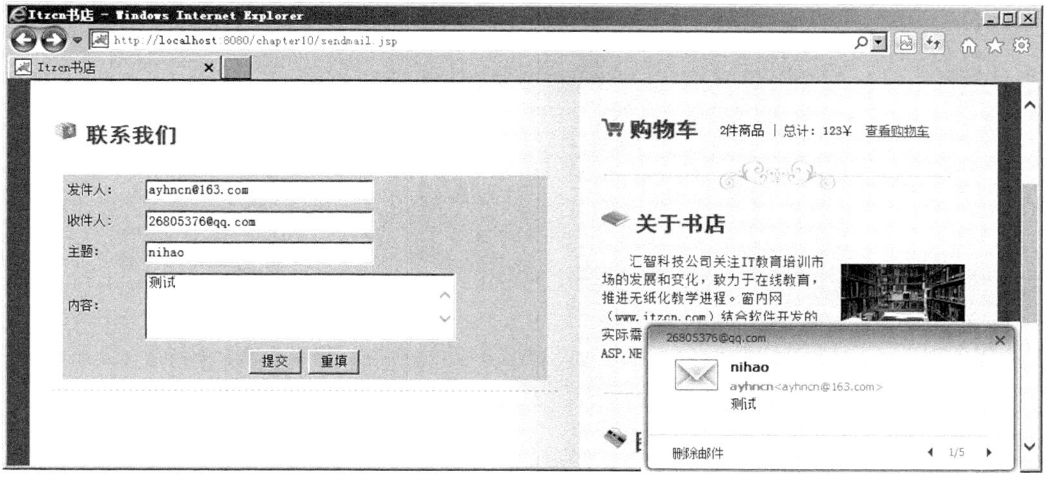

图 10-9 使用 JavaMail 发送邮件

10.6 JSP 动态图表

JFreeChart 是目前使用最多的 Java 图表类库，它支持丰富的图表类型。而且安装和使用的方法也很简单，下面就来详细了解一下。

10.6.1 JFreeChart 的下载与使用

JFreeChart 是 JFreeChart 公司开发的一个开源项目。可以从官方网站 http://www.jfree.org/jfreechart/index.html 上获取最新版本和相关资料，本书以 jfreechart-1.0.13.zip 为例进行说明。

【练习 6】

（1）解压 jfreechart-1.0.13.zip 到指定位置，其中 source 是 jfreechart 的源码。

（2）要配置成功，需要关注三个文件，分别是 jcommon-1.0.16.jar、jfreechart-1.0.13.jar 和 gnujaxp.jar。

（3）如果是 Application 开发，把上述三个文件复制到%JAVA_HOME%\LIB 中，同时加到环境变量 CLASSPATH 中。

（4）如果是 Web 开发，以 Tomcat 中的一个 Web 项目 chapter10 为例说明，那么需要把上述三个文件复制到 chapter10\WEB-INF\LIB 中，然后修改 test\WEB-INF\web.xml 文件，在其中加入如下代码。

```
<servlet>
    <servlet-name>DisplayChart</servlet-name>
    <servlet-class>org.jfree.chart.servlet.DisplayChart</servlet-class>
</servlet>
```

```
<servlet-mapping>
    <servlet-name>DisplayChart</servlet-name>
    <url-pattern>/DisplayChart</url-pattern>
</servlet-mapping>
```

至此 JFreeChart 的配置就完成了，下面就可以进行 JfreeChart 的开发了。这里要注意 JfreeChart 的类结构设计前后兼容性不是很好，不同版本的 JfreeChart 中类库结构可能不一样，有时候可能需要查源码。

10.6.2 JFreeChart 的核心类

JFreeChart 主要由两个大包组成：org.jfree.chart 和 org.jfree.data。其中，前者主要与图形本身有关，后者与图形显示的数据有关。

JFreeChart 核心类主要有以下几个。

（1）org.jfree.chart.JFreeChart：图表对象，任何类型的图表的最终表现形式都是对该对象进行一些属性的定制。JFreeChart 引擎本身提供了一个工厂类用于创建不同类型的图表对象。

（2）org.jfree.data.category.×××DataSet：数据集对象，用于提供显示图表所用的数据。根据不同类型的图表对应着很多类型的数据集对象类。

（3）org.jfree.chart.plot.×××Plot：图表区域对象，基本上这个对象决定着什么样式的图表，创建该对象的时候需要 Axis、Renderer 以及数据集对象的支持。

（4）org.jfree.chart.axis.×××Axis：用于处理图表的两个轴，纵轴和横轴。

（5）org.jfree.chart.render.×××Render：负责如何显示一个图表对象。

（6）org.jfree.chart.urls.×××URLGenerator：用于生成 Web 图表中每个项目的鼠标单击链接。

（7）×××××ToolTipGenerator：用于生成图像的帮助提示，不同类型图表对应不同类型的工具提示类。

10.6.3 生成动态图表

JFreeChart 类是一个制图对象，它的创建需要一个数据集合对象，在拥有数据集合后即可通过制图工厂进行创建。JFreeChart 提供的数据集合是多种多样的，在实际应用中要根据自己的需要选择合适的数据集合对象。下面通过介绍使用 JFreeChart 组件显示柱状图片的方法，具体步骤见练习 7。

【练习 7】

（1）在 Web 项目 chapter10 的 Web.xml 中对 JFreeChart 的 Servlet 进行配置，具体可参考 10.6.1 节。

（2）要创建柱形图，首先需要调用 JFreeChart 组件的 DefaultCategoryDataset 类创建图表的数据集合。然后调用 ChartFactory.setChartTheme()方法设置图表的主题样式，使用 ChartFactory.createBarChart3D()指定图表的标题、数据集合、横纵轴标题以及方向。

创建一个 chart.ChartUtil 类封装上面的功能，实现代码如下。

```
public class ChartUtil {
    /**
    *创建数据集合
    *@return CategoryDataset 对象
    */
    public static CategoryDataset createDataSet() {
        //实例化 DefaultCategoryDataset 对象
        DefaultCategoryDataset dataSet = new DefaultCategoryDataset();
        //向数据集合中添加数据
        dataSet.addValue(500, "图书销量", "文学");
        dataSet.addValue(100, "图书销量", "医药");
        dataSet.addValue(400, "图书销量", "儿童");
        dataSet.addValue(900, "图书销量", "机械");
        dataSet.addValue(200, "图书销量", "其他");

        return dataSet;
    }
    /**
     *创建 JFreeChart 对象
     * @return JFreeChart 对象
     */
    public static JFreeChart createChart() {
        StandardChartTheme standardChartTheme = new StandardChart-
        Theme("CN");                                    //创建主题样式
        standardChartTheme.setExtraLargeFont(new Font("隶书", Font.BOLD,
        20));                                           //设置标题字体
        standardChartTheme.setRegularFont(new Font("宋体", Font.PLAIN,
        15));                                           //设置图例的字体
        standardChartTheme.setLargeFont(new Font("宋体", Font.PLAIN,
        15));                                           //设置轴向的字体
        ChartFactory.setChartTheme(standardChartTheme); //设置主题样式
        //通过 ChartFactory 创建 JFreeChart
        JFreeChart chart = ChartFactory.createBarChart3D("一周图书销量统
        计",                                            //图表标题
                "图书分类",                              //横轴标题
                "销量（本）",                            //纵轴标题
                createDataSet(),                        //数据集合
                PlotOrientation.VERTICAL,               //图表方向
                false,                                  //是否显示图例标识
                false,                                  //是否显示 tooltips
                false);                                 //是否支持超链接
        return chart;
    }
}
```

（3）创建 jfreechart.jsp 文件，在 JSP 页面中通过 JFreeChart 组件提供的 Servlet 类 DisplayChart 来获取图片。其关键代码如下。

```
<%@ page language="java" contentType="text/html" pageEncoding="GBK"%>
<%@ page import="org.jfree.chart.servlet.ServletUtilities"%>
<%@ page import="test.ChartUtil"%>
 <h2><img src="imgs/bullet1.gif" />销量报表</h2>
 <div class="prod clear">
    <%
    String fileName = ServletUtilities.saveChartAsJPEG(ChartUtil.create
    Chart(), 450, 300, session);
    String graphURL = request.getContextPath()+"/DisplayChart?filename=" +
    fileName;
    %><img src="<%=graphURL%>" border="1">
</div>
```

（4）部署 jfreechart.jsp 以及 Servlet 到 Tomcat 下，然后访问 jfreechart.jsp 即可看到柱形图统计的图书销量报表，如图 10-10 所示。

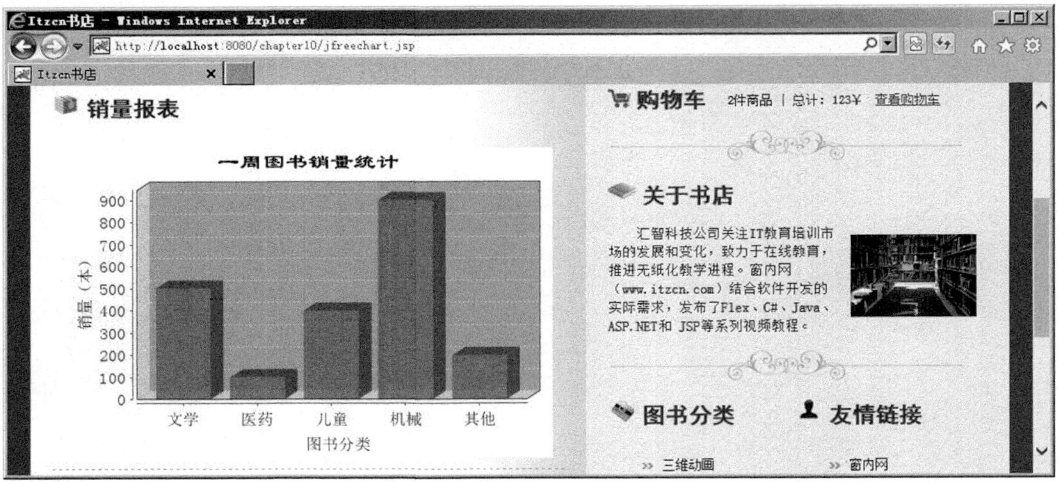

图 10-10　报表运行结果图

10.7　XML 操作

XML 是一种通用的数据交换格式，它的平台无关性、语言无关性和系统无关性给数据集成与交互带来了极大的方便。JSP 支持 4 种 XML 解析方式，分别是：DOM 解析器、SAX 解析器、DOM4J 和 JDOM。本节以最简单，使用最多的 DOM 解析器为例进行介绍。

10.7.1　DOM 核心接口

在 DOM 接口规范中包含多个接口，其中核心基本接口有 4 个，分别是 Document 接口、Node 接口、NamedNodeMap 接口和 NodeList 接口，其他还有如 Element 接口、

Text 接口、CDATASection 接口和 Attr 接口等接口。

在使用 DOM 解析 XML 文件时需要以下几个步骤。

（1）创建 DocumentBuilderFactory 工厂，通过该工厂得到 DOM 解析器工厂实例，代码如下。

```
DocumentBuilderFactory factory=DocumentBuilderFactory.newInstance();
```

（2）通过解析器工厂获取 DOM 解析器，代码如下。

```
DocumentBuilder builder=factory.newDocumentBuilder();
```

（3）从 XML 文件中解析 Document 对象的语法格式如下。

```
Document document=builder.parse(String Path);
```

上述代码中参数 path 是 XML 文件的路径信息。

（4）从 XML 的标签名中获得所有属性值的语法格式如下。

```
NodeList nodeList=document.getElementsByTagName(String tagname);
```

上述代码中，tagname 表示在 XML 文件中定义的标签信息，例如<name></name>。

10.7.2 操作根节点

使用 DOM 解析 XML 文档时，XML 文档会被解析器转换为符合 DOM 树模型的逻辑视图。此时整个 XML 文档会被封装成一个 Document 对象返回，也可以称该对象为 Document 节点对象，Document 对象是 Document 接口实例化而来的。

Java 应用程序可以从 Document 节点的子级节点中获取整个 XML 文档中的数据。Document 节点对象有两个直接子节点，类型分别是 DocumentType 类型和 Element 类型，其中的 DocumentType 类型节点对应着 XML 文件所关联的 DTD 文件；Element 类型节点对应着 XML 文件的根节点，可进一步获取该 Element 类型节点来分析 XML 文件中的数据。

Document 节点对象的常用方法，如表 10-2 所示。

表 10-2　**Document 节点常用方法**

方法名称	说明
getDocumentElement()	返回当前节点的 Element 子节点
getDoctype()	返回当前节点的 DocumentType 子节点
getXmlStandalone()	返回 XML 声明中的 standalone 属性的值
getElementsByTagName(String name)	返回一个 NodeList 节点集合
createElement(String tagName)	创建指定类型的元素
createComment(String data)	创建指定字符串的 Comment 节点
getDocumentURI()	文档的位置，如果未定义或 Document 是使用 DOMImplementation.createDocument 创建的，则为 null

【练习 8】

下面通过一个书店基本信息查询案例演示获取 XML 根节点的方法。

在项目 chapter10 的 src 下新建 book.xml 文件，XML 内容如下。

```
<?xml version="1.0" encoding="UTF-8"?>
<书店>
  <儿童读物  编号="A1">
    <书名>十万个为什么</书名>
    <出版单位>人民出版社</出版单位>
    <价格>15.8 元</价格>
  </儿童读物>
</书店>
```

创建解析 XML 文件的 JSP 程序 xmlDom.jsp，主要实现代码如下。

```
<%@ page import="org.w3c.dom.*,javax.xml.parsers.*,java.io.*"%>
<%
try {
        DocumentBuilderFactory factory = DocumentBuilderFactory.new
        Instance();
        DocumentBuilder builder = factory.newDocumentBuilder();
        String s=request.getRealPath("/")+"/book.xml";
        Document document = builder.parse(new File(s));
        Element root = document.getDocumentElement();
        String rootName = root.getNodeName();
        out.println("<li>店铺类型: " + rootName + "</li>");
        NodeList nodelist = document.getElementsByTagName("儿童读物");
        String name = nodelist.item(0).getNodeName();
        out.println("<li>主要出售: " + name +"</li>");
    } catch (Exception e) {
        out.println(e);
    }
%>
```

上述代码首先通过 document 对象调用 getDocumentElement()方法获取 XML 文档元素标记的根节点对象 root，通过 getNodeName()方法获取根节点名称。此处为“书店”节点。

```
Element root = document.getDocumentElement();
String rooName = root.getNodeName();
```

然后通过 document 对象获取节点名称为“儿童读物”的节点集合。

```
NodeList nodelist = document.getElementsByTagName("儿童读物");
```

通过 getNodeName()方法获取节点名称“儿童读物”。

```
String name = nodelist.item(0).getNodeName();
```

打开 IE 浏览器，在地址栏中输入“http://localhost:8080/chapter10/xmlDom.jsp”，效果如图 10-11 所示。

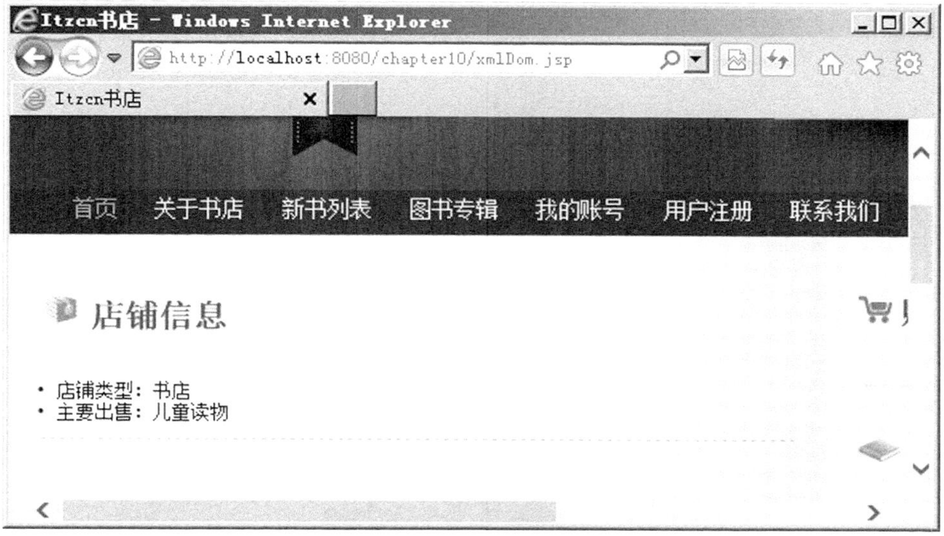

图 10-11 访问 Document 节点

10.7.3 操作元素节点

Element 接口是 DOM 接口中比较重要的接口。Element 接口被实例化后会对应节点树中的元素节点，我们这里称为 Element 节点。Element 节点可以有 Element 子节点和 Text 子节点。假设一个节点使用 getNodeType()方法测试，如果返回值为 Node.ELEMENT_NODE，那么该节点就是 Element 节点。

Element 节点对象具有的方法，如表 10-3 所示。

表 10-3 Element 节点对象常用方法

方法名称	说明
getTagName()	返回该节点的名称，节点名称就是对应的 XML 文件的标记名称
getAtrribute(String name)	返回该节点中参数 name 指定的属性值，XML 标记中对应的属性值
getElementsByTagName(String name)	返回一个 NodeList 对象
hasAttribute(String name)	判断当前节点是否存在名字为 name 的指定的属性
removeAttribute(String name)	通过名称移除一个属性
setAttribute(String name, String value)	添加一个新属性

【练习 9】

现在通过一个一周图书销量排行榜的 XML 演示操作 XML 元素的方法。

首先在项目 chapter10 的 src 下新建 books.xml 文件，XML 内容如下。

```
<?xml version="1.0" encoding="UTF-8"?>
<周排行榜>
    <星期一 销量="980">大话设计模式</星期一>
    <星期二 销量="1010">手机开发宝典</星期二 >
    <星期三 销量="720">练就 Java 编程高手</星期三>
    <星期四 销量="1054">数据结构</星期四>
    <星期五 销量="1016">全国二级考试试题</星期五 >
    <星期六 销量="501">计算机文化基础</星期六>
    <星期日 销量="650">计算机英语</星期日>
</周排行榜>
```

接下来创建 JSP 程序来对该 XML 文档解析 xmlNode.jsp，主要实现代码如下。

```
<%@ page import="org.w3c.dom.*,javax.xml.parsers.*,java.io.*"%>
<table border="0" cellpadding="4" cellspacing="1" bgcolor="#CBD8AC"
width="100%">
  <tr align="center" bgcolor="#FAFAF1" >
   <th>星期</th><th>最高销量</th>   <th>图书名称</th>
  </tr>
<%
try {
        DocumentBuilderFactory factory = DocumentBuilderFactory.new
        Instance();
        DocumentBuilder builder = factory.newDocumentBuilder();
        String filePath=request.getRealPath("/")+"/books.xml";
        Document document = builder.parse(new File(filePath));
        Element root = document.getDocumentElement();
        String rooName = root.getNodeName();
        NodeList nodelist = root.getChildNodes();
        int size = nodelist.getLength();
        for (int i = 0; i < size; i++) {
            Node node = nodelist.item(i);
            if (node.getNodeType() == Node.ELEMENT_NODE) {
                Element elementNode = (Element) node;
                String name = elementNode.getNodeName();
                String id = elementNode.getAttribute("销量");
                String content = node.getFirstChild().getNodeValue();
                out.println("<tr><td>"+name+"</td><td>"+id+"</td><td>"
                +content+"</td></tr>");
            }
        }
```

```
    } catch (Exception e) {
        System.out.println(e);
}
%>
</table>
```

下面对上述代码的主要程序进行解析。

（1）获取 XML 文档的路径。

```
String filePath=request.getRealPath("/")+"/books.xml";
Document document = builder.parse(new File(filePath));
```

（2）获得 Element 对象，并获得根节点 root 的名称。

```
Element root = document.getDocumentElement();
String rooName = root.getNodeName();
```

（3）利用 root 根节点调用 getChildNodes()方法获得子节点的节点集合。

```
NodeList nodelist = root.getChildNodes();
```

（4）在 for 循环中，首先获得每个索引所代表的节点对象，用条件判断获得的节点是否是 Element 节点，将该节点对象强制转换为 Element 节点，然后输出该节点的名称、属性值、节点的文本数据。

```
Element elementNode = (Element) node;
String name = elementNode.getNodeName();
String id = elementNode.getAttribute("销量");
```

打开 IE 浏览器，在地址栏中输入“http://localhost:8080/chapter10/xmlNode.jsp”，效果如图 10-12 所示。

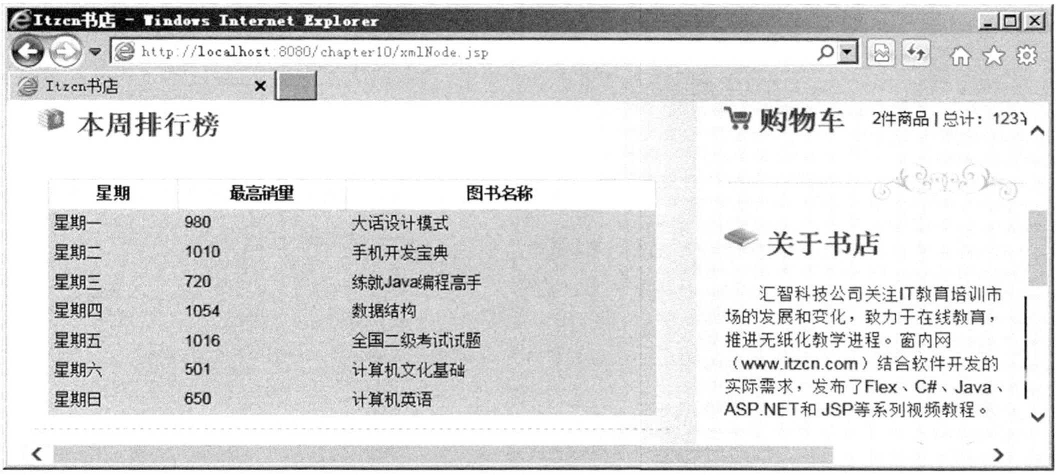

图 10-12 访问 Element 节点

10.7.4 操作属性节点

XML 文件中标记所包含的属性，在节点树中对应的是 Attr 节点。Attr 节点是 Attr 接口的实例化对象，Attr 接口表示 Element 对象中的属性，Attr 对象继承 Node 接口，但由于它们实际上不是它们描述的元素的子节点，因此 DOM 不会将它们看作文档树的一部分，DOM 认为元素的属性是其特性，而不是一个来自于它们所关联元素的独立节点。

此外，Attr 节点不可以是 DocumentFragment 的直接子节点。不过，它们可以与包含在 DocumentFragment 内的 Element 节点相关联。简而言之，DOM 的用户和实现者需要知道 Attr 节点与从 Node 接口继承的其他对象有些共同之处，但它们还是截然不同的。在节点树中，如果要获得某个标记的属性，应通过相应的 Element 节点调用 getAttribute() 方法。

Attr 节点对象常用的方法如表 10-4 所示。

表 10-4 Attr 节点对象常用的方法

方法名称	说明
getName()	返回属性名称
getOwnerElement()	此属性连接到的 Element 节点；如果未使用此属性，则为 null
getValue()	检索时该属性值以字符串形式返回
setValue(String value)	检索时该属性值以字符串形式返回

【练习 10】

下面通过一个保存图书信息的列表 XML 文件演示操作属性的方法。

首先在项目 chapter10 的 src 下新建 booklist.xml 文件，XML 内容如下。

```
<?xml version="1.0" encoding="UTF-8"?>
<图书列表>
    <图书 编号="1" 名称="大话设计模式" 价格="30" 销量="980" />
    <图书 编号="2" 名称="手机开发宝典" 价格="50" 销量="1010" />
    <图书 编号="3" 名称="练就 Java 编程高手" 价格="39" 销量="720" />
    <图书 编号="4" 名称="数据结构" 价格="18" 销量="1054" />
    <图书 编号="5" 名称="全国二级考试试题" 价格="15" 销量="1016" />
    <图书 编号="6" 名称="计算机文化基础" 价格="22" 销量="501" />
    <图书 编号="7" 名称="计算机英语" 价格="28" 销量="650" />
</图书列表>
```

接下来创建 JSP 程序 xmlAttr.jsp 来对该 XML 文档解析，主要实现代码如下。

```
<%@ page language="java" pageEncoding="utf-8"%>
<%@ page import="org.w3c.dom.*,javax.xml.parsers.*,java.io.*"%>
<table border="0" cellpadding="4" cellspacing="1" bgcolor="#CBD8AC"
```

```
width="100%">
  <tr align="center" bgcolor="#FAFAF1" >
   <th>编号</th><th>图书名称</th><th>价格</th><th>销量</th>
  </tr>
<%
try {
        DocumentBuilderFactory factory = DocumentBuilderFactory.new
        Instance();
        DocumentBuilder builder = factory.newDocumentBuilder();
        String s=request.getRealPath("/")+"/booklist.xml";
        Document document = builder.parse(new File(s));
        Element root = document.getDocumentElement();
        NodeList nodelist = root.getElementsByTagName("图书");
                                          //获得标记名为员工的集合
        int size = nodelist.getLength();
        for (int i = 0; i < size; i++) {
            Node node = nodelist.item(i);
            String name = node.getNodeName();
            NamedNodeMap map = node.getAttributes();//获得标记中属性的集合
            System.out.println( map.getLength());
            out.print("<tr>");
            for (int k = 0; k < map.getLength(); k++) {
                                          //以循环的形式输出标记中所有的属性
                Attr attrNode = (Attr) map.item(k);
                String attValue = attrNode.getValue();
                out.println("<td>" + attValue+ "</td>");
            }out.print("</tr>");
        }
    } catch (Exception e) {
        System.out.println(e);
    }
%>
</table>
```

下面对上述代码的主要程序进行解析。

（1）获取图书的节点集合 nodelist，并获得节点集合的长度 size。

```
NodeList nodelist = root.getElementsByTagName("图书");
int size = nodelist.getLength();
```

（2）在 for 循环中，获取每个节点所拥有的属性节点的集合，即获得每个标记中属性的集合 map。

```
NamedNodeMap map = node.getAttributes();
```

（3）嵌套的 for 循环中输出属性集合的值 attValue。“Attr attrNode=(Attr)map.item(k);”

代码强制将属性集合里的节点转换为 Attr 节点。

```
String attValue = attrNode.getValue();
```

打开 IE 浏览，在地址栏中输入“http://localhost:8080/chapter10/xmlAttr.jsp”，效果如图 10-13 所示。

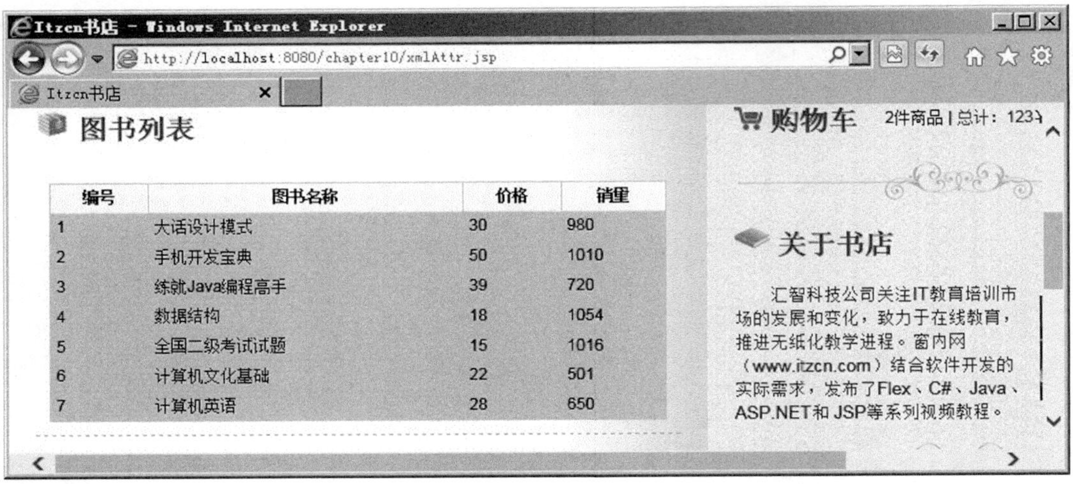

图 10-13 访问 Arr 节点

思考与练习

一、填空题

1. FileOutputStream 类提供了基本的文件写入能力，该类继承自__________类。

2. 在进行文件过滤时，创建的过滤器必须实现 java.io.FilenameFilter 接口，并在__________方法中指定允许的文件类型。

3. 文件上传时，文件域需要被定义在 form 表单下，而 form 表单的 enctype 必须被设置为__________，否则文件无法上传。

4. DOM 解析器把 XML 文档的数据表示为树结构，可以通过 NodeList 接口的__________方法确定子节点数量。

二、选择题

1. 下面几个方法中__________是获取文件大小的方法。

A. getSize()

B. getLength()

C. size()

D. length()

2. 文件下载时不需要使用的类是__________。

A. FileInputStream

B. File

C. OutputStream

D. HttpServletRequest

3. 在 JavaMail 中，__________类定义了一个基本邮件会话，它是 Java Mail API 最高层入口类，所有其他类都必须经由它才得以生效。

A. Session

B. Message

C. Address

D. Transport

4. 在使用 DOM 解析 XML 文件时，getNodeType()方法的返回值为__________表

示是一个属性节点。

A. Node.ATTRIBUTE_NODE

B. Node.TEXT_NODE

C. Node.COMMENT_NODE

D. Node.ELEMENT_NODE

三、简答题

1. 简述使用Common-FileUpload组件进行上传的步骤。

2. 如何使用Common-FileUpload组件限制文件类型。

3. 制作一个相册展示系统，要求能够上传、查看、下载及删除相片。

4. 简述使用Java Mail发送邮件的要点，配置以及核心代码。

5. 简述使用DOM加载外部XML的方法。

第 11 章　应用 Ajax 技术

随着 Web 2.0 概念的普及，追求更人性化、更美观的页面效果已成为网站开发的必修课，因此 Ajax 在 Web 开发中充当着重要角色。

与传统的 Web 开发模式相比，Ajax 提供了一种以异步方式与服务器通信的机制。这种机制的最大特点就是不必刷新整个页面便可以对页面的局部进行更新。应用 Ajax 使客户端与服务器端的功能划分得更细，客户端只获取需要的数据，而服务器也只为有用的数据工作，从而大大节省了网络带宽，提高网页加载速度和运行效果。

本章将详细介绍 Ajax 的核心对象，以及与 JSP 进行交互和通信的方法。

本章学习要点：

- ❑ 理解 Ajax 的工作原理
- ❑ 掌握 XMLHttpRequest 对象的创建
- ❑ 熟悉 XMLHttpReuqest 对象属性和方法
- ❑ 掌握 Ajax 下处理文本 GET 和 POST 请求的方法
- ❑ 掌握 Ajax 下处理 XML 格式结果的方法

11.1 什么是 Ajax

Ajax 全称是 Asynchronous JavaScript And XML，中文含义为异步 JavaScript 和 XML。基于 Ajax 的开发与传统 Web 开发模式最大的区别就在于传输数据的方式不同，前者为异步，后者为同步。

那么 Ajax 与传统的 Web 相比具有哪些优势呢。下面通过两张图来对比一下，其中如图 11-1 所示为传统 Web 应用程序的工作原理，如图 11-2 所示为 Ajax 程序的工作原理。

结果很明显：如图 11-1 所示的传统方式在提交请求时，服务器承担大量的工作，客户端只有数据显示的功能。而图 11-2 所给出的 Ajax 方式中，客户端界面和 Ajax 引擎都是在客户端运行，这样大量的服务器工作就可以在 Ajax 引擎处实现。

也就是说，与传统的 Web 应用不同，Ajax 采用异步交互过程。Ajax 在用户与服务器之间引入了一个中间介质，消除了网络交互过程中的处理和等待缺点。相当于在用户和服务器之间增加了一个中间层，使用户操作与服务器响应异步化。这把以前服务器负担的一些工作转移到客户端，利用客户端闲置的处理能力，减轻服务器和带宽的负担，从而达到节约服务器空间以及带宽租用成本的目的。

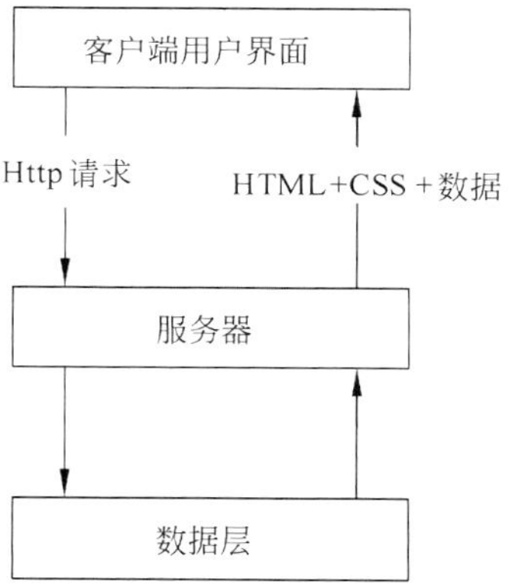

图 11-1 传统 Web 工作原理

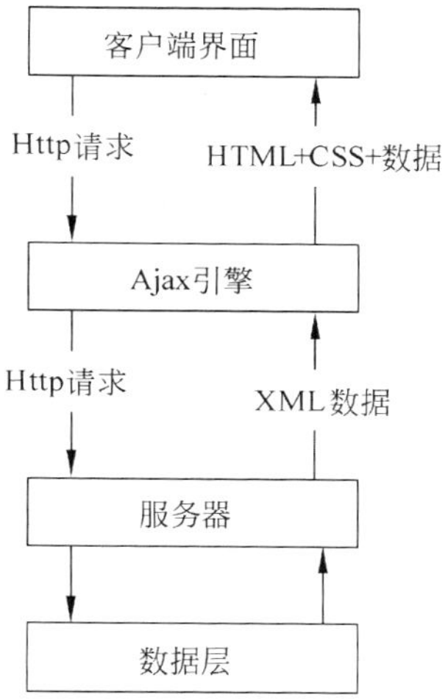

图 11-2 Ajax 工作原理

虽然 Ajax 如此先进，但它不是一项新技术，而是很多成熟技术的集合。主要包括：客户端脚本语言 JavaScript、异步数据获取技术 XMLHttpRequest、数据互换和操作技术 XML 和 XSLT、XHTML 和 CSS 显示技术等。

11.2 Ajax 核心对象

Ajax 的核心是 XMLHttpRequest 对象，它实现了与其他 Ajax 技术的结合。例如，发送请求、传递参数、获取响应以及处理结果等。

11.2.1 创建 XMLHttpRequest 对象

XMLHttpRequest 对象并非最近才出现，最早在 Microsoft Internet Explorer 5.0 中将 XMLHttpRequest 对象以 ActiveX 控件的方式引入，被称为 XMLHTTP。其他浏览器（如 Firefox、Safari 和 Opera）将其实现为一个本地 JavaScript 对象。由于存在这些差别，在创建 XMLHttpRequest 对象实例时，JavaScript 代码中必须包含有关的逻辑，从而判断使用 ActiveX 技术或者使用本地 JavaScript 对象技术来创建 XMLHttpRequest 的一个实例。

【练习 1】

根据 XMLHttpRequest 对象的不同实现方式，编写一个可以创建跨浏览器的 XMLHttpRequest 对象实例。

```
<script type="text/javascript">
var xmlHttp;
function createXMLHttpRequest()
{
  //在 IE 下创建 XMLHttpRequest 对象
```

```
    try {
      xmlHttp = new ActiveXObject("Msxml2.XMLHTTP");
    }
    catch(e) {
      try {
        xmlHttp = new ActiveXObject("Microsoft.XMLHTTP");
      }
    catch(oc) {
      xmlHttp = null;
    }
   }
   //在 Mozilla 和 Safari 等非 IE 浏览器下创建 XMLHTTPRequest 对象
   if(!xmlHttp && typeof XMLHttpRequest != "undefined") {
     xmlHttp = new XMLHttpRequest();
   }
  return xmlHttp;
  }
  </script>
```


从代码中可以看到，在创建 XMLHttpRequest 对象实例时，只需要检查浏览器是否提供对 ActiveX 对象的支持。如果浏览器支持 ActiveX 对象，就可以使用 ActiveX 创建 XMLHttpRequest 对象，否则就使用本地 JavaScript 对象创建。

11.2.2 XMLHttpRequest 对象属性和方法

XMLHttpRequest 对象创建好之后，就可以调用该对象的属性和方法及进行数据异步传输数据。如表 11-1 所示为这些属性的名称以及简要说明。

表 11-1 **XMLHttpRequest 对象的属性**

名称	说明
readyState	通信的状态。从 XMLHttpRequest 对象把一个 HTTP 请求发送到服务器，到接收到服务器响应信息，整个过程将经历 5 种状态，取值范围为 0～4
onreadystatechange	设置回调事件处理程序。当 readState 属性的值改变时，会触发此回调
responseText	服务器返回的文本格式文档
responseXML	服务器返回的 XML 格式文档
status	返回 HTTP 响应的数字类型状态码。100 表示正在继续；200 表示执行正常；404 表示未找到页面；500 表示内部程序错误
statusText	HTTP 响应的状态代码对应的文本（OK，Not Found 等）

XMLHttpRequest 对象的 readyState 属性在开发时最常用。根据它的值可以得知 XMLHttpRequest 对象的执行状态，以便在实际应用中做出相应的处理。在表 11-2 中列出了 readyState 属性值及其说明。

表 11-2 **readyState 属性值**

值	说明
0	表示未初始化状态；此时已经创建一个 XMLHttpRequest 对象，但是还没有初始化
1	表示发送状态；此时已经调用 open()方法，并且 XMLHttpRequest 已经准备好把一个请求发送到服务器
2	表示发送状态；此时已经通过 send()方法把一个请求发送到服务器端，但是还没有收到一个响应
3	表示正在接收状态；此时已经接收到 HTTP 响应头部信息，但是消息体部分还没有完全接收结束
4	表示已加载状态；此时响应已经被完全接收

通过属性可以了解 XMLHttpRequest 对象的状态，但如果要操作 XMLHttpRequest 对象则需要通过它的方法。如表 11-3 所示列出了该对象的常用方法及其说明。

表 11-3 **XMLHttpRequest 对象常用方法**

方法名称	说明
abort()	中止当前请求
open(method,url)	使用请求方式（GET 或 POST 等）和请求地址 URL 初始化一个 XMLHttpRequest 对象（这是该方法最常用的重载形式）
send(args)	发送数据，参数是提交的字符串信息
setRequestHeader(key,value)	设置请求的头部信息
getResponseHeader(key)	用于检索响应的头部值
getAllResponseHeaders()	用于返回响应头部信息（键/值对）的集合

注意

getResponseHeader()和 getAllResponseHeaders()仅在 readyState 值大于或等于 3（接收到响应头部信息以后）时才可用。

11.2.3 XMLHttpRequest 对象工作流程

Ajax 程序主要通过 JavaScript 事件来触发，在运行时需要调用 XMLHttpRequest 对象发送请求和处理响应。客户端处理完响应之后，XMLHttpRequest 对象就会一直处于等待状态，这样一直周而复始地工作。

Ajax 实质上是遵循“客户/服务器端”模式，所以这个框架基本流程是：XMLHttpRequest 对象初始化-发送请求-服务器接收-服务器返回-客户端接收-修改客户端页面内容。只不过这个过程是异步的，其周期如图 11-3 所示。

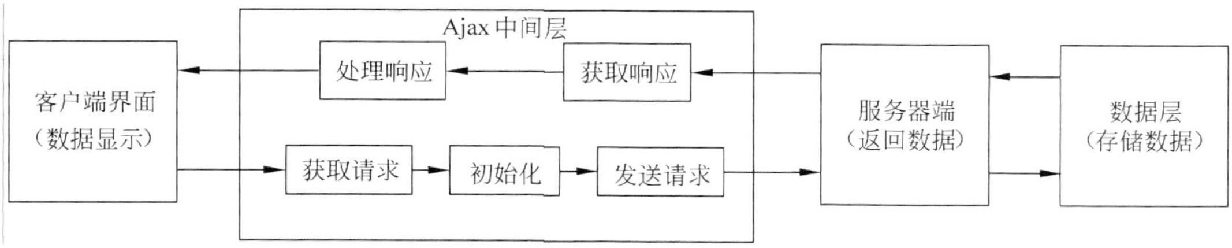

图 11-3 **XMLHttpRequest 对象运行周期**

在图 11-3 中，Ajax 中间层显示了 XMLHttpRequest 对象的运行周期。

（1）当 Ajax 中间层从客户端界面获取请求信息之后，需要初始化 XMLHttpRequest 对象。

（2）初始化完成之后，通过 XMLHttpRequest 对象将请求发送给服务器端。

（3）服务器端获取请求信息后，处理并返回响应信息。

（4）然后 Ajax 中间层获取响应，通过 XMLHttpRequest 对象将响应信息和 Ajax 中间层所设置的样式信息进行组合，即处理响应。

（5）最后 Ajax 中间层将所有的信息发送给客户端界面，并显示由服务器返回的信息。

【练习 2】

下面创建一个案例，使用 XMLHttpRequest 对象实现产生 6 位验证码的功能，通过此案例详细介绍 Ajax 程序的开发流程和 XMLHttpRequest 对象的使用。

（1）在 Web 项目 chapter11 中新建一个 HTML 页面 index.html，设计验证码显示的布局，主要代码如下所示。

```
<h2><img src="imgs/bullet1.gif" />图书删除</h2>
<div class="prod clear">
    图书编号：<input type="text" name="id" /><br>
    验  证  码：<input type="text" name="vcode" />
    <span id="code"></span><a href="#" onclick="send();">刷新</a><br>
    <input type="submit" name="commit" value="提交" /><input type="reset"
    value="重置" /><br>
</div>
```

当页面加载完成之后将在 id 为 code 的 span 标签内显示验证码，而且单击【刷新】链接可以更新验证码。

（2）由于 Ajax 是运行在客户端的，所以接下来仍然在 HTML 中进行编码，创建一个 send()函数。

```
<script language="javascript" type="text/javascript">
function send() {
    var url = "number.jsp";                                  //设置 URL 和参数
    createXMLHttpRequest();                             //创建 XMLHttpRequest 对象
    XmlHttp.onreadystatechange = handleStateChange;  //指定回调函数
    XmlHttp.open("GET", url, true);                        //指定 GET 请求的数据
    XmlHttp.send(null);                                      //发送 GET 请求
}
</script>
```

上述代码中的 url 保存了 Ajax 服务器端的通信文件，而且还可以在这里附加 GET 参数。url 将作为 open()方法的第二个参数。onreadystatechange 属性设置处理服务器端响应的函数为 handleStateChange。最后调用 open()方法发送一个 GET 请求，并指定 URL，在这里 URL 中包含有编码的参数。send()方法将请求发送给服务器。

这一步之后 send()函数就编写完成了。此时，Ajax 的核心对象 XMLHttpRequest 将会与指定的服务器建立连接，并发送 GET 请求。在得到服务器响应结果之后，将转交给

onreadystatechange 属性指定的响应函数进行处理。

提 示

XMLHttpRequest 对象的具体创建见 11.2.1 节。

（3）创建 handleStateChange()函数，在函数中调用 XMLHttpRequest 对象的 responseText 属性获取返回结果。再通过 JavaScript 代码直接插入到前台设置的 HTML 位置中。

```
function handleStateChange() {
    if (XmlHttp.readyState == 4) {
        //判断对象状态
        if (XmlHttp.status == 200) {
            $("code").innerHTML = XmlHttp.responseText;
        }
    }
}
```

（4）最后，我们来看看在 JSP 服务器端返回什么内容给客户端。创建名为 number.jsp 的文件，产生 6 个随机数并输出到页面。

```
<%@ page language="java" import="java.util.*" pageEncoding="UTF-8"%>
<%
  int x;
  java.util.Random r=new java.util.Random();
  for (int i=0;i<6;i++){
    x=(r.nextInt() >>> 1) %10;        //产生一个 0～9 之间的数
    out.print(x);
  }
%>
```

（5）部署项目到 Tomcat，在浏览器中访问 index.html 页面会显示如图 11-4 所示效果。单击【刷新】链接可以更换验证码，如图 11-5 所示。

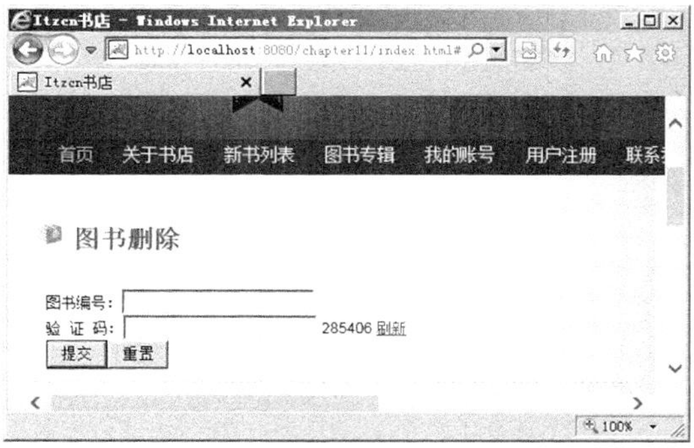

图 11-4 验证码效果

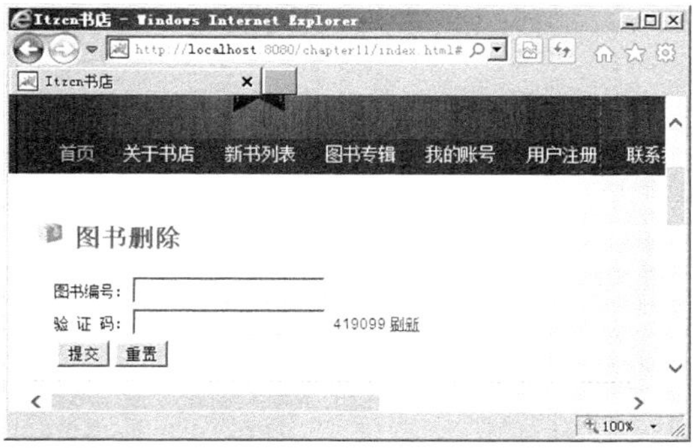

图 11-5 刷新后的验证码效果

11.3 使用 Ajax

Ajax 的核心是 XMLHttpRequest 对象。所以 Ajax 的使用也是围绕 XMLHttpRequest 对象的创建、发送请求、处理响应来展开的。根据 XMLHttpRequest 对象属性接收内容的不同可以划分为普通格式和 XML 格式，下面详细介绍它们的请求和处理过程。

11.3.1 处理普通格式

HTTP 下的两大数据传输方式：GET 和 POST，它们各有所长。在大型的 Web 项目中，基于安全角度考虑数据会选择 POST 方式进行传输。Ajax 的默认方式也是 POST，它与 GET 方式唯一不同的就是数据的发送位置。

对于大多数情况，在调用 send()方法之前应该使用 setRequestHeader()方法先设置 Content-Type 头部。如果在 send(data)方法中的 data 参数的类型为 string，那么数据将被编码为 UTF-8。

例如，向 server.jsp 文件以异步方式发送一个 GET 请求，便可以使用如下的代码：

```
xmlHttp.open("GET","server.jsp",true);
xmlHttp.send(null);
```


现在，同样需要向 server.jsp 文件发送请求，不同的是在请求中带有一些参数字符串。实现这个有两种方法，第一种适用于 GET 请求，在 open()方法中指定参数。

```
xmlHttp.open("GET","server.jsp?name=zht&pwd=123&mail=abc@163.com",true);
xmlHttp.send(null);
```

第二种适用于 POST 请求，在 send()方法中指定参数。

```
xmlHttp.open("POST","server.jsp",true);
xmlHttp.send("name=zht&pwd=123&mail=abc@163.com ");
```

【练习 3】

在练习 2 中使用最简单的无参数 GET 请求演示了 Ajax 的具体开发过程。本次练习将使用 POST 方式实现一个图书添加和显示功能。通过本次练习读者将掌握如何使用 Ajax 的 POST 方式发送数据，以及如何在 JSP 中接收 POST 的数据。

（1）在项目 chapter11 中创建一个 HTML 页面 bookAdd.html。再设计一个表单填写图书信息，包括图书编号、名称、价格、出版社和作者。代码如下所示。

```
图书编号：<input type="text" id="bkid" /><br>
图书名称：<input type="text" id="name" /><br>
图书价格：<input type="text" id="price" /><br>
出  版  社：<input type="text" id="publisher" /><br>
图书作者：<input type="text" id="author" /><br>
<input type="button" value=" 提 交 " onclick="InsertBook()" /><input
type="reset" value="重置" />
```

上述代码为每个输入项都定义了 id 属性，该 id 将作为获取值的标识。【提交】按钮的 onclick 事件指定被单击时调用 InsertBook()函数。

（2）创建 InsertBook()函数实现 Ajax 功能，具体代码如下所示。

```
<script language="javascript" type="text/javascript">
function InsertBook() {
    var bkid = $("bkid").value;                    //获取编号
    var name = $("name").value;                    //获取名称
    var price = $("price").value;                  //获取价格
    var pub = $("publisher").value;                //获取出版社
    var author = $("author").value;                //获取作者

    //组合参数
    var para = "id=" + bkid + "&name=" + name + "&price=" + price+ "&pub="
    + pub + "&author=" + author;

    var url = "BookServer.jsp";                    //设置 URL 和参数
    createXMLHttpRequest();                        //创建 XMLHttpRequest 对象
    XmlHttp.onreadystatechange = handleStateChange;    //指定回调函数
    XmlHttp.open("POST", url, true);               //指定 POST 请求 URL
    //设置 POST 使用的请求头
    XmlHttp.setRequestHeader("Content-type","application/x-www-form-ur
    lencoded;");
    XmlHttp.send(para);                                    //发送 POST 请求
}
</script>
```

上述代码中同样省略了 XMLHttpRequest 对象的创建代码。将用户输入的留言内容通过组合保存在 para 变量中，然后将它作为 send()方法的参数发送到服务器端。注意由于 open()方法指定的是 POST 方法，所以这里还需要设置请求头。

（3）回调函数 handleStateChange()的代码非常简单，直接将服务器端处理好的文本插入到页面即可。

```
function handleStateChange() {
   if (XmlHttp.readyState == 4) {
      //判断对象状态
      if (XmlHttp.status == 200) {
         $("tbody").innerHTML += XmlHttp.responseText;
      }
   }
}
```

（4）在图书添加布局的下方使用如下代码显示图书添加后的列表。

```
<table border="0" cellpadding="4" cellspacing="1" bgcolor="#CBD8AC"
width="100%">
    <tr align="center" bgcolor="#FAFAF1">
```

```
        <td>编号</td><td>书名</td><td>作者</td><td>价格</td><td>出版社
        </td>
    </tr>
    <tbody id="tbody"></tbody>
</table>
```

（5）最后创建 Ajax 请求的服务器端代码。创建一个 BookServer.jsp 文件，使用 request 对象获取 POST 传递的数据，并进行处理后输出，具体代码如下所示。

```
<%@ page language="java" import="java.util.*" pageEncoding="UTF-8"%>
<%
    request.setCharacterEncoding("UTF-8");
    String id = request.getParameter("id");
    String name = request.getParameter("name");
    String price = request.getParameter("price");
    String pub = request.getParameter("pub");
    String author = request.getParameter("author");
    out.print("<tr><td>" + id + "</td><td>" + name + "</td><td>"
            + price + "</td><td>" + pub + "</td><td>" + author+ "</td>
            </tr>");
%>
```


（6）在 Tomcat 中访问图书添加页面 bookAdd.html，效果如图 11-6 所示。

（7）输入内容并单击【提交】按钮将在下方的表格中看到结果，如图 11-7 所示为两条图书信息的显示效果。

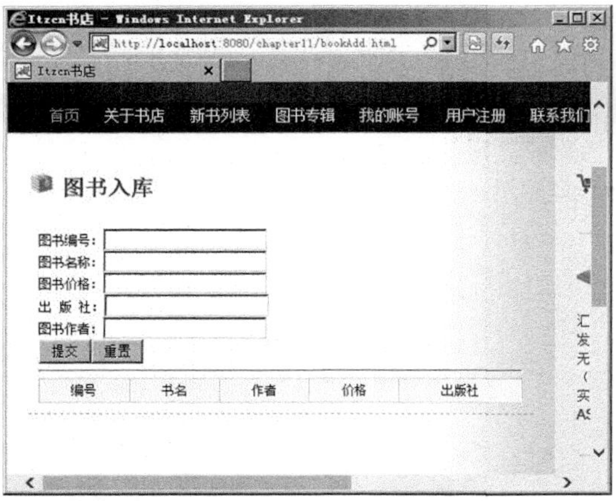

图 11-6 留言表单

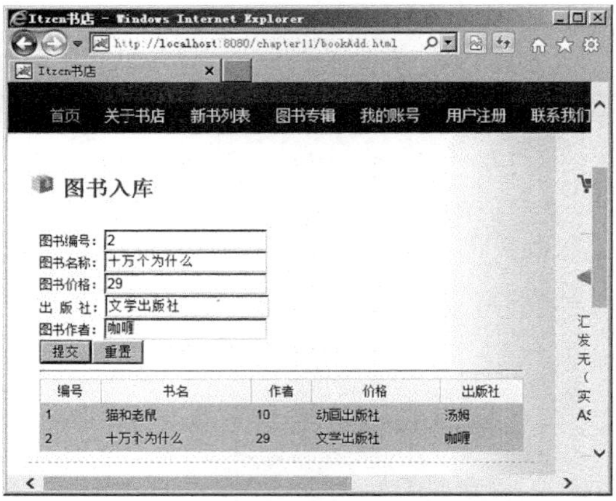

图 11-7 图书列表效果

试一试

将第 3 步回调函数中的 innerHTML 属性替换为 innerText 属性，然后运行查看对比效果。

11.3.2 处理 XML 格式

在 11.3.1 节中介绍了使用 XMLHttpRequest 对象发送 GET 和 POST 请求，然后处理服务器端返回的 HTML 文本。对于复杂结构的数据，在服务器端通常使用 XML 文件格式返回。此时 XML 数据的操作是重点，这些 XML 数据可以预先设定，也可以来自于数据库表或文件。

XMLHttpRequest 对象提供了一个 responseXML 属性专门用于接收 XML 响应。

【练习 4】

下面创建一个案例演示如何将 XML 文件以列表形式显示到页面。具体步骤如下所示。

（1）首先在项目 chapter11 中新建一个 XML 文件。在本实例中为 booklist.xml，包含的内容如下所示。

```
<?xml version="1.0" encoding="UTF-8"?>
<图书列表>
    <图书 编号="1" 名称="大话设计模式" 价格="30" 销量="980" />
    <图书 编号="2" 名称="手机开发宝典" 价格="50" 销量="1010" />
    <图书 编号="3" 名称="练就 Java 编程高手" 价格="39" 销量="720" />
    <图书 编号="4" 名称="数据结构" 价格="18" 销量="1054" />
    <图书 编号="5" 名称="全国二级考试试题" 价格="15" 销量="1016" />
    <图书 编号="6" 名称="计算机文化基础" 价格="22" 销量="501" />
    <图书 编号="7" 名称="计算机英语" 价格="28" 销量="650" />
</图书列表>
```

（2）新建一个 bookList.html 文件作为客户端，在 body 的 onload 事件中调用 List Book()函数，再添加结果显示区域，代码如下所示。

```
<body onload="getAllLogs();">
    <table border="0" cellpadding="4" cellspacing="1" bgcolor="#CBD8AC"
    width="100%">
        <tr align="center" bgcolor="#FAFAF1">
            <td>编号</td><td>书名</td><td>价格</td><td>销量</td>
        </tr>
        <tbody id="tbody"></tbody>
    </table>
<!-- 省略其他布局 -->
</body>
```

（3）使用 JavaScript 代码创建页面加载完成要调用的 ListBook()函数，代码如下所示。

```
<script language="javascript" type="text/javascript">
function ListBook() {
    var url = "booklist.xml";                        //设置 URL
```

```
    createXMLHttpRequest();                         //创建 XMLHttpRequest 对象
    XmlHttp.onreadystatechange = handleStateChange;     //指定回调函数
    XmlHttp.open("POST", url, true);                //指定 POST 请求 URL
    //设置 POST 使用的请求头
    XmlHttp.setRequestHeader("Content-type","application/x-www-form-ur
    lencoded;");
    XmlHttp.send(null);                                 //发送 POST 请求
}
</script>
```

从上述代码中可以看到，非常简洁。这是因为处理 XML 格式响应的重点是客户端的回调函数，即 handleStateChange()函数。

（4）接下来创建回调函数 handleStateChange()，并在函数体内获取服务器端返回的 XML 格式数据。然后对它进行解析，并以表格的形式显示到页面上。具体代码如下所示。

```
function handleStateChange() {
    if (XmlHttp.readyState == 4) {
        //判断对象状态
        if (XmlHttp.status == 200) {
            var books = XmlHttp.responseXML;        //获取返回的 XML 响应
            var book = books.getElementsByTagName("图书");
            for ( var i = 0; i < book.length; i++)//循环以表格输出各个内容
            {
                var id = book[i].getAttribute("编号");
                var name = book[i].getAttribute("名称");
                var price = book[i].getAttribute("价格");
                var mount = book[i].getAttribute("销量");
                var str= "<tr><td>" + id+ "</td><td>" + name+ "</td><td>"
                +price+"</td><td>"+mount+"</td></tr>";
                $("tbody").innerHTML += str;
            }
        }
    }
}
```


在 handleStateChange()函数中获取 XML 文件中的根节点，然后使用 for 循环遍历节点中的元素，并且将遍历的元素作为表格的一行插入到页面上 id 为 tbody 的标签中。

（5）在浏览器中运行 bookList.html，页面加载完成后会看到以表格形式显示 booklist.xml 文件中的数据，如图 11-8 所示。

试一试

目前出现了很多封装 XMLHttpRequest 对象的 Ajax 框架，如 jQuery、Extjs 和 Xajax 等。读者可以参考相关资料学习。

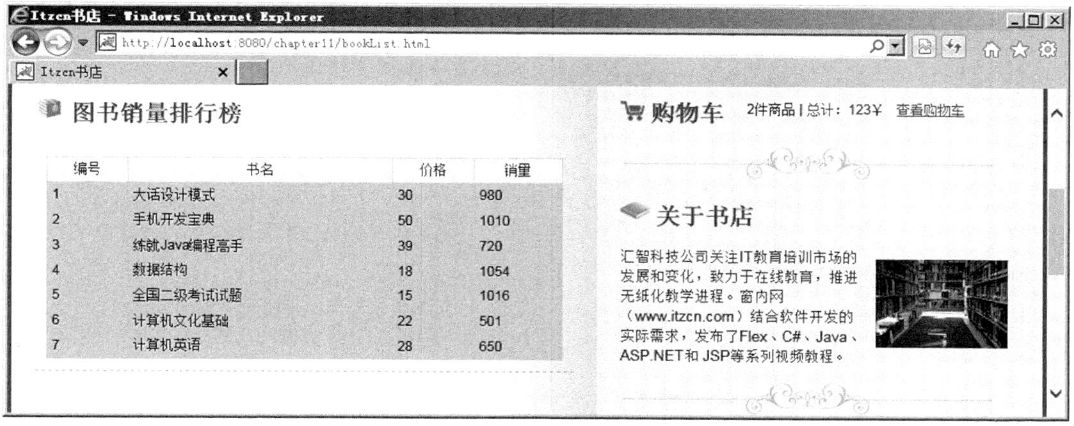

图 11-8 显示 XML 文件

11.4 Ajax 乱码解决方案

由于 Ajax 不支持多种字符集，并且默认的字符集是 UTF-8，所以在应用 Ajax 技术的程序中应及时执行编码转换，否则程序将会出现中文乱码的问题。一般有以下两种情况可能产生中文乱码。

1. 发送的请求参数中包含中文

当发送路径的参数中包含中文时，在服务器端接收参数值时将产生乱码。解决该情况下的中文乱码时，其根据提交数据方式的不同，解决方法也不同。

1）接收 GET 方式提交的数据

当接收 GET 方式提交的数据时，要将编码转换为 GB2312，其转换代码如下。

```
String name = request.getParameter("name");
out.printIn(" 用 户 姓 名 : "+new String(name.getBytes("ISO-8859-1"),
"GB2312"));
```

2）接收 POST 方式提交的数据

由于应用 POST 方式提交数据时默认的字符编码为 UTF-8，因此当接收使用该方式提交的数据时，需要将编码转换为 UTF-8，关键代码如下。

```
String name = request.getParameter("name");
out.printIn(" 用 户 姓 名 : "+new String(name.getBytes("ISO-8859-1"),
"UTF-8"));
```

2. 服务器端返回结果中包含中文

在 Ajax 中无论使用 responseText 属性还是 responseXML 属性，默认都是按照 UTF-8 编码格式解码。因此如果服务器端传递的数据不是 UTF-8 格式，在接收 responseText 或 responseXML 的值时可能产生乱码，解决的方法是保证从服务器端传递的数据也采用

UTF-8 的编码格式。

11.5 实验指导 11-1：验证注册名是否重复

本案例通过 Ajax 技术实现不刷新页面检测用户注册时的名称是否被注册功能。当用户新注册的用户名已经被注册过时，将提示用户该用户名已经被注册；否则提示用户该用户名有效。具体的实现步骤如下。

（1）在项目 chapter11 的 WebRoot 目录下新建 anli1 子目录，创建注册页面 register.html。然后对用户名的输入进行特殊处理，代码如下。

```
<label for="email"> 您的登录名：</label> <INPUT class="input" type="text" id=
"username" maxLength=32 name="username">
<input type="button" value="验证" onclick="checkUsername();" /><span id=
"checkusername"> </span>
```

要注意上述代码中的两个 id，第一个 username 用于输入注册的登录名，第二个 checkusername 用于显示结果，【验证】按钮用于单击时执行验证。

（2）使用 JavaScript 代码创建页面加载完成要调用的 checkUsername()函数，代码如下所示。


```
<script type="text/javascript">
    function checkUsername() {
        var username = $("username").value;              //获取注册名
        var url = "check.jsp?username=" + username;
        createXMLHttpRequest();                      //创建 XMLHttpRequest 对象
        XmlHttp.onreadystatechange = handleStateChange;//指定回调函数
        XmlHttp.open("GET", url, true);                  //指定 GET 请求 URL
        XmlHttp.send(null);                              //发送 GET 请求
    }
</script>
```

上述代码中的 createXMLHttpRequest()函数用于创建 XMLHttpRequest 对象；handleStateChange()是回调函数；最后以 GET 请求访问 check.jsp 文件。

（3）创建 handleStateChange()函数，然后根据请求状态对返回结果进行处理，如果返回结果中包含“true“字符串，则表示该用户名有效，否则表示已经被注册过。实现代码如下。

```
function handleStateChange() {
    if (XmlHttp.readyState == 4) {
        //判断对象状态
        if (XmlHttp.status == 200) {
            var result = XmlHttp.responseText; //获取服务器的响应内容
            if (result.indexOf("true") != -1) {
                $("checkusername").innerHTML="恭喜您！该用户名有效！";
            } else {
                $("checkusername").innerHTML="抱歉！该用户名已经被注册！";
```

```
            }
        } else {                                        // 请求页面有错误
            alert("您所请求的页面有错误！");
        }
    }
}
```

（4）创建 check.jsp 页面对注册名进行验证并输出 true 或者 false。此处作为示例设置了 4 个用户，具体代码如下所示：

```
<%@ page language="java" import="java.util.*" pageEncoding="UTF-8"%>
<%
    String[] users = { "admin", "zhht", "itzcn", "somboy" };
                                                                    //设定 4 个用户
    String username = request.getParameter("username");
                                                        //获取从客户端提交的用户名
    String con = "true";                                //存放响应内容的字符串
    Arrays.sort(users);                                 //对数组排序
    int result = Arrays.binarySearch(users, username);      //搜索数组
    if (result > -1) {
        con = "false";
    }
    out.println(con);
%>
```

（5）在浏览器中使用 http://localhost:8080/chapter11/anli1/register.html 访问注册页面。输入登录名“admin”再单击【验证】按钮，将显示用户名已被注册的提示，如图 11-9 所示。当用户在用户名文本框中输入除 admin、maxianglin、wanglili、zhanghui 这 4 个用户名之外的任意一个用户名时，将显示用户名有效的提示，如图 11-10 所示。

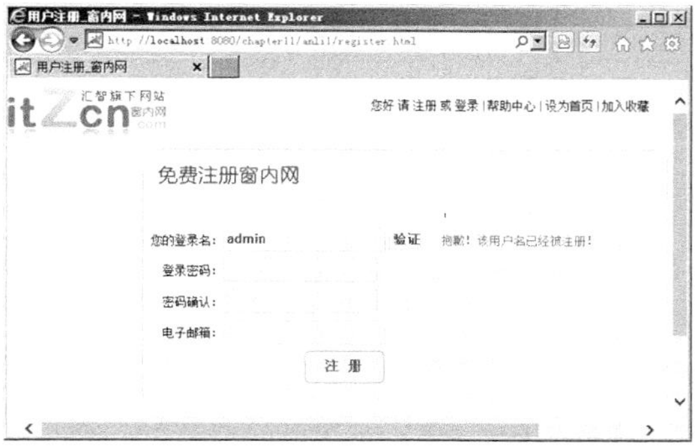

图 11-9 用户名已被注册

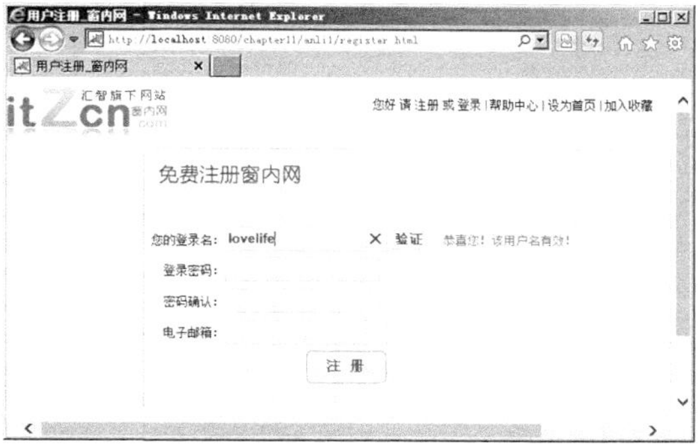

图 11-10 用户名有效

11.6 实验指导 11-2：实现类别级联

我们经常遇到需要动态加载或更新下拉列表框的问题，如果使用传统的 Web 技术就

要频繁地通过刷新页面的方法来解决。本案例将使用 Ajax 技术来更好地实现动态加载或更新下拉列表框的功能。案例运行后将显示两个下拉列表框，默认时只有第一个列表框中有内容，当选择内容之后，第二个列表框的内容会随之进行填充。

具体步骤如下。

（1）在项目 chapter11 的 WebRoot 目录下新建 anli2 子目录，创建页面 index.html。然后在页面中定义两个下拉列表框，代码如下所示。

```
一级分类：<select id="bigclass" onChange="return submit();">
    <option value="0">-选择类别-</option>
    <option value="www">网络维护</option>
    <option value="os">操作系统</option>
    <option value="db">数据库</option>
    <option value="pg">程序设计</option>
</select>       二级分类：<select id="subclass">
</select>
```

要注意上述代码中第二个下拉列表没有数据只有一个 id，因为它的数据是依据前一个列表框的值动态生成的。

（2）使用 JavaScript 代码创建页面加载完成要调用的 submit()函数，代码如下所示。


```
<script language="javascript">
function submit()
{
    var selected=$("bigclass");                           //获取选择大类的列表框
    if(selected.options[selected.selectedIndex].value==0)
    {
        alert("请选择类别！");
        return false;
    }
    else
    {
        createXMLHttpRequest();      //调用创建 XMLHttpRequest 对象的方法
        XmlHttp.onreadystatechange=callback;          //设置回调函数
        XmlHttp.open("POST","select.jsp");            //向服务器端发送请求
        XmlHttp.setRequestHeader("Content-type","application/x-www-
        form-urlencoded;");
        //获取在大类中选择的值
        var selectvalue=selected.options[selected.selectedIndex].value;
      XmlHttp.send("bigclass="+selectvalue);  //将值传递到 select.jsp
    }
}
</script>
```

（3）编写回调函数 callback()实现获得从服务器端返回的信息，然后根据这些信息动态生成了 OPTION 元素。

```
function callback()
{
    if(XmlHttp.readyState==4)
    {
        if(XmlHttp.status==200)
        {
            var target=$("subclass");                          //获取子类列表框
            var subclass_string=XmlHttp.responseText;  //获取返回结果
            var subclass_array=subclass_string.split(",");
                                                               //对结果进行拆分
            while(target.options.length>0)
            {
                target.options.remove(0);                      //移除已有项
            }
            for(var j=0;j<subclass_array.length;j++)    //添加结果集中的项
            {
                var oOption = document.createElement("OPTION");
                                                               //生成 OPTION 对象
                oOption.text=subclass_array[j];
                oOption.value=subclass_array[j];
                target.add(oOption);      //把 OPTION 对象加入到 SELECT 对象中
            }
        }
    }
}
```


（4）创建 JSP 页面 select.jsp 来处理客户端发送的请求。实现代码如下所示。

```
<%@ page language="java" import="java.util.*" pageEncoding="utf-8"%>
<%
    String bigclass = request.getParameter("bigclass");
    String subclass = "";
    if (bigclass.equals("www"))
        bigclass = "网络管理,硬件设备,网络协议";
    if (bigclass.equals("os"))
        subclass = "Windows,Linux,UNIX,其他";
    if (bigclass.equals("db"))
        subclass = "SQL Server,Oracle,MySQL,其他";
    if (bigclass.equals("pg"))
        subclass = ".NET,Java,C++,C,软件工程,其他";
    out.print(subclass);
%>
```

（5）在浏览器中使用 http://localhost:8080/chapter11/anli2/index.html 访问实例页面，默认效果如图 11-11 所示。假如从一级分类中选择【数据库】项，二级分类的效果如图 11-12 所示。

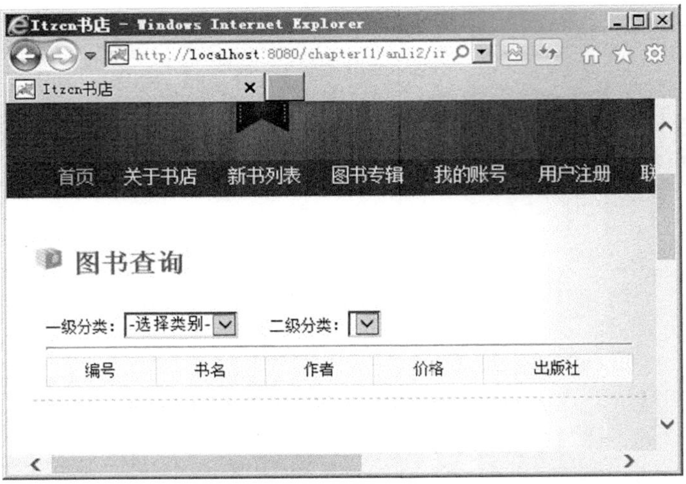

图 11-11 默认未选择项效果

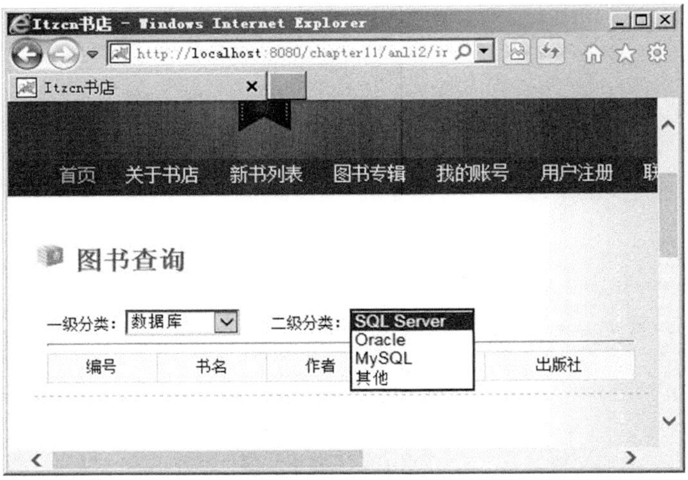

图 11-12 选择项后效果

思考与练习

一、填空题

1．假设要创建一个 IE 浏览器下可用的 XMLHttpRequest 对象 ajax，应该使用__________代码。

2．XMLHttpRequest 对象的 ReadyState 属性值为__________时表示“已加载”状态，此时响应已经被完全接收。

3．根据注释补全代码。

```
function loadQuery(param, value) {
createXmlHttp();
//创建 XmlHttpRequest 对象
______________________________;
//设置回调函数 loadQueryCallBack
xmlHttp.open("GET", "query_step.
jsp?pa=" +param + "&pv=" + value,
true);
xmlHttp.send(null);
}
```

二、选择题

1．下面关于 Ajax 的描述不正确的是__________。

A．Ajax 不是一种新技术

B．Ajax 与服务器通信时不刷新页面

C．Ajax 可以持续保持一个 HTTP 请求

D．Ajax 可以减轻服务器和带宽的负担

2．下列不属于 Ajax 组成技术的是_______。

A．DOM　　B．JavaScript

C．HTML　　D．jQuery

3．在 Ajax 的运行周期中，可以使用__________属性来监听服务器端的回调事件。

A．onreadystatechange　B．status

C．readyState　　D．statusText

4．XMLHttpRequest 对象的 ReadyState 属性值为__________时表示“未初始化”状态。

A．1　　B．2

C．3　　D．0

5．对于客户端发送请求时的参数传递叙述不正确的是__________。

A．在 url 中请求内容与参数之间要用“?”隔开

B．如果有多个参数要发送，可以在参数与参数之间用“&”来隔开

C．参数都是成对的参数名与值（比如“id=4”）

D．必须在 url 中向服务器端传递参数

6．下面代码中能判断服务器端有响应的是__________。

A．(xmlHttp.readyState == 4)&&(xmlHttp.status == 200)

B．(xmlHttp.readyState == 1)&&(xmlHttp.status == 100)

C．(xmlHttp.readyState == 0)&&(xmlHttp.status == 200)

D．(xmlHttp.readyState == 'ok')&&(xmlHttp.status == 'ok')

三、简答题

1．与传统 HTTP 请求相比，Ajax 有哪些优势？

2．Ajax 由哪些技术组成？其作用是什么？

3．如何创建一个跨浏览器可运行的 XML HttpRequest 对象？

4．简述开发 Ajax 程序的过程。

5．简述 Ajax 乱码的解决办法。

第 12 章　应用 Struts2 技术

Struts2 以 WebWork 优秀的设计思想为核心，继承了 Struts1 的部分优点，建立了一个兼容 WebWork 和 Struts1 的 MVC 框架。Struts2 的目标就是希望可以和原来的 Struts1、WebWork 的开发人员，都可以平稳熟练地使用 Struts2 的框架。

本章主要讲解在 Web 开发中 Struts2 的应用，包括 Struts2 中的配置文件、Action、Struts2 的开发模式和标签等基本知识。

本课学习要点：

- 掌握 MVC 架构模式
- 掌握 Struts2 的开发流程
- 掌握 Struts2 的主要配置文件
- 掌握 Struts2 的 Action 对象
- 了解 Struts2 的开发模式
- 掌握 Struts2 的标签库
- 掌握 Struts2 的拦截器

12.1 Struts2 简介

Struts2 是 Struts 的下一代产品，是在 Struts1 和 WebWork 的技术基础上进行了合并的全新的 Struts2 框架。其全新的 Struts2 体系结构与 Struts1 体系结构差别巨大。Struts2 以 WebWork 为核心，采用拦截器的机制来处理用户的请求，这样的设计也使得业务逻辑控制器能够与 Servlet API 完全脱离开，所以 Struts2 可以理解为 WebWork 的更新产品。虽然从 Struts1 到 Struts2 有着很大的变化，但是相对于 WebWork，Struts2 的变化很小。

Apache Struts2 是之前熟知的 WebWork2。在经历了几年的各自发展后，WebWork 和 Struts 社区决定合二为一，也即是 Struts2。它也是一个 MVC 框架。

12.1.1 MVC 原理

MVC（Model-View-Controller，模型-视图-控制器）用于表示一种软件架构模式。MVC 模式的目的是实现一种动态的程序设计，使后续对程序的修改和扩展简化，并且使程序某一部分的重复利用成为可能。除此之外，此模式通过对复杂度的简化使程序结构更加直观。

MVC 是一个设计模式，它强制性地使应用程序的输入、处理和输出分开。MVC 应用程序被分为三个核心部分：模型（Model）、视图（View）和控制器（Controller）。

1. 模型

在 Web 应用中，模型（Model）表示业务数据与业务逻辑，它是 Web 应用的主体部分，视图中的业务数据由模型提供。

> **提示**
>
> 使用 MVC 设计模式开发 Web 应用，很关键的一点就是让一个模型为多个视图提供业务数据，这样可以提高代码的可重用性与可读性，也给 Web 应用后期的维护带来方便。

2. 视图

视图（View）代表用户交互界面。一个 Web 应用可能有很多不同的视图，MVC 设计模式对于视图的处理仅限于视图中数据的采集与处理以及用户的请求，而不包括对视图中业务流程的处理。

3. 控制器

控制器（Controller）是视图与模型之间的纽带。控制器将视图接收的数据交给相应的模型去处理，将模型的返回数据交给相应的视图去显示。

MVC 设计模式的三个模块层之间的关系如图 12-1 所示。

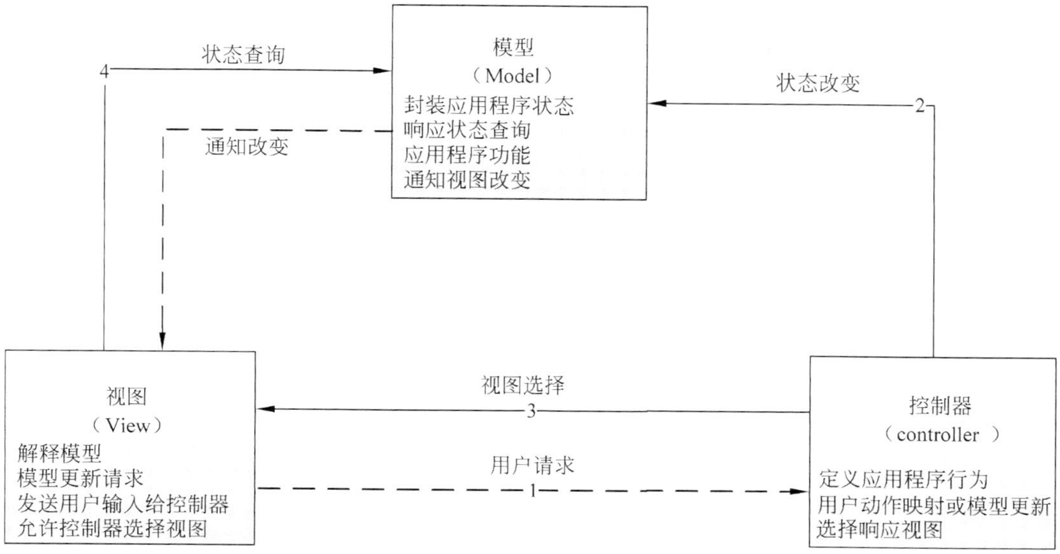

图 12-1 MVC 模块层的关系

MVC 模式主要有以下 6 大优点。

（1）低耦合性。

（2）高重用性和可适用性。

（3）较低的生命周期成本技术。

（4）快速的部署。

（5）可维护性。

（6）有利于软件工程化管理。

12.1.2 Struts2 框架的产生

性能高效、松耦合和低侵入是开发人员所追求的，针对在 Struts1 框架中存在的缺陷与不足，全新的 Struts2 框架诞生了。它弥补了 Struts1 框架中的缺陷，而且还提供了更加灵活与强大的功能。

相对于 Struts1 框架而言，Struts2 是一个全新的框架。Struts2 的结构体系与 Struts1 有很大的区别，因为 Struts2 框架是在 WebWork 框架的基础上发展而来的，它是 WebWork 技术与 Struts 技术的结合。

WebWork 是开源组织 opensymphony 上非常优秀的开源 Web 框架，它在 2002 年 3 月发布。相对于 Struts1 而言，WebWork 的设计思想更加超前，功能也更加灵活。在 WebWork 中，Action 对象不再与 Servlet API 相耦合，它可以在脱离 Web 容器的情况下运行，而且 WebWork 还提供了自己的 IoC（Inversion of Control）容器，增强了程序的灵活性，通过控制反转使应用程序测试更加简单。

从某种程度上来将，Struts2 框架并不是 Struts1 的升级版本，而是 Struts 技术与 WebWork 技术的结合。由于 Struts1 框架与 WebWork 都是非常优秀的框架，而 Struts2 又吸收了两者的优势，因此 Struts2 框架的发展前景是非常美好的。

12.1.3 Struts2 的结构体系

Struts2 是基于 WebWork 技术开发的全新 Web 框架，它的结构体系如图 12-2 所示。

Struts2 通过过滤器拦截要处理的请求，当客户端发送一个 HTTP 请求时，需要经过一个过滤链。这个过滤链包括 ActionContextClearUp 过滤器、其他 Web 应用过滤器及 StrutsPrepareAndExecuteFilter 过滤器，其中 StrutsPrepareAndExecuteFilter 过滤器是必须要配置的。

当 StrutsPrepareAndExecuteFilter 过滤器被调用时，Action 映射器将查找需要调用的 Action 对象，并返回 Action 对象的代理。然后 Action 代理将从配置管理器中，读取 Struts2 的相关配置（Struts.xml）。读取完成后，Action 容器中调用指定的 Action 对象，在调用之前需要经过 Struts2 的一系列拦截器。拦截器与过滤器的原理相似，从图 12-2 可以看出它的两次执行顺序是相反的。

当 Action 处理请求后，将返回相应的结果视图（JSP、FreeMarker 等），在这些视图之中可以使用 Struts 标签显示数据并控制数据逻辑。然后 HTTP 请求回应给浏览器，在回应的过滤中同样经过过滤链。

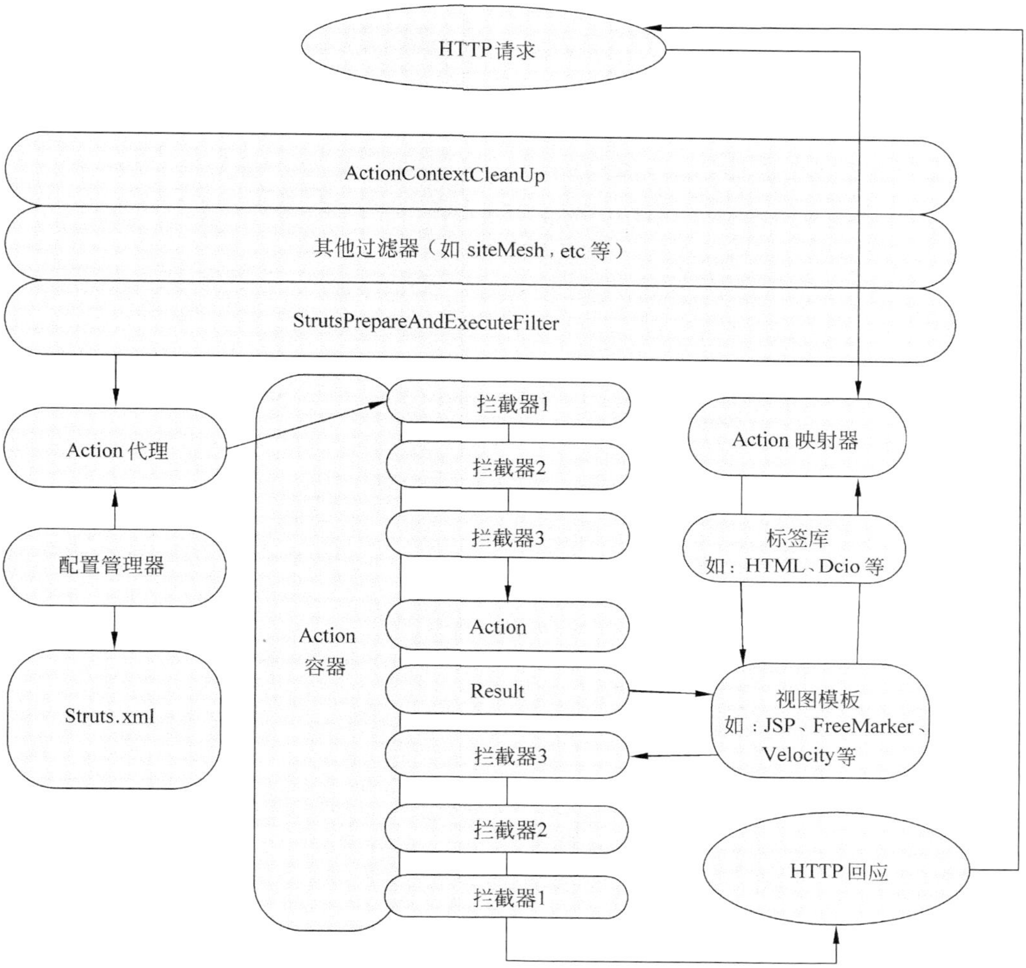

图 12-2 Struts2 的结构体系

12.2 创建第一个 Struts2 程序

Struts2 的使用比起 Struts1.x 更为简单方便，只要加载一些 jar 包等插件，不需要配置任何文件，而是采用热部署方式注册插件。下面来了解一下它的开发过程。

12.2.1 Struts2 相应的类库

Struts2 的官方网站是 http://struts.apache.org，在此网站上可以获取 Struts2 的所有版本及帮助文档。当前最新版本为 Struts2.3.15.3。本章中的练习使用的版本为 Struts2.1.6。

在下载 Struts2.1.6 的完整开发包后，将得到一个名称为 struts-2.1.6-lib-all.zip 的压缩文件。将此文件解压后，里面有 4 个文件夹。其中，apps 目录为 Struts2 官方给出的实例程序，其示例以 war 包的格式给出。docs 目录为 Struts2 官方提供的帮助文档，此文档包含 Struts2 的应用示例及 Struts2 的 API。lib 目录为 Struts2 官方提供的支持类库，此目录包含 Struts2 的 jar 包及依赖 jar 包的文件。src 目录为 Struts2 的源码文件夹。

在实际开发中需要添加 Struts2 的类库支持，也就是需要将 lib 目录中的 jar 包文件添加到项目的 lib 目录下。通常情况下，这些 jar 包文件不用全部添加，根据项目实际的开发需要进行添加即可。

一般在开发中使用的 jar 包如表 12-1 所示。

表 12-1 常用 jar 包

名称	说明
struts2-core-2.1.6.jar	Struts2 的核心库
xwork-2.1.2.jar	WebWork 的核心库，需要它的支持
commons-fileupload-1.3.jar	文件上传组件，2.1.6 版本后必须加入此文件
commons-io-2.0.1.jar	可以看成是 java.io 的扩展
commons-lang3-3.1.jar	包含一些数据类型工具类，是 java.lang.*的扩展，必须使用的 jar 包
commons-logging-1.1.3.jar	日志管理
ognl-2.6.11.jar	表达式语言，Struts2 支持该 EL
freemarker-2.3.13.jar	表现层框架，定义了 Struts2 的可视组件主题
javassist-3.11.0.GA.jar	Javassist 字节码解释器

注 意

使用这些 jar 文件时，可能会因为某个 jar 文件的版本不同而引起冲突。可以将 apps 目录下的 war 文件解压，将其中 lib 中的 jar 包导入。

12.2.2 创建 Struts2 程序

Struts2 框架主要是通过一个过滤器将 Struts 集成到 Web 应用中，这个过滤器对象就是 org.apache.Struts2.dispatcher.ng.filter.StrutsPrepareAndExecuteFilter。通过它，Struts2 即可拦截 Web 应用中的 HTTP 请求，并将这个 HTTP 请求转发到指定的 Action 处理，Action 根据处理的结果返回给客户端相应的页面。因此在 Struts2 框架中，过滤器 StrutsPrepareAndExecuteFilter 是 Web 应用与 Struts2 API 之间的入口，它在 Struts2 的应用中有很大的作用。

Struts2 处理 HTTP 请求的流程如图 12-3 所示。

【练习 1】

创建 JavaWeb 项目并添加 Struts2 的支持类库，通过 Struts2 将请求转发到指定的 JSP 页面。

（1）创建一个 JavaWeb 项目，将 Struts2 所需的 jar 包导入到项目 WEB-INF 目录中的 lib 文件夹中。

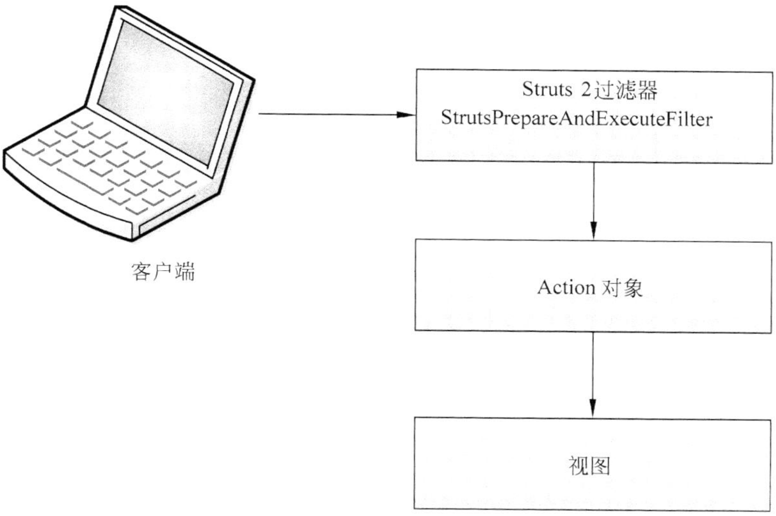

图 12-3 处理 HTTP 请求的流程

（2）在 web.xml 中配置 Struts2 的核心控制器，代码如下。

```
<?xml version="1.0" encoding="UTF-8"?>
<web-app version="2.5"
    xmlns="http://java.sun.com/xml/ns/javaee"
    xmlns:xsi="http://www.w3.org/2001/XMLSchema-instance"
    xsi:schemaLocation="http://java.sun.com/xml/ns/javaee
    http://java.sun.com/xml/ns/javaee/web-app_2_5.xsd">
<display-name></display-name>
<welcome-file-list>
  <welcome-file>index.jsp</welcome-file>
</welcome-file-list>
<filter>
    <filter-name>struts2</filter-name>
    <filter-class>
        org.apache.struts2.dispatcher.ng.filter.StrutsPrepareAndExecute
        Filter
    </filter-class>
</filter>
<filter-mapping>
    <filter-name>struts2</filter-name>
    <url-pattern>*.action</url-pattern>
</filter-mapping></web-app>
```

（3）在项目中创建 struts.xml 文件，在其中定义 Struts2 中的 Action 对象。代码如下：

```
<?xml version="1.0" encoding="UTF-8" ?>
<!DOCTYPE struts PUBLIC "-//Apache Software Foundation//DTD Struts
```

```
Configuration 2.1//EN" "http://struts.apache.org/dtds/struts-2.1.dtd">
<struts>
    <package name="First" extends="struts-default">
    <action name="first">
        <result>/success.jsp</result>
    </action>
    </package>
</struts>
```

提 示

在 struts2.xml 文件中，Struts2 的 Action 配置需要放置在包空间内。类似在 Java 中的包的概念。通过<package>标签声明，通常情况下声明的包需要继承于 struts-default 包。

（4）创建主页面 index.jsp，在其中编写一个表单用于访问上面定义的 Action 对象，代码如下。

```
<form action="first.action" method="post">
<table >
    <tr>
        <td>用户名</td>
        <td><input type="text" name="userName" size="20"></td>
    </tr>
    <tr>
        <td>密    码</td>
        <td><input type="password" name="pass" size="21"></td>
    </tr>
    <tr>
        <td align="center"></td>
        <td align="center"><input type="submit" value="登录"><input
        type="reset" value="重置"></td>
    </tr>
</table>
</form>
```


（5）创建名为 success.jsp 的 JSP 页面作为 Action 对象 first 处理成功后的返回页面，其关键代码如下。

```
从 index.jsp 页面获得参数：<br>
用户名：<%=request.getParameter("userName") %><br>
密    码：<%=request.getParameter("pass") %>
```

（6）运行后打开 index.jsp 页面，输入用户名和密码，其效果如图 12-4 所示。

输入用户信息后，单击【登录】按钮，请求将交给 Action 对象的“first”处理，处理成功后将返回到 success.jsp 页面，如图 12-5 所示。

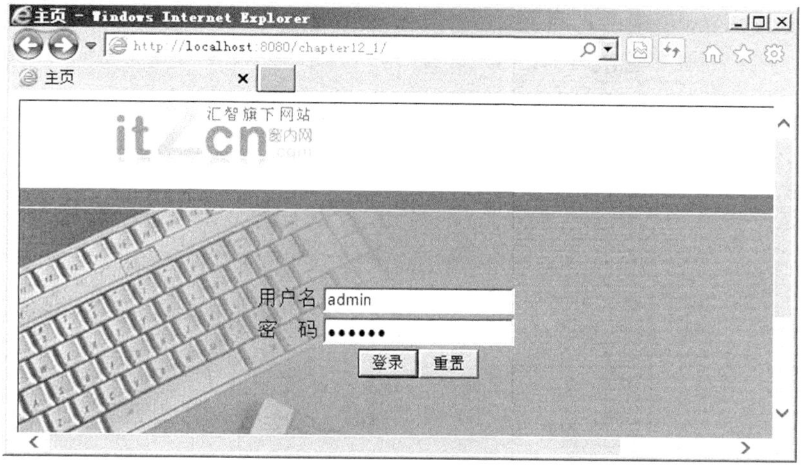

图 12-4 index.jsp 页面

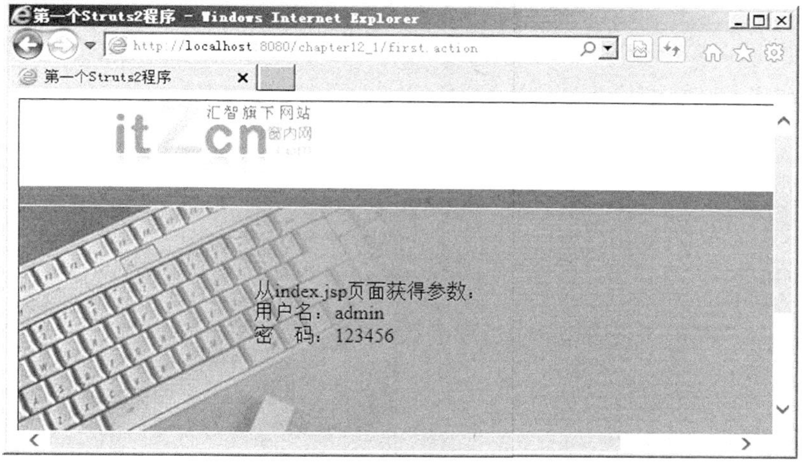

图 12-5 success.jsp 页面

12.3 Action 对象

在 Struts2 框架的应用开发中，Action 作为框架的核心类，实现了对用户请求信息的处理，所以 Action 被称为业务逻辑控制器。

在传统的 MVC 框架中，Action 需要实现特定的接口，这些接口由 MVC 框架定义，实现这些接口会与 MVC 框架耦合。Struts2 比 Action 更灵活，可以实现或不实现 Struts2 接口。

12.3.1 Action 对象简介

Action 对象是 Struts2 框架中的重要对象，主要用于处理 HTTP 请求。在 Struts2 API

中，Action 对象是一个接口，位于 com.opensymphony.xwork2 包中。

Struts2 项目开发中创建 Action 对象要直接或间接实现此对象，其方法声明如下。

```
public interface Action {
    public static final String  SUCCESS = "success";
    public static final String  NONE = "none";
    public static final String  ERROR = "error";
    public static final String  INPUT = "input";
    public static final String  LOGIN = "login";
    public String execute() throws Exception;
}
```

在 Action 接口中包含以下 5 个静态成员变量。

1. SUCCESS

静态变量 SUCCESS 代表 Action 执行成功的返回值，在 Action 执行成功的情况下需要返回成功页面，则可设置返回值为 SUCCESS。

2. NONE

静态变量 NONE 代表 Action 执行成功的返回值。但不需要返回到成功页面，主要用于处理不需要返回结果页面的业务逻辑。

3. ERROR

静态变量 ERROR 代表 Action 执行失败的返回值，在一些信息验证失败的情况下可以使 Action 返回此值。

4. INPUT

静态变量 INPUT 代表需要返回某个输入信息页面的返回值，如在修改某信息时加载数据库需要返回到修改页面，即可将 Action 对象处理的返回值设置为 INPUT。

5. LOGIN

静态变量 LOGIN 代表需要用户登录的返回值，如在验证用户是否登录时 Action 验证失败并需要用户重新登录，即可将 Action 对象处理的返回值设置为 LOGIN。

但是一般在使用时不会实现该接口，而是继承该接口的实现类 ActionSupport。ActionSupport 类是一个工具类，已经实现了 Action 接口。除此之外，该类还实现了 Validateable 接口，提供数据校验功能。通过继承 ActionSupport 类，可以简化 Struts2 的 Action 开发。在 Validateable 接口中定义了 validate()方法，在 Action 中重写该方法，在该方法中，如果校验表单输入域出现错误，则将错误添加到 ActionSupport 类的 fieldErrors 域中，然后通过 OGNL 表达式输出错误信息。

12.3.2 请求参数注入原理

在 Struts2 框架中表单提交的数据会自动注入到 Action 中相应的属性中，与 Spring 框架中的 IoC 注入原理相同，通过 Action 对象为属性提供 setter 方法注入。

【练习 2】

创建一个 com.itzcn.action.UserAction 类，并继承 ActionSupport 类，获得第一个 Struts2 程序使用表单中的 userName 和 pass 属性，代码如下。

```
public class UserAction extends ActionSupport {
    private static final long serialVersionUID = 1L;
    private String userName = null;                             //用户名
    private String pass = null;                                 //密码
    public String getUserName() {
        return userName;
    }
    public void setUserName(String userName) {
        this.userName = userName;
    }
    public String getPass() {
        return pass;
    }
    public void setPass(String pass) {
        this.pass = pass;
    }
    public String execute(){
        return SUCCESS;
    }
}
```

需要注入属性的 Action 对象必须为属性提供 set×××()方法，因此 Struts2 的内部实现是按照 JavaBean 规范中提供的 setter 方法自动为属性注入值。

由于在 Struts2 中 Action 对象的属性通过其 setter 方法注入，所以需要为属性提供 setter 方法。但是在获取这个属性的时候要使用 getter 方法，因此在编写代码的时候最好为 Action 对象的属性提供 setter 和 getter 方法。

12.3.3 Action 的基本流程

Struts2 框架主要通过 Struts2 的过滤器对象拦截 HTTP 请求，然后将请求分配到指定的 Action 处理，其基本流程如图 12-6 所示。

由于在 Web 项目中配置了 Struts2 的过滤器，所以当浏览器向 Web 容器发送一个 HTTP 请求时 Web 容器就要调用 Struts2 过滤器的 doFilter()方法。此时，Struts2 接收到 HTTP 请求，通过 Struts2 的内部处理机制会判断这个请求是否与某个 Action 对象匹配。

如果找到匹配的 Action，就会调用该对象的 execute()方法，并根据处理结果返回相应的值。然后 Struts2 通过 Action 的返回值查找返回值所映射的页面，最后通过一定的视图回应给浏览器。

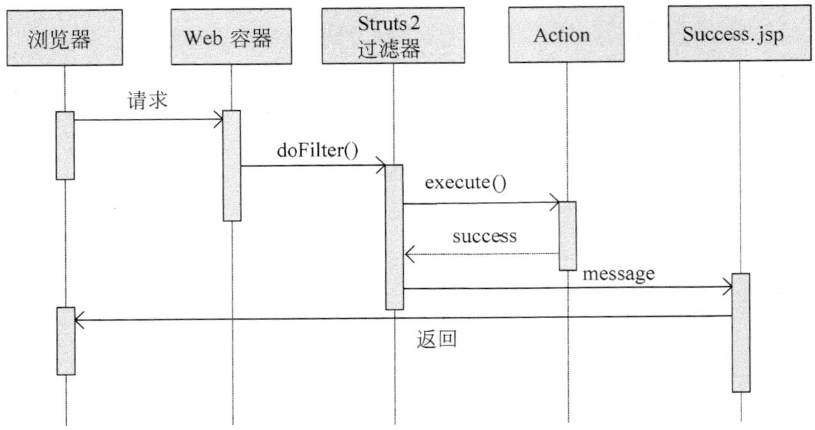

图 12-6　**Struts2 的基本流程**

在 Struts2 框架中，一个“*.action”请求返回的视图由 Action 对象决定。其实现方法是通过查找返回的字符串对应的配置项确定返回的视图。如果 Action 中的 execute()方法返回的字符串为“success”，那么 Struts2 就会在配置文件中查找名为“success”的配置项，并返回这个配置项对应的视图。

12.3.4　Action 的配置

在 struts.xml 文件中通过 action 元素对 Action 进行配置。action 元素常用的属性如下：

（1）name：必选属性，指定客户端发送请求的地址映射名称。

（2）class：可选属性，指定 Action 实现类的完整类名。

（3）method：可选属性，指定 Action 类中的处理方法名称。

（4）converter：可选属性，应用于 Action 的类型转换器的完整类名。

【练习 3】

在 struts.xml 中配置练习 2 中的 UserAction，其代码如下。

```
<action name="login" class="com.itzcn.action.UserAction" method="execute">
    <result name="error">/index.jsp</result>
    <result name="success">/success.jsp</result>
</action>
```

其中，action 元素的 name 属性值将在其他地方引用，例如，作为 JSP 页面 form 表单的 action 属性值；class 属性值指明了 Action 的实现类，即 com.cs 包下的 TestAction 类；method 属性值指向 Action 中定义的处理方法名，默认情况下是 execute()方法。

result 元素用来为 Action 的处理结果指定一个或者多个视图。其 name 属性用来指定 Action 的返回逻辑视图。另外该元素还有一个 type 属性，用来指定结果类型。

12.3.5 动态 Action

在实际应用中，每个 Action 都要处理多个业务，所以每个 Action 都会包含多个处理业务逻辑的方法，针对不同的客户端请求，Action 会调用不同的方法进行处理。例如，JSP 文件中的同一个 Form 表单有多个用来提交表单值的按钮，当用户通过不同的按钮提交表单时，将调用 Action 中的不同方法，这时要将请求对应到相应的方法，就需要使用动态方法调用。

在 Struts2 框架中提供了“Dynamic Action”这样一个概念，称为“动态 Action”。通过动态请求 Action 对象中的方法来实现某一业务逻辑的处理，应用动态 Action 处理方式如图 12-7 所示。

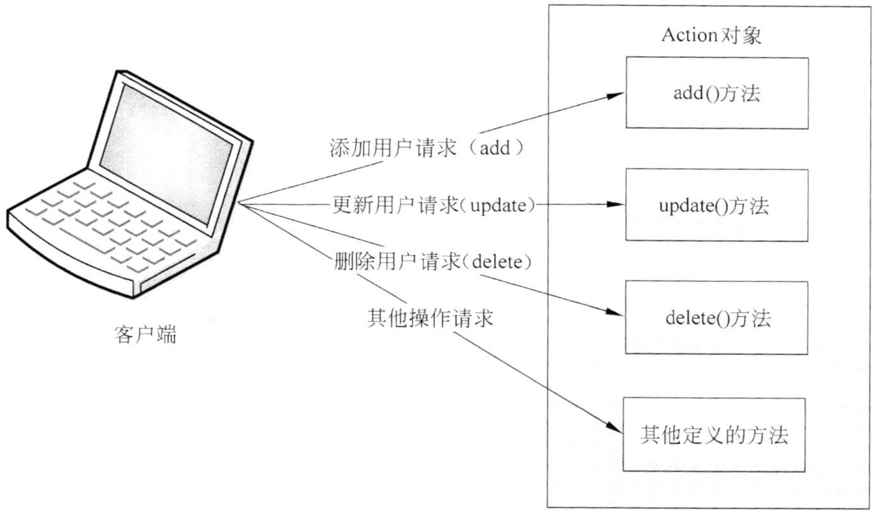

图 12-7　应用动态 Action 处理方式

Struts2 中提供了两种方式实现动态方法调用。

1. 不指定 method 属性

这种方法是指表单元素的 action 属性并不是直接等于某个 Action 的名字，form 表单不需要指定 method 属性，而是以如下形式来指定。

```
<s:form action="ActionName!MethodName">
```

或者

```
<s:form action="ActionName!MethodName.action">
```

注意

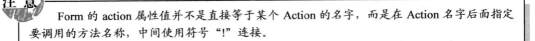

Form 的 action 属性值并不是直接等于某个 Action 的名字，而是在 Action 名字后面指定要调用的方法名称，中间使用符号“!”连接。

使用动态方法调用的方式将请求提交给 Action 时，表单中的每个按钮提交事件都可交给同一个 Action，只是对应 Action 中的不同方法。这时，在 struts.xml 文件中只需要配置该 Action，而不必配置每个方法，配置格式如下。

```
<action name="ActionName" class="PackageName.Action类名">
    <result> URL </result>
</action>
```

2. 指定 method 属性

在这种方式下，每个表单都有 method 属性，属性指向在 Action 中定义的方法名，例如：

```
<s:form action="ActionName" method="MethodName">
```

这时在 struts.xml 文件中要配置 Action 的每个方法，而且在每个 Action 配置中都要指定 method 属性，该属性值和表单中的 method 属性值相一致。

对比之下，第一种方式只需要为 Action 配置一个 action 元素，从而减少 action 的数量，使 struts.xml 文件不会太庞大，但是逻辑结构不够清晰。第二种方式是为 Action 中的每个业务逻辑方法都配置了一个 action 元素，虽然逻辑结构很清晰但是增加了 action 元素的数量，使 struts.xml 文件过于庞大而难以管理。在实际应用中，可以根据具体情况来进行选择。

【练习 4】

创建一个 JavaWeb 项目，应用 Struts2 提供的动态 Action 处理用户信息。

（1）新建一个 JavaWeb 项目，将 Struts2 所需的 jar 包导入到项目 WEB-INF 目录中的 lib 文件夹中。

（2）在 web.xml 中配置 Struts2 的核心控制器，代码如下。

```
<?xml version="1.0" encoding="UTF-8"?>
<web-app version="2.5"
    xmlns="http://java.sun.com/xml/ns/javaee"
    xmlns:xsi="http://www.w3.org/2001/XMLSchema-instance"
    xsi:schemaLocation="http://java.sun.com/xml/ns/javaee
    http://java.sun.com/xml/ns/javaee/web-app_2_5.xsd">
  <display-name></display-name>
  <welcome-file-list>
    <welcome-file>index.jsp</welcome-file>
  </welcome-file-list>
    <filter>
    <filter-name>struts2</filter-name>
    <filter-class>
```

```
        org.apache.struts2.dispatcher.ng.filter.StrutsPrepareAndExecute
        Filter
    </filter-class>
  </filter>
  <filter-mapping>
    <filter-name>struts2</filter-name>
    <url-pattern>/*</url-pattern>
  </filter-mapping>
  </web-app>
```

（3）新建 com.itzcn.action.UserAction 类，并继承 ActionSupport 类，在其中分别添加对用户操作的方法，主要代码如下。

```
public class UserAction extends ActionSupport {
    private static final long serialVersionUID = 1L;
    public String add(){                          //添加
        return "add";
    }
    public String del(){                          //删除
        return "del";
    }
    public String up(){                           //修改
        return "up";
    }
    public String show(){                         //列出
        return "show";
    }
}
```


（4）在 struts.xml 文件中配置 UserAction 中的方法，代码如下。

```
<?xml version="1.0" encoding="UTF-8" ?>
<!DOCTYPE struts PUBLIC "-//Apache Software Foundation//DTD Struts
Configuration 2.1//EN" "http://struts.apache.org/dtds/struts-2.1.dtd">
<struts>
    <package name="User"  extends="struts-default"  >
        <action name="userAction" class="com.itzcn.action.UserAction">
            <result name="add">add.jsp</result>
            <result name="del">del.jsp</result>
            <result name="up">up.jsp</result>
            <result name="show">show.jsp</result>
        </action>
        <action name="add">
        <result>/add.jsp</result>
    </action>
    </package>
    </struts>
```

（5）新建 index.jsp 页面，在其中添加对各个方法操作的超链接，并将这几个超链接请求分别指向 UserAction 类中的方法，主要代码如下。

```
<a href="userAction!add">添加用户</a>
<a href="userAction!up">更新用户</a>
<a href="userAction!del">删除用户</a>
<a href="userAction!show">显示用户</a>
```

（6）分别新建 add.jsp 页面、del.jsp 页面、up.jsp 页面和 show.jsp 页面，由于没有进行实际的操作，其代码这里就省略了。

注意

Struts2 的动态 Action，Action 请求的 URL 地址中使用“!”分隔 Action 请求与请求字符串，而请求字符串的名称需要与 Action 类中的方法名称相对应；否则将抛出 java.lang.NoCuchMethodException 异常。

将该项目部署在 Tomcat 下，运行 index.jsp 页面，分别单击链接可以看到不同的链接对应不同的用户处理。

提示

Action 请求的处理方式并非一定要通过 execute()方法处理，使用动态 Action 的处理方式更加方便。所以在实际的项目中可以将同一模块的一些请求封装在一个 Action 对象中，使用 Struts2 提供的动态 Action 处理不同的请求。

12.4 Struts2 的配置文件

使用 Struts2 的时候要配置 Struts2 的相关文件，以保证各个模块之间可以正常通信。

在 Struts2 框架中，主要的配置文件包括 web.xml、struts.xml、struts.properties、struts-default.xml 和 struts-plugin.xml。其中，web.xml 是 Web 部署描述文件，包括所有必需的框架组件；struts.xml 文件是 Struts2 框架的核心配置文件，负责管理 Struts2 框架的业务控制 Action 和拦截器等；struts.properties 文件是 Struts2 的属性配置文件；struts-default.xml 文件为 Struts2 框架提供的默认配置文件；struts-plugin.xml 文件为 Struts2 框架的插件配置文件。而在 Struts2 框架的应用中，较常用的配置文件为 web.xml、struts.xml 和 struts.properties。

Struts2 中的配置文件如表 12-2 所示。

表 12-2 Struts2 中的配置文件

配置文件	说明
struts-default.xml	位于 Struts2 核心包的 org.apache.Struts2 包中
struts.xml	Web 应用默认的 Struts2 配置文件
struts-plugin.xml	位于 Struts2 提供的各个插件包
struts.properties	Struts2 框架中属性配置文件
web.xml	此文件用于设置 Struts2 框架的一些基本信息

12.4.1 全局配置文件 struts.properties

struts.properties 文件中配置的是一些 Struts2 的属性参数。每个可配置的参数都有一个默认值，而且是一系列的键值对。其中，key 对应的就是一个 Struts2 的属性，而 value 就是相对应的属性值。但是该文件不是必需的，如果没有修改任何参数，可以不用添加该文件。

它的代码格式如下。

```
#是否为开发模式
Struts.devMode=false
#struts2 的默认配置文件
struts.configuration.files=struts-default,xmlstruts-plugin,xmlstruts.xml
```

12.4.2 核心配置文件 struts.xml

struts.xml 配置文件是配置 Struts2 的核心，其中主要配置了 Action、JSP、Exception、Intercept 等，而且一些 struts.properties 的配置也可以在 struts.xml 中进行。例如，Struts2 的属性在 struts.xml 中就可以用<constant>配置，作用是一样的。在 struts.xml 中可以使用<include>对一些独立的 Struts 配置文件进行引用。

一个较为完整的 struts.xml 配置如下。

```
<?xml version="1.0" encoding="UTF-8" ?>
<!DOCTYPE struts PUBLIC "-//Apache Software Foundation//DTD Struts
Configuration 2.1//EN" "http://struts.apache.org/dtds/struts-2.1.dtd">
<struts>
    <!-- 开发模式 -->
    <constant name="struts.devMode" value="true"></constant>
    <!-- Action 后缀 -->
    <constant name="struts.action.extension" value="action"></constant>
    <!-- 配置文件 -->
    <include file="struts.xml"></include>
    <!-- 配置 Bean -->
    <bean class="" name=""></bean>
    <package name="linkAction" extends="struts-default" >
        <!-- 配置拦截器 -->
        <interceptors name="" class="">
            <interceptor-stack name="">
                <interceptor-ref name=""></interceptor-ref>
            </interceptor-stack>
        </interceptors>
        <action name="User" class="com.itzcn.action.UserAction">
            <result name="add">add.jsp</result>
            <result name="del">del.jsp</result>
            <result name="up">up.jsp</result>
            <result name="show">show.jsp</result>
        </action>
```

```
    </package>
</struts>
```

12.4.3 配置包和命名空间

在 struts.xml 文件中存在一个包的概念，类似于 Java 中的包。配置文件 struts.xml 中包含的<package>元素声明主要用于放置一些项目中的相关配置，可以将其理解为配置文件中的一个逻辑单元。已经配置好的包可以被其他包所继承，从而提高配置文件的重要性。与 Java 中的包类似，在 struts.xml 文件中使用包不仅可以提高程序的可读性，而且还可以简化日后的维护工作，代码如下。

```
<package name="user" namespace="/" extends="struts-default">
    …
</package>
```

包使用<package>元素声明，必须拥有一个 name 属性来指定名称，<package>元素包含的属性如表 12-3 所示。

表 12-3 <package>元素中包含的属性

属性	说明
name	声明包的名称，以方便在其他处引用此包，此属性是必需的
extends	用于声明继承的包，即其父包
namespace	指定名称空间，即访问此包下的 Action 需要访问的路径
Abstract	将包声明为抽象类型（包中不定义 action）

在 JavaWeb 开发中，Web 文件目录通常以模块划分，如用户模块的首页可以定义在“/user”目录中，其访问地址为“/user/index.jsp”。在 Struts2 框架中，Struts2 配置文件提供了名称空间的功能，用于指定一个 Action 对象的访问路径，使用方法为在配置文件 struts.xml 的包声明中使用“namespace”的属性声明。

注意

在<package>元素中指定名称空间属性，名称空间的值需要以“/”开头；否则找不到 Action 对象的访问地址。

12.4.4 使用通配符简化配置

在 Struts2 框架的配置文件 struts.xml 中支持通配符，此种配置方式主要针对多个 Action 的情况。通过一定的命名约定使用通配符来配置 Action 对象，从而达到一种简化配置的效果。

在 struts.xml 文件中，常用的通配符有如下两个。

（1）通配符“*”：匹配 0 个或多个字符。

（2）通配符“\”：一个转义字符，如需要匹配“/”则使用“\/”匹配。

【练习 5】

在 Struts2 框架的配置文件 struts.xml 中应用通配符，代码如下。

```
<struts>
    <package name="myPackage" namespace="/" extends="struts-default">
        <!-- 定义 action -->
        <action name="user_*" class="com.itzcn.action.{1}UserAction">
            <!-- 添加成功的页面 -->
            <result name="add">user_add.jsp</result>
            <!-- 更新成功的页面 -->
            <result name="update">user_update.jsp</result>
            <!-- 删除成功的页面 -->
            <result name="delete">user_delete.jsp</result>
            <!-- 查询成功的页面 -->
            <result name="select">user_select.jsp</result>
        </action>
    </package>
</struts>
```

<action>元素的 name 属性值为“user_*”，匹配的是以字符“user”开头的字符串，如“user_add”和“user_delete”。在 Struts2 框架的配置文件中可以使用表达式{1}、{2}或{3}的方式获取通配符所匹配的字符，如“com.itzcn.action.{1}UserAction”。

12.4.5 配置返回结果

在 MVC 的设计思想中处理业务逻辑后需要返回一个视图，Struts2 框架通过 Action 的结果映射配置返回视图。

Action 对象是 Struts2 框架中的请求处理对象，针对不同的业务请求及处理结果返回一个字符串，即 Action 处理结果的逻辑视图名。Struts2 框架根据逻辑视图名在配置文件 struts.xml 中查找与其匹配的视图，再找到这个视图回应给浏览器，如图 12-8 所示。

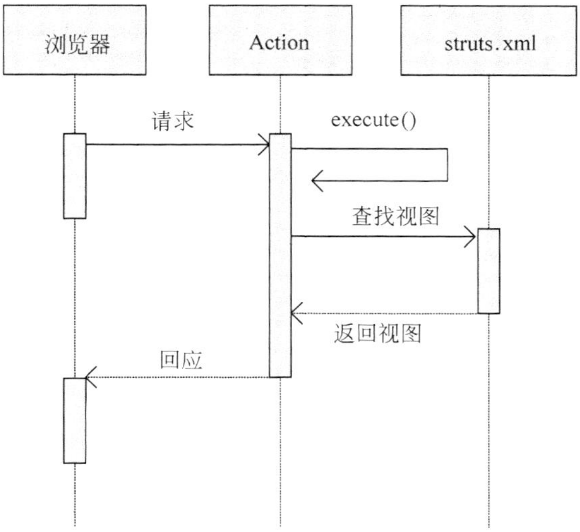

图 12-8 action 中的结果映射

在配置文件 struts.xml 中，结果映射使用<result>元素，其代码格式如下。

```
<action name="userAction" class="com.itzcn.action.UserAction">
    <result name="add">add.jsp</result>
    <result name="del">del.jsp</result>
    <result name="up">up.jsp</result>
    <result name="show">show.jsp</result>
</action>
```

<result>元素的两个属性为 name 和 type，其中 name 属性用于指定 result 的逻辑名称，与 Action 对象中方法的返回值相对应。type 属性用于设置返回结果的类型，如请求转发和重定向等。

提示

无<result>元素的 name 属性的默认值为 “success”。

12.5 Struts2 的开发模式

在实际应用开发或者是产品部署的时候，对应着两种模式：开发模式和产品模式。在一些服务器或者框架中也存在着这两种模式，如 Tomcat、Struts2 等。在这两种不同的模式下，它们在运行的性能方面有很大的差异，下面主要介绍一下 Struts2 的开发模式。

12.5.1 实现与 Servlet API 的交互

Struts2 的 Action 并未直接与任何 Servlet API 耦合，这是 Struts2 较 Struts1 的一个改进之处，因为 Action 类不再与 Servlet API 耦合，从而能更轻松地测试该 Action。

但对于 Web 应用的控制器而言，不访问 Servlet API 几乎是不可能的，例如，跟踪 HTTPSession 状态等。Struts2 中的 Action 对 Servlet API 的访问有两种方式，分别为间接访问和直接访问。

1. 间接访问

在 Struts2 中，Action 已经与 Servlet API 完全分离，这使得 Struts2 的 Action 具有更加灵活和低耦合的特性。但在实际业务逻辑处理时，Action 经常需要访问 Servlet 中的对象，例如 session、request 和 application 等。

Struts2 框架认识到了这一点，于是提供了名称为 ActionContext 的类，在 Action 中可以通过该类获得 Servlet API。

提示

ActionContext 是 Action 的上下文对象，Action 运行期间所用到的数据都保存在 ActionContext 中，例如 session 会话和客户端提交的参数等信息。

创建 ActionContext 类对象的语法格式如下。

```
ActionContext ac = ActionContext.getContext();
```

在 ActionContext 类中有一些常用方法，如表 12-4 所示。

表 12-4 ActionContext 类的常用方法

方法名	说明
Object get(String key)	通过参数 key 来查找当前 ActionContext 中的值
Map<String, Object> getApplication()	返回一个 application 级的 Map 对象
static ActionContext getContext()	获得当前线程的 ActionContext 对象
Map<String, Object> getParameters()	返回一个包含所有 HttpServletRequest 参数信息的 Map 对象
Map<String, Object> getSession()	返回一个 Map 类型的 HttpSession 对象
void put(String key, Object value)	向当前 ActionContext 对象中存入键值对信息
void setApplication(Map<String, Object> application)	设置一个 Map 类型的 application 值
void setSession(Map<String, Object> session)	设置一个 Map 类型的 session 值

2. 直接访问

Action 直接访问 Servlet API 的方式分为 IoC 方式和非 IoC 方式两种。

1）IoC 方式

在 Struts2 中，通过 IoC 方式将 Servlet 对象注入到 Action 中，具体实现是由一组接口决定的。要采用 IoC 方式就必须在 Action 中实现以下接口。

（1）ApplicationAware：以 Map 类型向 Action 注入保存在 ServletContext 中的 Attribute 集合。

（2）SessionAware：以 Map 类型向 Action 注入保存在 HttpSession 中的 Attribute 集合。

（3）CookiesAware：以 Map 类型向 Action 注入 Cookie 中的数据集合。

（4）ParameterAware 向 Action 中注入请求参数集合。

（5）ServletContextAware：实现该接口的 Action 可以直接访问 ServletContext 对象，Action 必须实现该接口的 void setServletContext(ServletContext context)方法。

（6）ServletRequestAware：实现该接口的 Action 可以直接访问 HttpServletRequest 对象，Action 必须实现该接口的 void setServletRequest(HttpServletRequest request)方法。

（7）ServletResponseAware：实现该接口的 Action 可以直接访问 HttpServletResponse 对象，Action 必须实现该接口的 void setServletResponse(HttpServletResponse response)方法。

注意

采用 IoC 方式时需要实现上面所示的一些接口，这组接口有一个共同点，接口名称都以 Aware 结尾。

在 IoCAddUserAction 类中不但继承 ActionSupport 类，同时还实现了 ServletRequest

Aware 接口，并实现了该接口中的 setServletRequest()方法，从而获得了 HttpServletRequest 对象 request。在 setServletRequest()方法体中，通过 request 对象调用 getSession()方法获取了 session 对象，又通过 session 对象调用 getServletContext()方法获取了 application 对象，这样就实现了对 Servlet API 的直接访问。

提示

在 IoC 方式下，可以使 Action 实现其中的一个接口，也可以实现全部接口，这根据具体情况而定。

2）非 IoC 方式

在非 IoC 方式中，Struts2 提供了一个名称为 ServletActionContext 的辅助类来获得 Servlet API。在 ServletActionContext 类中有以下静态方法：getPageContext()、getRequest()、getResponse()和 getServletContext()。

对于间接访问方式，一般推荐使用。但是只能获得 request 对象，而得不到 response 对象。对于 IoC 访问方式，不推荐使用，因为该方式的实现比较麻烦，并且与 Servlet API 耦合大；对于非 IoC 方式，推荐使用，因为实现方式简单、代码量少而又能满足要求。

12.5.2 域模型 DomainModel

将一些属性信息封装为一个实体对象的优点很多，如将一个用户信息数据保存在数据库中只需要传递一个 User 对象，而不是传递多个属性。在 Struts2 框架中提供了操作域对象的方法，可以在 Action 对象中引用某一个实体对象。并且 HTTP 请求中的参数值可以注入到实体对象中的属性，这种方式即 Struts2 提供的使用 Domain Model 的方式。

【练习 6】

创建一个 Web 项目，使用域模型 DomainModel 传递数据信息，具体过程如下。

（1）在 Action 中应用一个 User 对象，代码如下。

```
public class UserAction extends ActionSupport {
    private User user;
    public String execute() throws Exception {
        return SUCCESS;
    }
    public User getUser() {
        return user;
    }
    public void setUser(User user) {
        this.user = user;
    }
}
```

（2）在页面中提交注册请求，代码如下。

```
欢迎来注册一个登录用户：<br>
```

```
<s:form action="UserAction" method="post">
    <s:textfield name = "user.name" label="用户名"></s:textfield>
    <s:password name = "user.password" label="密码"></s:password>
    <s:radio name = "user.sex" list="#{1:'男',0:'女'}" label="性别">
    </s:radio>
</s:form>
```

12.5.3 驱动模型 ModelDriven

在 Domain Model 模型中虽然 Struts2 的 Action 对象可以通过直接定义实例对象的引用来调用实体对象执行相关操作，但要求请求参数必须指定参数对应的实体对象。如在表单中需要指定参数名为“user.name”，此种做法还是有一些不方便。Struts2 框架还提供了另外一种方式 ModelDriven，不需要指定请求参数所属的对象引用，即可向实体对象中注入参数值。

在 Struts2 框架的 API 中提供了一个名为“ModelDriven”的接口，Action 对象可以通过实现此接口获取指定的实体对象。获取方式是实现该接口提供的 getModel()方法，其语法格式如下。

```
T getModel();
```


提 示

ModelDriven 接口应用了泛型，getModel 的返回值为要获取的实体对象。

如果 Action 对象实现了 ModelDriven 接口，当表单提交到 Action 对象之后其处理流程如图 12-9 所示。

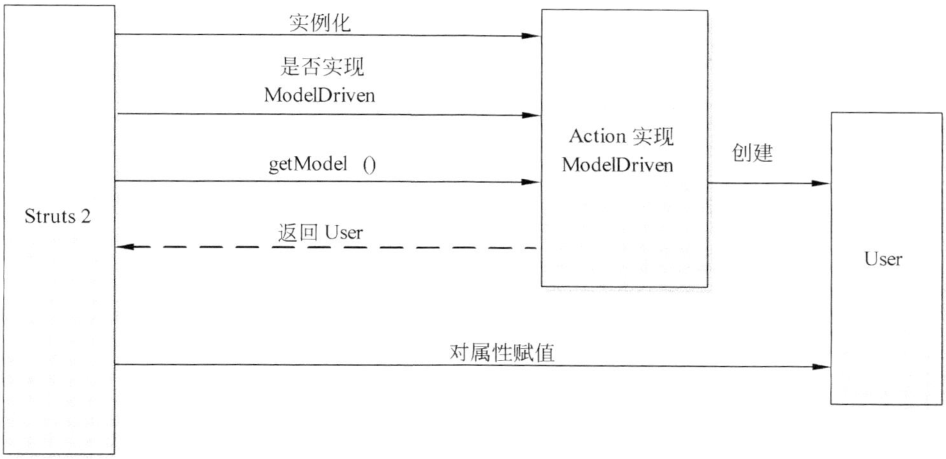

图 12-9 处理流程

Struts2 首先实例化 Action 对象，然后判断该对象是否是 ModelDriven 对象（是否实现了 ModelDriven 接口），如果是，则调用 getModel()方法来获取实体对象模型，并将其返回（图中调用的 User 对象）。在这之后的操作中已经存在明确的实体对象，所以不用在表单中的元素名称上添加指定实例对象的引用名称。

【练习 7】

创建一个 Web 项目，使用驱动模型 ModelDriven 处理消息，具体过程如下。

（1）设置提交的表单，代码与练习 6 中的步骤（2）代码一致。

（2）新建 com.itzcn.action.UserAction1，继承 ActionSupport 类并实现 ModelDriven <User>，主要代码如下。

```
    public    class    UserAction1    extends    ActionSupport    implements
ModelDriven<User> {
        private static final long serialVersionUID = 1L;
        private User user = new User();
        public User getModel() {
            return this.user;
        }
        public String execute() throws Exception {
            return SUCCESS;
        }
    }
```


12.6 Struts2 的标签库

Struts2 标签库提供了非常丰富的功能，因此 Struts2 标签库也是 Struts2 中最重要的一部分，这些标签不仅提供了表示层的数据显示处理，而且还提供了基本的流程控制的功能，同时还支持国际化和 Ajax 等功能。

之所以使用 Struts2 标签是因为这些标签可以减少大量的代码书写量，而且使用也非常方便。

我们在 JSP 页面中引用标签库，需要使用 taglib 指令来进行应用。该指令的 uri 属性的值设置为<uri>元素的内容，prefix 属性则设置为该标签的标题，通常设置为“s”，详细代码如下所示。

```
<%@ taglib prefix="s" uri="/struts-tags" %>
```

提 示

Struts2 标签库的功能非常复杂，该标签库可以完全替代 JSTL 标签库。而且 Struts2 的标签支持表达式的语言。

12.6.1 应用数据标签

数据标签主要用来实现获得或访问各种数据的功能，常用于显示 Action 中的属性以及国际化输出等。数据标签主要包含以下几个。

（1）action：该标签用于在 JSP 页面中直接调用一个 Action。

（2）bean：该标签用于创建一个 JavaBean 实例。

（3）debug：该标签用于生成一个链接，通过这个链接，可以查看当前 ValueStack 和 StackContext 中的内容。

（4）i18n：该标签用于指定国际化资源文件。

（5）include：该标签用于在 JSP 页面中包含其他资源。

（6）param：该标签用于设置一个参数，通常用作 bean 标签和 url 标签的子标签。

（7）property：该标签用于输出某一个值。

（8）set：该标签用于设置一个新变量。

（9）text：该标签用于输出国际化消息。

（10）url：该标签用于生成一个 URL 地址。

（11）date：该标签用于格式化输出一个日期。

1. action 标签

action 标签允许在 JSP 页面中直接调用 Action，要调用 Action 就需要指定 Action 的 name 和 namespace 等属性。下面是 action 标签的主要属性。

（1）name：必选属性，用来指定被调用 Action 的名字。

（2）executeResult：可选属性，用来指定是否将 Action 返回执行结果包含到当前页面中，默认为 false，即不包含。

（3）ignoreContextParams：可选属性，用来指定是否将页面请求参数传入被调用的 Action，默认值为 false，即默认将页面中的参数传递给被调用 Action。

（4）namespace：可选属性，用来指定被调用 Action 所在的名称空间的名称。

2. bean 标签

bean 标签用于在当前页面中创建 JavaBean 实例对象，在使用该标签创建 JavaBean 对象时，可以嵌套 param 标签，为该 JavaBean 实例指定属性值。该标签主要有以下两个属性。

（1）name：必选属性，用来指定可以实例化 JavaBean 的实现类。

（2）id：可选属性，如果指定该属性，就可以直接通过 id 来访问这个 JavaBean 实例。

3. include 标签

include 标签用来将 JSP 或 Servlet 等资源内容包含到当前页面中，该标签主要有以下两个属性。

（1）value：必选属性，用来指定包含的 JSP 或 Servlet 等资源文件。

（2）id：可选属性，用来指定该标签的应用 ID。

4. property 标签

property 标签的作用就是输出 value 属性指定的值，该标签有如下几个属性。

（1）default：用来指定当属性为 null 时输出的值。

（2）escape：用来指定是否显示标签代码，不显示时指定属性值为 false。

（3）value：用来指定要输出的属性值。

（4）id：用来指定该元素的引用 ID。

5. set 标签

set 标签用来定义一个新的变量，并把一个已有的变量值复制给这个新变量，同时可以把这个新变量放到指定的范围内，例如 application 和 session 范围中。该标签主要有如下属性。

（1）name：用来定义新变量的名字。

（2）scope：用来定义新变量的使用范围，可选值有 application、session、request、response、page 等。

（3）value：用来定义将要赋给新变量的值。

（4）id：用来定义该元素的引用 ID。

6. url 标签

url 标签用来生成一个 URL 地址，也可以通过嵌套 param 标签来为 URL 指定发送参数。该标签主要有以下的属性。

（1）includeParams：用来指定是否包含请求参数。有三个可选参数值：none、get 和 all。

（2）value：用来指定 URL 的地址值。

（3）action：用来指定一个 Action 作为 URL 地址值。

（4）method：用来指定调用 Action 的方法名。

（5）namespace：用来指定命名空间。

（6）encode：用来指定是否编码请求参数。

（7）includeContext：用来指定是否将当前上下文包含在 URL 地址中。

7. date 标签

date 标签用来按指定格式输出一个日期，还可以计算指定时间到当前时间的时差，该标签主要有如下属性。

（1）format：用来指定日期格式化。

（2）nice：指定是否输出指定时间与当前时间的时差，默认为 false，即不输出时差。

（3）name：用来指定要被格式化输出的日期值。

（4）id：用来指定该元素的引用 ID。

12.6.2 应用控制标签

控制标签主要用于进行程序的流程控制，例如选择、分支和循环，也可以实现对集合进行合并和排序等操作。控制标签主要包括以下几个标签。

（1）if：用于控制选择输出的标签。

（2）elseif：与 if 标签结合使用。

（3）else：与 if 标签结合使用。

（4）append：用于将多个集合合并成一个新集合。

（5）generator：用于将一个字符串解析成一个集合。

（6）iterator：这是一个迭代器，用于将集合进行循环输出。

（7）merge：与 append 一样，但方式有所不同。

（8）sort：用于对集合进行排序。

（9）subset：用于截取集合的一部分，形成一个新的子集合。

1．if/elseif/if 标签

这三个标签通常结合使用，用于进行程序分支逻辑控制，具体语法如下。

```
<s:if test="表达式">标签体</s:if>
<s:elseif test="表达式">标签体</s:elseif>
<s:else>标签体</s:else>
```

2．generator 标签

generator 标签可以将一个字符串按指定的格式分割成多个子串，新生成的多个子串可以使用 iterator 标签进行迭代输出。其主要有如下属性。

（1）count：可选属性，用来指定所生成集合中元素的总数。

（2）val：必选属性，指定被解析的字符串。

（3）separator：必选属性，用来指定分隔符。

（4）converter：可选属性，用来指定一个转换器，该转换器负责将集合中的每个字符串转换成对象。

（5）id：可选属性，如果指定该属性，则新生成的集合会被放在 pageContext 属性中。

3．iterator 标签

iterator 标签用于对集合类型的变量进行迭代输出，这里的集合类型包括 List、Set、数组和 Map 等。该标签主要有如下属性。

（1）value：可选属性，用来指定被迭代输出的集合，被迭代的集合可以由 OGNL 表达式指定，也可以通过 Action 返回一个集合类型。

（2）id：可选属性，该属性用来指定集合中元素的 ID 属性。

（3）status：可选属性，用来指定集合中元素的 status 属性。

4．subset 标签

subset 标签用于从一个集合中进行截取，从而产生一个新的子集合，使用该标签时可以指定以下几个属性。

（1）count：可选属性，该属性用来指定子集合中元素的个数，如果不指定该属性，则默认取得源集合中的所有元素。

（2）source：可选属性，该属性用来指定源集合。

（3）start：可选属性，该属性用来指定从源集合的第几个元素开始截取。默认为 0，表示从第一个元素开始截取。

（4）decider：可选属性，该属性用来指定是否选中当前元素。

5. sort 标签

sort 标签用来对指定的集合进行排序，排序规则由开发人员提供，即实现 Comparator 实例，Comparator 是通过实现 java.util.comparator 接口来实现的。使用 sort 标签时可以指定如下属性。

（1）comparator：必选属性，该属性用来指定实现排序规则的 Comparator 实例。

（2）source：可选属性，该属性用来指定将要排序的集合。

12.6.3 应用表单标签

Struts2 提供了一套表单标签，用于生成表单及其中的元素，如文本框、密码框和选择框等。它们能够与 Struts2 API 很好地交互，常用的表单标签如表 12-5 所示。

表 12-5 常用的表单标签

名称	说明
form	用于生成一个 form 表单
hidden	用于生成一个 HTML 中隐藏表单元素，相当于使用了 HTML 代码<input type="hidden">
textfield	用于生成一个 HTML 中文本框元素，相当于使用了 HTML 代码<input type="text">
password	用于生成一个 HTML 中密码框元素，相当于使用了 HTML 代码<input type="password">
radio	用于生成一个 HTML 中单选按钮元素，相当于使用了 HTML 代码<input type="radio">
select	用于生成一个 HTML 中下拉列表元素，相当于使用了 HTML 代码<select><option>
textarea	用于生成一个 HTML 中文本域元素，相当于使用了 HTML 代码<taxtarea></textarea>
checkbox	用于生成一个 HTML 中复选框元素，相当于使用了 HTML 代码<input type="checkbox">
submit	用于生成一个 HTML 中提交按钮元素，相当于使用了 HTML 代码<input type="submit">
reset	用于生成一个 HTML 中重置按钮元素，相当于使用了 HTML 代码<input type="reset">

表单标签的常用属性如表 12-6 所示。

表 12-6 表单标签的常用属性

名称	说明
name	指定表单元素的 name 属性
title	指定表单元素的 title 属性
cssStyle	指定表单元素的 style 属性
cssClass	指定表单元素的 class 属性
required	用于在 lable 上添加“*”号，其值为布尔类型，如果为“true”，则添加“*”号
disable	指定表单元素的 diasble 属性
value	指定表单元素的 value 属性
labelposition	用于指定表单元素 label 的位置，默认值为“left”
requireposition	用于指定表单元素 label 上添加“*”号的位置，默认值为“right”

注意

表单标签的种类比较多，而且每个标签都包含很多属性，但有很多属性都是通用的。

12.7 Struts2 的拦截器

拦截器（Interceptor）是动态拦截 Action 调用的对象，类似于 Servlet 中的过滤器。在执行 Action 的 execute()方法之前，Struts2 会首先执行在 struts.xml 中引用的拦截器。拦截器其实是 AOP 的一种实现方式，通过它可以在 Action 执行前后处理一些相应的操作。

12.7.1 拦截器简介

拦截器是Struts2框架中的一个重要的核心对象，它可以动态增强Action对象的功能，在Struts2框架中很多重要的功能通过拦截器实现。当请求到达Struts2的ServletDispatcher（Web HTTP 请求的调度器，所有对 Action 的请求都将通过 ServletDispatcher 调用）时，Struts2 就会查找配置文件，并根据配置实例化相对的拦截器对象，然后将这些对象串成一个列表，最后逐个调用列表中的拦截器，如图 12-10 所示。

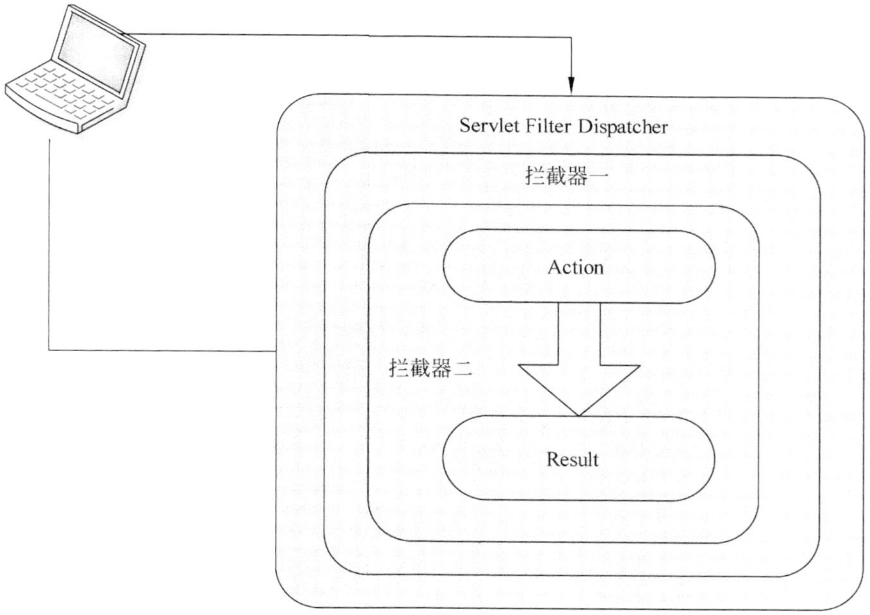

图 12-10 拦截器的工作原理

每个 Action 请求都包装在一系列的拦截器内部。拦截器可以在 Action 执行之前做准备操作，也可以在 Action 执行之后做回收操作。每个 Action 既可以将操作转交给下面的拦截器，也可以直接退出操作，返回视图。拦截器的工作时序如图 12-11 所示。

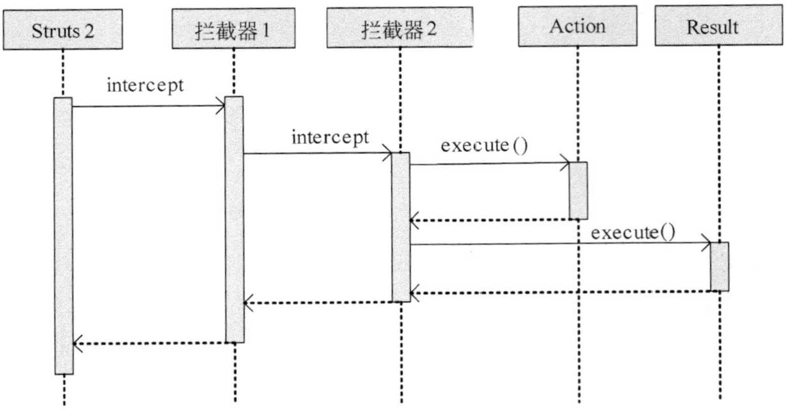

图 12-11　Struts2 拦截器的工作时序

12.7.2　拦截器 API

在 Struts2 的 API 中有一个 com.opensymphony.xwork2.interceptor 包，其中有一些 Struts2 的内置拦截对象，它们具有不同的功能。在这些对象中 Interceptor 接口是 Struts2 框架中定义的拦截器对象，其他拦截器都直接或间接地实现此接口。

在拦截器 Interceptor 中包含三个方法，代码如下。

```
public interface Interceptor extends Serializable {
    void destroy();
    void init();
    String intercept(ActionInvocation invocation)throws Exception;
}
```

（1）destroy()方法指示拦截器的生命周期结束，它在拦截器被销毁前调用，用于释放拦截器在初始化时占用的一些资源。

（2）init()方法用于对拦截器执行一些初始化操作，此方法在拦截器被实例化后和 intercept()方法执行前调用。

（3）intercept()方法是拦截器中的主要方法，用于执行 Action 对象中的请求处理方法及前后的一些操作，动态增强 Action 的功能。

注 意

只有调用了 intercept()方法中 invocation 参数的 invoke()方法，才可以执行 Action 对象中的请求处理方法。

在实际开发中主要使用到 intercept()方法，一般为了简化程序开发，也可以通过 Struts 2 API 中的 AbstractInterceptor 对象创建拦截器对象。AbstractInterceptor 对象是一个抽象类，实现了 Interceptor 接口，在创建拦截器时可以通过继承该对象创建。在继承 AbstractInterceptor 对象后，创建拦截器时除了必须重写 intercept()方法外，如果没有用到

init()与 destroy()方法，则不必实现。

12.7.3 拦截器配置

配置拦截器时，只需要使用<interceptor>元素指定拦截类与拦截器名。如果还需要向配置的拦截器中传递参数，则需要在<interceptor>元素中加入<param>元素。其基本形式如下：

```
<interceptors>
    <interceptor name="拦截器名字" class="拦截器对应的类"></interceptor>
    <param name="参数名">参数值</param>
</interceptors>
```

此外还可以将多个拦截器合并在一起组成一个拦截器栈，当拦截器栈被附加到一个 Action 时，当要执行 Action 时则会先执行拦截器栈中的每一个拦截器。也可以在拦截器栈中包含另一个拦截器栈，形式如下。

```
<interceptors>
    <interceptor-stack name="拦截器栈 1">
        <interceptor-ref name="拦截器 1"></interceptor-ref>
        <interceptor-ref name="拦截器 2"></interceptor-ref>
    </interceptor-stack>
    <interceptor-stack name="拦截器栈 2">
        <interceptor-ref name="拦截器 3"></interceptor-ref>
        <interceptor-ref name="拦截器 4"></interceptor-ref>
        <interceptor-ref name="拦截器栈 1"></interceptor-ref>
    </interceptor-stack>
</interceptors>
```

为拦截器栈指定参数时可以在定义时指定参数值，也可以在使用拦截器时指定参数值。前者的参数值为拦截器参数的默认值，通过<interceptor>元素来使用；后者的参数值是在使用该拦截器时动态分配的参数值，通过<interceptor-ref>元素来使用。

注 意

为拦截器指定参数时，如果在两种情况下为同一个参数指定不同的参数值，则在使用拦截器时指定的参数值将会覆盖定义拦截器时指定的参数值。

在使用拦截器时，其语法配置和在拦截器栈中引用拦截器的语法完全一样，都是定义<interceptor-ref>元素，并且在该元素中定义 name 属性。

12.8 实验指导 12-1：使用拦截器过滤文字

创建一个 JavaWeb 项目，使用自定义的过滤器，过滤一些字符串。

（1）新建一个 JavaWeb 项目，将 Struts2 所需的 jar 包导入到项目 WEB-INF 目录中的 lib 文件夹中。

（2）在 web.xml 中配置 Struts2 的核心控制器，主要代码如下。

```
<filter>
    <filter-name>struts2</filter-name>
    <filter-class>
        org.apache.struts2.dispatcher.ng.filter.StrutsPrepareAndExecuteFilter
    </filter-class>
</filter>
<filter-mapping>
    <filter-name>struts2</filter-name>
    <url-pattern>/*</url-pattern>
</filter-mapping>
```

（3）新建 com.itzcn.action.MessageAction 类，并继承 ActionSupport 类实现 Action，其主要代码如下。

```
public class MessageAction extends ActionSupport {
    private static final long serialVersionUID = 1L;
    private String title = null;                                //标题
    private String content = null;                              //内容
//省略 getter、setter 方法
    public String execute(){
        return SUCCESS;
    }
```

（4）新建 com.itzcn.interceptor.MyInterceptor 类，并继承 AbstractInterceptor 类，用于实现拦截器功能，主要代码如下。

```
public class MyInterceptor extends AbstractInterceptor {
    private static final long serialVersionUID = 1L;
    public String intercept(ActionInvocation arg0) throws Exception {
        Object object = arg0.getAction();//取得 Action 的实例
        if (object != null) {
            if (object instanceof MessageAction) {
                MessageAction action = (MessageAction) object;
                String content = action.getContent();//获取评论内容
                if (content.contains("administrator")) {
                    content = content.replaceAll("administrator", "系统
                    管理员");
                }
                if (content.contains("admin")) {
                    content = content.replaceAll("admin", "管理员");
                }
```

```
                action.setContent(content);
                return arg0.invoke();
            } else {
                return Action.LOGIN;
            }
        } else {
            return Action.LOGIN;
        }
    }
}
```

（5）在 struts.xml 中配置 Action 和拦截器，主要代码如下。

```
<package name="User"  extends="struts-default"  >
<interceptors>
    <interceptor name="checkLogin" class="com.itzcn.interceptor.MyInterceptor">
    </interceptor>
</interceptors>
<action name="public" method="execute" class="com.itzcn.action.Message-
Action">
    <result name="success">/success.jsp</result>
    <result name="login">/success.jsp</result>
    <interceptor-ref name="defaultStack"></interceptor-ref>
    <interceptor-ref name="checkLogin"></interceptor-ref>
</action>
</package>
</struts>
```

（6）新建 index.jsp 页面，在其中使用 struts2 表单标签，用于提交内容，主要代码如下。

```
<s:form action="public" method="post">
<s:textfield name="title" label="标题" ></s:textfield>
<s:textarea rows="5" cols="18" label="内容" name="content"></s:textarea>
<s:submit value="发表"></s:submit>
</s:form>
```

（7）新建 success.jsp 页面，在其中使用 struts2 标签，用于显示提交后的内容，主要代码如下。

```
标题：<s:property value="title"/> <br>
内容：<s:property value="content"/>
```

（8）运行后打开 index.jsp 页面，在其中输入标题和内容，其效果如图 12-12 所示。

在 index.jsp 主页面输入标题和内容后，单击【发表】按钮，将显示文字过滤后内容，如图 12-13 所示。

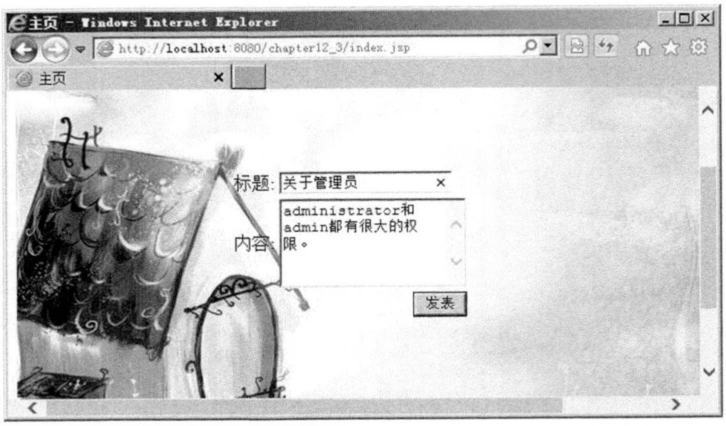

图 12-12 index.jsp 主页面

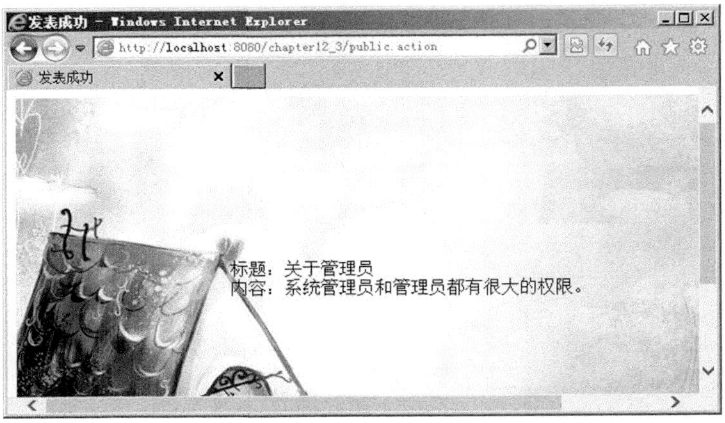

图 12-13 文字过滤后效果

思考与练习

一、填空题

1．MVC 应用程序被分为三个核心部分：模型（Model）、__________和控制器（Controller）。

2．在 Struts2 框架的应用开发中，__________作为框架的核心类，被称为业务逻辑控制器。

3．<package>标签的____________属性，可用来指定包的命名空间。

4．在 struts.xml 文件中，常用的通配符有__________和“\”两个。

5．Struts2 中定义的 Action 类都要直接或间接实现__________接口。

6．在继承 AbstractInterceptor 对象后，创建拦截器时必须重写__________方法。

二、选择题

1．下列不是 Action 接口的静态成员变量的是__________。

A．SUCCESS　　B．ERROR

C．LOGIN　　D．NO

2．下列标签中，不属于应用表单标签的是__________。

A．radio　　B．form

C．iterator　　D．submit

3．下列叙述中错误的是__________。

A．Strut2 将它的核心功能放到拦截器中实现而不是分散到 Action 中实现

B．拦截器，在 AOP 中用于在某个方法或字段被访问之前，进行拦截

C．Struts2 标签库的描述符包含在 Struts2 的核心 JAR 包中，在 META-INF 目录下，文件名为 struts2-tags.tld 的文件中

D．web.xml 并不是 Struts2 框架特有的文件

4．Struts2 提供的过滤器是在__________配置文件中进行配置的。

A．web.xml

B．struts.xml

C．Action.java

D．MANIFEST.MF

5．Action 中默认的方法是__________。

A．execute()　　B．doGet()

C．doPost()　　D．success()

三、简答题

1．简述 MVC 原理。

2．Struts2 的标签库有哪几种？分别举例介绍。

3．简述 Struts2 拦截器的配置过程。

第 13 章　应用 Hibernate 技术

面向对象是 Java 编程语言的特点，但是在数据库编程中，操作对象为关系型数据库，并不能对实体对象直接持久化。Hibernate 通过 ORM 技术解决了这一问题，在实体对象与数据库间搭起了一座桥梁。Hibernate 充分体现了 ORM 的设计概念，提供了高效的对象到关系型数据库的持久化服务。本章将详细介绍如何应用 Hibernate 技术。

本课学习要点：

- 掌握 Hibernate 的特点
- 了解 Hibernate 配置文件的属性
- 掌握如何编写 Hibernate 持久化类及映射文件
- 掌握 Hibernate 的缓存技术及延迟加载策略
- 掌握 Hibernate 实体关联关系映射
- 掌握 Hibernate 查询语言

13.1 Hibernate 简介

目前企业级应用一般均采用面向对象的开发方法，而内存中的对象数据不能永久存在，如果要借用关系数据库来永久保存这些数据，就会存在一个对象-关系的映射过程，在这种情况下，诞生了解决持久化的中间件 Hibernate。

JDBC 是 Java 程序与数据之间的桥梁，对于小的程序来说，JDBC 完全可以胜任，但对于大型应用程序而言，JDBC 就无法满足了。从易用性和高效性角度来说，JDBC 在记录的批量操作、多表联接、表单级联方面表现并不优秀，而 Hibernate 对此提供了自己的解决方案，使得与数据库层的交互既高效又稳定。

13.1.1 ORM 原理

目前面向对象思想是软件开发的基本思想，关系数据库又是应用系统中必不可少的。但是面向对象从软件工程的基本原则发展而来，而关系数据库却是基于数学理论。为了解决这个问题，ORM（Object Relation Mapping）便应运而生。

ORM 是对象到关系的映射，是一种解决实体对象和关系型数据库相互匹配的技术。其实现思想就是将数据库中的数据表映射为对象，对关系型数据以对象的形式进行操作。在软件开发中，对象和关系数据库是业务实体的两种表现形式，ORM 通过使用描述对象和数据库之间映射的元数据，将对象自动持久化到关系数据库中。实质上，ORM 在业务逻辑层与数据库层之间充当桥梁的作用。它对对象到关系数据进行映射，如图 13-1 所示。

在 Hibernate 框架中，ORM 的设计思想得以具体的实现。Hibernate 主要通过持久化类（*.java）、Hibernate 映射文件（*.hbm.xml）及 Hibernate 配置文件（*.cfg.xml）与数据库进行交互。其中，持久化类是操作对象，用于描述数据表的结构；映射文件指定持久化类与数据表之间的映射关系；配置文件用于指定 Hibernate 的属性信息等，如数据库的连接信息等。

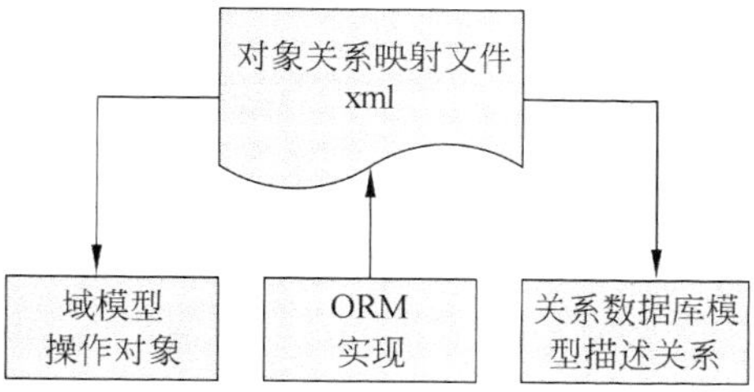

图 13-1 ORM 原理

13.1.2 Hibernate 结构体系

Hibernate 是一个开放源代码的对象关系映射框架，它对 JDBC 进行了非常轻量级的对象封装，使得 Java 程序员可以随心所欲地使用对象编程思维来操纵数据库。Hibernate 可以应用在任何使用 JDBC 的场合，既可以在 Java 的客户端程序使用，也可以在 Servlet/JSP 的 Web 应用中使用。最具革命意义的是，Hibernate 可以在应用 EJB 的 J2EE 架构中取代 CMP，完成数据持久化的重任。

Hibernate 对 ORM 进行了实现，是一个开放源代码的对象关系映射框架。在软件的分层结构中，Hibernate 在原有的三层结构（MVC）的基础上，从业务逻辑层中分离出持久化层，专门负责数据的持久化操作，使业务逻辑层可以真正地关注业务逻辑的开发，不再需要编写复杂的 SQL 语句。

在传统的软件设计结构中，并没有太多的分层理念，程序的代码非常集中，给程序的调试以及后期的维护带来一定的困难。从业务逻辑层中分离出持久化层大大提高了程序的可扩展性及可维护性，程序之间的各种业务并非紧密耦合，使得程序更加健壮、更易于维护。在程序中 Hibernate 框架的应用如图 13-2 所示。

从图 13-2 可以看出 Hibernate 封装了数据库的访问细节，并一直维护着实体类与关系型数据库中数据表之间的映射关系，业务处理可以通过 Hibernate 提供的 API 接口进行数据库操作。

在 Hibernate 中有以下三个重要的类。

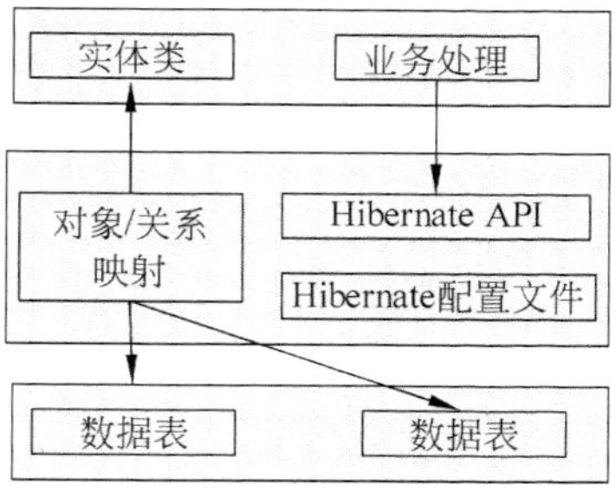

图 13-2 Hibernate 应用

1. 配置类

配置类（Configuration）主要负责管理 Hibernate 的配置信息及启动 Hibernate，在 Hibernate 运行时该类会读取一些底层实现的基本信息，其中包括数据库 URL、数据库名称、数据库用户密码、数据库驱动类和数据库适配器（dialect）等。

2. 会话工厂类

会话工厂类（SessionFactory）是生成 Session 的工厂，保存当前数据库中所有的映射关系。可能只有一个可选的二级数据缓存，并且它是线程安全的。该类是一个重量级对象，其初始创建过程会耗费大量的系统资源。

3. 会话类

会话类（Session）是 Hibernate 中数据库持久化操作的核心，负责 Hibernate 所有的持久化操作，通过它可以实现数据库基本的增、删、改和查等操作。该类不是线程安全的，应注意不要多个线程共享一个 Session。

13.2 Hibernate 入门

要进行 Hibernate 项目开发时，需要将 Hibernate 类库引入到项目中去，可以到 Hibernate 官方网站中下载使用。除此之外也可以使用集成开发工具（如 Eclipse、MyEclipse 等）添加 Hibernate 支持的类库。下面将详细介绍一下如何开发 Hibernate 项目。

13.2.1 获取 Hibernate

Hibernate 的官方网站为 http://www.hibernate.org，在该网站上可以免费获取 Hibernate 的帮助文档和 jar 包。目前最新的版本为 Hibernate ORM 4.2.7，在首页单击 Hibernate ORM 4.2.7.Final Released 超链接，在跳转的新界面中下载。解压后里面有三个文件夹，其中 documentation 中是帮助文档，lib 是 jar 包。一般开发时将 lib 目录下的 required 文件夹中的 jar 文件导入到项目的 lib 目录中即可。本章练习中所采用的版本为 Hibernate3.3.0。

> **提示**
> 也可以使用 MyEclipse 等集成开发工具在项目中添加 Hibernate 模块来实现使用 Hibernate 开发。

13.2.2 Hibernate 配置文件

Hibernate 通过读取默认的 XML 配置文件 hibernate.cfg.xml 加载数据库的配置信息，该配置文件默认放于项目的 classpath 根目录下。

【练习 1】

配置一个 MySQL 数据库，其 XML 的文件配置如下。

```
<?xml version='1.0' encoding='UTF-8'?>
<!DOCTYPE hibernate-configuration PUBLIC
        "-//Hibernate/Hibernate Configuration DTD 3.0//EN"
        "http://hibernate.sourceforge.net/hibernate-configuration-
        3.0.dtd">
<hibernate-configuration>
    <session-factory>
        <property name="dialect">org.hibernate.dialect.MySQLDialect
        </property>
```

```
        <property name="connection.url">
            jdbc:mysql://localhost:3306/student
        </property>
        <property name="connection.username">root</property>
        <property name="connection.password">123456</property>
        <property name="connection.driver_class">
            com.mysql.jdbc.Driver
        </property>
        <property name="format_sql">true</property>
        <property name="show_sql">true</property>
        <mapping resource="com/itzcn/dao/Info.hbm.xml" />
    </session-factory>
</hibernate-configuration>
```

从配置文件中可以看出配置信息包括整个数据库的信息，如数据库驱动、URL 地址、用户名、密码和 Hibernate 使用的方言。其中还包括管理程序中各个数据库表的映射文件。

配置文件中<property>元素的常用属性如表 13-1 所示。

表 13-1　**<property>元素的常用属性**

属性	说明
connection.driver_class	连接数据库的驱动
connection.url	连接数据库的 URL 地址
connection.username	连接数据库用户名
connection.password	连接数据库密码
dialect	连接数据库使用的方言
show_sql	是否在控制台打印 SQL 语句
format_sql	是否格式化 SQL 语句
hbm2ddl.auto	是否自动生成数据库表

在程序开发中一般会将 show_sql 属性值设置为 true，以便于在控制台打印自动生成的 SQL 语句，方便程序的调试。

上述配置只是 Hibernate 的一部分，如还可以配置表的自动生成和 Hibernate 的数据连接池等。

注意

在程序开发时 show_sql 属性值设置为 true，但是在发布应用时，应将 show_sql 属性值设置为 false，以减少信息的输出量，提高软件的运行性能。

13.2.3　编写持久化类

在 Hibernate 中持久化类是其操作的对象，即通过对象-关系映射（ORM）后数据库表所映射的实体类描述数据库表的结构信息，在持久化类中的属性应该与数据库表中的字段相匹配。

【练习 2】

创建一个简单的持久化类 Student，在该类中要包含属性 id、name 和 pass，分别对应数据库 student 中 info 表中的三个字段。具体的 Student 类的实现如下。

```
public class Student {
    private int id ;                                    //编号
    private String name;                                //用户名
    private String pass;                                //密码
//省略 getter、setter 方法
    public Student(String name,String pass) {
        this.name = name;
        this.pass = pass;
    }
    public Student() {                                  //默认构造方法
    }
}
```

Student 类作为一个简单的持久化类，此类中定义了用户的基本属性，并提供相应的 get×××()和 set×××()方法。从这个类可以看出，持久化类符合基本的 JavaBean 编码规范。由于持久化类只是一个普通的类，没有特殊的功能，也就是说它不依赖于任何对象（没有实现任何接口，也没有继承任何类），所以又被称为 POJO（Plain Old Java Object）类。

提示

POJO 编程模型指普通的 JavaBean，通常有一些参数作为对象的属性，然后为每个属性定义 getter、setter 方法作为访问接口。它被大量用于表现现实中的对象。

Hibernate 持久化类的编写遵循一定的规范，创建时需要注意以下几点。

（1）声明一个默认的、无参数的构造函数。

所有的持久化类中都必须包含一个默认的无参数构造方法，以便于 Hibernate 通过 Constructor.newInstance()实例化持久化类。

（2）类的声明是非 final 类型的。

如果 Hibernate 的持久化类声明为 final 类型，那么将不能使用延迟加载等设置，因为 Hibernate 的延迟加载通过代理实现；它要求持久化类是非 final 的。

（3）拥有一个标识属性。

标识属性通常对应数据表中的主键。此属性是可选的。如 Student 中的属性 id，一般推荐在持久化类中添加一个标识属性。

（4）为属性声明访问器。

Hibernate 在加载持久化类时，需要对其进行创建并赋值，所以在持久化类中声明 get×××()方法和 set×××()方法为 public 类型。

13.2.4 Hibernate 映射文件

Hibernate 的映射文件与持久化类相互对应，映射文件指定持久化类与数据表之间的映射关系，如数据表的主键生成策略、字段的类型、一对一关联关系等，它与持久化类的关系密切，两者之间相互关联。

在 Hibernate 中，映射文件的类型为.xml 格式，其命名方式规范为*.hbm.xml。

【练习 3】

为 Student 持久化类添加映射文件，其代码如下。

```
<?xml version="1.0" encoding="utf-8"?>
<!DOCTYPE hibernate-mapping PUBLIC "-//Hibernate/Hibernate Mapping DTD
3.0//EN"
"http://hibernate.sourceforge.net/hibernate-mapping-3.0.dtd">
<hibernate-mapping>
    <class name="com.itzcn.dao.Student" table="info" catalog="student">
        <id name="id" type="java.lang.Integer">
            <column name="id"></column>
            <generator class="native"></generator>
        </id>
       <property name="name" type="java.lang.String">
          <column name="name" length="20" />
       </property>
       <property name="pass" type="java.lang.String">
          <column name="pass" length="20" />
       </property>
    </class>
</hibernate-mapping>
```


在该映射文件中，第一行是 XML 的版本和编码的声明。第二行是 DTD 的声明。<class>元素用来指定类和表的映射，其 name 属性用来设定类名，table 属性用来设定表名。

映射文件中主要包含<DOCTYPE>元素、<hibernate-mapping>元素、<class>元素，在<class>元素中包含<id>元素和<property>元素。

1. <DOCTYPE>元素

在所有的 Hibernate 映射文件中都需要定义<DOCTYPE>元素来获取 DTD 文件。

2. <hibernate-mapping>元素

<hibernate-mapping>元素是映射文件中其他元素的根元素，其中包含一些可选的属性，如 schema 属性指定该文件映射表所在数据库的 schema 名称；package 属性指定一个包的前缀。如果在<class>元素中没有指定全限定的类名，则使用 package 属性定义的包前缀作为包名。

3. <class>元素

<class>元素主要用于指定持久化类和映射的数据库表名。name 属性需要指定持久化类的包括包名在内的名字（如“com.itzcn.dao.Student”）；table 属性是持久化类所映射的数据库表名。

> **提示**
> <class>元素 name 属性也可以省略包名，不过其前提条件是在<hibernate-mapping>元素的 package 属性中已经声明指定了包名。

<class>元素中包含一个<id>元素和多个<property>元素。前者用于持久化类的唯一标识与数据库表的主键字段的映射，在其中通过<generator>元素定义主键的生成策略；后者用于持久化类的其他属性和数据表中非主键字段的映射。

4. <id>元素

<id>元素中 name 属性用于指定持久化类中的属性，column 属性用于指定数据表中的字段名称，type 属性用于指定字段的类型。<id>元素的子元素<generator>用于配置数据表主键的生成策略，它通过 class 属性进行设置。Hibernate 常用内置主键生成策略及说明如表 13-2 所示。

表 13-2 Hibernate 常用内置主键生成策略及说明

属性名称	说明
increment	用于为 long、short 或 int 类型生成唯一标识，由 Hibernate 以自增的方式生成，增量为 1
identity	由底层数据库生成，前提是底层数据库支持自增字段类型
sequence	Hibernate 根据底层数据库的序列生成，前提是底层数据库支持序列
hilo	Hibernate 根据 high/low 算法生成，Hibernate 把特定表的字段作为 high 值，在默认情况下使用 hibernate_unique_key 表的 next_hi 字段
native	根据底层数据库对自动生成标识符的支持能力，选择 identity、sequence、hilo
select	通过数据库触发器生成主键
assigned	由 Java 应用程序负责生成，此时不能把 setId()方法声明为 private 类型，不推荐使用

5. <property>元素

<property>元素用于配制数据库表中字段的属性信息，通过此元素能够详细地对数据表的字段进行描述，<property>元素的常用配置属性及说明如表 13-3 所示。

表 13-3 <property>元素的常用配置属性及说明

属性名称	说明
name	指定持久化类中的属性名称
column	指定数据表中的字段名称
type	指定数据表中的字段类型，这里指 Hibernate 映射类型
not-null	指定数据表字段的非空属性，它是一个布尔值

续表

属性名称	说明
length	指定数据表中的字段长度
unique	指定数据表字段值是否唯一，它是一个布尔值
lazy	设置延迟加载

注意

在实际开发中，可以省略 column 及 type 属性的配置，在尚未配置它们的情况下，Hibernate 默认使用持久化类中属性名及属性类型去映射数据库表中的字段。但是，当持久化类中的属性名与数据库中 SQL 关键字相同时，应使用 column 属性指定具体的字段名称来区分它们。

从映射文件可以看出，它在持久化类与数据库之间起着桥梁的作用，映射文件的建立描述了持久化类与数据库表之间的映射关系，同样也告知了 Hibernate 数据表的结构等信息。

13.2.5 Hibernate 基本数据类型的映射

Hibernate 的基本映射数据类型是 Java 基本类型与标准 SQL 类型间相互转换的桥梁。其中，<property>元素的 type 属性指定的就是映射类型。通过 Hibernate 的映射关系可以非常方便地将数据从一种形式转换成另一种形式，完成高质量的 ORM 任务。常用的 Hibernate 映射类型、Java 基本类型与标准 SQL 类型的对应关系如表 13-4 所示。

表 13-4 三种数据类型之间的对应关系

Hibernate 映射类型	Java 数据类型	标准 SQL 类型
integer	Integer	INTEGER
long	Long	BIGINT
short	Short	SMALLINT
float	Float	FLOAT
double	Double	DOUBLE
character	String	CHAR(1)
string	String	VARCHAR
byte	Byte	TINYINT
boolean	Boolean	BIT
date	Date	DATE
time	Time	TIME
text	String	CLOB
calendar	Calendar	TIMESTAMP
class	Class	VARCHAR
binary	byte[]	VARBINARY 或 BLOB

13.2.6 Hibernate 自动建表技术

面向对象的思想在 Hibernate 框架中体现得淋漓尽致，它将数据库中的数据表看作是对象，对数据的操作同样以对象的方式进行处理。在 Hibernate 中，数据表存在着面向对象中的继承等关系，因此在开发 Hibernate 时确定实体对象及实体与实体之间的关系极其重要。

在确定实体对象及关系后，可以通过 Hibernate 提供的自动建表技术导出数据表，具体实现方式有如下两种。

1. 手动导出数据表

手动导出数据表用到 org.hibernate.tool.hbm2ddl.SchemaExport 类，其 create()方法用于数据表的导出。create()方法有两个布尔型参数，其中第一个参数指定是否打印创建表所用的 DDL 语句；第二个参数指定是否在数据库中真正地创建数据库表。

【练习 4】

使用 SchemaExport 类的 create()方法将 info 表导出。

首先加载配置信息，然后实例化 SchemaExport 对象，最后使用其 create()方法导出数据表。主要代码如下。


```
public static void main(String[] args) {
    Configuration cfg = new Configuration().configure();//加载配置信息
    SchemaExport export = new SchemaExport(cfg);//实例化 SchemaExport 对象
    export.create(true, true);                          //导出数据库表
}
```

运行程序后，将在控制台下打印 DDL 语句，打印的语句如下。

```
drop table if exists student.info

create table student.info (
   id integer not null auto_increment,
   name varchar(20) not null,
   pass varchar(20) not null,
   primary key (id)
)
```

2. Hibernate 配置文件自动建表

使用 Hibernate 配置文件进行自动建表，只需在 Hibernate 配置文件中加入配置代码即可，这种方法比较简单而且实用。其代码如下：

```
<property name="hibernate.hbm2ddl.auto">
    create
</property>
```

在 Hibernate 配置文件中，hibernate.hbm2ddl.auto 属性用于设置自动建表，其取值有如下三个。

（1）create：使用 create 时，每次创建 SessionFactory 时都会重新创建数据库表，如果数据表已存在则将进行删除操作（要慎用）。

（2）update：如果数据表不存在，则创建数据表；如果存在，则检查数据表是否与映射文件相匹配，当不匹配时，更新数据表信息。

（3）none：使用 none 时，无论任何时候都不会创建或更新数据表。

在 Hibernate 框架的使用中，自动建表技术经常被用到，因为 Hibernate 对数据库操作进行了封装，符合 Java 面向对象的思维模式，当确定实体对象后，数据表也将自动被确定，从而为开发和测试提供了极大的方便。

13.3 Hibernate 持久化对象

Hibernate 框架对 JDBC 做了轻量级的封装，使用 Hibernate 对数据进行操作时，不必再编写繁杂的代码，而是完全以面向对象的思维模式，通过 Session 接口对数据进行增、删、改、查操作，方法十分简单，但是要注意 Hibernate 对事务的控制。

持久化是 Hibernate 的核心，Hibernate 持久化对象的流程如图 13-3 所示。

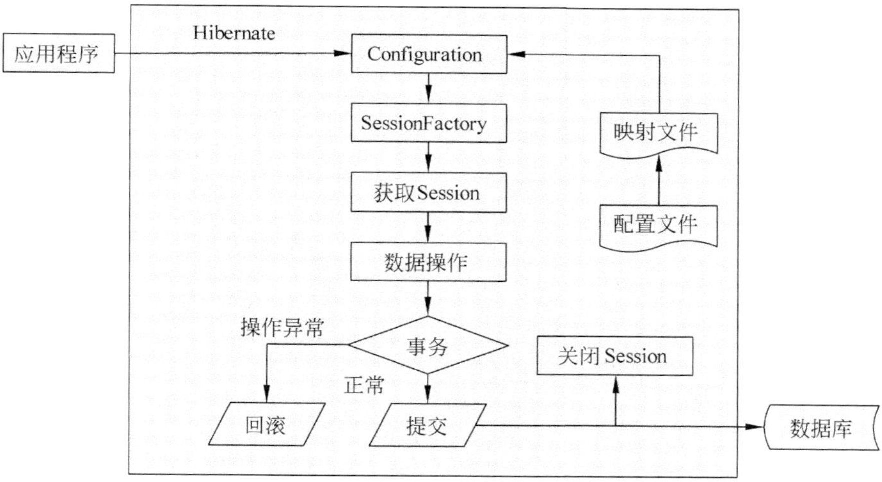

图 13-3　Hibernate 持久化对象流程图

13.3.1 Hibernate 实例状态

Hibernate 的实例状态分为如下三种。

1．瞬时状态

实体对象通过 Java 中的 new 关键字开辟内存空间创建 Java 对象，但是它并没有纳入到 Hibernate 中 Session 的管理。如果没有变量对它引用，则其将被 JVM 垃圾回收器回收。瞬时状态的对象在内存中是孤立的，与数据库中的数据无任何关联，仅仅是一个信息携带的载体。

假如一个瞬时状态对象被持久化状态对象引用，它也会自动变为持久化状态对象。

2. 持久状态

持久化状态对象存在与数据库中的数据的关联，总是与会话状态（Session）和事务（Transaction）关联在一起，当持久化状态对象发生改动时并不会立即执行数据库操作。只有当事务结束时，才会更新数据库，以便保证 Hibernate 的持久化对象和数据库操作的同步性。当持久化状态对象变为脱管状态对象时，它将不在 Hibernate 持久层的管理范围之内。

3. 脱管状态

当持久化状态对象的 Session 关闭之后，这个对象就从持久化状态变为脱管状态的对象。脱管状态的对象仍然存在与数据库中的数据的关联，只是不在 Hibernate 的 Session 管理范围之内。如果将托管状态的对象重新关联某个新的 Session，则将变回持久化状态对象。

Hibernate 中三种实例状态的关系如图 13-4 所示。

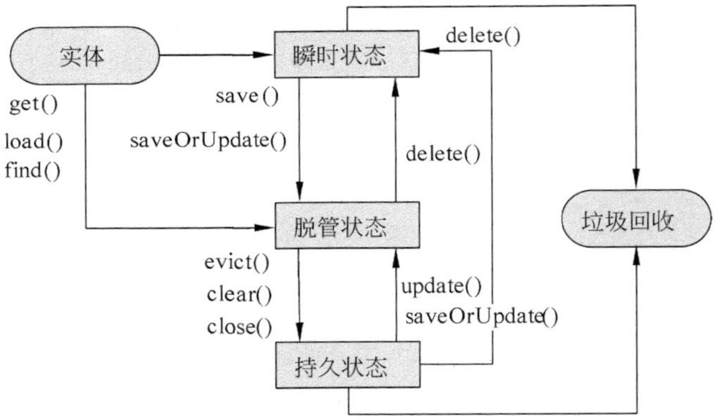

图 13-4 Hibernate 中三种实例状态的关系

13.3.2 Hibernate 初始化类

Hibernate 的运行离不开 Session 对象，对于数据的增、删、改、查都要用到 Session，而 Session 对象依赖于 SessionFactory 对象，它需要通过 SessionFactory 进行获取。

1. SessionFactory 的创建过程

Hibernate 通过 Configuration 类加载 Hibernate 配置信息，这主要是通过调用

Configuration 对象的 configure()方法来实现的。在默认情况下，Hibernate 加载 classpath 目录下的 hibernate.cfg.xml 文件，代码如下。

```
Configuration cfg = new Configuration().configure();   //加载配置信息
```

加载后通过 Configuration 对象的 buildSessionFactory()方法创建 SessionFactory 对象，代码如下。

```
Session session = cfg.buildSessionFactory();
```

2. 编写 Hibernate 初始化类

Session 对象是操作数据库的关键对象，与 SessionFactory 对象关系密切。SessionFactory 对象并非轻量级，其创建过程需要占用大量资源，而 Session 对象虽然是轻量级对象，但要做到及时获取与及时关闭，因此需要编写一个类对二者进行管理。

【练习 5】

创建一个 Hibernate 初始化类。其主要代码如下。

```
public class HibernateSessionFactory {
    private static final ThreadLocal<Session> threadLocal = new ThreadLocal
    <Session>();
    private static SessionFactory sessionFactory = null;
    static{
        try{
            Configuration cfg = new Configuration().configure();
            sessionFactory = cfg.buildSessionFactory();
        }catch (Exception e) {
            System.out.println("创建会话工厂失败");
            e.printStackTrace();
        }
    }
    public static Session getSession(){                   //获取 Session
        Session session = (Session) threadLocal.get();
        if (session == null || !session.isOpen()) {
            rebuildSessionFactory();
        }
        session = (sessionFactory !=null)?sessionFactory.openSession():
        null;
        threadLocal.set(session);
        return session;
    }
    public static void rebuildSessionFactory(){          //重建会话工厂
        try{
            Configuration cfg = new Configuration().configure();
            sessionFactory = cfg.buildSessionFactory();
        }catch(Exception e){
            System.out.println("创建会话工厂失败");
            e.printStackTrace();
```

```
        }
    }
    public static SessionFactory getSessionFactory(){
                                                //获取 SessionFactory 对象
        return sessionFactory;
    }
    public static void closeSession(){          //关闭 Session
        Session session = (Session) threadLocal.get();
        threadLocal.set(null);
        if (session != null) {
            session.close();
        }
    }
}
```

在 Hibernate 初始化类中 SessionFactory 是线程安全的，但是 Session 不是，所以让多个线程共享一个 Session 对象可能会引起数据的冲突。为了保证 Session 的线程安全，引入了 ThreadLocal 对象，避免多个线程之间的数据共享。SessionFactory 是重量级的对象，其创建需要耗费大量的系统资源，所以将 SessionFactory 的创建放在静态块中，运行程序过程中只创建一次。

通过这个 Hibernate 初始类即可有效地管理 Session，避免了 Session 的多线程共享数据的问题。

13.3.3 添加数据

这里以学生的信息为例来执行数据库的增、删、改、查操作。首先构造学生的持久化类 Student，主要代码如下。

```
public class Student {
    private int id ;          //id
    private String name;      //用户名
    private String pass;      //密码
//省略 getter、setter 方法
    public Student(String name,String pass) {
        this.name = name;
        this.pass = pass;
    }
    public Student() {//默认构造方法
    }
}
```

在执行添加操作时需要 Session 对象的 save()方法，其入口参数为程序中的持久化类。其语法格式如下。

```
public Serializable save(Object object) throws HibernateException
```

参数 object 为持久化对象，返回值为所生成的标识。

【练习 6】

使用 Session 对象的 save()方法向数据库中添加 Student 信息。

首先获取一个 Session 对象，然后使用其 save()方法保存一个 Student 对象。在创建 Student 对象时，Student 对象处于瞬时状态，并没有在 Session 的管理之中；当提交事务时，Student 对象处于持久状态，在 Session 的管理之中；当 Session 关闭后，Student 对象脱离 Session 的管理，处于脱管状态。其主要代码如下。

```
public class Insert {
    public static void main(String[] args) {
        Session session = null;                              //声明 Session 对象
        try{
            session=HibernateSessionFactory.getSession();//获取 Session
            session.beginTransaction();                      //开启事务
            Student student = new Student();                 //实例化 Student 对象
            student.setId(2);
            student.setName("wanghua");
            student.setPass("123456");
            session.save(student);                           //保存 Student 对象
            session.getTransaction().commit();               //提交事务
        }catch(Exception e){
            e.printStackTrace();
            session.getTransaction().rollback();            //出错将回滚事务
        }finally{
            HibernateSessionFactory.closeSession();//关闭 Session 对象
        }
    }
}
```

数据库中数据信息如图 13-5 所示。运行后数据库中数据信息如图 13-6 所示。

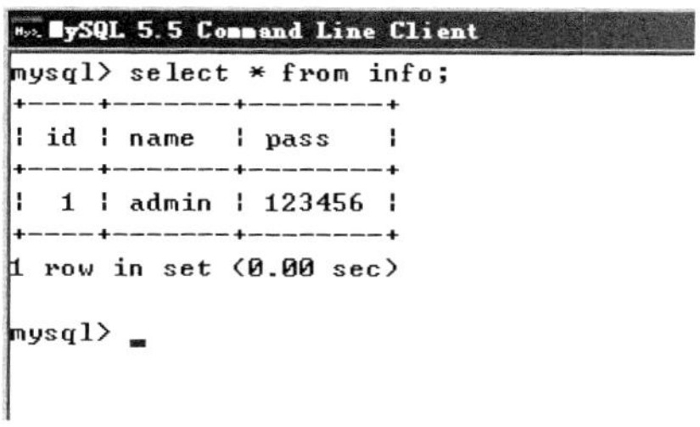

```
MySQL 5.5 Command Line Client
mysql> select * from info;
+----+-------+--------+
| id | name  | pass   |
+----+-------+--------+
|  1 | admin | 123456 |
+----+-------+--------+
1 row in set (0.00 sec)

mysql> _
```

图 13-5　数据库初始信息

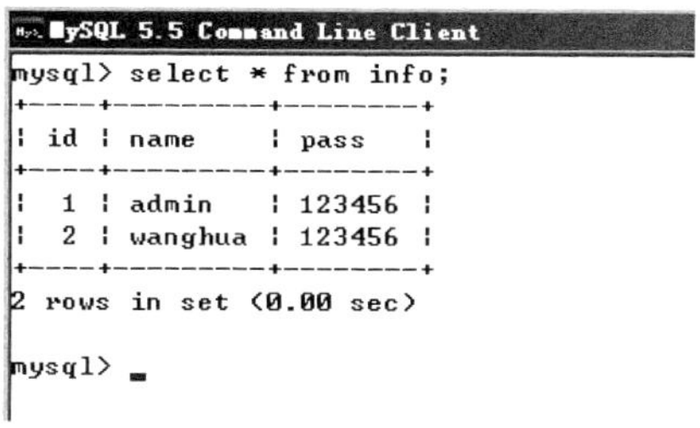

```
MySQL 5.5 Command Line Client
mysql> select * from info;
+----+---------+--------+
| id | name    | pass   |
+----+---------+--------+
|  1 | admin   | 123456 |
|  2 | wanghua | 123456 |
+----+---------+--------+
2 rows in set (0.00 sec)

mysql> _
```

图 13-6　添加数据后数据库中信息

13.3.4　删除数据

在 Hibernate 中删除数据与添加、查询数据有所不同，因为要删除的对象并不在 Session 的管理之中，通过 Session 并不能对其进行删除操作。所以需要将删除的对象转换为持久状态，使其处于 Session 的管理之内，然后再通过 delete()方法进行删除。其方法的格式如下。

```
public void delete(Object object) throws HibernateException
```

其中的参数 object 为要删除的对象。

【练习 7】

使用 Session 对象的 delete()方法删除数据库中 id 为 1 的 Student 信息。

首先加载 Student 对象，使其处于持久状态，然后使用 Session 的 delete()方法进行删除，其主要代码如下。

```
public class Delete {
    public static void main(String[] args) {
        Session session = null;                            //声明 Session 对象
        try{
            session = HibernateSessionFactory.getSession();//获取 Session
            session.beginTransaction();                    //开启事务
            Student student = (Student) session.load(Student.class, new
            Integer(1));                                   //加载对象
            session.delete(student);                       //删除 Student
            session.getTransaction().commit();             //提交事务
        }catch(Exception e){
            e.printStackTrace();
            session.getTransaction().rollback();           //出错将回滚事务
        }finally{
            HibernateSessionFactory.closeSession();//关闭 Session 对象
        }
    }
}
```


运行后，数据库中信息如图 13-7 所示。

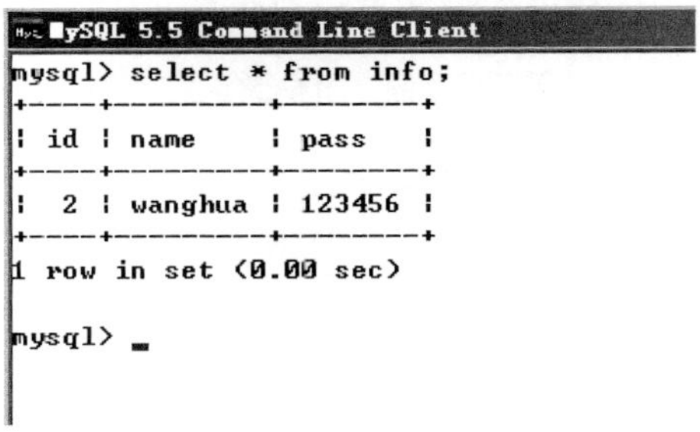

图 13-7 删除后数据库中信息

13.3.5 修改数据

Hibernate 对数据的修改主要有两种情况：当实例对象处于持久状态时，对于它所发生的任何更新操作，Hibernate 在更新缓存时都将会对其进行自动更新；另一种情况是 Session 接口提供了 update()方法，调用此方法可对数据库进行手动更新。

1. 自动更新

自动更新数据的方法与删除数据类似，在操作之前都需要加载数据，因为要修改的数据并没有处于 Session 的管理之内。当通过 load()和 get()方法加载数据后，持久化对象便处于 Session 的管理之内，即处于持久状态，在进行数据修改时，Hibernate 将自动对数据库进行更新操作。

【练习 8】

使用自动更新来修改数据。其主要代码如下。

```
public class AutoUpdate {
    public static void main(String[] args) {
        Session session = null;                      //声明 Session 对象
        try{
            session=HibernateSessionFactory.getSession();//获取 Session
            session.beginTransaction();              //开启事务
            Student student = (Student) session.load(Student.class, new
            Integer(2));                             //加载对象
            student.setPass("888888");
            session.getTransaction().commit();       //提交事务
        }catch(Exception e){
            e.printStackTrace();
            session.getTransaction().rollback();     //出错将回滚事务
        }finally{
            HibernateSessionFactory.closeSession();//关闭 Session 对象
        }
    }
}
```

对于持久化的状态，Hibernate 在更新缓存时将对数据库进行对比，当对象发生变化时，Hibernate 将更新数据。

2．手动更新

手动更新主要是通过调用 Session 接口的 update()方法来实现的。其语法格式如下。

```
public void update(Object object) throws HibernateException
```

其中，参数 object 为要更新的对象。

【练习 9】

使用手动更新来修改数据。其主要代码如下。

```
public class Update {
    public static void main(String[] args) {
        Session session = null;                      //声明 Session 对象
        try{
            session=HibernateSessionFactory.getSession();//获取 Session
            session.beginTransaction();              //开启事务
            Student student = new Student();         //实例化 Student 对象
            student.setId(2);
            student.setName("admin888");
            student.setPass("888888");
            session.update(student);                 //更新 Student 对象
            session.getTransaction().commit();       //提交事务
        }catch(Exception e){
            e.printStackTrace();
```

```
            session.getTransaction().rollback();    //出错将回滚事务
        }finally{
            HibernateSessionFactory.closeSession();//关闭 Session 对象
        }
    }
}
```

注 意

由于程序中手动创建了脱管状态的 Student 对象，当更新数据时，对于持久化对象中没有值的属性也会同步到数据库。在使用此方法时，如果对某属性没有设置，数据表中会同步为空值，所以应慎用。

运行后，使用自动修改和手动修改后的数据库信息分别如图 13-8 和图 13-9 所示。

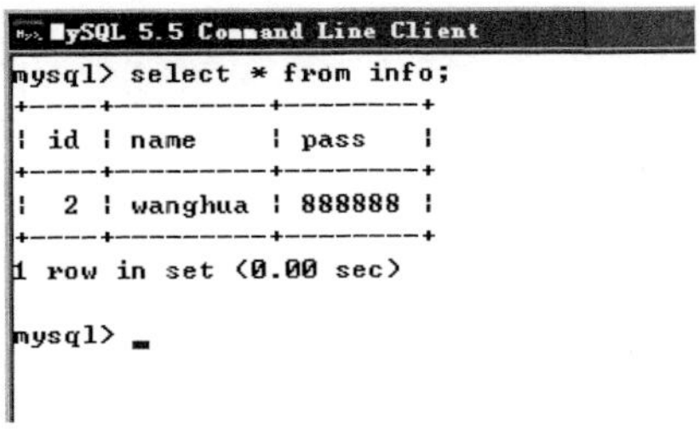

图 13-8　自动修改后数据库中信息

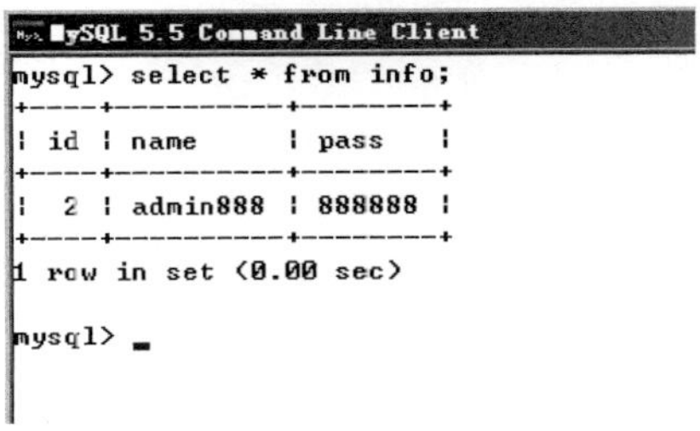

图 13-9　手动修改后数据库中信息

13.3.6　查询数据

Session 接口提供了两个加载数据的方法，分别为 get()方法和 load()方法，它们都用于加载数据，但二者之间存在一定的区别。get()方法返回实际对象，而 load()方法返回对象的代理，只有在被调用时，Hibernate 才会发出 SQL 语句去查询对象。

1．get()方法

如果不确定数据库中是否有匹配的记录存在，可以使用 get()方法加载对象，因为它会立刻访问数据库。如果数据库中没有匹配记录存在，则会返回 null。该方法的格式如下。

```
public Object get(Class entiyClass,Serializable id) throws Hibernate
Exception
```

其中，参数 entiyClass 表示持久化对象的类，id 为标识，其返回值为持久化对象或者 null。

【练习 10】

使用 get()方法查询 id 为 2 的 Student 信息。其主要的代码如下。

```
public class Query01 {
```

```
    public static void main(String[] args) {
        Session session = null;                          //声明Session对象
        try{
            session=HibernateSessionFactory.getSession();//获取Session
            Student student = (Student) session.get(Student.class, new
            Integer(2));                                 //加载对象
            System.out.println("id:" + student.getId());
            System.out.println("name:" + student.getName());
            System.out.println("pass:" + student.getPass());
        }catch(Exception e){
            e.printStackTrace();
        }finally{
            HibernateSessionFactory.closeSession();//关闭Session对象
        }
    }
}
```

2．load()方法

load 方法返回对象的处理，只有在返回对象被调用时 Hibernate 才会发出 SQL 语句程序对象。

【练习 11】

使用 load()方法查询 id 为 2 的 Student 信息。其主要的代码如下。

```
public class Query02 {
    public static void main(String[] args) {
        Session session = null;                          //声明Session对象
        try{
            session=HibernateSessionFactory.getSession();//获取Session
            Student student = (Student) session.load(Student.class, new
            Integer(2));                                 //加载对象
            System.out.println("id:" + student.getId());
            System.out.println("name:" + student.getName());
            System.out.println("pass:" + student.getPass());
        }catch(Exception e){
            e.printStackTrace();
        }finally{
            HibernateSessionFactory.closeSession();//关闭Session对象
        }
    }
}
```

另外，load()方法还可以加载到指定的对象实例上，代码如下。

```
Student student = new Student();                         //实例化对象
session.load(student, new Integer(2));                   //加载对象
```

使用 get()和 load()方法的运行结果相同。效果分别如图 13-10 和图 13-11 所示。

```
Hibernate:
    select
        student0_.id as id1_0_0_,
        student0_.name as name2_0_0_,
        student0_.pass as pass3_0_0_
    from
        student.info student0_
    where
        student0_.id=?
id:2
name:admin888
pass:888888
```

图 13-10　使用 get()方法查询效果

```
id:2
Hibernate:
    select
        student0_.id as id1_0_0_,
        student0_.name as name2_0_0_,
        student0_.pass as pass3_0_0_
    from
        student.info student0_
    where
        student0_.id=?
name:admin888
pass:888888
```

图 13-11　使用 load()方法查询效果

提示

由于 load()方法返回对象在被调用时 Hibernate 才会发出 SQL 语句查询对象，所以在 Student 的 id 信息输出之后才输出 SQL 语句。id 在程序中是已知的，并不需要查询。

13.4 Hibernate 缓存

缓存在计算机中经常被用到，它在提高系统性能方面发挥着重要的作用，它的基本实现原理是将原始数据通过一定的算法备份并保存到新的媒介中，使其访问速度远远高于原始数据的访问速度。不过，在实际应用中，缓存的实现是相当复杂的。通常情况下，其介质一般为内存，所以读写速度非常快。

在 Hibernate 框架中引用了缓存技术，其中分为 Session 的缓存和 SessionFactory 的缓存，也称为一级缓存和二级缓存，使得 Hibernate 有了强大的功能。

13.4.1 一级缓存

一级缓存是 Session 的缓存，其生命周期很短，与 Session 相对呼应。一级缓存由 Hibernate 进行管理，属于事务范围的缓存。

当程序调用 Session 的 load()方法、get()方法、save()方法、saveOrUpdate()方法、update()方法或程序接口方法时，Hibernate 会对实体对象进行缓存；当通过 load()方法或 get()方法操作程序实体对象时，Hibernate 会首先到缓存中查询，在找不到的情况下，Hibernate 才会发出 SQL 语句到数据库中查询，从而提高了 Hibernate 的使用效率。

【练习 12】

由于一级缓存的存在，在同一 Session 中连续查询同一对象，Hibernate 只发出一条 SQL 语句。主要代码如下。

```
public class Query03 {
    public static void main(String[] args) {
        Session session = null;                     //声明 Session 对象
        try{
```

```
            session = HibernateSessionFactory.getSession();//获取 Session
            System.out.println("第一次查询: ");
            Student student = (Student) session.get(Student.class, new
            Integer(2));                                    //加载对象
            System.out.println("name:" + student.getName());
            System.out.println("第二次查询: ");
            Student student2 = (Student) session.get(Student.class, new
            Integer(2));                                    //加载对象
            System.out.println("name:" + student2.getName());
        }catch(Exception e){
            e.printStackTrace();
        }finally{
            HibernateSessionFactory.closeSession();    //关闭 Session 对象
        }
    }
}
```

运行后，控制台输出信息如图 13-12 所示。

```
第一次查询:
Hibernate:
    select
        student0_.id as id1_0_0_,
        student0_.name as name2_0_0_,
        student0_.pass as pass3_0_0_
    from
        student.info student0_
    where
        student0_.id=?
name:admin888
第二次查询:
name:admin888
```

图 13-12　控制台输出信息

注意

一级缓存的生命周期与 Session 相对应，并不会在 Session 之间共享，在不同的 Session 中不能得到在其他 Session 中缓存的实体对象。

13.4.2　二级缓存

二级缓存是 SessionFactory 的缓存，其生命周期与 SessionFactory 一致。二级缓存可以在多个 Session 间共享，属于进程范围或群集范围的缓存。

二级缓存是一个可插拔的缓存插件，它的使用需要第三方缓存产品的支持。在 Hibernate 框架中，通过 Hibernate 配置文件配置二级缓存的使用策略。

使用二级缓存主要有以下两个步骤。

（1）加入缓存配置文件 ehcache.xml。

ehcache.xml 用于设置二级缓存的缓存策略，此文件位于下载的 Hibernate 中 project

目录下的 etc 文件夹中，在使用时需要将此文件加入到项目的 src 目录中。

（2）设置 Hibernate 配置文件。

在配置文件 hibernate.cfg.xml 中，设置开启二级缓存及制定缓存产品的提供商，同时还需要指定二级缓存应用到的实体对象，其代码格式如下。

```
<!-- 开启二级缓存 -->
<property name="hibernate.cache.use_second_level_cache">true</property>
<!-- 指定缓存产品提供商 -->
<property   name="hibernate.cache.provider_class">org.hibernate.cache.
EhCacheProvider</property>
<!-- 映射文件 -->
<mapping resource="com/itzcn/dao/Info.hbm.xml" />
<!-- 指定二级缓存应用到的实体对象 -->
<class-cache usage="read-only" class="com.itzcn.dao.Student"/>
```

对于二级缓存，可以使用一些不经常更新的数据或参考的数据，此时其性能会得到明显的提升。二级缓存常用于数据更新频率低而且系统频繁使用的非关键数据，以防止用户频繁访问数据库而过度消耗系统资源。

13.4.3 延迟加载策略

Hibernate 通过 JDK 代理机制对延迟加载进行实现，这意味着使用延迟加载的对象，在获取对象时返回的是对象的代理，并不是对象的真正引用。只有在对象真正被调用时，Hibernate 才会对其进行查询，返回真正的对象。

在使用 load()方法加载持久化对象时，返回的是一个未初始化的代理，直到调用代理的某个方法时 Hibernate 才会访问数据库。在非延迟加载过程中，Hibernate 会直接访问数据库，并不会使用代理对象。延迟加载策略的原理如图 13-13 所示。

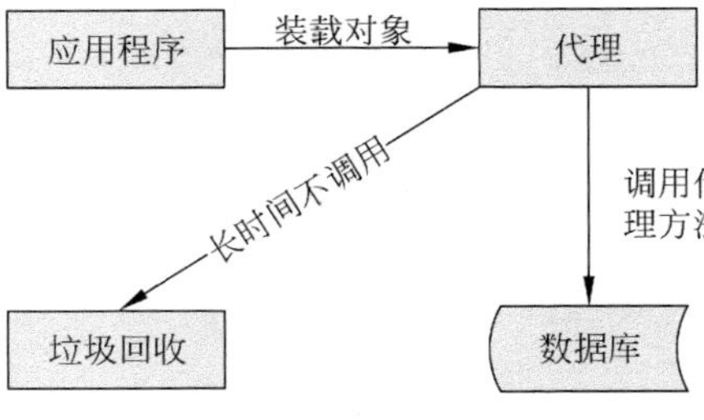

图 13-13 延迟加载策略的原理

当加载的对象长时间没有调用时，就会被垃圾回收器回收，在程序中合理地使用延迟加载策略可优化系统的性能。采用延迟加载可以使 Hibernate 节省系统的内存空间；否则每加载一个持久化对象就需要将其数据信息加载到内存中，这将为系统增加不必要的开销。

在 Hibernate 中可以通过使用一些采用延迟加载策略封装的方法实现延迟加载的功能，如 load()方法，并且还可以通过设置映射文件中的<property>元素中的 lazy 属性来实现该功能。代码格式如下。

```
<hibernate-mapping>
    <class name="com.itzcn.dao.Info" table="info" catalog="student">
        <id name="id" type="java.lang.Integer">
            <column name="id" />
            <generator class="assigned" />
```

```
        </id>
        <property name="name" type="java.lang.String" lazy="true">
            <column name="name" length="20" />
        </property>
        <property name="pass" type="java.lang.String" >
            <column name="pass" length="20" />
        </property>
    </class>
</hibernate-mapping>
```

通过设置该 Student 对象的 name 属性被设置为延迟加载。

13.5 Hibernate 实体关联关系映射

对象关系映射（ORM）是一种解决面向对象与面向关系数据库互不匹配现象的技术。Hibernate 框架是一个 ORM 框架，它以面向对象的编程方式操作数据库。在 Hibernate 中，映射将实体对象映射成数据库，实体对象的属性被映射为表中的字段，同样，其实体之间的关联也是通过映射来实现的。

13.5.1 单向关联与双向关联

在 Hibernate 框架中，实体对象之间的关系可分为一对一、多对一等关联关系，其关联类型主要分为单向关联和双向关联两种。

1. 单向关联

单向关联指具有关联关系的实体对象之间的加载关系是单向的。也就是说，在具有关联关系的两个实体对象中，只有一个实体对象可以访问对方。

2. 双向关联

双向关联指具有关联关系的实体对象之间的加载关系是双向的。即在具有关联关系的两个实体对象中，彼此都可以访问对方。

13.5.2 多对一单向关联映射

多对一单向关系映射十分常见，如图 13-14 所示，图书对象 Book 与图书类别 Type 为多对一的关联关系，多本图书对应一个类别，在 Book 对象中拥有 Type 的引用，它可以加载到一本图书的所述类别，而在 Type 的一端却不能加载到图书信息。

对于多对一单向关联映射，Hibernate 会在多的一端加入外键与另一端建立关系，其映射后的数据模型如图 13-15 所示。

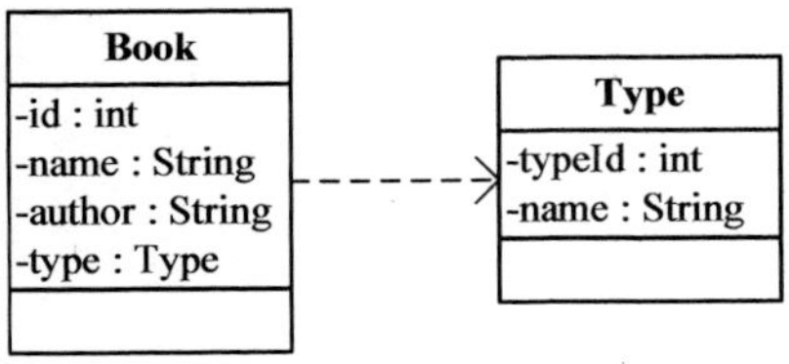

图 13-14　多对一单向关联的实体对象

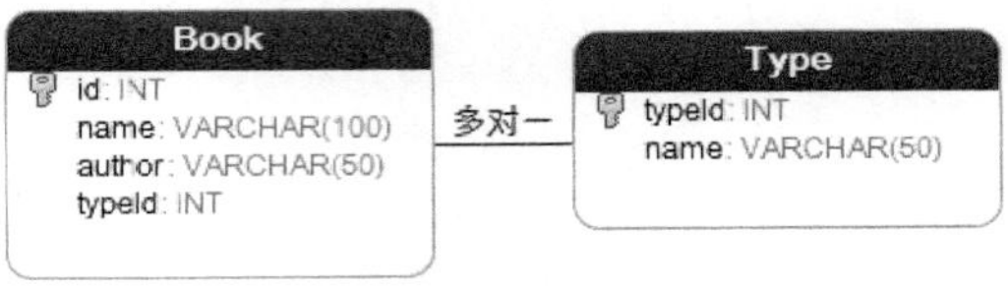

图 13-15　映射后的数据模型

【练习 13】

建立图书对象 Book 与图书类型对象 Type 的多对一单向关联关系，通过单向关联进行映射。其 Book 映射代码如下。

```
<?xml version="1.0" encoding="utf-8"?>
<!DOCTYPE hibernate-mapping PUBLIC "-//Hibernate/Hibernate Mapping DTD
3.0//EN"
"http://hibernate.sourceforge.net/hibernate-mapping-3.0.dtd">
<hibernate-mapping>
    <class name="com.itzcn.model.Book" table="book" catalog="book">
        <id name="id" type="java.lang.Integer">
            <column name="id" />
            <generator class="assigned" />
        </id>
<!-- 多对一关联映射 -->
        <many-to-one name="type" class="com.itzcn.model.Type" fetch="select">
            <column name="typeId" /><!--映射的字段 -->
        </many-to-one>
        <property name="name" type="java.lang.String">
            <column name="name" length="100" />
        </property>
        <property name="author" type="java.lang.String">
            <column name="author" length="50" />
        </property>
    </class>
</hibernate-mapping>
```

Hibernate 的多对一单向关联是使用<many-to-one>标签进行映射的，此标签用在多的一端，这里是 Book 一端。其中，name 属性用于指定持久化类中相应的属性名，class 属性指定与其关联的对象。

13.5.3　多对一双向关联映射

双向关联的实体对象都持有对方的引用，在任何一端都能加载到对方的信息。多对一双向关联映射实质是在多对一单向关联的基础上加入了一对多关联关系，如图 13-16 所示。

对于图书类别对象 Type，它拥有多个图书对象的引用，因此需要在 Type 对象中加入 Set 属性的图书集合 books，对于其映射文件也通过集合的方式进行映射。

建立图书对象与图书类别的多对一关联关系时，其中 Book 对象的映射文件与多对一单向关联中一致，而 Type 对象的映射文件需要通过<set>标签来进行映射。其主要代码如下。

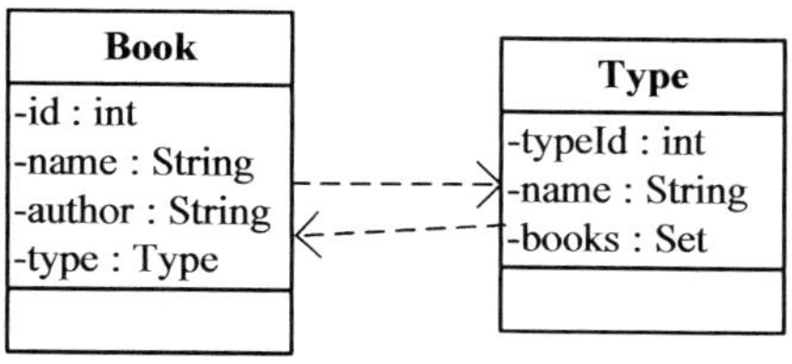

图 13-16　多对一双向关联的实体对象

```
<?xml version="1.0" encoding="utf-8"?>
<!DOCTYPE hibernate-mapping PUBLIC "-//Hibernate/Hibernate Mapping DTD
3.0//EN"
"http://hibernate.sourceforge.net/hibernate-mapping-3.0.dtd">
<hibernate-mapping>
    <class name="com.itzcn.model.Type" table="type" catalog="book">
        <id name="typeId" type="java.lang.Integer">
            <column name="typeId" />
            <generator class="assigned" />
        </id>
        <property name="name" type="java.lang.String">
            <column name="name" length="50" />
        </property>
        <set name="books" inverse="true">
            <key>
                <column name="typeId" />
            </key>
            <one-to-many class="com.itzcn.model.Book" />
        </set>
    </class>
</hibernate-mapping>
```

<set>标签用于映射集合类型的属性，其中，name 属性用于指定持久化类中的属性名称。子标签<key>指定数据表中的关联字段，一对多关联映射通过<one-to-many>标签进行映射，class 属性用于指定相关联的对象。inverse 属性设置为 true，表示 Type 不再是主控方，而是将关联关系的维护交给了对象 Book 来完成，在 Book 对象持久化时会主动获取关联的 Type 类的 typeId。

【练习 14】

建立图书对象 Book 与图书类型对象 Type 的多对一双向关联关系，通过单向关联进行映射。

（1）在 Type 持久化类中以集合的形式引入 Book 持久化类，主要代码如下。

```
public class Type implements java.io.Serializable {
    private static final long serialVersionUID = 1L;
    private Integer typeId;
    private String name;
```

```
    private Set<Book> books ;          //Set 集合，一个类型对应的所有图书
//省略 getter、setter 方法
}
```

（2）创建 com.itzcn.test.SelectBook 类，通过加装图书类型程序关联的图书信息，main()方法中的主要代码如下。

```
session = HibernateSessionFactory.getSession();
session.beginTransaction();
Type type = (Type) session.get(Type.class, new Integer("1"));
System.out.println("图书类型为: " + type.getName());
Set<Book> books = type.getBooks();
Iterator<Book> iterator = books.iterator();
while (iterator.hasNext()) {
    Book book = iterator.next();
    System.out.println("书名: " + book.getName() + "作者: " + book.get
    Author());
}
session.getTransaction().commit();
```


13.5.4 一对一主键关联映射

一对一的主键关联指两个表之间通过主键形成一对一的映射，如每个公民只允许拥有一个身份证，公民与身份证之间就是一对一的关系。定义公民表 people 和身份证表 Idcard，其中，people 表的 id 既是该表的主键，又是该表的外键，两表之间的关联关系如图 13-17 所示。其实体之间的关系如图 13-18 所示。

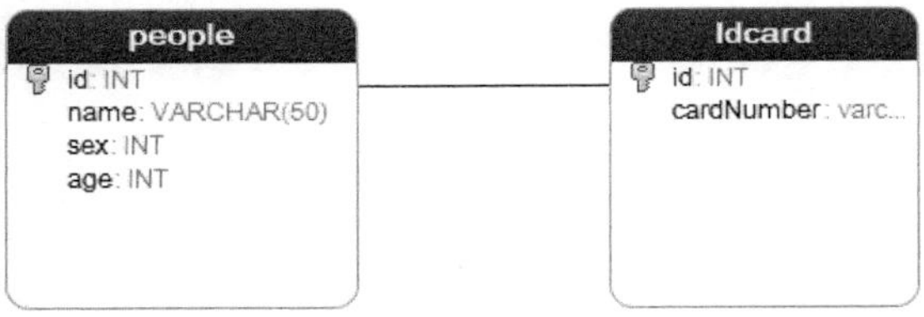

图 13-17　公民表与身份证表之间的关联关系

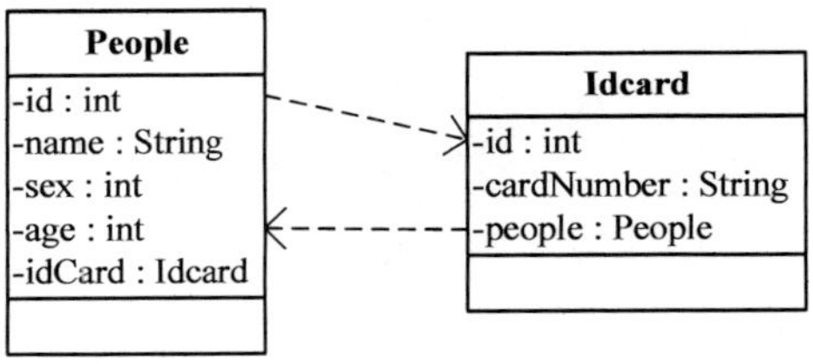

图 13-18　公民与身份证之间的实体关系

从关联关系可以看出只要程序知道一个表的信息即可获取另一个表的信息，即在 Hibernate 中两个表所映射的实体对象必然是相互引用的，建立的是双向一对一的主键关联关系。

其中，People 的映射文件 People.hbm.xml 的主要代码如下。

```
<hibernate-mapping>
    <class name="com.itzcn.model.People" table="people" catalog="book">
        <id name="id" type="java.lang.Integer">
            <column name="id" />
```

```
            <generator class="native"></generator>
        </id>
<!-- 省略部分代码-->
        </property>
                <one-to-one name="idcard" cascade="all">
        </one-to-one>
    </class>
</hibernate-mapping>
```

Idcard 的映射文件 Idcard.hbm.xml 的主要代码如下。

```
<hibernate-mapping>
    <class name="com.itzcn.model.Idcard" table="idcard" catalog="book">
        <id name="id" type="java.lang.Integer">
            <column name="id" />
            <generator class="foreign">
            <param name="property">people</param>
            </generator>
        </id>
        <property name="cardNumber" type="java.lang.String">
            <column name="cardNumber" length="18" />
        </property>
            <one-to-one name="pepole" class="com.itzcn.model.People" constra-
            ined= "true"/>
    </class>
</hibernate-mapping>
```


<one-to-one>标签用于建立一对一的关系映射，其中，name 属性用于指示持久化类中的属性名称；constrained 属性用于建立一个约束，它表明 Idcard 对象的主键参照了 People 的外键。Idcard 的主键生成策略为 foreign，此种方式通过<param>标签配置主键来源。

13.5.5 一对一外键关联映射

一对一外键关联的配置比较简单，仍以公民实体对象与身份证实体对象为例。在 people 表中添加一个 card_id 作为该表的外键，同时该字段唯一。两表之间的关联关系如图 13-19 所示。其实体间关系如图 13-20 所示。

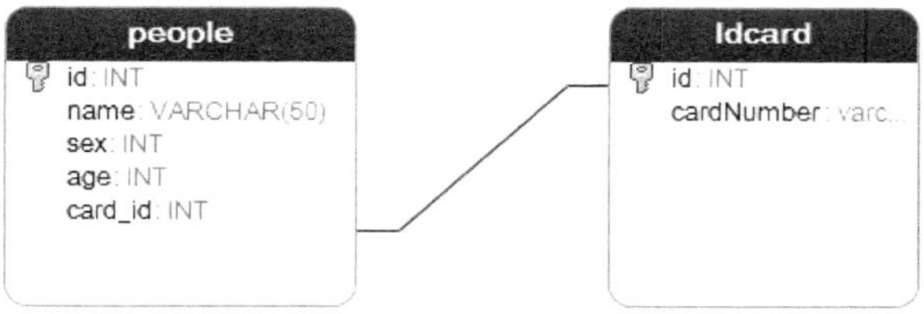

图 13-19 公民表与身份证表之间的关联关系

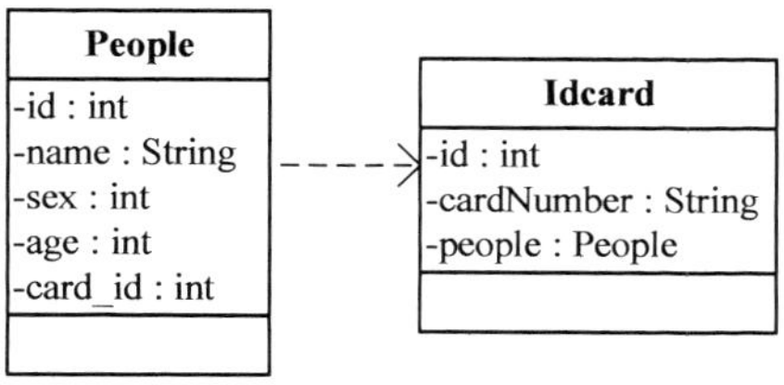

图 13-20 实体间关系

13.5.6 多对多关联映射

Hibernate 的多对多映射需要借助第三张表进行实现。例如，学生和课程之间是多对多的关系，一个学生可以选修多门课，而一门课程又可以被多个学生选修。对于这种关系，Hibernate 分别用两个实体的标识映射出第三张表，用此表来维护学生与课程之间的多对多关系，如图 13-21 所示。

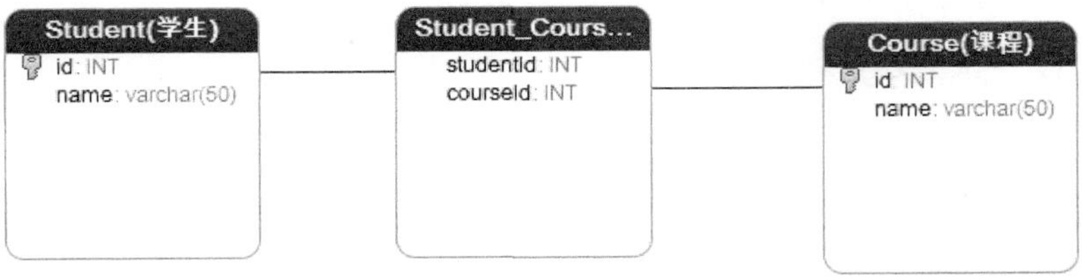

图 13-21 学生与课程之间的表关系

由于对象之间存在的是多对多的关系，彼此都可以拥有对方的多个引用，因此在设计持久化类中加入 Set 集合。

13.5.7 继承映射

继承是面向对象的重要特性，在 Hibernate 中以面向对象的思想执行持久化操作，所以在 Hibernate 中数据表所映射的实体的对象也可以存在继承关系。主要有三种继承映射关系，分别为类继承树映射成一张表、每个子类映射成一张表、每个具体类映射成一张表。

1. 类继承树映射成一张表

如图 13-22 所示，User 为基本用户对象，其中，管理员用户 Admin 和访客用户 Guest 分别继承于 User 对象，在继承之后，Admin 类和 Guest 类拥有 id、username、password 属性。在这种情况下，使用类继承树映射成一张表，即可将三个类中的属性映射到一个表中，在映射的新表中包含每一个类中的属性，如图 13-23 所示。

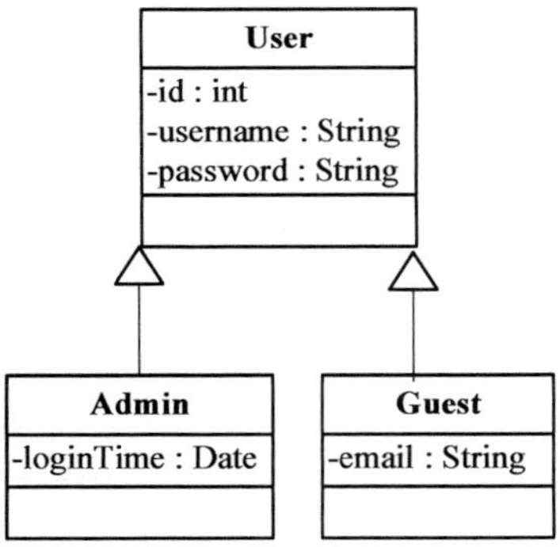

图 13-22 继承关系

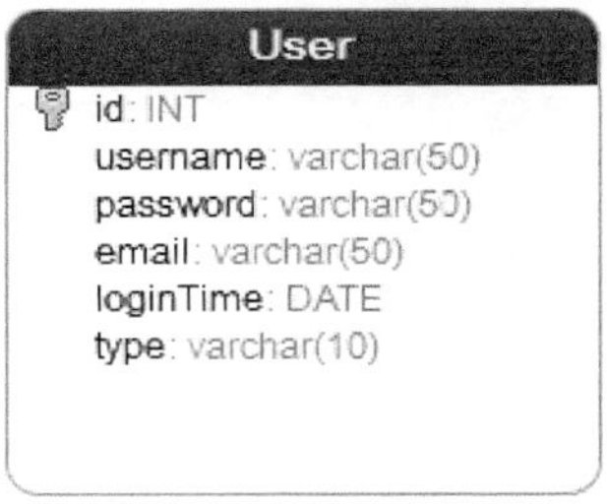

图 13-23 类继承树映射成一张表

由于在类继承树中包含多个类，Hibernate 便需要通过一种机制来区分数据表中的记录属于哪个对象，这种机制就是 Hibernate 鉴别器。在配置鉴别器后，会在数据表中加入一个鉴别字段，如图 13-23 中的 type 字段。

【练习 15】

例如，存在管理员用户 Admin 和访客用户 Guest，分别继承于 User 对象，根据类继承树来映射成一张表。

继承关系配置在 User.hbm.xml 映射文件中。其主要代码如下。

```
<hibernate-mapping package="com.itzcn.model">
    <class name="User" table="tb_user_extend1">
        <id name="id">
            <generator class="native"/>
        </id>
        <!-- 声明一个鉴别器 -->
        <discriminator column="type" type="string"/>
        <!-- 映射普通属性 -->
        <property name="username" not-null="true"/>
        <property name="password" not-null="true"/>
        <!-- 声明子类 Admin -->
        <subclass name="Admin" discriminator-value="admin">
            <property name="loginTime"/>
        </subclass>
        <!-- 声明子类 Guest -->
        <subclass name="Guest" discriminator-value="guest">
            <property name="email"/>
        </subclass>
    </class>
</hibernate-mapping>
```

2．每个子类映射成一张表

每个子类映射成一张表，就是指 Hibernate 将会把父类及每一个子类对象，分别映射为单独的一张表，在子类对应的表中，只包含子类中所特有的属性及与父类中对应的关联关系。其映射方式如图 13-24 所示。

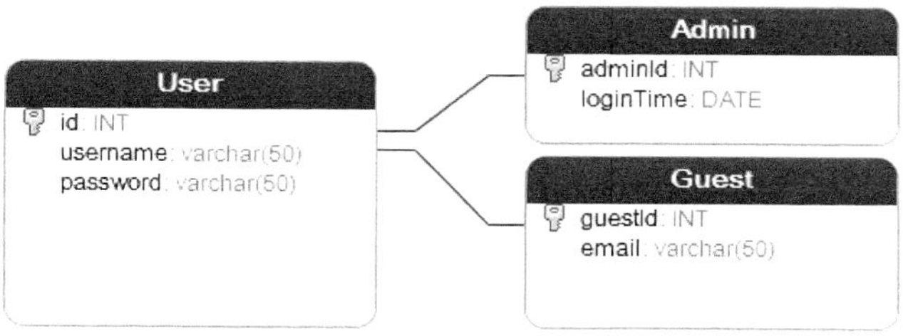

图 13-24　每个子类映射成一张表

【练习 16】

例如，存在实体对象管理员用户 Admin、访客用户 Guest，它们是 User 对象的子类。

将每个子类映射成一张表。

继承关系配置在 User.hbm.xml 映射文件中。其主要代码如下。

```
<hibernate-mapping package="com.lyq.model">
    <class name="User" table="tb_user_extend2">
        <id name="id"><generator class="native"/></id>
        <!-- 映射普通属性 -->
        <property name="username" not-null="true"/>
        <property name="password" not-null="true"/>
        <!-- 映射子类 Admin -->
        <joined-subclass name="Admin" table="tb_admin_extend2">
            <key column="adminId" />
            <property name="loginTime"/>
        </joined-subclass>
        <!-- 映射子类 Guest -->
        <joined-subclass name="Guest" table="tb_guest_extend2">
            <key column="guestId"/>
            <property name="email"/>
        </joined-subclass>
    </class>
</hibernate-mapping>
```


每个子类映射成一张表通过<joined-subclass>进行映射，其 name 属性用于指定子类的类名，table 属性用于设置映射所形成的表名。使用<joined-subclass>标签时需要注意，它需要配置<key>标签映射子类与父类的关联字段，其 column 属性用于指定字段名。

3. 每个具体类映射成一张表

每个具体类映射成一张表，就是指 Hibernate 将会把每一个具体的对象映射为一张表，父类对象不作映射。也就是说，Hibernate 只对每一个具体的子类对象进行映射，所映射的表中包含从父类所继承的属性，其映射方式如图 13-25 所示。

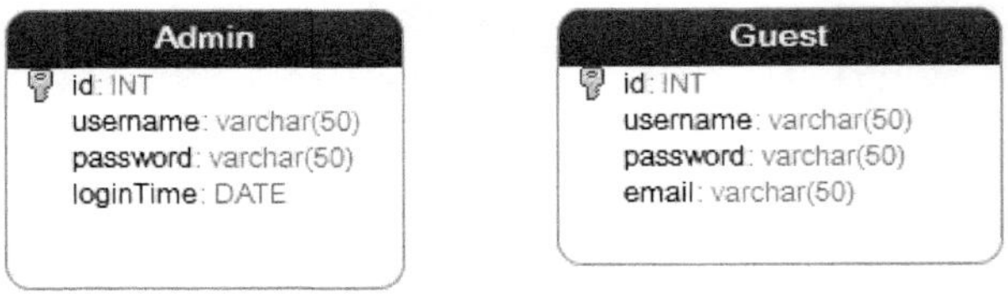

图 13-25 每个具体类映射成一张表

【练习 17】

假如存在管理员用户 Admin 和访客用户 Guest，根据每个具体类来映射成一张表。

继承关系配置在 User.hbm.xml 映射文件中。其主要代码如下。

```
<hibernate-mapping package="com.lyq.model">
    <class name="User" abstract="true">
        <id name="id">
            <!-- 主键生成策略为手动分配 -->
```

```
            <generator class="assigned"/>
        </id>
        <!-- 映射普通属性 -->
        <property name="username" not-null="true"/>
        <property name="password" not-null="true"/>
        <!-- 映射子类 Admin -->
        <union-subclass name="Admin" table="tb_admin_extend3">
            <property name="loginTime"/>
        </union-subclass>
        <!-- 映射子类 Guest -->
        <union-subclass name="Guest" table="tb_guest_extend3">
            <property name="email"/>
        </union-subclass>
    </class>
</hibernate-mapping>
```

每个具体类映射成一张表通过<union-subclass>进行映射，其 name 属性用于指定子类的类名，table 属性用于设置映射所形成的表名，其子类中的属性可以通过< property>标签进行映射。

由于父类并不映射为数据表，所以将其 abstract 属性设置为 true。对于这种映射方式，主键的生成策略需要手动分配。

13.6 Hibernate 查询语言

HQL（Hibernate Query Language）是面向对象的查询语言，它提供了更加面向对象的封装。其语法和 SQL 语法有些类似，功能十分强大，几乎支持除特殊 SQL 扩展外的所有查询功能。这种查询方式为 Hibernate 官方推荐的标准查询方式。

13.6.1 HQL 基础

HQL 与 SQL 的语法相似，其基本使用方法也与 SQL 相同。由于 HQL 是面向对象的查询语言，它的查询目标为对象，所以需要从目标对象中查询信息并返回匹配单个实体对象或多个实体对象的集合；而 SQL 的查询目标为数据表，需要从数据库表中查找指定信息并返回单条信息或多条信息的集合。

> **注意**
> 因为 HQL 是面向对象的查询语句，其查询目标是实体对象，即 Java 类。Java 类区分大小写，所以 HQL 也区分大小写。

HQL 的语法格式如：

```
select "对象.属性名"
from "对象"
where "过滤条件"
```

```
group by "对象.属性名"
having "分组条件"
order by "对象.属性名称"
```

例如，查询 User 对象中 id 大于 10 的所有记录，并按 id 降序排列，可以使用如下语句。

```
select * from User user where user.id > 10 order by user.id desc
```

注意

HQL 语句中使用的是持久化类与类的属性进行查询，而不是数据表与数据表的字段。

在 HQL 查询语句中，同样支持 DML 风格的语句，如 update 语句、delete 语句，其使用方法和上述方法基本相同。不过，由于 Hibernate 缓存的存在，使用 DML 语句进行操作可能会造成与 Hibernate 缓存不同步的情况，从而导致脏数据的产生，所以在使用过程中应该避免使用 DML 语句操作数据。

13.6.2 查询实体对象

在 HQL 查询语句中，如果直接查询实体对象，不能使用“select * 子句”的形式，但是可以使用“from 对象”的形式。例如：

```
from User
```

上述 HQL 语句可以查询 User 对象中所对应数据表中的所有记录，使用这个语句可以获得已封装好的对象的集合。

在数据查询的过程中，当数据表中存在大量的字段时，如果通过“select *”的形式将所有字段都查询出来，将会对性能方面造成一定的影响。在 HQL 中，可以只查询所需要的属性。例如，查询 User 对象中的 id 和 name，可以使用如下语句。

```
select id,name from User
```

这样的语句虽然是只能查询 User 对象中的 id 和 name 属性，可以避免查询数据表中的所有字段而带来的性能方面的问题。但是在 Hibernate 中，这个语句返回的是 Object 类型的数组，它失去了原有的对象状态，破坏了数据库的封装性。

要解决这个问题，可以通过动态实例化对象来查询，例如，可以使用如下语句。

```
select new User(id,name) from User
```

这种查询方式通过 new 关键字对实体对象动态实例化，它可以对数据进行封装，既不失去数据的封装性，又可以提高查询的效率。

【练习 18】

查询 Info 对象中的 name 属性和 pass 属性。其主要代码如下。

```
Session session = null;
```

```
try{
    session = HibernateSessionFactory.getSession();
    session.beginTransaction();
    String hql = "select new Info(name,pass) from Info info";
    Query query = session.createQuery(hql);
    List<Info> list = query.list();
    for (Info info : list) {
        System.out.println(info.getName());
    }
}catch (Exception e) {
    e.printStackTrace();
    session.getTransaction().rollback();
}finally{
    HibernateSessionFactory.closeSession();
}
```

13.6.3 HQL 语句的动态赋值

在 JDBC 编程中，PreparedStatement 对象为开发提供了方便，它不但可以为 SQL 语句进行动态赋值，而且可以避免 SQL 注入式攻击。此外，由于它使用了 SQL 的缓存技术，还可以提高 SQL 语句的执行效率。在 HQL 中，也提供了类似的方法，其实现的方法主要有两种。

1. “?”号代表参数

这种方式和 PreparedStatement 类似，通过 Query 对象的 setParameter()方法进行赋值，在 HQL 语句中以“?”号代表参数。如查询 id 为 3 的 Info 对象，可以使用如下代码。

```
String hql = "from Info info where info.id = ?";
Query query = session.createQuery(hql);
query = query.setParameter(0, 3);
```

2. 自定义参数名称

这种方式也通过 Query 对象的 setParameter()方法进行赋值，但 HQL 语句中的参数可以自定义，它通过“:”号与自定义参数名组合的方式实现。如查询 id 为 3 的 Info 对象，可以使用如下代码。

```
String hql = "from Info info where info.id = :infoId";
Query query = session.createQuery(hql);
query = query.setParameter("infoId", 3);
```

13.6.4 分页查询

分页技术的使用十分广泛，也是必需的。在 HQL 中实现分页更加方便，需要使用到 Query 接口中的两个方法，即 setFirstResult()方法和 setMaxResults()方法。

1. setFirstResult(int firstResult)方法

该方法用于设置开始检索的对象。其参数 firstResult 用于设置开始检索的起始对象。

2. setMaxResults(int maxResult)方法

该方法用于每次检索返回的最大对象数。参数 maxResult 用于设置每次检索返回的对象数目。

【练习 19】

使用 Query 接口中的方法来分页查询 Info 对象。

其中，pageNo 表示第几页，pageSize 表示每页显示多少个对象。(pageNo-1)*pageSize 表示第 pageNo 页显示的第一个对象。setFirstResult()方法将绑定该参数，从该对象开始读取；setMaxResult()方法绑定参数 pageSize，表示只读取 pageSize 个对象。最后的查询结果集以 List 对象形式返回。主要代码如下。

```
public static List findByPage(int pageNo,int pageSize){
    Session session = null;
    Query query = null;
    try{
        session = HibernateSessionFactory.getSession();
        session.beginTransaction();
        String hql = "from Info info";
        query = session.createQuery(hql);
        query.setFirstResult((pageNo-1)*pageSize);//设置从哪一行记录开始读取
        query.setMaxResults(pageSize);//设置读取多少个记录
    }catch (Exception e) {
        e.printStackTrace();
    }
    return query.list();
}
```

> **提示**
> 由于 HQL 的其他用法与 SQL 类似，这里就不再一一介绍了。

13.7 实验指导 13-1：用户信息管理

使用 Hibernate 技术来实现一个简单的用户信息管理功能，要求能够对用户信息进行增删改查的功能。

（1）新建数据库表 info，其中有三个字段，分别为 id、name 和 pass。其 SQL 语句如下。

```
CREATE TABLE `info` (
  `id` int(11) NOT NULL AUTO_INCREMENT,
  `name` varchar(20) NOT NULL,
```

```
  `pass` varchar(20) NOT NULL,
  PRIMARY KEY (`id`)
)
```

（2）新建一个 JavaWeb 项目，将 Hibernate 所需的 jar 包导入到项目 WEB-INF 目录中的 lib 文件夹中。

（3）新建 com.itzcn.modle.Info 类作为 Hibernate 持久化类，其主要代码如下。

```
public class Info implements java.io.Serializable {
    private static final long serialVersionUID = 1L;
    private Integer id;
    private String name;
    private String pass;
    public Info() {
    }
    public Info(String name, String pass) {
        this.name = name;
        this.pass = pass;
    }
//省略 getter、setter 方法
}
```

（4）在 Info 类的同级目录中新建 info.hbm.xml 文件，作为持久化类 Info 的映射文件，其主要代码如下。

```
<hibernate-mapping>
   <class name="com.itzcn.model.Info" table="info" catalog="student">
      <id name="id" type="java.lang.Integer">
         <column name="id" />
         <generator class="identity" />
      </id>
      <property name="name" type="java.lang.String">
         <column name="name" length="20" not-null="true" />
      </property>
      <property name="pass" type="java.lang.String">
         <column name="pass" length="20" not-null="true" />
      </property>
   </class>
</hibernate-mapping>
```

（5）在 src 目录下新建 hibernate.cfg.xml 文件，作为 Hibernate 的配置文件，其代码与练习 1 中代码一致，这里省略。

（6）新建 com.itzcn.hibernatesession.HibernateFactorySession 类，作为 Hibernate 的初始化类，其代码与练习 5 的代码一致。

（7）新建 com.itzcn.util.UtilMethod 类，在其中编写一些静态方法，用于对用户信息进行增、删、改、查等操作。其主要代码如下。

```
public class UtilMethod {
```

```
    private static Session session = null;
    private static Query query = null;
    private static Transaction transaction = null;
    public static List findByPage(int pageNo,int pageSize){//分页显示用户信息
        session = HibernateSessionFactory.getSession();
        transaction =session.beginTransaction();
        String hql = "from Info info";
        query = session.createQuery(hql);
        query.setFirstResult((pageNo-1)*pageSize);//设置从哪一行记录开始读取
        query.setMaxResults(pageSize);          //设置读取多少个记录
        return query.list();
    }
    public static int getCount(){                //获取用户总数
        Long count = null;
        session = HibernateSessionFactory.getSession();
        transaction =session.beginTransaction();
        String hql = "select count(info.id) from Info info ";
        Query query = session.createQuery(hql);
        List list = query.list();
        Iterator iterator = list.iterator();
        if (iterator.hasNext()) {
            count = (Long) iterator.next();
        }
        session.close();
        return count.intValue();
    }
    public static void upInfo(Info info){    //更新用户信息
        session = HibernateSessionFactory.getSession();
        transaction =session.beginTransaction();
        session.update(info);
        transaction.commit();
        session.close();
    }
    public static void delete(int id){      //删除用户信息
        session = HibernateSessionFactory.getSession();
        transaction =session.beginTransaction();
        Info info = (Info) session.load(Info.class, new Integer(id));
        session.delete(info);
        transaction.commit();
        session.close();
    }
    public static void addInfo(Info info){//添加用户信息
        session = HibernateSessionFactory.getSession();
        transaction =session.beginTransaction();
        session.save(info);
        transaction.commit();
        session.close();
    }
```

```
    public static Info getInfoById(int id){//根据用户id查询用户信息
        session = HibernateSessionFactory.getSession();
        transaction = session.beginTransaction();
        Info info = (Info) session.get(Info.class, new Integer(id));
        session.close();
        return info;
    }
}
```

（8）新建 index.jsp 页面，用于分页显示用户信息，其主要代码如下。

```
<%int pageNo=1;//当前第几页
  int count = UtilMethod.getCount();//总数
  int pageSize = 2;//每页数据
  int pageCount = (count%pageSize==0)?(count/pageSize):(count/pageSize + 1);
     String pageNoStr = request.getParameter("pageSize");
   if (pageNoStr != null && !"".equals(pageNoStr)) {
            pageNo = Integer.parseInt(pageNoStr);
        }
        request.setAttribute("pageCount", pageCount);
        request.setAttribute("pageNo", pageNo);
        List<Info> listInfo = UtilMethod.findByPage(pageNo, pageSize);
        Iterator iterator = listInfo.iterator();%>
   <h3 align="center">用户信息列表</h3>
   <form name="form1" method="post" action="index.jsp" >
   <table align="center" width="100%" border="1">
   <tr>
      <th width="10%">编号</th>
      <th width="15%">名字</th>
      <th width="15%">密码</th>
      <th colspan="2" width="20%">操作</th>
   </tr>
    <%while (iterator.hasNext()) {
            Info info = (Info) iterator.next();
            %>
            <tr align="center">
            <td><%=info.getId() %></td>
            <td><%=info.getName() %></td>
            <td><%=info.getPass() %></td>
            <td><a href="upInfo.jsp?id=<%=info.getId() %>">更新</a></td>
            <td><a href="servlet/DelInfoServlet?id=<%=info.getId()%>" onclick
            ="return confirm('是否确认删除？')">删除</a></td>
            </tr>
            <%
        }%>
         <tr align="center"><td colspan="3">共${pageCount}页，当前第${pageNo }
        页<a href="index.jsp?pageSize=1" >首页</a>
```

```
        <c:choose>
            <c:when test="${pageNo <= pageCount && pageNo>1}">
                <c:catch><a href="index.jsp?pageSize=${pageNo-1}">上一页
                </a></c:catch>
            </c:when>
            <c:otherwise></c:otherwise>
        </c:choose>
        <c:choose>
            <c:when test="${pageNo < pageCount && pageNo>0}">
               <c:catch><a href="index.jsp?pageSize=${pageNo+1}">下一页
               </a></c:catch>
            </c:when>
            <c:otherwise></c:otherwise>
        </c:choose>
        <a href="index.jsp?pageSize=${pageCount}">末页</a>
       <select name="pageSize" id="pageSize">
          <c:forEach begin="1" end="${pageCount}" step="1"
              var="toPage">
              <c:choose>
                  <c:when test="${pageNo == toPage}">
                      <c:catch><option  selected="selected">${pageNo}</option>
                      </c:catch>
                  </c:when>
                  <c:otherwise>
                      <option>${toPage}</option>
                  </c:otherwise>
              </c:choose>
          </c:forEach>
          </select>
          <input type="submit"  value="跳转"></td>
          <td align="center" colspan="2"><a href="addInfo.jsp">添加用户
          </a></td>
          </tr>
        </table>
      </form>
    <%HibernateSessionFactory.closeSession(); %>
  </body>
</html>
```


（9）新建 addInfo.jsp 页面，用于添加用户信息，其主要代码如下。

```
<h3 align="center">添加用户信息</h3>
<form action="servlet/AddInfoServlet">
  <table align="center" border="1">
    <tr>
        <th>姓名</th>
        <td><input type="text" name = "name"></td>
```

```
        </tr>
        <tr>
            <th>密码</th>
            <td><input type="password" name = "pass"></td>
        </tr>
        <tr>
            <td></td>
            <td align="center"><input type="reset" value = "重置"><input
            type="submit" value = "提交"><a href="index.jsp">返回</a></td>
        </tr>
    </table>
</form>
```

（10）新建 upInfo.jsp 页面，用于更新用户信息，其主要代码如下。

```
<%int id = Integer.parseInt(request.getParameter("id"));
    Info info = UtilMethod.getInfoById(id); %>
<h3 align="center">修改用户信息</h3>
<form action="servlet/UpInfoServlet">
  <table align="center" border="1">
    <tr>
        <th>姓名</th>
        <td><input type="text" name = "name" value="<%=info.getName()%>">
        </td>
    </tr>
    <tr>
        <th>密码</th>
        <td><input type="text" name = "pass"  value="<%=info.getPass()%>">
        </td>
    </tr>
    <tr>
        <td><input type="hidden" name = "id" value="<%=info.getId()%>">
        </td>
        <td align="center"><input type="reset" value = "重置"><input type=
        "submit" value = "提交"><a href="index.jsp">返回</a></td>
    </tr>
  </table>
</form>
```

（11）新建 com.itzcn.servlet.AddInfoServlet 类并继承 HttpServlet 类，用于完成添加用户信息，其主要代码如下。

```
public void doPost(HttpServletRequest request, HttpServletResponse
response)
        throws ServletException, IOException {
    request.setCharacterEncoding("UTF-8");
    response.setContentType("text/html;charset=utf-8");
    String name = request.getParameter("name");
    String pass = request.getParameter("pass");
```

```
    Info info = new Info(name, pass);
    UtilMethod.addInfo(info);
    request.getRequestDispatcher("/index.jsp").forward(request, response);
}
```

（12）新建 com.itzcn.servlet.UpInfoServlet 类并继承 HttpServlet 类，用于更新用户信息，其主要代码如下。

```
public void doPost(HttpServletRequest request, HttpServletResponse response)
        throws ServletException, IOException {
    String name = request.getParameter("name");
    String pass = request.getParameter("pass");
    int id = Integer.parseInt(request.getParameter("id"));
    Info info = UtilMethod.getInfoById(id);
    info.setName(name);
    info.setPass(pass);
    UtilMethod.upInfo(info);
    request.getRequestDispatcher("/index.jsp").forward(request, response);
}
```


（13）新建 com.itzcn.servlet.DelInfoServlet 类并继承 HttpServlet 类，用于删除用户信息，其主要代码如下。

```
public void doPost(HttpServletRequest request, HttpServletResponse response)
        throws ServletException, IOException {
    response.setContentType("text/html");
    int id = Integer.parseInt(request.getParameter("id"));
    UtilMethod.delete(id);
    request.getRequestDispatcher("/index.jsp").forward(request, response);
}
```

（14）在 web.xml 中配置 AddInfoServlet、UpInfoServlet 和 DelInfoServlet 类，其主要代码如下。

```
<servlet>
  <servlet-name>AddInfoServlet</servlet-name>
  <servlet-class>com.itzcn.servlet.AddInfoServlet</servlet-class>
</servlet>
<servlet-mapping>
  <servlet-name>AddInfoServlet</servlet-name>
  <url-pattern>/servlet/AddInfoServlet</url-pattern>
</servlet-mapping>
<!-- 省略另两个类的配置 -->
```

（15）运行项目后，打开 index.jsp 页面，查看用户信息，其效果如图 13-26 所示。

在 index.jsp 页面中单击【添加用户】超链接，用于添加用户信息，添加用户信息页面如图 13-27 所示。

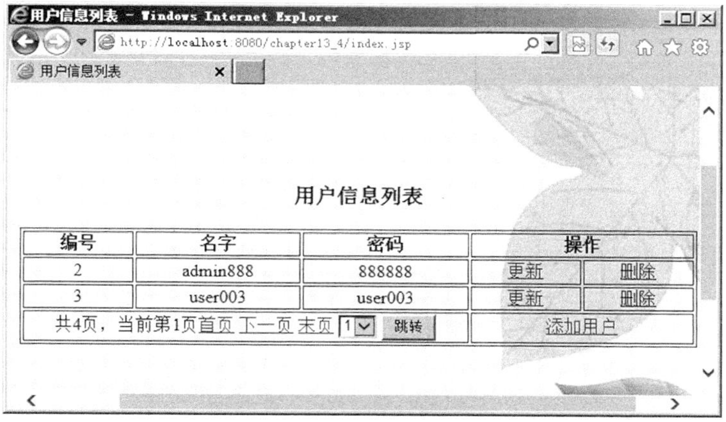

图 13-26 用户信息列表

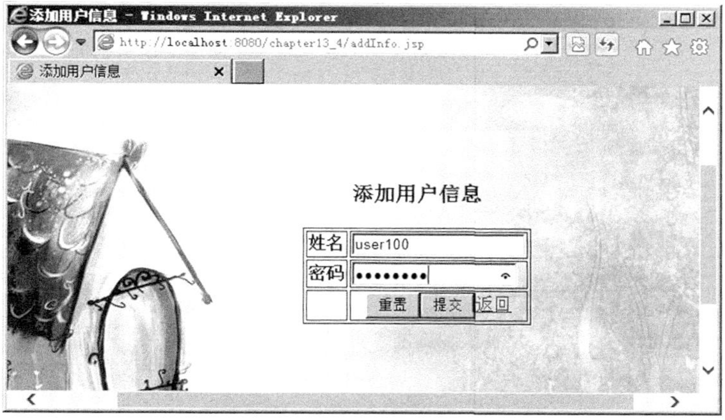

图 13-27 添加用户信息

在 index.jsp 页面中单击【更新】超链接，用于更新用户信息，更新用户信息页面如图 13-28 所示。

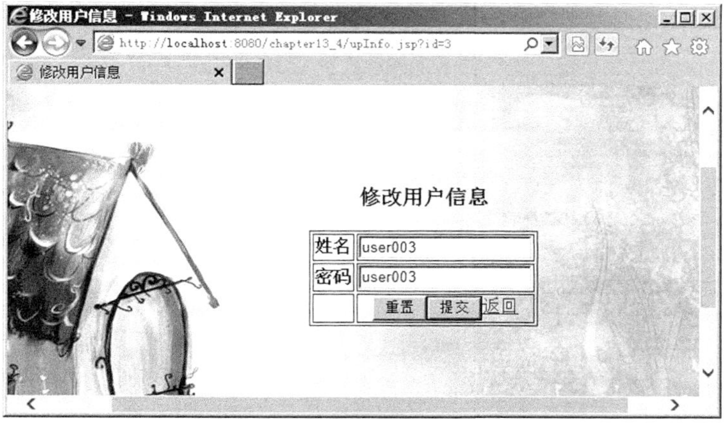

图 13-28 更新用户信息

在 index.jsp 页面中单击【删除】超链接，用于删除用户信息，如图 13-29 所示。

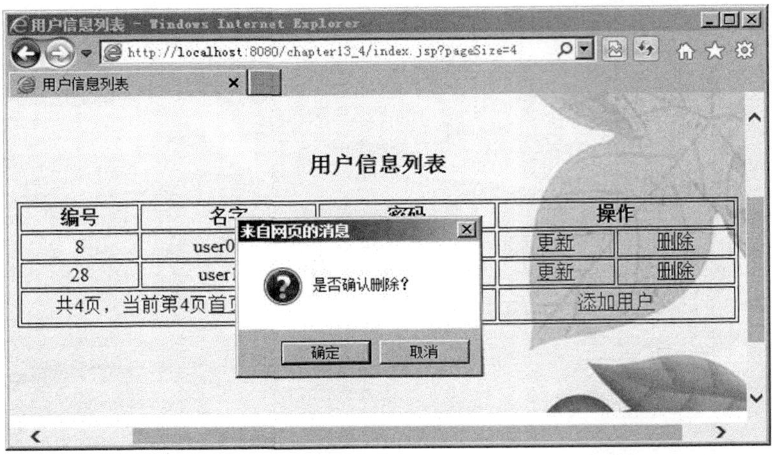

图 13-29　删除用户信息

思考与练习

一、填空题

1．ORM 是对象到关系的映射，是一种解决__________相互匹配的技术。

2．在 Hibernate 中有三个重要的类，分别是配置类、会话工厂类和__________。

3．在该映射文件中，<class>元素用来指定类和表的映射，其__________属性用来设定类名，table 属性用来设定表名。

4．配置文件中<property>元素的常用属性中__________表示连接数据库使用的方言。

5．Hibernate 的实例状态一般分为三种状态，分别是瞬时状态、持久状态和__________。

6．在 Hibernate 框架中引用了缓存技术，其中分为 Session 的缓存和__________的缓存。

二、选择题

1．下列不属于配置文件中<property>元素常用属性的是__________。

A．connection.driver_class

B．connection.url

C．connection.name

D．hbm2ddl.auto

2．要实现 Hibernate 自动建表，可以将配置文件中<property>元素的 hbm2ddl.auto 属性设置为__________。

A．true　　B．yes

C．false　　D．create

3．下列关于 Hibernate 的三种实例状态叙述中错误的是__________。

A．瞬时状态的对象在内存中是孤立的，与数据库中的数据无任何关联，仅仅是一个信息携带的载体

B．当持久化状态对象变为脱管状态对象时，它将不在 Hibernate 持久层的管理范围之内

C．当持久化状态的对象的 Session 关闭之后，这个对象就从持久化状态变为瞬时状态的对象

D．假如一个瞬时状态对象被持久化状态对象引用，它也会自动变为持久化状态对象

4．下列关于 HQL 的说法中，错误的是__________。

A．HQL 是面向对象的查询语言，它的查询目标为对象，在查询时需要从目标对象中查询信息并返回匹配单个实体对象或多个实体对象的集合

B．在 HQL 查询时，不需要区分大小写

C．在 HQL 查询语句中，同样支持 DML 风格的语句，如 update 语句、delete 语句

D．在 HQL 查询中，也可以使用动态赋值的查询方式

5．在 HQL 检索方式中，语句“select A from B”中的 A 和 B 分别代表__________。

A．字段和表名

B．属性名和对象

C．字段和对象

D．属性名和表名

三、简答题

1．简述编写 Hibernate 持久化类应遵循的规范。

2．简述编写 Hibernate 程序的过程。

3．简述 Hibernate 的缓存技术。

第 14 章　应用 Spring 技术

Spring 是一个开源框架，是开发者为了解决企业应用开发的复杂性问题而创建的。在 J2EE 开发平台中，Spring 是一种优秀的轻量级企业应用解决方案，它提倡一切从实际出发，核心技术是 IoC（控制反转）和 AOP（面向切面编程）技术。

本章将主要介绍使用 Spring 装配 Bean、AOP、Spring 持久化和 Spring MVC 框架。

本课学习要点：

- ❑ 了解 Spring 的组成
- ❑ 掌握 Spring 中依赖注入的两种方式
- ❑ 掌握 Spring 中 Bean 的装配
- ❑ 了解 AOP 的概念
- ❑ 理解 Spring 中的切入点
- ❑ 掌握 Spring 的持久化
- ❑ 掌握 Spring MVC 框架

14.1 Spring 简介

Spring 是在 2003 年兴起的一个轻量级的 Java 开发框架，由 Rod Johnson 阐述的部分理念和原型衍生而来。它是为了解决企业应用开发的复杂性而创建的。Spring 使用基本的 JavaBean 来完成以前只可能由 EJB 完成的事情。然而，Spring 的用途不仅限于服务器端的开发。从简单性、可测试性和松耦合的角度而言，任何 Java 应用都可以从 Spring 中受益。

Spring 致力于 J2EE 应用各层的解决方案，而不是仅专注于某一层的解决方案。其贯穿于表现层、业务层和持久层。而且，Spring 并不是取代已有的框架，而是以高度的开放性使它们无缝结合。

14.1.1 Spring 的特点

Spring 主要有如下特点：

1. 方便解耦，简化开发

通过 Spring 提供的 IoC 容器，可以将对象之间的依赖关系交由 Spring 进行控制，避免硬编码所造成的过度程序耦合。有了 Spring，用户不必再为单实例模式类、属性文件解析等这些底层需求编写代码，可以更专注于上层的应用。

2. AOP 编程的支持

通过 Spring 提供的 AOP 功能，方便进行面向切面的编程，许多不容易用传统 OOP 实现的功能可以通过 AOP 轻松应付。

3. 声明式事务的支持

在 Spring 中，可以从单调烦闷的事务管理代码中解脱出来，通过声明式方式灵活地进行事务的管理，提高开发效率和质量。

4. 方便程序的测试

可以用非容器依赖的编程方式进行几乎所有的测试工作，在 Spring 里，测试不再是昂贵的操作，而是随手可做的事情。

5. 方便集成各种优秀框架

Spring 不排斥各种优秀的开源框架，相反，Spring 可以降低各种框架的使用难度，Spring 提供了对各种优秀框架（如 Struts、Hibernate、Hessian、Quartz）的直接支持。

6. 降低 Java EE API 的使用难度

Spring 对很多难用的 Java EE API（如 JDBC，JavaMail，远程调用等）提供了一个薄薄的封装层，通过 Spring 的简易封装，这些 Java EE API 的使用难度大大降低。

7. Java 源码是经典学习范例

Spring 的源码设计精妙、结构清晰、匠心独用，处处体现着大师对 Java 设计模式灵活运用以及对 Java 技术的高深造诣。Spring 框架源码无疑是 Java 技术的最佳实践范例。如果想在短时间内迅速提高自己的 Java 技术水平和应用开发水平，学习和研究 Spring 源码将会收到意想不到的效果。

14.1.2 Spring 的组成

Spring 框架主要由 7 大模块组成，每个模块可以单独使用，也可以和其他模块组合使用。Spring 的各个模块构建在核心容器之上，核心容器定义了创建、配置和管理 Bean 的方式，如图 14-1 所示。

1. Spring Core 模块

该模块是 Spring 的核心容器，提供 Spring 框架的基本功能。核心容器的主要组件是 BeanFactory，它是工厂模式的实现。BeanFactory 使用控制反转（IoC）模式将应用程序的配置和依赖性规范与实际的应用程序代码分开。

2. Spring Context 模块

Spring Context 是一个配置文件，向 Spring 框架提供上下文信息。Spring 上下文包括企业服务，例如 JNDI、EJB、电子邮件、国际化、校验和调度功能。

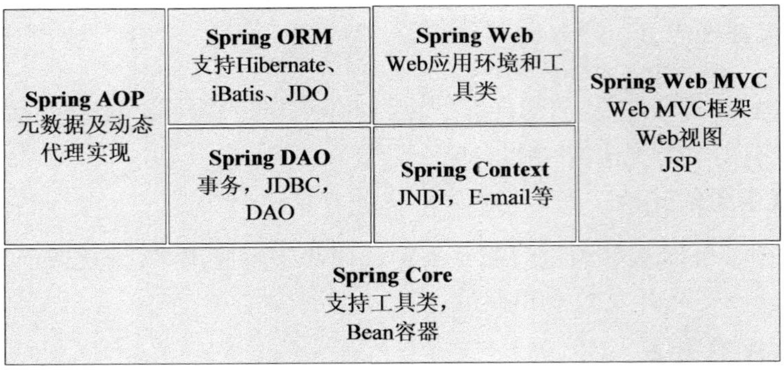

图 14-1 Spring 框架的 7 大模块

3. Spring AOP 模块

通过配置管理特性，Spring AOP 模块直接将面向切面的编程功能集成到了 Spring 框架中。所以，可以很容易地使 Spring 框架管理的任何对象支持 AOP。Spring AOP 模块为基于 Spring 的应用程序中的对象提供了事务管理服务。通过使用 Spring AOP，不用依赖 EJB 组件，就可以将声明性事务管理集成到应用程序中。

4. Spring DAO 模块

JDBC DAO 抽象层提供了有意义的异常层次结构，可用该结构来管理异常处理和不同数据库供应商抛出的错误消息。异常层次结构简化了错误处理，并且极大地降低了需要编写的异常代码数量（例如打开和关闭连接）。Spring DAO 的面向 JDBC 的异常遵从通用的 DAO 异常层次结构。

5. Spring ORM 模块

Spring 框架插入了若干个 ORM 框架，从而提供了 ORM 的对象关系工具，其中包括 JDO、Hibernate 和 iBatisSQL Map。所有这些都遵从 Spring 的通用事务和 DAO 异常层次结构。

6. Spring Web 模块

该模块建立在应用程序 Context 模块之上，为基于 Web 的应用程序提供了上下文。所以，Spring 框架支持与 Jakarta Struts 的集成。Web 模块还简化了处理多部分请求以及将请求参数绑定到域对象的工作。

7. Spring Web MVC 模块

MVC 框架是一个全功能的构建 Web 应用程序的 MVC 实现。通过策略接口，MVC 框架变成为高度可配置的，MVC 容纳了大量视图技术，其中包括 JSP、Velocity、Tiles、iText 和 POI。模型由 JavaBean 构成，存放于 Map；视图是一个接口，负责显示模型；控制器表示逻辑代码，是 Controller 的实现。Spring 框架的功能可以用在任何 J2EE 服务器中，大多数功能也适用于不受管理的环境。Spring 的核心要点是：支持不绑定到特定 J2EE 服务的可重用业务和数据访问对象。毫无疑问，这样的对象可以在不同 J2EE 环境（Web 或 EJB）、独立应用程序、测试环境之间重用。

14.1.3 Spring 的获取和安装

在使用 Spring 之前需要获取 Spring 框架所需的 jar 包。由于现在 Spring 框架源码移到 Github 上，下载 Spring 源码时需要到 Github 的网站进行下载。其下载地址为 https://github.com/spring-projects/spring-framework。也可以采用其他方式进行下载。最新版本为 spring-framework-4.0。这里下载的是 spring-framework-spring-framework-4.0.0.M2-dist.rar，这个压缩包不仅包含 Spring 的开发包，而且包含 Spring 编译和运行所依赖的第三方类库。

解压缩下载到的压缩包，解压缩后的文件夹中主要有如下几个文件夹。

（1）docs：该文件夹下包含 Spring 的相关文档、开发指南及 API 参考文档。

（2）libs：该文件夹下包含 Spring 编译和运行所依赖的第三方类库，该路径下的类库并不是 Spring 必需的，但如果需要使用第三方类库的支持，这里的类库就是必需的。

其安装方法也很简单，只需将所需的 jar 文件导入到项目 WEB-INF 下的 lib 文件夹即可。

> **技巧**
>
> 为了方便也可以使用集成开发工具（如 MyEclipse），在项目中添加 Spring 模块，这种方式比较方便。

14.1.4 配置 Bean

在 Spring 中无论使用哪种容器，都需要从配置文件中读取 JavaBean 的定义信息，然后根据定义信息创建 JavaBean 的实例对象并注入其依赖的属性。由此可见，Spring 中所谓的配置主要是对 JavaBean 的定义和依赖关系而言，JavaBean 的配置也针对配置文件。

要在 Spring IoC 容器中获取一个 bean，首先要在配置文件中的<beans>元素中配置一个子元素 bean，Spring 的控制反转机制会根据<bean>元素的配置来实例化这个 bean 实例。

其配置代码如下。

```
<bean id="student" class="com.itzcn.bean.Student"></bean>
```

其中，id 属性为 bean 的名称，class 为对应的 bean 类名，在使用时可以通过 BeanFactory 容器的 getBean("student")方法来获取该类的实例。

14.1.5 使用 BeanFactory 管理 Bean

BeanFactory 采用了工厂模式，通过从 XML 配置文件或属性文件中读取 JavaBean 的定义来创建、配置和管理 JavaBean。BeanFactory 有很多实现类，其中，XmlBeanFactory 可以通过流行的 XML 文件格式读取配置信息来加载 JavaBean。

【练习 1】

新建一个 Java Web 项目，使用 Spring 来管理 Bean。

（1）新建 Java Web 项目，在其中导入 Spring 所需的 jar 包。

（2）新建 com.itzcn.bean.Student 类，作为 JavaBean 类，其中有三个属性，分别是 name、age 和 sex。主要代码如下。

```
public class Student {
    private String name = null;
    private int age = 0;
    private String sex = null;
//省略 getter、setter 方法
    public String toString() {
        return "Student [name=" + name + ", age=" + age + ", sex=" + sex + "]";
    }
}
```

（3）在 src 目录下新建 applicationContext.xml 文件，作为 Spring 的配置文件，在其中配置 JavaBean，其代码如下。


```
<?xml version="1.0" encoding="UTF-8"?>
<beans
    xmlns="http://www.springframework.org/schema/beans"
    xmlns:xsi="http://www.w3.org/2001/XMLSchema-instance"
    xmlns:p="http://www.springframework.org/schema/p"
    xsi:schemaLocation="http://www.springframework.org/schema/beans
    http://www.springframework.org/schema/beans/spring-beans-3.0.xsd">
    <bean id="student" class="com.itzcn.bean.Student"></bean>
</beans>
```

（4）新建 com.itzcn.test.BeanFactoryTest 类，用于测试。其主要代码如下。

```
public class BeanFactoryTest {
    public static void main(String[] args) {
        Resource resource = new ClassPathResource("applicationContext.
        xml");//加载配置文件
        BeanFactory factory = new XmlBeanFactory(resource);
        Student student = (Student) factory.getBean("student");
        //获取 bean
        student.setName("刘明鑫");
        student.setAge(22);
        student.setSex("男");
        System.out.println(student);
    }
}
```

14.1.6 ApplicationContext 的应用

BeanFactory 实现了 IoC 控制，所以可以称为"IoC 容器"，而 ApplicationContext 扩展了 BeanFactory 容器并添加了对国际化和生命周期事件的发布监听等更强大的功能，使之成为 Spring 中最强大的企业级 IoC 容器。在这个容器中提供了对其他框架和 EJB 的集成、WebService 和任务调度等企业服务。在 Spring 应用中大多采用 ApplicationContext 容器来开发企业级的程序。

ApplicationContext 接口有以下三个实现类，可以实例化其中任何一个类来创建 Spring 的 ApplicationContext 容器。

1. ClassPathXmlApplicationContext 类

从当前类路径中检索配置文件并加载来创建容器，其语法格式如下。

```
ApplicationContext context = new ClassPathXmlApplicationContext(String
configLocation);
```

configLocation 参数指定 Spring 配置文件的名称和位置。

2. FileSystemXmlApplicationContext 类

该类不从类路径中获取配置文件，而是通过参数指定配置文件的位置。它可以获取类路径之外的资源，其语法格式如下。

```
ApplicationContext context = new FileSystemXmlApplicationContext(String
configLocation);
```

3. WebApplicationContext 类

WebApplicationContext 是 Spring 的 Web 应用容器，在 Servlet 中使用该类的方法有两种。一种是在 Servlet 的 web.xml 文件中配置 Spring 的 ContextLoaderListener 监听器；二是修改 web.xml 配置文件，在其中添加一个 Servlet，定义使用 Spring 的 org.springframework.web.context.ContextLoaderServlet 类。

> **提示**
> JavaBean 在 ApplicationContext 和 BeanFactory 容器中的生命周期基本相同，如果在 JavaBean 中实现了 ApplicationContextAware 接口，容器会调用 JavaBean 的 setApplicationContext()方法将容器本身注入到 JavaBean 中，使 JavaBean 包含容器的应用。

14.2 依赖注入

在 Spring 框架中的各个部分充分使用了依赖注入（Dependency Injection）技术。下面来详细讲解一下依赖注入。

14.2.1 依赖注入与控制反转

依赖注入和控制反转（Inversion of Control，IoC）是同一个概念。具体含义是：当某个角色（可能是一个 Java 实例，调用者）需要另一个角色（另一个 Java 实例，被调用者）的协助时，在传统的程序设计过程中，通常由调用者来创建被调用者的实例。但在 Spring 里，创建被调用者的工作不再由调用者来完成，因此称为控制反转；创建被调用者实例的工作通常由 Spring 容器来完成，然后注入调用者，因此也称为依赖注入。控制反转是一个重要的面向对象编程的法则来削减计算机程序的耦合问题，也是轻量级的 Spring 框架的核心。

不管是依赖注入，还是控制反转，都说明 Spring 采用动态、灵活的方式来管理各种对象。对象与对象之间的具体实现互相透明。

依赖注入有如下三种实现的模型，其中 Spring 支持后两种。

1. 接口注入

该类型基于接口将调用与实现分离，可服务的对象需要实现一个专门的接口，该接口提供了一个对象，可以用这个对象查找依赖（其他服务）。

2. 设值注入

通过 JavaBean 的属性（setter 方法）可使服务对象指定服务。

3. 构造函数注入

通过构造函数的参数为可服务对象指定服务。

14.2.2 设值注入

设值注入是指通过 setter 方法传入被调用者的实例。这种注入方式简单、直观，因此在 Spring 依赖注入中最常用。

【练习 2】

使用 Spring 的设值注入为 JavaBean 的属性赋值。

(1)新建 com.itzcn.bean.Student 类，作为 JavaBean 类，其中有三个属性，分别是 name、age 和 sex。其代码与练习 1 中的步骤 2 代码一致，这里省略。

(2)在 src 目录下新建 bean.xml 文件，作为 Spring 的配置文件，在其中配置 JavaBean，其代码如下。

```
<?xml version="1.0" encoding="UTF-8"?>
<beans
    xmlns="http://www.springframework.org/schema/beans"
    xmlns:xsi="http://www.w3.org/2001/XMLSchema-instance"
    xmlns:p="http://www.springframework.org/schema/p"
```

```
    xsi:schemaLocation="http://www.springframework.org/schema/beans
    http://www.springframework.org/schema/beans/spring-beans-3.0.xsd">
    <bean id="student" class="com.itzcn.bean.Student">
        <property name="name"><value>王华</value></property>
        <property name="age"><value>20</value></property>
        <property name="sex"><value>男</value></property>
    </bean>
</beans>
```

（3）新建 com.itzcn.test.Demo01 类，用于测试。其主要代码如下。

```
public class Demo01{
    public static void main(String[] args) {
        Resource resource = new ClassPathResource("bean.xml");
                                        //加载配置文件
        BeanFactory factory = new XmlBeanFactory(resource);
        Student student = (Student) factory.getBean("student");
        //获取 bean
        System.out.println(student);
    }
}
```


注意

<value>标签为 name 属性赋值，Spring 会把这个标签提供的属性值注入到指定的 JavaBean 中。如果一个 JavaBean 的某个属性是 List 集合或数组类型，则需要使用<list>标签为 List 集合或数组类型的每一个元素赋值。

14.2.3 构造注入

在类被实例化时其构造方法被调用并且只能被调用一次，所以构造器被常用于类的初始化操作。<constructor-arg>是<bean>元素的子元素，使用<constructor-arg>元素的<value>子元素可以为构造函数传值。

【练习 3】

使用 Spring 的构造器注入为 JavaBean 的属性赋值。

（1）新建 com.itzcn.bean.User 类，作为 JavaBean 类，其中有三个属性，分别是 name、age 和 sex。其代码如下。

```
public class User {
    private String name = null;
    private int age = 0;
    private String sex = null;
    public User(String name,int age,String sex) {
        this.age = age;
        this.name = name;
        this.sex = sex;
```

```
    }
    public void showUser(){
        System.out.println("User [name=" + name + ", age=" + age + ", sex="
        + sex + "]");
    }
}
```

（2）在 src 目录下新建 Userbean.xml 文件，作为 Spring 的配置文件，在其中配置 JavaBean，其主要代码如下。

```
<bean id="user" class="com.itzcn.bean.User">
    <constructor-arg name="name"><value>王华</value></constructor-arg>
    <constructor-arg name="age"><value>20</value></constructor-arg>
    <constructor-arg name="sex"><value>男</value></constructor-arg>
</bean>
```

（3）新建 com.itzcn.test.Demo02 类，用于测试。其主要代码如下。

```
public class Demo02 {
    public static void main(String[] args) {
        Resource resource = new ClassPathResource("Userbean.xml");
        BeanFactory factory = new XmlBeanFactory(resource);
        User user = (User) factory.getBean("user");
        user.showUser();
    }
}
```


设值注入和构造注入都是 Spring 支持的依赖注入模式，其各有优点。在使用时，哪一种使用方便就是用哪一种依赖注入方式。

14.3 自动装配 Bean

Spring 的 IoC 容器通过 Java 反射机制了解了容器中所存在 Bean 的配置信息，这包括构造函数方法的结构、属性的信息。正是这个原因，Spring 容器才能够通过某种规则来对 Bean 进行自动装配，而无须通过显式的方法来进行装配。<bean>元素的 autowrite 属性负责自动装配<bean>标签定义 JavaBean 的属性。

14.3.1 根据 Bean 名字装配

<bean>元素的 byName 属性以属性的名称来区分自动装配，在容器中查找与 JavaBean 的属性相同的 JavaBean，并将其自动装配到 JavaBean 中。

【练习 4】

按照 Bean 名字自动装配 Student。

（1）新建 com.itzcn.bean.Student 类，其中有三个属性，分别是 name、age 和 sex。主要代码如下。

```
public class Student {
    private String name = null;
    private int age = 0;
    private String sex = null;
//省略 getter、setter 方法
}
```

（2）新建 com.itzcn.bean.ShowStudent 类，将 Student 对象注入到 ShowStudent 对象中，并添加 ShowStudent()方法，主要代码如下。

```
public class ShowStudent {
    private Student student;
    public Student getStudent() {
        return student;
    }
    public void setStudent(Student student) {
        this.student = student;
    }
    public void showStudent(){
        System.out.println("User [name=" + student.getName() + ", age="
        + student.getAge() + ", sex=" + student.getSex() + "]");
    }
}
```

（3）在 src 目录下新建 applicationContext.xml 文件，在其中配置 Bean 自动装配，Spring 将根据 Bean 的属性名称将 Student 对象注入到指定的 Bean 中，主要代码如下。

```
<bean id="show" class="com.itzcn.bean.ShowStudent" autowire="byName">
</bean>
<bean class="com.itzcn.bean.Student" id="student">
    <property name="name"><value>王华</value></property>
    <property name="age"><value>20</value></property>
    <property name="sex"><value>男</value></property>
</bean>
```

（4）新建 com.itzcn.test.BeanFactoryTest 类，在 main()方法中加载配置文件，并获取 Bean，其主要代码如下。

```
public class BeanFactoryTest {
    public static void main(String[] args) {
        Resource resource = new ClassPathResource("applicationContext.
        xml");//加载配置文件
        BeanFactory factory = new XmlBeanFactory(resource);
        ShowStudent show = (ShowStudent) factory.getBean("show");//获取
        Bean
        show.showStudent();
    }
}
```

注 意

按 Bean 名称自动装配类型存在错误匹配 JavaBean 的可能，如果配置文件中定义了与需要自动装配的 JavaBean 名相同，而类型不同的 JavaBean，那么会错误地注入不同类型的 JavaBean。

14.3.2 根据 Bean 类型装配

在配置文件中也可以将 autowrite 的属性设置为“byType”，此时将以 Bean 类型区分来自动装配，自动查找与 JavaBean 的属性类型相同的 JavaBean 并将其注入到需要自动装配的 JavaBean 中。

类型匹配可以分为三种情况，例如存在 A 类和 B 类，存在以下三种情况。

（1）A 和 B 是相同的类型。

（2）A 是 B 的子类。

（3）A 实现了 B 的接口。

都可以称之为 A 按类型匹配于 B。

注 意

按 Bean 类型自动装配类型也存在错误匹配 JavaBean 的可能，如果配置文件中定义了多个与需要自动装配的 JavaBean 类型相同的 JavaBean，那么 Spring 将抛出异常。要解决这个问题，可以通过混合使用手动装配来指定需要装配的 JavaBean。

14.3.3 自动装配的其他方式

在 Spring 中还有如下三种自动装配的方式，通过 autowrite 属性的不同属性值来实现。

1．no 属性

这是 autowrite 的默认值，它采用自动装配，必须使用 ref 直接引用其他 Bean，这样可以增加代码的可读性，并且不容易出错。

2．constructor 属性

该属性通过构造方法的参数类型自动装配，此类型会使容器自动查找与 JavaBean 的构造方法参数类型相同的 Bean，并注入到需要自动装配的 JavaBean 中。它与 byType 类型存在相同且无法识别自动装配的情况。

3．autodetect 属性

该属性首先会使用 constructor 方式来自动装配，然后使用 ByType 方式。用于 Spring2.5，Spring3.0 中已经废弃。

自动装配可以显著减少配置的数量，可以使配置与 Java 代码同步更新，但是它也存在一些缺点。例如，当 Spring 应用 JavaBean 的数量多，在使用自动装配时，如果容器中有多个匹配项，Spring 将会抛出异常，不能正常工作。针对这个问题可以将不需要匹配的 JavaBean 进行设置，将<bean>元素的 autowrite-candidate 属性设置为 false。

14.4 Spring AOP

AOP（Aspect Oriented Programming，面向切面编程）是软件开发中的一个热点，也是 Spring 框架中的一个重要内容。利用 AOP 可以对业务逻辑的各个部分进行隔离，从而使得业务逻辑各部分之间的耦合度降低，提高程序的可重用性，同时提高了开发的效率。

14.4.1 AOP 术语

Spring AOP 实现基于 Java 的代理机制，其有关的术语如下。

1. 切面

切面（Aspect）是对象操作过程中的截面，实际上切面是一段程序代码，这段代码将被植入到程序流程中。切面是指需要实现的交叉功能，是应用系统模块化的一个切面或领域。切面最常见的例子是日志记录。系统中到处都需要使用日志记录，可以创建一个日志记录切面，在系统中通过 AOP 技术来应用。

2. 连接点

连接点（Join Point）是应用程序执行过程中插入切面的地点，是对象操作过程中的某个阶段点。它实际上是对象的一个操作，如对象调用某个方法、读写对象的实例或者某个方法抛出了异常等。在这些地方将切面代码插入到应用流程中，可以添加新的行为。

3. 通知

通知（Advice）是在切面的某个特定的连接点上执行的动作。通知有各种类型，其中包括“around”“before”和“after”等通知。许多 AOP 框架，包括 Spring，都是以拦截器作通知模型，并维护一个以连接点为中心的拦截器链。

4. 切入点

切入点（Pointcut）是连接点的集合切面与程序流的交叉点，即程序的切入点，确切地说它是切面注入到程序中的位置，即切面是通过切入点被注入的。在程序中可以有多个切入点。通知和一个切入点表达式关联，并在满足这个切入点的连接点上运行（例如，当执行某个特定名称的方法时）。切入点表达式如何和连接点匹配是 AOP 的核心：Spring 默认使用 AspectJ 切入点语法。

5. 引入

引入（Introduction）允许为已存在类添加新方法和属性。例如，可以创建一个通知来记录对象的最后修改时间。只要用一个方法 setLastModified()以及一个保存这个状态的变量，可以在不改变已存在类的情况下将这个方法与变量引用，给它们新的行为和状态。

6. 目标对象

目标对象（Target Object）是被通知的对象，既可以是编写的类，也可以是需要添加指定行为的第三方类。目标对象及其属性改变、行为调用和方法传参的变化被 AOP 所关注，AOP 会注意目标对象的变动，并随时准备向目标对象注入切面。

如果没有 AOP，这个类就必须包含它的主要逻辑以及其他交叉业务逻辑。有了 AOP，目标对象就可以完全地关注主要业务，不用再关注应用上的通知。

7. AOP 代理

AOP 代理（AOP Proxy）是将通知应用到目标对象后创建的对象。对于客户对象来说，目标对象和代理对象是一样的。也就是说，应用系统的其他部分不用为了支持代理对象而改变。

8. 织入

把切面连接到其他的应用程序类型或者对象上，并创建一个被通知的对象。这些可以在编译时（例如使用 AspectJ 编译器）、类加载时和运行时完成。Spring 和其他纯 Java AOP 框架一样，在运行时完成织入（Weaving）。

14.4.2 通知

通知包含切面的逻辑，所以当创建一个通知对象时，即编写实现交叉功能的代码，而且 Spring 连接点模型建立在方法拦截上，这意味着编写的 Spring 通知会在方法调用周围的各个地方织入系统中。由于 Spring 可以在方法执行的多个地方织入通知，所以有多种通知类型。

（1）前置通知（Before Advice）：在某连接点之前执行的通知，但这个通知不能阻止连接点前的执行（除非它抛出一个异常）。所对应的接口是 org.springframework.aop.BeforeAdvice。

（2）后置通知（After Returning Advice）：在某连接点正常完成后执行的通知。例如，一个方法没有抛出任何异常，正常返回。所对应的接口是 org.springframework.aop.AfterReturningAdvice。

（3）异常通知（After Throwing Advice）：在方法抛出异常退出时执行的通知。所对应的接口是 org.springframework.aop.ThrowsAdvice。

（4）后通知（After Advice）：当某连接点退出的时候执行的通知（不论是正常返回还是异常退出）。所对应的接口是 org.springframework.aop.AfterAdvice。

（5）环绕通知（Around Advice）：包围一个连接点的通知，如方法调用。这是最强大的一种通知类型。环绕通知可以在方法调用前后完成自定义的行为。它也会选择是否继续执行连接点或直接返回它们自己的返回值或抛出异常来结束执行。所对应的接口是org.aopalliance.intercept.MethodInterceptor。

14.5 Spring 切入点

Spring 的切入点是 Spring AOP 比较重要的概念，它表示注入切面的位置。根据切入点织入的位置不同，Spring 提供了三种类型的切入点：分别是静态切入点、动态切入点和自定义切入点。自定义切入点这里就不再介绍了，主要介绍一下静态切入点和动态切入点。

14.5.1 静态切入点

静态切入点只在代理创建时执行一次，而不是在运行期间每次调用方法时都执行。在执行时缓存结果，下一次调用时直接从缓存中读取即可，所以性能比动态切入点的好，是首选的切入点方式。

在 Spring 中定义了如下两个静态切入点的实现类。

（1）StaticMethodMatcherPointcut：一个抽象的静态 Pointcut，它不能被实例化。

（2）NameMatchMethodPointcut：只能对方法名进行判别的静态 Pointcut 实现类。使用方法如以下代码所示。

```
<beanid=NameMatchMethodPointcut class=orgspringframeworkaopsupport Name
MatchMethodPointcut>
    <property name=mappedNames>
        <list>
            <value>pos*</value>
            <value>start</value>
        </list>
    </property>
</bean>
```

post* 表示包含所有以 post 开始的方法（大小写敏感）。此外，NameMatchMethodPointcut 还显示了 ClassFilter 类型的 classFilter 属性，可以用于指定 ClassFilter 接口的实现类来设置类过滤器。ClassFilter 接口的定义如下。

```
public interface ClassFilter {
    boolean matches(Class clazz);
    ClassFilter TRUE = TrueClassFilterINSTANCE;
}
```

其中，matches 方法用于类的匹配参数；clazz 是需要匹配的目标类，匹配成功则返回 true。

【练习 5】

新建一个使用静态切入点的实例，当需要使用这个类中的某个方法时，会在执行前输出一些信息。

（1）创建 com.itzcn.People 类作为目标类，在该类中编写 speaking、runing、loving 和 died 4 个成员方法，其主要代码如下。

```
public class People {
    public void speaking(){
        System.out.println("I'm Speaking!");
    }
    public void runing(){
        System.out.println("I'm Runing!");
    }
    public void loving(){
        System.out.println("I'm Loving!");
    }
    public void died(){
        System.out.println("I'm died!");
    }
}
```


（2）新建 com.itzcn.PeopleBeforeAdvice 类并实现 MethodBeforeAdvice 接口，作为前置通知，用来在目标类的方法执行前输出该方法所属的类名以及该方法的名字。其主要代码如下。

```
public class PeopleBeforeAdvice implements MethodBeforeAdvice {
    public void before(Method arg0, Object[] arg1, Object arg2)
            throws Throwable {
        System.out.print(arg2.getClass().getSimpleName() + " is " + arg0.
        getName() +"!\t");
    }
}
```

（3）在 src 目录下新建 applicationContext.xml 文件，作为 Spring 的配置文件。并在其中使用 RegexpMethodPointcutAdvisor 配置一个正则表达式过滤器。其代码如下。

```
<?xml version="1.0" encoding="UTF-8"?>
<beans
    xmlns="http://www.springframework.org/schema/beans"
    xmlns:xsi="http://www.w3.org/2001/XMLSchema-instance"
    xmlns:p="http://www.springframework.org/schema/p"
    xsi:schemaLocation="http://www.springframework.org/schema/beans
    http://www.springframework.org/schema/beans/spring-beans-3.0.xsd">
    <bean id="people" class="com.itzcn.People"></bean>
    <bean id="peopleAdvice" class="com.itzcn.PeopleBeforeAdvice"> </bean>
    <bean id="ProxyFactoryBean" class="org.springframework.aop.frame
    work.ProxyFactoryBean">
        <property name="interceptorNames">
```

```
            <idref local="DefaultAdvisor"/>
        </property>
        <property name="target" ref="people"></property>
    </bean>
<bean id="DefaultAdvisor" class="org.springframework.aop.support.Regexp
MethodPointcutAdvisor">
        <property name="patterns">
            <list>
                <value>.*ing</value>
            </list>
        </property>
        <property name="advice" ref="peopleAdvice"></property>
    </bean>
</beans>
```

（4）新建 com.itzcn.Test 类，从 ProxyFactoryBean 中获得 People 实例对象，并一次调用该对象的方法，代码如下。

```
public class Test {
    public static void main(String[] args) {
        ApplicationContext ac = new ClassPathXmlApplication Context
        ("applicationContext.xml");
        People people = (People) ac.getBean("ProxyFactoryBean");
        people.speaking();
        people.runing();
        people.loving();
        people.died();
    }
}
```

运行后，其结果如图 14-2 所示。

```
People is speaking!     I'm Speaking!
People is runing!       I'm Runing!
People is loving!       I'm Loving!
I'm died!
```

图 14-2 运行结果

14.5.2 动态切入点

动态切入点是相当于静态切入点而言的。静态切入点只能应用在相对不变的位置，而动态切入点应用在相对变化的位置。例如方法的参数，由于在程序运行过程中传递的参数是变化的，所以切入点也随之变化，它会根据不同的参数来织入不同的切面。由于每次织入都要重新计算切入点的位置，而且结果不能缓存，所以动态切入点比静态切入点的性能要低得多，但却比静态切入点灵活。

Spring 中提供了如下几种动态切入点的实现。

（1）ControlFlowPointcut：控制流程切入点。例如，只有在某个特定的类或方法中调用某个连接点时，装配才会被触发，这时就可以使用 ControlFlowPointcut，但是它的系统开销很大，在高效的应用中不推荐使用。

（2）DynamicMethodMatcherPointcut：动态方法匹配器。是抽象类，扩展该类可以实现自己的动态 Pointcut。

由于动态切入点会引起明显的性能损失，大部分的切入点可以用静态切入点，因此动态切入点并不常用，这里就不详细介绍了。

14.6 Spring 持久化

在 Spring 中关于数据库持久化的服务主要支持数据访问对象（DAO）和数据库 JDBC，其中，数据访问对象是实际开发过程中应用比较广泛的技术。

14.6.1 DAO 模式

DAO 代表数据库访问对象（Data Access Object），它描述了一个应用中 DAO 的角色。DAO 的存在提供了读写数据库中数据的一种方法，这个功能通过接口提供对外服务，程序的其他模块通过这些接口来访问数据库。

使用这种方式有很多好处。首先，由于服务对象不再和特定的接口绑定在一起，使得它们易于测试，因为它提供的是一种服务，在不需要连接数据库的条件下即可进行单元测试，极大地提高了开发效率。其次，通过使用与持久化技术无关的方法访问数据库，在应用程序的设计和使用上都有很大的灵活性，对于整个系统，无论是性能和应用都是一个巨大的飞跃。

DAO 的主要目的就是将与持久性相关的问题与一般的业务规则和工作流隔离开来，它为定义业务层可以访问的持久性操作引入了一个接口并且隐藏了实现的具体细节，该接口的功能将依赖于采用的持久性技术而改变，但是 DAO 接口可以基本上保持不变。

DAO 属于 O/R Mapping 技术的一种，在 O/R Mapping 技术发布之前，开发者需要直接借助于 JDBC 和 SQL 来完成与数据库的相互通信，在 O/R Mapping 技术出现以后，开发者能够使用 DAO 或其他不同的 DAO 框架实现与关系数据库管理系统的交互。借助这种技术，能够为应用自动创建高效的 SQL 语句等，除此之外，还提供了延迟加载、缓存等高级特征。而 DAO 是 O/R Mapping 技术的一种实现，采用 DAO 也能节省程序开发时间，减少代码量和开发成本。

14.6.2 Spring DAO 理念

Spring 提供了一套抽象的 DAO 类，这有利于统一的方式操作各种 DAO 技术。如 JDO、JDBC 等，这些抽象 DAO 类提供了设置数据源及相关辅助信息的方法，而其中的一些方法同具体 DAO 技术相关。目前，Spring DAO 抽象类提供了以下几种类。

（1）JdbcDaoSupport：JDBC DAO 抽象类，使用时需要为它设置数据源，通过子类能够获得 JdbcTemplate 来访问数据库。

（2）HibernateDaoSupport：Hibernate DAO 抽象类。需要为它配置 Hibernate SessionFactory。通过其子类能够获得 Hibernate 实现。

（3）JdoDaoSupport：Spring 为 JDO 通过的 DAO 抽象类，需要为它配置 PersistenceManagerFactory，通过其子类能够获得 JdoTemplate。

【练习 6】

在使用 Spring 的 DAO 框架进行数据库存取时，只需通过数据存取接口来操作即可。下面在 Spring 中利用 DAO 模式向 info 表中添加数据。

（1）新建一个实体对象 User，定义对应数据表字段的属性，并添加有参数的构造方法，其主要代码如下。

```
public class User {
    private Integer id;
    private String name;
    private String pass;
//省略 getter、setter 方法
    public User(Integer id,String name, String pass){
        this.id = id;
        this.name = name;
        this.pass = pass;
    }
}
```

（2）创建接口 UserDao，并定义用来添加用户信息的方法 addUser()，其参数为 User 对象，主要代码如下。

```
public interface UserDao {
    public int addUser(User user) throws SQLException;//添加用户信息
}
```

（3）创建 UserDao 的实现类 UserDaoImpl，在其中首先定义一个用于操作数据库的数据源对象 DataSource。在 addUser()方法的实现中，通过 DataSource 创建一个数据库连接。这个数据源对象在 Spring 中提供了 javax.sql.DataSoruce 接口的实现，只需在 Spring 的配置文件中进行相关的配置即可。其主要代码如下。

```
public class UserDaoImpl implements UserDao {
    private DataSource dataSource;
    public DataSource getDataSource() {
        return dataSource;
    }
    public void setDataSource(DataSource dataSource) {
        this.dataSource = dataSource;
    }
    public int addUser(User user) throws SQLException {
        Connection conn = null;
        PreparedStatement pst = null;
```

```
            conn = dataSource.getConnection();
            String sql = "insert into info(id,name,pass) values(?,?,?)";
            pst = conn.prepareStatement(sql);
            pst.setInt(1, user.getId());
            pst.setString(2, user.getName());
            pst.setString(3, user.getPass());
            int param = -1;
            param = pst.executeUpdate();
            return param;
        }
    }
```

（4）编写 Spring 的配置文件 bean.xml，在其中定义一个 JavaBean 名称为 dataSource 的数据源，它是 Spring 中的 DriverManagerDataSource 类的实例。之后配置 userDaoImpl，并注入它的 DataSource 属性值。其代码如下。

```
<?xml version="1.0" encoding="UTF-8"?>
<beans
    xmlns="http://www.springframework.org/schema/beans"
    xmlns:xsi="http://www.w3.org/2001/XMLSchema-instance"
    xmlns:p="http://www.springframework.org/schema/p"
    xsi:schemaLocation="http://www.springframework.org/schema/beans
    http://www.springframework.org/schema/beans/spring-beans-3.0.xsd">
    <bean id="dataSource" class="org.springframework.jdbc.datasource.
    DriverManagerDataSource">
        <property name="driverClassName"><value>com.mysql.jdbc. Driver<
        /value></property>
        <property name="url"><value>jdbc:mysql://localhost:3306/ student
        </value> </property>
        <property name="username"><value>root</value></property>
        <property name="password"><value>123456</value></property>
    </bean>
    <!—为 UserDaoImpl 注入数据源 -->
    <bean id="userDao" class="com.itzcn.daoimpl.UserDaoImpl">
        <property name="dataSource">
            <ref local="dataSource"/>
        </property>
    </bean>
</beans>
```

（5）创建 AddUser 类，用于添加数据，其主要代码如下。

```
public class AddUser {
    public static void main(String[] args) throws SQLException {
        Resource resource = new ClassPathResource("bean.xml");
        BeanFactory factory = new XmlBeanFactory(resource);
        User user = new User(12, "user0020", "user0020");
        UserDao uDao = (UserDao) factory.getBean("userDao");
        int param = uDao.addUser(user);
```

```
            if (param > 0) {
                System.out.println("成功添加用户！");
            } else {
                System.out.println("添加用户失败！");
            }
        }
    }
```

14.6.3 事务应用的管理

Spring中的事务是基于AOP实现的，而Spring的AOP是以方法为单位的，所以Spring的事务属性就是对事务应用方法上的策略描述。这些属性分为传播行为、隔离级别、只读和超时属性。

> **提 示**
> 事务管理在应用程序中起着至关重要的作用，它是由一系列任务组成的工作单元，在这个工作单元中，所有的任务必须同时执行，它们只有两种可能的执行结果，即全部成功和全部失败。

事务的管理通常分为两种方式，即编程式事务管理和声明式事务管理。

1. 编程式事务管理

在 Spring 中主要有两种编程式事务管理的实现方法，分别为使用 Platform TransactionManager 接口的事务管理器和 TransactionTemplate 实现。二者各有优缺点，一般推荐后者，因为符合 Spring 的模板模式。

> **提 示**
> TransactionTemplate 模板和 Spring 的其他模板一样封装了打开和关闭资源等常用重复代码，在编写程序时只需完成需要的业务代码即可。

2. 声明式事务管理

Spring 的声明式事务不涉及创建依赖关系，它通过 AOP 实现事务管理，在使用声明式事务时不需要编写任何代码即可通过实现基于容器的事务管理。Spring 提供了一些可供选择的辅助类，它们简化了传统的数据库操作流程。在一定程度上节省了工作量，提高了编码效率。因此推荐使用这种方式。

在 Spring 中常用 TransactionProxyFactoryBean 完成声明式事务管理。

> **提 示**
> 使用 TransactionProxyFactoryBean 需要注入所要依赖的事务管理，并设置代理的目标对象、代理对象的生成方式和事务属性。代理对象是在目标对象上生成的包含事务和 AOP 切面的新对象，它可以赋给目标的引用来替代目标对象以支持事务或 AOP 提供的切面功能。

【练习 7】

利用 TransactionProxyFactoryBean 实现 Spring 声明式事务管理。

（1）新建一个实体对象 User，定义对应数据表字段的属性，并添加有参数的构造方法，其主要代码如下。

```
public class User {
    private Integer id;
    private String name;
    private String pass;
//省略 getter、setter 方法
    public User(Integer id,String name, String pass){
        this.id = id;
        this.name = name;
        this.pass = pass;
    }
}
```

（2）编写操作数据库的 AddUserDao 类，并继承 JdbcDaoSupport 类。在该类的 addUser() 方法中执行了两次添加数据的操作。这个方法在配置 TransactionProxyFactoryBean 时被定义为事务性方法，并指定了事务属性，所以方法中的数据库操作都被当成一个事务处理，其代码如下。


```
public class AddUserDao extends JdbcDaoSupport{
    public void addUser(User user){
        String sql = "insert into info(id,name,pass) values('"
    +user.getId()+ "','" + user.getName() +"','" + user.getPass() +"')";
        getJdbcTemplate().execute(sql);                    //执行 SQL
        getJdbcTemplate().execute(sql);                    //执行 SQL
    }
}
```

（3）在配置文件中定义数据源和事务管理器，该管理器被注入到 TransactionProxyFactoryBean 中，设置代理对象和事务属性。这里的目标对象定义以内部类方式定义，其代码如下。

```
<!-- 定义 TransactionProxy -->
<bean
id="transactionProxy"  class="org.springframework.transaction. interceptor.
TransactionProxyFactoryBean">
    <property name="transactionManager"><ref local="transactionManager">
    </ref></property>
    <property name="target">
        <bean id="addUserDao" class="com.itzcn.dao.AddUserDao">
            <property name="dataSource">
                <ref local="dataSource"/>
            </property>
        </bean>
```

```
        </property>
        <property name="proxyTargetClass" value="true"></property>
        <property name="transactionAttributes">
            <props>
                <prop key="add*">PROPAGATION_REQUIRED</prop>
            </props>
        </property>
    </bean>
    <bean id="dataSource" class="org.springframework.jdbc.datasource.Driver
    ManagerDataSource">
        <property name="driverClassName"><value>com.mysql.jdbc.Driver</ value>
        </property>
        <property  name="url"><value>jdbc:mysql://localhost:3306/student</value>
        </property>
        <property name="username"><value>root</value></property>
        <property name="password"><value>123456</value></property>
    </bean>
    <!-- 定义事务管理器 -->
    <bean
    id="transactionManager"class="org.springframework.jdbc.datasource.Data
    SourceTransactionManager">
        <property name="dataSource"><ref local="dataSource"/></property>
    </bean>
```


（4）创建 AddUser 类，添加 User 对象，其代码如下。

```
public class AddUser {
    public static void main(String[] args) throws SQLException {
        Resource resource = new ClassPathResource("application Context.
        xml");//加载配置文件
        BeanFactory factory = new XmlBeanFactory(resource);
        User user = new User(1000, "user0020", "user0020");
        AddUserDao addUserDao = (AddUserDao) factory.getBean ("transact
        tionProxy");
        addUserDao.addUser(user);
    }
}
```

14.6.4 应用 JdbcTemplate 操作数据库

JdbcTemplate 类是 Spring 的核心类之一，可以在 org.springframework.jdbc.core 包中找到。该类在内部已经处理数据库资源的建立和释放，并可以避免一些常见的错误，如关闭连接及抛出异常等，因此使用 JdbcTemplate 类简化了编程 JDBC 时所需要的基础代码。

JdbcTemplate 类可以直接通过数据源的引用实例化，然后在服务中使用，也可以通过依赖注入的方式在 ApplicationContext 中产生并作为 JavaBean 的引用给服务使用。

> **提示**
> JdbcTemplate 类运行了核心的 JDBC 工作流程，在该类中可以执行 SQL 中的查询、更新或者调用存储过程等操作，并且生成结果集的迭代数据。它还可以捕捉 JDBC 的异常。

JdbcTemplate 类中提供了接口来方便访问和处理数据库中的数据，这些方法提供了基本的选项用于执行查询和更新数据库操作。JdbcTemplate 类提供了很多重载的方法用于数据库查询和更新，提高了程序的灵活性。JdbcTemplate 中常用的数据查询方法如表 14-1 所示。

表 14-1 **JdbcTemplate 中常用的数据查询方法**

方法名称	说明
int queryForInt(String sql) int queryForInt(String sql, Object[] args)	返回查询的数量，通常是聚合函数
long queryForLong(String sql) long queryForLong(String sql, Object[] args)	返回查询的信息数量
Object queryForObject(String sql, Class requiredType) Object queryForObject(String sql, Object[] args, Class requiredType)	返回满足条件的查询对象
Map queryForMap(String sql) Map queryForMap(String sql, Object[] args)	返回满足条件的 Map 对象

> **提示**
> sql 参数指定查询条件的语句，requiredType 指定返回对象的类型，args 指定查询语句的条件参数。

【练习 8】

利用 JdbcTemplate 向数据表 info 中添加数据。

（1）新建 jdbcTemplate.xml 文件，在其中配置 JdbcTemplate 和数据源，其主要代码如下。

```
<bean  id="jdbcTemplate"  class="org.springframework.jdbc.  core.Jdbc
Template">
    <property name="dataSource">
        <ref local="dataSource"/>
    </property>
</bean>
<bean  id="dataSource"  class="org.springframework.jdbc.datasource.  Driver
ManagerDataSource">
    <property name="driverClassName"><value>com.mysql.jdbc. Driver</value>
    </property>
    <property name="url"><value>jdbc:mysql://localhost:3306/student</
    value></property>
    <property name="username"><value>root</value></prcperty>
    <property name="password"><value>123456</value></property>
```

```
</bean>
```

（2）创建 AddUserDemo02 类，获取 JdbcTemplate 对象，并利用其 update()方法执行数据库的添加操作，其主要代码如下。

```
public class AddUserDemo02 {
    public static void main(String[] args) {
        JdbcTemplate jdbcTemplate = null;
        Resource resource = new ClassPathResource("jdbcTemplate.xml");
        BeanFactory factory = new XmlBeanFactory(resource);
        jdbcTemplate = (JdbcTemplate) factory.getBean("jdbcTemplate");
        String sql = "insert into info(id,name,pass) values(50, 'user50',
        'user50')";
        int param = jdbcTemplate.update(sql);
        if (param > 0) {
            System.out.println("添加成功");
        } else {
            System.out.println("添加失败");
        }
    }
}
```


14.6.5 与 Hibernate 整合

Spring 中提供了 HibernateTemplate 和 HibernateDaoSupport 类，以及相应的子类，使用户在结合 Hibernate 使用时可以简化程序编写的资源。

Hibernate 的连接和事务管理等从建立 SessionFactory 类开始，该类在应用程序中通常只存在一个实例。因而其底层的 DataSource 可以使用 Spring 的 IoC 注入，之后注入 SessionFactory 到依赖的对象中。

> **注意** 在应用的整个生命周期中只要保存一个 SessionFactory 实例即可。

配置完成后即可使用 Spring 提供的支持 Hibernate 的类，如通过 HibernateDaoSupport 子类可以实现 Hibernate 的大部分功能，为开发实际项目带来了方便。

14.7 Spring MVC 框架

Spring 框架提供了构建 Web 应用程序的全功能 MVC 模块。使用 Spring 可插入的 MVC 架构可以选择使用内置的 Spring Web 框架，还可以选择像 Struts 这样的 Web 框架。Spring MVC 框架并不知道使用的视图，所以并不只使用 JSP 技术。另外，Spring MVC 分离了控制器、模型对象、分发器以及处理程序对象的角色，这种分离让它们更容易进行定制。

14.7.1 Spring MVC 简介

Spring MVC 是基于 Model 2 实现的技术框架，Model 2 的目的和 MVC 一样，也是利用处理器分离模型、视图和控制，达到不同技术层级间轻松耦合的效果，从而提高系统灵活性、复用性和可维护性。其 Spring MVC 请求处理流程如图 14-3 所示。

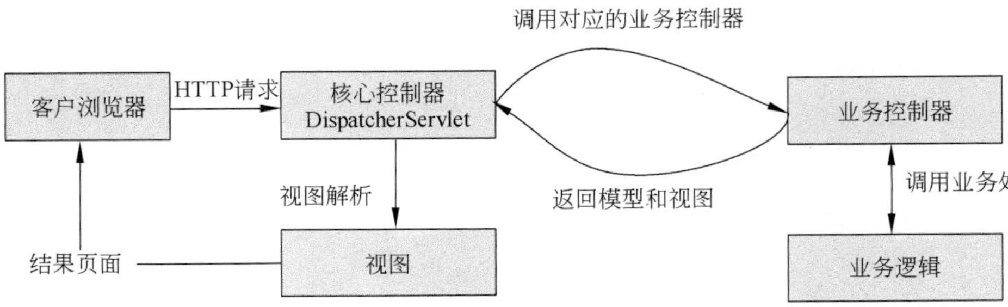

图 14-3 Spring MVC 请求处理流程

Spring MVC 具有以下的特点。

（1）清晰的角色划分。控制器、验证器、命令对象、表单对象、模型对象、Servlet 分发器（DispatcherServlet）、处理器映射、视图解析器等，每一个角色都可以由一个专门的对象来实现。

（2）强大而直接的配置方式。将框架类和应用类都作为 JavaBean 配置，支持在一个 Context 中引用其他 Context 中的 JavaBean。例如，在 Web 控制器中对业务对象和验证器（Validator）的引用。

（3）可适配、非侵入的 Controller。可以根据不同的应用场景，选择合适的控制器子类（Simple 型、Command 型、Form 型、Wizard 型、Multi-action 型或者自定义），而不是从单一控制器（比如 Action/ActionForm）继承。

（4）可重用的业务代码。可以使用现有的业务对象作为命令或表单对象，而不需要在类似 ActionForm 的子类中重复它们的定义。

（5）可定制的绑定（Binding）和验证（Validation）。比如将类型不匹配作为应用级的验证错误，这可以保存错误的值。再比如本地化的日期和数字绑定等。

（6）可定制的 Handler Mapping 和 View Resolution。Spring 提供从最简单的 URL 映射，到复杂的、专用的定制策略。

（7）灵活的 Model 转换。在 Spring Web 框架中，使用基于 Map 的名/值对来达到轻易地与各种视图技术的集成。

（8）可定制的本地化和主题解析。支持在 JSP 中可选择地使用 Spring 标签库、支持 JSTL、支持 Velocity（不需要额外的中间层）等。

14.7.2 Spring MVC 入门

开发一个 Spring MVC 程序至少要经过以下几个步骤。

(1) 编写处理请求逻辑的处理器。

(2) 在 DispatcherServlet 上下文对应的 Spring 配置文件中配置处理器。

(3) 配置一个视图解析器，对处理器返回的 ModelAndView 进行解析。

(4) 编写一个视图对象（一般是 JSP），将响应展现给用户。

【练习 9】

下面以请求首页的过程来讲述 Spring MVC 的处理流程。

(1) 创建首页请求的处理器 IndexController，实现接口 Controller。在 handleRequest() 方法完成业务处理后，返回一个 ModelAndView 对象。其主要代码如下。

```
public class IndexController implements Controller {
    private String sayHello;//定义 sayHello 属性
    public String getSayHello() {
        return sayHello;
    }
    public void setSayHello(String sayHello) {
        this.sayHello = sayHello;
    }
    public ModelAndView handleRequest(HttpServletRequest arg0,
            HttpServletResponse arg1) throws Exception {
        return new ModelAndView("index","hello",sayHello);//返回一个
        ModelAndView 对象
    }
}
```

(2) 在 WEB-INF 下新建 dipatcher-servlet.xml 文件，用来配置处理器和视图解析器，其代码如下。

```
<?xml version="1.0" encoding="UTF-8"?>
<beans
    xmlns="http://www.springframework.org/schema/beans"
    xmlns:xsi="http://www.w3.org/2001/XMLSchema-instance"
    xmlns:p="http://www.springframework.org/schema/p"
    xsi:schemaLocation="http://www.springframework.org/schema/beans
    http://www.springframework.org/schema/beans/spring-beans-3.0.xsd">
    <!-- 配置处理器 -->
    <bean name="/index.html" class="com.itzcn.controller.Index Controller">
        <property name="sayHello" value="欢迎来到窗内网"></property>
    </bean>
    <!-- 配置视图解析器 -->
    <bean class="org.springframework.web.servlet.view. InternalResource
    ViewResolver">
        <!-- 前缀 -->
        <property name="prefix">
            <value>/</value>
        </property>
```

```
        <!-- 后缀 -->
        <property name="suffix">
            <value>.jsp</value>
        </property>
    </bean>
</beans>
```

（3）在 web.xml 中配置 DispatcherServlet，其主要代码如下。

```
<!-- 声明 Servlet -->
<servlet>
    <servlet-name>dispatcherServlet</servlet-name>
    <servlet-class>org.springframework.web.servlet.DispatcherServlet</
    servlet-class>
    <!-- 初始化上下文对象 -->
    <init-param>
        <!-- 参数名称 -->
        <param-name>contextConfigLocation</param-name>
        <!-- 加载配置文件 -->
        <param-value>/WEB-INF/dipatcher-servlet.xml</param-value>
    </init-param>
    <!-- 设置启动的优先级 -->
    <load-on-startup>1</load-on-startup>
</servlet>
<!-- 采用通配符映射所有的 jsp 类型的请求 -->
<servlet-mapping>
  <servlet-name>dispatcherServlet</servlet-name>
  <url-pattern>*.html</url-pattern>
</servlet-mapping>
```


（4）新建 index.jsp 页面，在其中添加如下代码。

```
<body>
  ${hello }
</body>
```

运行项目，访问地址 http://localhost:8080/chapter14_6/index.html。其运行效果如图 14-4 所示。

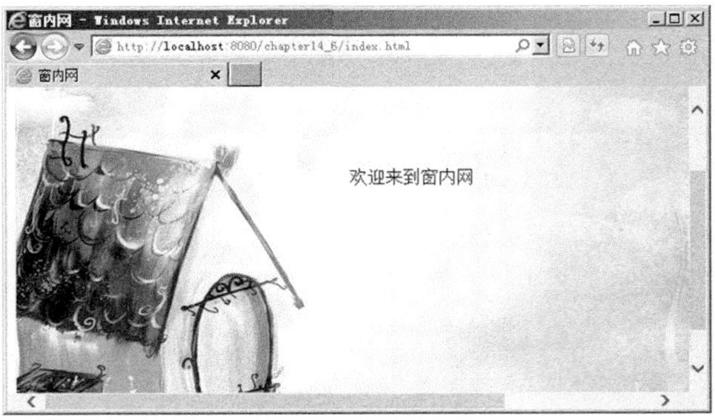

图 14-4 运行效果

14.7.3 Spring MVC 组件

Spring MVC 的角色划分十分清晰，各组件的功能单一，很好地达到了高内聚低耦合的效果。下面来介绍一下 Spring MVC 框架中的一些组件。

1. 核心控制器

Spring MVC 的核心控制器就是 DispatcherServlet，它负责接收 HTTP 请求，并组织协调 Spring MVC 各组件协同完成处理请求的工作。核心控制器还有一项重要的工作就是加载配置文件初始化上下文应用对象 ApplicationContext。

它主要负责拦截用户请求，将请求封闭成对象，然后通过 ApplicationContext 与 Spring MVC 组件，将其装配到 DispatcherServlet 的实例中。

核心控制器需要在 web.xml 中进行配置。其代码格式如下。

```
<!-- 声明 Servlet -->
<servlet>
  <servlet-name>dispatcherServlet</servlet-name>
  <servlet-class>org.springframework.web.servlet.DispatcherServlet</
  servlet-class>
     <!-- 初始化上下文对象 -->
     <init-param>
          <!-- 参数名称 -->
          <param-name>contextConfigLocation</param-name>
          <!-- 加载配置文件 -->
          <param-value>/WEB-INF/applicationContext.xml</param-value>
     </init-param>
     <!-- 设置启动的优先级 -->
     <load-on-startup>1</load-on-startup>
</servlet>
<!-- 采用通配符映射所有的 jsp 类型的请求 -->
<servlet-mapping>
  <servlet-name>dispatcherServlet</servlet-name>
  <url-pattern>*.jsp</url-pattern>
</servlet-mapping>
```

2. 处理器和拦截器

通过处理器映射，DispatcherServlet 可以找到处理 HTTP 请求对应的处理器。处理器映射根据请求返回一个对应的处理链，它包括两个类对象：一个是处理器，另一个是处理器拦截器。

处理器映射又称控制器映射，它是一种映射策略，Spring MVC 中内置了多种控制器映射策略。例如，SimpleUrlHandlerMapping 为 URL 映射控制器，BeanNameUrlHandler Mapping 为文件名映射控制器，ControllerClassNameHandlerMapping 为短类名控制器。此外，在 Spring MVC 中还允许自定义的处理器映射。

BeanNameUrlHandlerMapping 是默认的处理器映射实现，如果不希望调整其默认行为，就没必要在 Spring 配置文件中显式指定。

SimpleUrlHandlerMapping 通过一个 Properties 类型的 mappings 属性定义 URL 到处理器的映射关系，处理器可以采用标准的 Bean 名字而不需要使用奇怪的 URL 进行命名，代码如下所示。

```
<bean name="indexControler" class="com.itzcn.controller.Index Controller">
    <property name="sayHello" value="欢迎来到窗内网"></property>
</bean>
<bean class="org.springframework.web.servlet.handler. SimpleUrlHandler
Mapping">
    <property name="mappings">
        <props>
            <prop key="/index.html">indexControler</prop>
            <prop key="/index.do">indexControler</prop>
        </props>
    </property>
</bean>
```

这里的 mappings 属性用<props>装配了一个 java.util.Properties。<prop>元素的 key 是 URL 样式。其值对应的是处理这个 URL 的处理器的 Bean。

3．视图解析器

视图的作用就是显示结果。Spring 支持许多格式的视图，如 Jsp、JSTL、Excel 等。大部分的控制器都会返回一个 ModelAndView 对象，该对象仅有一个视图的逻辑名称，这个名称没有与指定的视图关联。它们的关联操作就是通过视图解析器来完成的。

所有视图解析器都实现了 ViewResolver 接口，该接口定义了唯一的方法：

```
View resolveViewName(String viewName,Local local)
```

该方法根据逻辑视图名和本地化对象得到一个视图对象。视图解析器是一个实现了该接口和方法的 Bean。当使用视图解析器时，在 DispatcherServlet 中正确配置相应的解析器就可以了。

4．命令控制器

在 Web 访问中，通过一个或多个参数使系统返回特定的结果很常见。例如，根据用户的 id 来查看该用户的个人信息。

通过扩展 AbstractCommandController 可以很容易构造出满足这类需求的控制器，它能从请求中抽取参数并将其绑定到命令对象中，控制器只需要根据命令对象进行业务逻辑的控制就可以了。

5．表单控制器

SimpleFormController 为表单控制器。表单在网页中有着非常重要的作用，主要负责与用户交互时采集数据。在 Spring MVC 中提供了表单控制器来获取表单中的信息。只要把页面中表单元素的名称与 Bean 中的属性名称设置为相同，表单控制器就会将表单中的数据封闭成一个 Bean 对象。

通过扩展 SimpleFormController 并重写该类中的 onSubmit()方法来实现自己的表单控制器，当表单被提交时会执行 onSubmit()方法。

org.springframework.validation.Validator 接口为 Spring MVC 提供了数据合法性校验功能，该接口有以下两个方法。

（1）Boolean supports(Class clazz)：判断校验器是否支持指定的目标对象，每一个校验器负责对一个表单类的对象进行校验。

（2）void validate(Object target,Errors errors)：对 target 对象进行合法性校验，通过 Errors 返回校验错误的结果。

对应一般的空值校验来说，直接使用 Spring 提供的 ValidationUtils 校验工具是最简单的方法。ValidationUtils 的 rejectEmptyOrWhiteSpace()、rejectIfEmpty()以及 Errors 的 reject()、rejectValue()方法都拥有多个用于描述错误的参数。

6. 多动作控制器

MulitAcionController 为多动作控制器，可以在同一个控制器中实现多个动作，每个动作分属不同的方法。例如，实现对用户的增、删、改、查等操作。

MulitAcionController 与其他的控制器完全不同，它可以在一个控制器中定义多个方法，只要继承 MulitAcionController 类即可实现多方法控制器。在该控制器中定义的方法返回值可以为 ModelAndView、Map 或 void，并且有两个参数分别为 HttpServletRequest 和 HttpServletResponse。

MulitAcionController 默认采用 InternalPathMethodNameResolver 进行方法名解析，它根据 URL 文件名直接进行方法映射。负责方法映射的接口是 MethodNameResolver，该接口还有另外两个实现类。

（1）ParameterMethodNameResolver：根据请求中的参数解析方法名。

（2）PropertiesMethodNameResolver：根据一个键值列表解析方法名。

7. 向导控制器

在注册的时候，会遇到这样的情况：除了需要用户输入用户名、密码、Email 这些简单的信息外，还需要提供住址、电话，以及兴趣爱好之类的信息，尤其在招聘网站上注册时会经常遇到。当将这些信息全部放到一个表单中时，虽然功能能够实现，但是给用户带来了许多不便。这时可以通过一个向导式的表单让用户分步填写注册信息，将用户注册填写的信息分到多个表单中，以向导方式分步完成。

在其他 MVC 框架中开发向导式的表单并非易事，因为需要考虑表单前进、后退、中途退出，表单分步骤校验、数据维护等诸多问题。但是在 Spring MVC 中，不必考虑这种底层工作流程细节，AbstractWizardFormController 已经编制好了向导表单的工作流程并将那些确定的步骤分开出来，通过扩展 AbstractWizardFormController，只需要很少的工作，就可以创建一个功能强大的向导表单。

例如，上述信息可以按如下的步骤来完成注册。

（1）基本信息的填写。如用户名、密码、邮箱等。

（2）联系信息的填写。如地址、联系电话等。

（3）调查信息的填写。如用户的兴趣爱好、身高体重等。

其流程图如图 14-5 所示。

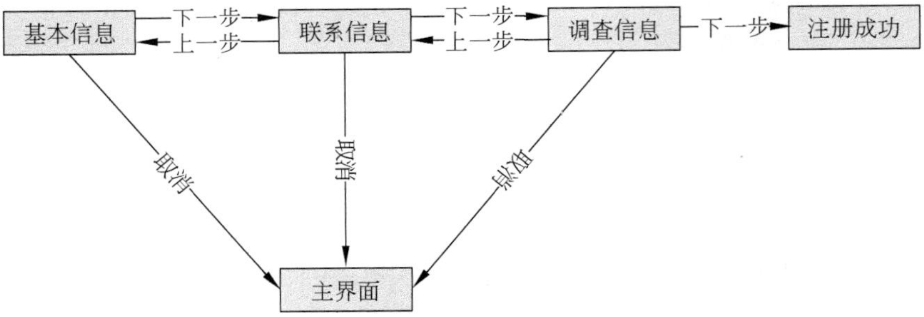

图 14-5 注册信息向导流程图

14.8 实验指导 14–1：利用 Spring 向导控制器实现分步注册

创建一个 JavaWeb 项目，能够使用 Spring 中的向导控制器来实现一个分步注册的功能。

新建一个 JavaWeb 项目，在其中导入项目需要的 jar 包。

（1）新建 com.itzcn.model.User 实体类，用来封装用户输入的表单信息。主要代码如下。

```
public class User {
    private String userName;                          //用户名
    private String password;                          //密码
    private String pass;                              //确认密码
    private String mail;                              //邮箱
    private String tel;                               //手机号码
    private String address;                           //地址
    private String favor;                             //兴趣爱好
//省略 getter、setter 方法
}
```

（2）新建 com.itzcn.validator.UserValidator 类，并实现 Validator 接口，用于验证表单中的数据是否为空以及是否合法，其主要代码如下。

```
public class UserValidator implements Validator {
    public boolean supports(Class<?> arg0) {
        return arg0.equals(User.class);
    }
    public void validate(Object arg0, Errors arg1) {
    }
//省略部分代码
```

```
    public void validateuserName(String userNameField, Errors errors){//
    验证用户名
        ValidationUtils.rejectIfEmptyOrWhitespace(errors,  userNameField,
        null,"用户名不能为空");
    }
   public void validatepassEquals(String passwordField,String passField,
    Errors errors){//验证密码是否一致
        String passWord = errors.getFieldValue(passwordField). toString
        ().trim();
        String pass = errors.getFieldValue(passField).toString().trim();
        if (!passWord.equals("")&&!pass.equals("")){
            if(!pass.equals(passWord)){
                errors.rejectValue(passField, null, "两次密码输入不一致");
            }
        }
    }
    public void validatemail(String mailField, Errors errors){
            //验证邮箱是否合法
        if (!errors.getFieldValue(mailField).toString().trim(). equals
        ("")) {
            String email = (String) errors.getFieldValue("mail");
            boolean flag = false;
            String check = "";
        check  = "^\\s*\\w+(?:\\.{0,1}[\\w-]+)*@[a-zA-Z0-9]+(?:[-.]
        [a-zA-Z0-9]+)*\\.[a-zA-Z]+\\s*$";
            Pattern regex = Pattern.compile(check);
            Matcher matcher = regex.matcher(email);
            flag = matcher.matches();
            if (!flag) {
                errors.rejectValue(mailField, null, "Email 格式不正确");
            }
        } else {
           ValidationUtils.rejectIfEmptyOrWhitespace(errors, mailField,
            null,"Email 不能为空");
        }
    }
    public void validateTel(String telField, Errors errors){//验证手机号码
        if (!errors.getFieldValue(telField).toString().trim(). equals
        ("")) {
            String mobile = (String)errors.getFieldValue(telField);
            Pattern regex = Pattern.compile("^((13[0-9])|(15[^4,\\D])|
            (18[0,5-9]))\\d{8}$");
            Matcher matcher = regex.matcher(mobile);
            if(!matcher.matches()){
                errors.rejectValue(telField, null,"手机号码格式不正确");
            }
        } else {
            ValidationUtils.rejectIfEmptyOrWhitespace(errors, telField,
```

```
            null,"手机号码不能为空");
        }
    }
}
```

（3）新建 com.itzcn.controller.UserRegController 类，并继承 AbstractWizardForm Controller 类，作为向导控制器，用来实现分步注册功能，其主要代码如下。

```
public class UserRegController extends AbstractWizardFormController {
    private String cancelView;//取消后转向的视图
    private String succeseView;//最终处理成功转向的页面
    //省略 getter、setter 方法
    protected ModelAndView processFinish(HttpServletRequest arg0,
            HttpServletResponse arg1, Object arg2, BindException arg3)
            throws Exception {                                   //提交表单
        User fullUser = (User) arg2;
        return new ModelAndView(succeseView,"user",fullUser);
    }
    protected ModelAndView processCancel(HttpServletRequest request,
            HttpServletResponse response, Object command, BindException
            errors)
            throws Exception {                                   //取消表单
        return new ModelAndView(cancelView);
    }
    protected void validatePage(Object command, Errors errors, int page) {
                                                                 //验证数据
        UserValidator validator = (UserValidator) getValidator();
        if (page == 0) {
            validator.validateuserName("userName", errors);
            validator.validatepassWord("password", errors);
            validator.validatepass("pass", errors);
            validator.validatepassEquals("password","pass", errors);
            validator.validatemail("mail", errors);
        }else if(page == 1){
            validator.validateAddress("address", errors);
            validator.validateTel("tel", errors);
        }
    }
}
```


（4）在 WEB-INF 下新建 dipatcher-servlet.xml 文件，在其中配置视图解析器和表单对象与向导页面中的视图，主要代码如下。

```
<!-- 配置视图解析器 -->
<bean class="org.springframework.web.servlet.view.InternalResource View
Resolver">
    <!-- 前缀 -->
    <property name="prefix">
        <value>/</value>
```

```
        </property>
        <!-- 后缀 -->
        <property name="suffix">
            <value>.jsp</value>
        </property>
    </bean>
    <bean name="user" class="com.itzcn.model.User">
    </bean>
    <bean name="/reg.do" class="com.itzcn.controller.UserRegController">
        <property name="commandClass" value="com.itzcn.model.User"> </property>
        <property name="pages" value="reg,contact,survey"></property>
        <property name="cancelView" value="index"></property>
        <property name="succeseView" value="success"></property>
        <property name="validator">
            <bean class="com.itzcn.validator.UserValidator" ></bean>
        </property>
    </bean>
```

（5）在 web.xml 中配置 dispatcherServlet，其主要代码如下。

```
<!-- 声明 Servlet -->
<servlet>
 <servlet-name>dispatcherServlet</servlet-name>
 <servlet-class>org.springframework.web.servlet.DispatcherServlet</
  servlet-class>
 <!-- 初始化上下文对象 -->
 <init-param>
  <!-- 参数名称 -->
  <param-name>contextConfigLocation</param-name>
  <!-- 加载配置文件 -->
  <param-value>/WEB-INF/dipatcher-servlet.xml</param-value>
 </init-param>
 <load-on-startup>1</load-on-startup>
</servlet>
<servlet-mapping>
 <servlet-name>dispatcherServlet</servlet-name>
 <url-pattern>*.do</url-pattern>
</servlet-mapping>
```

（6）为了解决乱码问题，在 web.xml 中配置过滤器来解决中文乱码。其主要代码如下。

```
<filter>
  <filter-name>encodingFilter</filter-name>
  <filter-class>org.springframework.web.filter.CharacterEncodingFilter
  </filter-class>
  <init-param>
   <param-name>encoding</param-name>
   <param-value>UTF-8</param-value>
```

```
  </init-param>
</filter>
<filter-mapping>
  <filter-name>encodingFilter</filter-name>
  <url-pattern>/*</url-pattern>
</filter-mapping>
```

（7）新建 reg.jsp 页面，用于填写登录信息，其主要代码如下。

```
<legend><b style="color:red">登录信息</b>->联系信息->兴趣爱好->注册信息
</legend><br>
<form:form>
    <table border="0">
        <tr>
        <td>用户名</td><td><form:input path="userName" cssClass=
        "fromStyle"/>
        <form:errors path="userName" cssStyle="color:red"/></td>
        </tr>
        <tr>
        <td>密码</td><td><form:password path="password" size="21"/>
        <form:errors path="password" cssStyle="color:red"/></td>
        </tr>
        <tr>
        <td>确认密码</td><td><form:password path="pass" size="21"/>
        <form:errors path="pass" cssStyle="color:red"/></td>
        </tr>
        <tr>
        <td>邮箱</td><td><form:input path="mail"/>
        <form:errors path="mail" cssStyle="color:red"/></td>
        </tr>
        <tr>
        <td colspan="2"><input type="submit" name="_target1" value="下
        一步"/>
        <input type="submit" name="_cancel" value="取消"/></td></tr>
    </table>
</form:form>
```

注意

在使用 Spring 的 form 标签时，需要在 JSP 页面中声明。其代码为<%@ taglib prefix="form" uri="http://www.springframework.org/tags/form"%>。

（8）新建 contact.jsp 页面，用于联系方式的填写，这里的代码格式与 reg.jsp 中代码格式类似。主要代码如下。

```
<input type="submit" name="_target0" value="上一步">
<input type="submit" name="_target2" value="下一步">
<input type="submit" name="_cancel" value="取消"/>
```

（9）新建 survey.jsp 页面，用于兴趣爱好的填写，其主要代码如下。

```
<form:form>
```

```
    <form:checkbox path="favor" value="看书"/>看书<br>
    <form:checkbox path="favor" value="看电视"/>看电视<br>
<!—省略部分代码 --!>
     <input type="submit" name="_target1" value="上一步">
     <input type="submit" name="_finish" value="确定"/>
     <input type="submit" name="_cancel" value="取消"/>
</form:form>
```

（10）新建 success.jsp 页面，用于显示注册信息，其主要代码如下。

```
用户名：${user.userName }<br>
密码：${user.password }<br>
邮箱：${user.mail }<br>
手机：${user.tel }<br>
地址：${user.address }<br>
兴趣爱好：${user.favor }<br>
```

（11）运行项目，在浏览器地址栏中输入“http://localhost:8080/chapter14_7/reg.do”，跳转到注册页面。其登录信息的填写效果如图 14-6 所示。

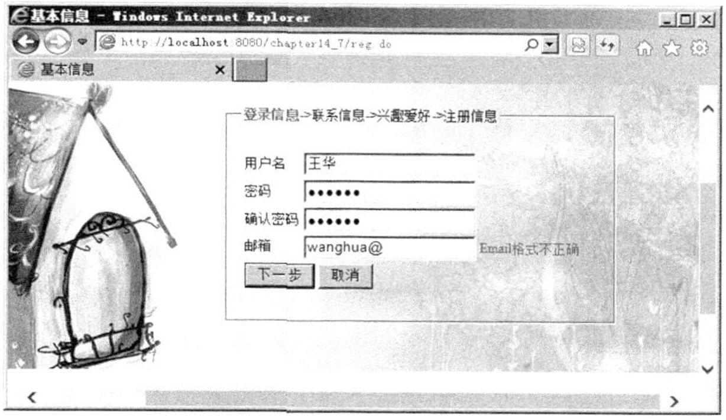

图 14-6　登录信息填写页面

登录信息填写完成后，单击【下一步】按钮，进入联系信息填写页面，其效果如图 14-7 所示。

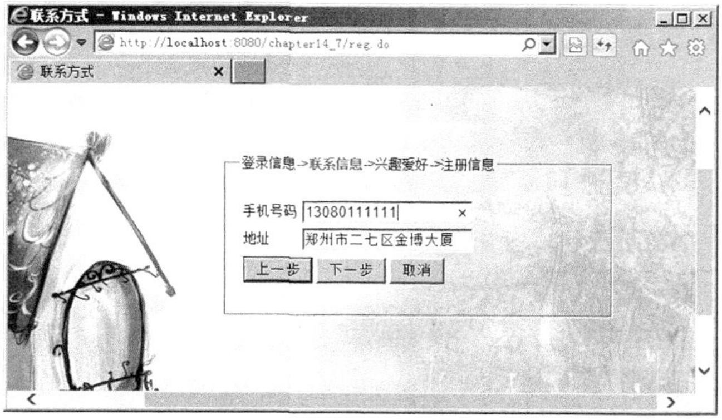

图 14-7　联系信息填写页面

联系信息填写完成后，单击【上一步】按钮，将会返回到登录信息填写页面。单击【下一步】按钮，进入到兴趣爱好填写页面，如图 14-8 所示。

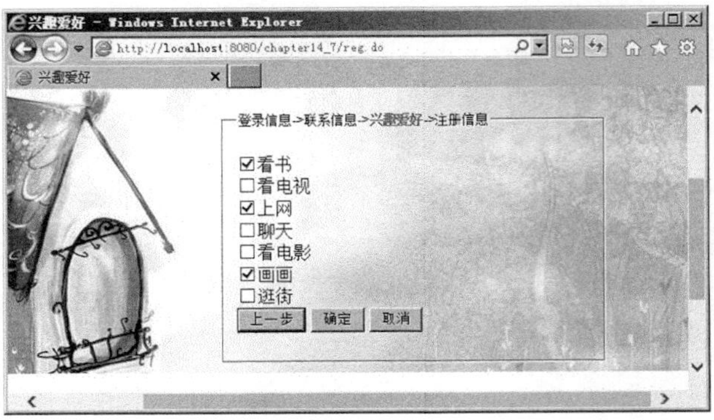

图 14-8　兴趣爱好填写页面

兴趣爱好填写完成后，单击【上一步】按钮，将返回到联系信息填写页面。单击【完成】按钮，将信息提交到 success.jsp 页面，显示注册信息，如图 14-9 所示。

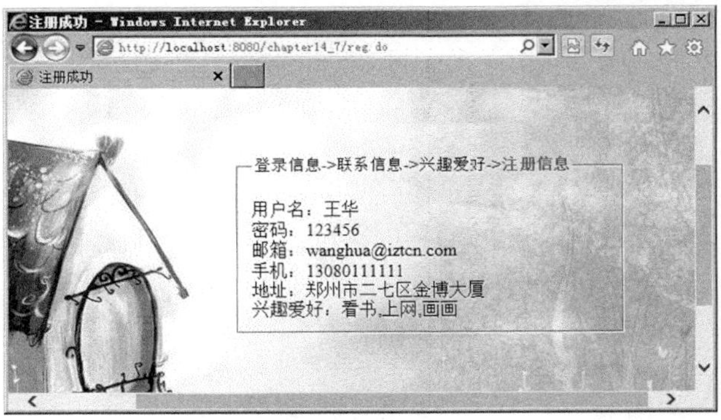

图 14-9　注册信息显示页面

在填写注册信息时，单击【取消】按钮将进入到主页面 index.jsp。

思考与练习

一、填空题

1. __________模块是 Spring 的核心容器，提供 Spring 框架的基本功能。

2. 使用 ApplicationContext 的接口来创建 Spring 的 ApplicationContext 容器时，__________类不从类路径中获取配置文件，而是通过参数指定配置文件的位置。

3. Spring 中的依赖注入有__________和构造注入两种方式。

4. Spring 提供了三种类型的切入点，分别是静态切入点、动态切入点和__________。

5. Spring 中事务管理的两种方式分别是编程式事务管理和__________。

6. 大部分的控制器都会返回一个__________对象，该对象仅有一个视图的逻辑名称，这个名称没有与指定的视图关联。

二、选择题

1. 应用构造器注入方法实现将 TestB 实体对象注入 TestA 中，以下选项中，在 TestA 的元素中添加的代码正确的是__________。

```
<bean name="testA" class="com.
itzcn.model.TestA">
<bean name="testB" class="com.
itzcn.model.TestB">
```

A. <constructor-arg><value>testB</value></constructor-arg>

B. <constructor-arg><ref local="testB"> </ref></constructor-arg>

C. <constructor-arg><bean>testB</bean></constructor-arg>

D. 以上都不对

2. 在应用 JdbcTemplate 查询数据时，调用 queryForList(String sql)方法返回的 List 集合的元素类型为__________。

A. List 类型

B. String 类型

C. Map 类型

D. Set 类型

3. 关于 DAO，下列说法错误的是__________。

A. DAO 代表数据访问对象(Data Access Object)

B. DAO 属于 O/R Mapping 技术的一种

C. DAO 用于控制业务流程

D. DAO 用于操作数据库

4. 关于 Spring MVC 的核心控制器 DispatcherServlet 的作用，以下说法错误的是__________。

A. 它负责接收 HTTP 请求

B. 加载配置文件

C. 实现业务操作

D. 初始化上下文应用对象 App lica tion Context

5. 在实现分步骤的用户注册功能时，可以应用 Spring MVC 的哪个控制器实现？__________

A. 核心控制器

B. 表单控制器

C. 多动作控制器

D. 向导控制器

6. 在获取 URL 中的参数查询信息时，可以应用 Spring MVC 的哪个控制器实现？__________

A. 简单控制器

B. 表单控制器

C. 命令控制器

D. 向导控制器

三、简答题

1. 简述 Spring 的组成，并简要说明各个模块的功能。

2. Spring AOP 中的术语主要有哪些？并简述其作用。

3. 简述使用 Spring MVC 框架开发的过程。

第 15 章　员工管理系统

在大部分的网络应用中，无论是 C/S 模式或者是 B/S 模式，都需要包含一个员工管理模块，来对使用该系统的用户进行管理。

前面章节已经对 Struts2、Spring 和 Hibernate 进行了介绍，本章将通过实现一个员工管理模块来对 Struts2、Spring 和 Hibernate 的整合应用进行具体的演示。主要包括管理员的登录功能，以及对部门信息的增删改查和员工信息的增删改查等功能。

本课学习要点：

- ❑ 了解该系统的设计流程
- ❑ 掌握 SSH 框架的搭建方法
- ❑ 掌握 Hibernate 的实际应用
- ❑ 掌握 Struts 中 Action 的实现过程
- ❑ 了解 Spring 对 Hibernate 的控制方法
- ❑ 了解 Struts2 的输入校验
- ❑ 了解 Filter 过滤器

15.1 系统功能模块设计

在绝大多数的应用软件中都会有一个对员工进行管理的功能模块，即员工管理模块。但在不同的应用软件中会根据软件的具体需求不同来实现不同的功能。本章的实例模拟对一个公司的员工进行管理，实现了比较常用的两个功能，即对用户的管理与对用户所在部门的管理，具体功能如图 15-1 所示。

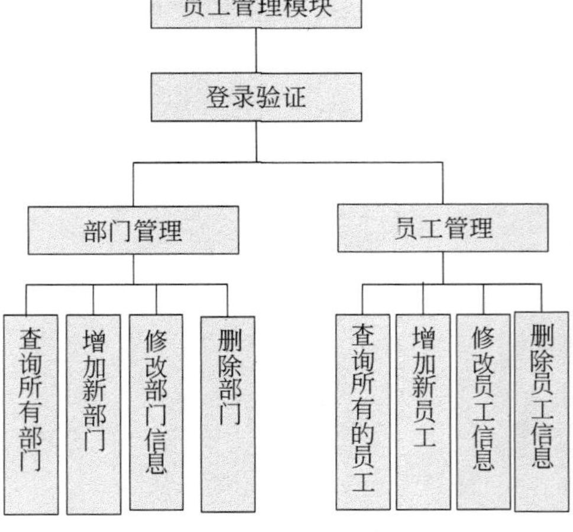

图 15-1　员工管理模块功能图

由图 15-1 可以看出，员工管理功能模块被分为两个更细化的子模块，其中一个是部门管理子模块，在此子模块中主要实现对部门的查询、增加、修改与删除等功能；另一个是员工管理子模块，在该子模块中主要实现了对员工的查询、增加、修改与删除等功能。接下来根据功能进行数据库的设计。

15.2 数据库设计

本系统选用 MySQL 数据库，数据库名字为 ch15。数据库中一共有三张表，分别是管理员表、部门信息表和员工信息表。以下是各个表的详细信息。

15.2.1 管理员表

管理员表是用来存放管理员的信息，表中有管理员编号、管理员姓名、管理员用户名、管理员密码等 4 个字段，如表 15-1 所示。

表 15-1 管理员表 admin

字段名称	含义	类型	约束
adminId	管理员编号	int	主键
adminName	管理员姓名	varchar(50)	非空
adminUserName	管理员用户名	varchar(50)	唯一
adminUserPwd	管理员密码	varchar(50)	非空

其建表的 SQL 语句如下。

```
CREATE TABLE `admin` (
  `adminId` int(11) NOT NULL AUTO_INCREMENT COMMENT '管理员编号',
  `adminName` varchar(50) NOT NULL COMMENT '管理员名字',
  `adminUserName` varchar(50) NOT NULL COMMENT '管理员用户名',
  `adminUserPwd` varchar(50) NOT NULL COMMENT '管理员密码',
  PRIMARY KEY (`adminId`),
  UNIQUE KEY `UN_ADMIN_USERNAME` (`adminUserName`)
)
```

15.2.2 部门信息表

部门信息表是用来存放部门信息，表中有部门编号、部门名称、部门人数和部门介绍等 4 个字段，如表 15-2 所示。

表 15-2 部门信息表 post

字段名称	含义	类型	约束
postId	部门编号	int	主键
postName	部门名称	varchar(50)	唯一
postNum	部门人数	int	非空
postRemark	部门介绍	varchar(200)	非空

其建表的 SQL 语句如下。

```
CREATE TABLE `post` (
  `postId` int(11) NOT NULL AUTO_INCREMENT COMMENT '部门编号',
  `postName` varchar(50) NOT NULL COMMENT '部门名称',
  `postNum` int(11) NOT NULL DEFAULT '0' COMMENT '部门人数',
  `postRemark` varchar(200) NOT NULL DEFAULT '暂无' COMMENT '部门简介',
  PRIMARY KEY (`postId`),
  UNIQUE KEY `UK_POST_NAME` (`postName`)
)
```

15.2.3 员工信息表

员工信息表是用来存放员工信息，表中有员工编号、员工姓名、员工登录用户名、员工登录密码、员工性别、出生日期、入职日期、头像地址、部门编号和个人介绍等 10 个字段，如表 15-3 所示。

表 15-3 员工信息表 user

字段名称	含义	类型	约束
userId	员工编号	int	主键
name	员工姓名	varchar(50)	非空
username	员工登录用户名	varchar(50)	惟一
userPass	员工登录密码	varchar(50)	非空
sex	员工性别	varchar(2)	非空
birthday	出生日期	date	非空
entryDate	入职日期	date	非空
photo	头像地址	varchar(100)	非空
postId	部门编号	int	外键
remark	个人介绍	varchar(100)	可空

其建表的 SQL 语句如下。

```
CREATE TABLE `user` (
  `userId` int(11) NOT NULL AUTO_INCREMENT COMMENT '员工编号',
  `name` varchar(50) NOT NULL COMMENT '员工姓名',
  `userName` varchar(50) NOT NULL COMMENT '员工登录用户名',
  `userPass` varchar(50) NOT NULL COMMENT '员工登录密码',
  `sex` varchar(2) NOT NULL COMMENT '员工性别',
  `birthday` date NOT NULL COMMENT '出生日期',
  `entryDate` date NOT NULL COMMENT '入职日期',
  `photo` varchar(100) NOT NULL COMMENT '头像地址',
  `postId` int(11) NOT NULL COMMENT '部门编号',
  `remark` varchar(100) DEFAULT '无' COMMENT '个人介绍',
  PRIMARY KEY (`userId`),
  UNIQUE KEY `UK_USERNAME` (`userName`),
  KEY `FK_POST_ID` (`postId`),
  CONSTRAINT `FK_POST_ID` FOREIGN KEY (`postId`) REFERENCES `post`
```

```
(`postId`)
)
```

15.3 SSH 框架的搭建

SSH 框架的搭建包括导入 jar 包、建立实体映射和配置文件的编写。

jar 包的导入有两种方式，一种是手动导入 jar 包，然后手动添加配置文件。另外一种是使用集成开发工具自动导入 jar 包，同时自动生成配置文件。使用集成工具的方法比较简单，但有时会由于包的不兼容问题导致项目运行出错。在这里采用手动导入 jar 包并手动添加配置文件的方式。

15.3.1 项目的创建及包的导入

新建 Java Web 项目 chapter15，在 WEB-INF 目录下的 lib 文件中导入 SSH 框架所需要的 jar 包。

这里主要用到与 Struts 有关的包有 struts2-spring-plugin-2.1.6.jar、xwork-2.1.2.jar、struts2-core-2.1.6.jar、freemarker-2.3.13.jar、ognl-2.6.11.jar 等。Spring 有关的包有 spring.jar、asm-2.2.3.jar、cglib-nodep-2.1_3.jar、spring-webmvc.jar 等，这里的 spring.jar 版本为 Spring2.5.6。Hibernate 相关的包有 antlr-2.7.6.jar、commons-collections-3.1.jar、commons-logging-1.0.4.jar、dom4j-1.6.1.jar、ehcache-1.2.4.jar、hibernate3.jar、jta-1.0.1.jar、log4j-1.2.14.jar 等。此外，还需导入其他关联包，这里就不再一一赘述。

15.3.2 实体关系映射

在应用 Hibernate 进行持久化对象时，需要配置对象的 ORM 映射关系，也就是实体对象与数据表之间的映射关系。

1．管理员实体关系映射

在 com.itzcn.entity 包下新建 Admin.java 文件，作为管理员的持久化类，其主要代码如下。

```
public class Admin implements java.io.Serializable {
    private static final long serialVersionUID = 1L;
    private Integer adminId;
    private String adminName;
    private String adminUserName;
    private String adminUserPwd;
    public Admin() {
    }
    public Admin(String adminName, String adminUserName, String admin
    UserPwd) {
        this.adminName = adminName;
```

```
        this.adminUserName = adminUserName;
        this.adminUserPwd = adminUserPwd;
    }
//省略 getter、setter 方法
}
```

在 Admin.java 文件的同级目录下新建 Admin.hbm.xml 文件，作为管理员持久化类的映射文件，其代码如下。

```
<?xml version="1.0" encoding="utf-8"?>
<!DOCTYPE hibernate-mapping PUBLIC "-//Hibernate/Hibernate Mapping DTD
3.0//EN"
"http://hibernate.sourceforge.net/hibernate-mapping-3.0.dtd">
<hibernate-mapping>
    <class name="com.itzcn.entity.Admin" table="admin" catalog="ch15">
        <id name="adminId" type="java.lang.Integer">
            <column name="adminId" />
            <generator class="native" />
        </id>
        <property name="adminName" type="java.lang.String">
            <column name="adminName" length="50" not-null="true">
                <comment>管理员名字</comment>
            </column>
        </property>
        <property name="adminUserName" type="java.lang.String">
            <column name="adminUserName" length="50" not-null="true"
            unique="true">
                <comment>管理员用户名</comment>
            </column>
        </property>
        <property name="adminUserPwd" type="java.lang.String">
            <column name="adminUserPwd" length="50" not-null="true">
                <comment>管理员密码</comment>
            </column>
        </property>
    </class>
</hibernate-mapping>
```


2. 部门信息实体关系映射

在 com.itzcn.entity 包下新建 Post.java 文件，作为部门信息的持久化类，其主要代码如下。

```
public class Post implements java.io.Serializable {
    private static final long serialVersionUID = 1L;
    private Integer postId;
    private String postName;
    private Integer postNum;
    private String postRemark;
```

```
    private Set users = new HashSet(0);
    public Post() {
    }
    public Post(String postName, Integer postNum, String postRemark) {
        this.postName = postName;
        this.postNum = postNum;
        this.postRemark = postRemark;
    }
    public Post(String postName, Integer postNum, String postRemark, Set
    users) {
        this.postName = postName;
        this.postNum = postNum;
        this.postRemark = postRemark;
        this.users = users;
    }
//省略 getter、setter 方法
}
```

在 Post.java 文件的同级目录下新建 Post.hbm.xml 文件，作为部门信息持久化类的映射文件，其代码如下。

```
<?xml version="1.0" encoding="utf-8"?>
<!DOCTYPE hibernate-mapping PUBLIC "-//Hibernate/Hibernate Mapping DTD
3.0//EN"
"http://hibernate.sourceforge.net/hibernate-mapping-3.0.dtd">
<hibernate-mapping>
    <class name="com.itzcn.entity.Post" table="post" catalog="ch15">
        <id name="postId" type="java.lang.Integer">
            <column name="postId" />
            <generator class="native" />
        </id>
        <property name="postName" type="java.lang.String">
            <column name="postName" length="50" not-null="true" unique
            ="true">
                <comment>部门名称</comment>
            </column>
        </property>
        <property name="postNum" type="java.lang.Integer">
            <column name="postNum" not-null="true">
                <comment>部门人数</comment>
            </column>
        </property>
        <property name="postRemark" type="java.lang.String">
            <column name="postRemark" length="200" not-null="true">
                <comment>部门简介</comment>
            </column>
        </property>
        <set name="users" inverse="true" lazy="false">
```

```
            <key>
                <column name="postId" not-null="true">
                    <comment>部门编号</comment>
                </column>
            </key>
            <one-to-many class="com.itzcn.entity.User"/>
        </set>
    </class>
</hibernate-mapping>
```

3. 员工信息实体关系映射

在 com.itzcn.entity 包下新建 User.java 文件作为员工信息的持久化类，其主要代码如下。

```
public class User implements java.io.Serializable {
    private static final long serialVersionUID = 1L;
    private Integer userId;
    private Post post;
    private String name;
    private String userName;
    private String userPass;
    private String sex;
    private Date birthday;
    private Date entryDate;
    private String photo;
    private String remark;
//省略 getter、setter 方法
    public User() {
    }
    public User(Post post, String name, String userName, String userPass,
            String sex, Date birthday, Date entryDate, String photo) {
        this.post = post;
        this.name = name;
        this.userName = userName;
        this.userPass = userPass;
        this.sex = sex;
        this.birthday = birthday;
        this.entryDate = entryDate;
        this.photo = photo;
    }
    public User(Post post, String name, String userName, String userPass,
            String sex, Date birthday, Date entryDate, String photo,
            String remark) {
        this.post = post;
        this.name = name;
        this.userName = userName;
        this.userPass = userPass;
```

```
        this.sex = sex;
        this.birthday = birthday;
        this.entryDate = entryDate;
        this.photo = photo;
        this.remark = remark;
    }
}
```

在 User.java 文件的同级目录下新建 User.hbm.xml 文件，作为员工信息持久化类的映射文件，其代码如下。

```
<?xml version="1.0" encoding="utf-8"?>
<!DOCTYPE hibernate-mapping PUBLIC "-//Hibernate/Hibernate Mapping DTD
3.0//EN"
"http://hibernate.sourceforge.net/hibernate-mapping-3.0.dtd">
<hibernate-mapping>
    <class name="com.itzcn.entity.User" table="user" catalog="ch15">
        <id name="userId" type="java.lang.Integer">
            <column name="userId" />
            <generator class="native" />
        </id>
        <many-to-one name="post" class="com.itzcn.entity.Post" fetch=
         "select" lazy="false">
            <column name="postId" not-null="true">
                <comment>部门编号</comment>
            </column>
        </many-to-one>
        <property name="name" type="java.lang.String">
            <column name="name" length="50" not-null="true">
                <comment>员工姓名</comment>
            </column>
        </property>
        <property name="userName" type="java.lang.String">
            <column name="userName" length="50" not-null="true" unique
            ="true">
                <comment>员工登录用户名</comment>
            </column>
        </property>
        <property name="userPass" type="java.lang.String">
            <column name="userPass" length="50" not-null="true">
                <comment>员工登录密码</comment>
            </column>
        </property>
        <property name="sex" type="java.lang.String">
            <column name="sex" length="2" not-null="true">
                <comment>员工性别</comment>
            </column>
        </property>
```

```
        <property name="birthday" type="java.util.Date">
            <column name="birthday" length="10" not-null="true">
                <comment>出生日期</comment>
            </column>
        </property>
        <property name="entryDate" type="java.util.Date">
            <column name="entryDate" length="10" not-null="true">
                <comment>入职日期</comment>
            </column>
        </property>
        <property name="photo" type="java.lang.String">
            <column name="photo" length="100" not-null="true">
                <comment>头像地址</comment>
            </column>
        </property>
        <property name="remark" type="java.lang.String">
            <column name="remark" length="100">
                <comment>个人介绍</comment>
            </column>
        </property>
    </class>
</hibernate-mapping>
```


15.3.3 配置文件的编写

主要包括 Struts 配置文件、Spring 配置文件、Hibernate 配置文件以及 web.xml 配置文件。

1．Struts 配置文件

在项目的 src 目录下新建一个 XML 文件，名字为 struts.xml，作为 Struts 的配置文件。其代码如下。

```
<?xml version="1.0" encoding="UTF-8" ?>
<!DOCTYPE struts PUBLIC "-//Apache Software Foundation//DTD Struts
Configuration 2.1//EN" "http://struts.apache.org/dtds/struts-2.1.dtd">
<struts>
</struts>
```

在 struts.xml 同级目录下新建 post_struts.xml 和 user_struts.xml 文件，分别作为部门管理 Action 层和员工管理 Action 的配置文件。其代码与 struts.xml 代码一样。其中，在 post_struts.xml 文件中添加如下代码。

```
<package name="post" extends="struts-default" namespace="/"></package>
```

在 user_struts.xml 文件中添加如下代码。

```
<package name="user" extends="struts-default" namespace="/"></package>
```

最后，在 struts.xml 中引用 post_struts.xml 文件和 post_struts.xml 文件，其代码如下。

```
<include file="post_struts.xml"></include>
<include file="user_struts.xml"></include>
```

2. Spring 配置文件

在 WEB-INF 目录下新建 applicationContext.xml 文件，作为 Spring 和 Hibernate 的配置文件。其代码如下。

```
<?xml version="1.0" encoding="UTF-8"?>
<beans
    xmlns="http://www.springframework.org/schema/beans"
    xmlns:xsi="http://www.w3.org/2001/XMLSchema-instance"
    xmlns:p="http://www.springframework.org/schema/p"
    xsi:schemaLocation="http://www.springframework.org/schema/beans
    http://www.springframework.org/schema/beans/spring-beans-3.0.xsd">
    <bean id="dataSource"
        class="org.apache.commons.dbcp.BasicDataSource">
        <property name="driverClassName"
            value="com.mysql.jdbc.Driver">
        </property>
        <property name="url" value="jdbc:mysql://localhost:3306/ch15">
        </property>
        <property name="username" value="root"></property>
        <property name="password" value="123456"></property>
    </bean>
    <bean id="sessionFactory"
        class="org.springframework.orm.hibernate3.LocalSessionFactoryBean">
        <property name="dataSource">
            <ref bean="dataSource" />
        </property>
        <property name="hibernateProperties">
            <props>
                <prop key="hibernate.dialect">
                    org.hibernate.dialect.MySQLDialect
                </prop>
            </props>
        </property>
        <property name="mappingResources">
            <list>
                <value>com/itzcn/entity/User.hbm.xml</value>
                <value>com/itzcn/entity/Admin.hbm.xml</value>
                <value>com/itzcn/entity/Post.hbm.xml</value></list>
        </property>
    </bean>
</beans>
```

3. web.xml 配置文件

在其中添加 Struts 过滤器、Spring 容器并初始化上下文对象。其代码如下。

```
<?xml version="1.0" encoding="UTF-8"?>
<web-app version="2.5"
    xmlns="http://java.sun.com/xml/ns/javaee"
    xmlns:xsi="http://www.w3.org/2001/XMLSchema-instance"
    xsi:schemaLocation="http://java.sun.com/xml/ns/javaee
    http://java.sun.com/xml/ns/javaee/web-app_2_5.xsd">
  <display-name></display-name>
  <welcome-file-list>
    <welcome-file>index.jsp</welcome-file>
  </welcome-file-list>
  <filter>
    <filter-name>struts2</filter-name>
    <filter-class>
        org.apache.struts2.dispatcher.ng.filter.StrutsPrepareAnd
        ExecuteFilter
    </filter-class>
  </filter>
  <filter-mapping>
    <filter-name>struts2</filter-name>
    <url-pattern>/*</url-pattern>
  </filter-mapping>
   <!--  在 Web 应用启动时自动形成一个 Spring 容器 -->
    <listener>
        <listener-class>
           org.springframework.web.context.ContextLoaderListener
        </listener-class>
    </listener>
    <servlet>
    <servlet-name>dispatcherServlet</servlet-name>
    <servlet-class>org.springframework.web.servlet.DispatcherServlet</
    servlet-class>
    <!-- 初始化上下文对象 -->
    <init-param>
        <!-- 参数名称 -->
        <param-name>contextConfigLocation</param-name>
        <!-- 加载配置文件 -->
        <param-value>/WEB-INF/applicationContext.xml</param-value>
    </init-param>
    <!-- 设置启动的优先级 -->
    <load-on-startup>1</load-on-startup>
  </servlet>
  </web-app>
```


至此，SSH 框架搭建完毕，可以进行进一步的开发。

15.4 DAO 层的设计与实现

借助于 Spring 的 DAO 支持，可以很方便地实现 DAO 类。Spring 为 Hibernate 的整

合提供了很好的支持，Spring 的 DAO 支持类是 HibernateDaoSupport，该类只需要传入一个 SessionFactory 引用，即可得到一个 HibernateTemplate 对象，进而操作数据库。

15.4.1 管理员 DAO 层的设计与实现

管理员 DAO 层中主要包含一些对 Admin 对象操作的方法，然后实现该 DAO 层。并在 Sping 的配置文件中部署管理员 DAO 层。

1. 建立管理员 DAO 接口

在 com.itzcn.dao 包下新建 AdminDao.java 文件，该文件中定义了一个 AdminDao 接口，在该接口中封装了对 Admin 对象的操作方法，其代码如下。

```
public interface AdminDao {
    public List<Admin> findAllAdmin();//列出所有管理员信息
//根据 adminUserName 和 adminUserPwd 查询
    public List<Admin> findByAdminUserNameAndPwd(String adminUserName,
    String adminUserPwd);
    public Admin findByAdminId(Integer adminId);//根据 adminId 查询
}
```


2. 实现管理员 DAO 接口

在 com.itzcn.dao.impl 中新建 AdminDaoImpl 继承 HibernateDaoSupport 类，并实现 AdminDao 接口，其代码如下。

```
public class AdminDaoImpl extends HibernateDaoSupport implements AdminDao {
    public List<Admin> findAllAdmin() {
        String hql = "from Admin admin order by adminId";
        return (List<Admin>) this.getHibernateTemplate().find(hql);
    }
    public List<Admin> findByAdminUserNameAndPwd(String adminUserName,
            String adminUserPwd) {
        String hql = "from Admin admin where adminUserName ='"+ admin
        UserName +"' and adminUserPwd='" + adminUserPwd + " ' order by
        adminId";
        return (List<Admin>) this.getHibernateTemplate().find(hql);
    }
    public Admin findByAdminId(Integer adminId) {
        Admin admin = (Admin) this.getHibernateTemplate(). get(Admin.
        class, adminId);
        return admin;
    }
}
```

3. 部署 AdminDao 组件

在 applicationContext 中配置 AdminDao，其主要代码如下。

```
<bean id="adminDao" class="com.itzcn.dao.impl.AdminDaoImpl">
    <property name="sessionFactory" ref="sessionFactory"></property>
</bean>
```

15.4.2 部门信息 DAO 层的设计与实现

部门信息 DAO 层中主要包含一些对 Post 对象操作的方法，然后实现该 DAO 层。并在 Sping 的配置文件中部署部门信息 DAO 层。

1. 建立部门信息 DAO 接口

在 com.itzcn.dao 包下新建 PostDao.java 文件，该文件中定义了一个 PostDao 接口，在该接口中封装了对 Post 对象的操作方法，其代码如下。

```
public interface PostDao {
    public void insertPost(Post post);                    //插入 Post
    public void upPost(Post post);                        //更新 Post
    public void delPost(Post post);                       //删除 Post
    public List<Post> findAllPost();                      //列出 Post
    public Post findByPostId(Integer postId);             //根据 PostId 查询
    public List<Post> findByPostName(String postName); //根据 PostName 查询
}
```


2. 实现部门信息 DAO 接口

在 com.itzcn.dao.impl 中新建 PostDaoImpl 继承 HibernateDaoSupport 类，并实现 PostDao 接口，其代码如下。

```
public class PostDaoImpl extends HibernateDaoSupport implements PostDao {
    public void insertPost(Post post) {
        this.getHibernateTemplate().save(post);
    }
    public void upPost(Post post) {
        this.getHibernateTemplate().update(post);
    }
    public void delPost(Post post) {
        this.getHibernateTemplate().delete(post);
    }
    public List<Post> findAllPost() {
        String hql = "from Post post order by post.postId";
        return (List<Post>) this.getHibernateTemplate().find(hql);
    }
    public Post findByPostId(Integer postId) {
        Post post = (Post) this.getHibernateTemplate().get(Post.class, postId);
        return post;
    }
    public List<Post> findByPostName(String postName) {
        String hql = "from Post post where postName ='" +postName +"' order
```

```
        by post.postId";
        return (List<Post>) this.getHibernateTemplate().find(hql);
    }
}
```

3. 部署 PostDao 组件

在 applicationContext 中配置 PostDao，其主要代码如下。

```
<bean id="postDao" class="com.itzcn.dao.impl.PostDaoImpl">
    <property name="sessionFactory" ref="sessionFactory"></property>
    </bean>
```

15.4.3 员工信息 DAO 层的设计与实现

员工信息 DAO 层中主要包含一些对 User 对象操作的方法，然后实现该 DAO 层。并在 Sping 的配置文件中部署员工信息 DAO 层。

1. 建立员工信息 DAO 接口

在 com.itzcn.dao 包下新建 UserDao.java 文件，该文件中定义了一个 UserDao 接口，在该接口中封装了对 User 对象的操作方法，其代码如下。

```
public interface UserDao {
    public void insertUser(User user);                   //插入 User
    public void delUser(User user);                      //删除 User
    public void upUser(User user);                       //更新 User
    public User findByUserId(Integer userId);            //根据 userId 查找
    public List<User> findByUserName(String userName);//根据 userName 查找
    public List<User> findByPostId(Integer postId);//根据部门 postId 查询
    public List<User> findAllUser();                     //列出所有 User 信息
    public List<User> findAllUserByPage(int pageNo,int pageSize);
                                                     //分页列出 User 信息
    public int getUserCount();                       //获取 User 的总数
    public int getPostUserCount(Integer postId);//获取某 Post 下的 User 数量
}
```

2. 实现员工信息 DAO 接口

在 com.itzcn.dao.impl 中新建 UserDaoImpl 继承 HibernateDaoSupport 类，并实现 UserDao 接口，其代码如下。

```
public class UserDaoImpl extends HibernateDaoSupport implements UserDao {
    public void insertUser(User user) {
        this.getHibernateTemplate().save(user);
    }
    public void delUser(User user) {
        this.getHibernateTemplate().delete(user);
```

```
    }
    public void upUser(User user) {
        this.getHibernateTemplate().update(user);
    }
    public User findByUserId(Integer userId) {
        User user = (User) this.getHibernateTemplate().get(User.class,
        userId);
        return user;
    }
    public List<User> findByUserName(String userName) {
        String hql = "from User user where userName = '" + userName+"'";
        return (List<User>) this.getHibernateTemplate().find(hql);
    }
    public List<User> findByPostId(Integer postId) {
        String hql = "from User user where postId = "+postId +" order by
        user.userId ";
       return (List<User>) getHibernateTemplate().find(hql);
    }
    public List<User> findAllUser() {
        String hql = "from User user order by user.userId ";
       return (List<User>) getHibernateTemplate().find(hql);
    }
    public List<User> findAllUserByPage(int pageNo, int pageSize) {
        Session session = this.getSession();
        session.beginTransaction();
        String hql = "from User user order by user.userId";
        Query query = session.createQuery(hql);
        query.setFirstResult((pageNo-1)*pageSize);//设置从哪一行记录开始读取
        query.setMaxResults(pageSize);          //设置读取多少个记录
        return (List<User>) query.list();
    }
    public int getUserCount() {
        Long count = null;
        String hql = "select count(user.userId) from User user";
        Iterator iterator = this.getHibernateTemplate().find (hql).
        iterator();
        if (iterator.hasNext()) {
            count = (Long) iterator.next();
        }
        return count.intValue();
    }
    public int getPostUserCount(Integer postId) {
        Long count = null;
        String hql = "select count(user.post.postId) from User user where
        postId=" + postId;
        Iterator iterator = this.getHibernateTemplate().find (hql).
        iterator();
        if (iterator.hasNext()) {
```

```
            count = (Long) iterator.next();
        }
        return count.intValue();
    }
}
```

3．部署 PostDao 组件

在 applicationContext 中配置 UserDao，其主要代码如下。

```
<bean id="userDao" class="com.itzcn.dao.impl.UserDaoImpl">
    <property name="sessionFactory" ref="sessionFactory"></property>
</bean>
```

15.5 业务层的设计与实现

为了方便在 Action 层中调用 DAO 层中的方法，这里将 DAO 层中的方法进一步进行封装，能够使 Action 层中调用更加方便。同时将业务逻辑与数据库分离，能够保持业务对象的可复用性及可扩展性。

15.5.1 管理员业务层的设计与实现

管理员业务层中主要实现了判断管理员是否登录、根据管理员的用户名和密码获取管理员整个信息的方法。

1．管理员业务层接口

在 com.itzcn.service 包下新建 AdminService 接口，其代码如下。

```
public interface AdminService {
    public boolean islogin(String adminUserName,String adminUserPwd);
                                                //管理员登录
    public List<Admin> showAdmins();            //列出所有管理员信息
    public Admin showByAdminId(Integer adminId);
                                                //根据管理员编号列出管理员信息
    public Admin login(String adminUserName,String adminUserPwd);
                                                //根据用户名和密码获取 Admin
}
```

2．管理员业务层接口的实现

在 com.itzcn.service.impl 包下新建 AdminServiceImpl 类，并实现 AdminService 接口，在其中声明一个 AdminDao 对象，并根据该对象来实现 AdminService 接口中的方法，其代码如下。

```
public class AdminServiceImpl implements AdminService {
    private AdminDao adminDao;
```

```
//省略 getter、setter 方法
    public boolean islogin(String adminUserName, String adminUserPwd) {
        boolean flag = false;
        if (adminDao.findByAdminUserNameAndPwd(adminUserName, adminUser
        Pwd).size()>0) {
            flag = true;
        }
        return  flag;
    }
    public List<Admin> showAdmins() {
        return adminDao.findAllAdmin();
    }
    public Admin showByAdminId(Integer adminId) {
        return adminDao.findByAdminId(adminId);
    }
    public Admin login(String adminUserName, String adminUserPwd) {
        Admin admin = null;
        if (islogin(adminUserName, adminUserPwd)) {
            List<Admin> adminLt = adminDao.findByAdminUserNameAndPwd
            (adminUserName, adminUserPwd);
            Iterator<Admin> iterator = adminLt.iterator();
            if(iterator.hasNext()){
                admin = iterator.next();
            }
        }
        return admin;
    }
}
```


3．管理员业务层的部署

在 applicationContext.xml 文件中添加管理员业务层的部署，其代码如下。

```
<bean  id="adminService"  class="com.itzcn.service.impl.Admin  Service
Impl">
    <property name="adminDao" ref="adminDao"></property>
</bean>
```

15.5.2 员工信息业务层的设计与实现

员工信息业务层中主要封装了对员工信息的增、删、改、查等一系列方法。除此之外，还有判断员工的用户名是否已经存在、是否能够更新员工信息等方法。

1．员工信息业务层接口

在 com.itzcn.service 包下新建 UserService 接口，其代码如下。

```
public interface UserService {
```

```
    public void addUser(User user);           //添加员工信息
    public void delUser(User user);           //删除员工信息
    public void upUser(User user);            //更新员工信息
    public User showByUserId(Integer userId);//根据员工编号列出员工信息
    public List<User> showUsers();            //显示所有的员工信息
    public boolean isExist(String userName);//员工的用户名是否存在
    public List<User> showByUserName(String userName);
                                              //根据员工的用户名显示员工信息
   public boolean isUpdate(User user);       //是否能够更新员工信息
}
```

2. 员工信息业务层接口的实现

在 com.itzcn.service.impl 包下新建 UserServiceImpl 类，并实现 UserService 接口，在其中声明一个 UserDao 对象，并根据该对象来实现 UserService 接口中的方法，其代码如下。

```
public class UserServiceImpl implements UserService {
    private UserDao userDao;
//省略 getter、setter 方法
    public void addUser(User user) {
        userDao.insertUser(user);
    }
    public void delUser(User user) {
        userDao.delUser(user);
    }
    public void upUser(User user) {
        userDao.upUser(user);
    }
    public User showByUserId(Integer userId) {
        return userDao.findByUserId(userId);
    }
    public List<User> showUsers() {
        return userDao.findAllUser();
    }
    public boolean isExist(String userName) {
        boolean flag = false;
        if (showByUserName(userName).size()>0) {
            flag = true;
        }
        return flag;
    }
    public List<User> showByUserName(String userName) {
        return userDao.findByUserName(userName);
    }
    public boolean isUpdate(User user) {
        boolean flag = false;
        if (showByUserName(user.getUserName()).size()>0) {
```

```
                for (User u : showByUserName(user.getUserName())) {
                    if(u.getUserId().equals(user.getUserId())){
                        flag = true;
                    }
                }
            }else{
                flag = true;
            }
            return flag;
        }
    }
```

3. 员工信息业务层的部署

在 applicationContext.xml 文件中添加员工信息业务层的部署，其代码如下。

```
<bean id="userService" class="com.itzcn.service.impl.UserServiceImpl">
    <property name="userDao" ref="userDao"></property>
</bean>
```

15.5.3 部门信息业务层的设计与实现

部门信息业务层中封装了除对部门信息的增、删、改、查之外，还有判断部门是否可以更新、部门是否可以删除和查询部门员工数量的方法。

1. 部门信息业务层接口

在 com.itzcn.service 包下新建 PostService 接口，其代码如下。

```
public interface PostService {
    public void addPost(Post post);                   //添加部门
    public void delPost(Post post);                   //删除部门
    public void upPost(Post post);                    //更新部门信息
    public Post showByPostId(Integer postId);         //根据部门编号查询部门信息
    public List<Post> showPosts();                    //显示所有部门信息
    public List<Post> showByPostName(String postName);
                                                      //根据部门名称查询部门信息
    public boolean isExist(String postName);          //部门名称是否存在
    public boolean isUpdate(Post post);               //部门信息是否可以更新
    public boolean isDel(Integer postId);             //部门信息是否可以删除
    public int getPostUserCount(Integer postId);
                                                  //根据部门编号查询该部门员工数量
}
```

2. 部门信息业务层接口的实现

在 com.itzcn.service.impl 包下新建 PostServiceImpl 类，并实现 PostService 接口，在其中声明一个 PostDao 对象，并根据该对象来实现 PostService 接口中的方法，其代码

如下。

```
public class PostServiceImpl implements PostService {
    private PostDao postDao;
//省略getter、setter方法
    public void addPost(Post post) {
        postDao.insertPost(post);
    }
    public void delPost(Post post) {
        postDao.delPost(post);
    }
    public void upPost(Post post) {
        postDao.upPost(post);
    }
    public Post showByPostId(Integer postId) {
        return postDao.findByPostId(postId);
    }
    public List<Post> showPosts() {
        return postDao.findAllPost();
    }
    public List<Post> showByPostName(String postName) {
        return postDao.findByPostName(postName);
    }
    public boolean isExist(String postName) {
        boolean flag = false;
        if (showByPostName(postName).size()>0) {
            flag = true;
        }
        return flag;
    }
    public boolean isUpdate(Post post) {
        boolean flag = false;
        if (showByPostName(post.getPostName()).size()>0) {
            for (Post p : showByPostName(post.getPostName())) {
                if(p.getPostId().equals(post.getPostId())){
                    flag = true;
                }
            }
        }else{
            flag = true;
        }
        return flag;
    }
    public boolean isDel(Integer postId) {
        boolean flag = true;
        if (showByPostId(postId).getPostNum()>0) {
            flag = false;
        }
```

```
            return flag;
        }
        public int getPostUserCount(Integer postId) {
            int count = 0;
            @SuppressWarnings("unchecked")
            Set<User> set = postDao.findByPostId(postId).getUsers();
            count = set.size();
            return count;
        }
    }
```

3. 部门信息业务层的部署

在 applicationContext.xml 文件中添加部门信息业务层的部署，其代码如下。

```
<bean id="postService" class="com.itzcn.service.impl.PostServiceImpl">
    <property name="postDao" ref="postDao"></property>
</bean>
```

15.6 Action 层的设计与实现

Action 是 Struts 框架的核心类之一，它主要用来访问业务层、为表现层准备数据对象和处理错误异常。业务逻辑封装在其他的类中，然后在 Action 中建立这些类的对象，调用对象的方法来实现业务功能。

15.6.1 管理员 Action 层

管理员的 Action 层比较简单，只实现管理员的登录功能，能够根据登录是否成功跳转到不同的页面。

1. 管理员登录功能的实现

在 com.itzcn.action 包下新建 AdminLoginAction 类，继承 ActionSupport 类，在其中添加验证管理员用户名和密码是否为空的方法，并实现管理员的登录方法，主要代码如下。

```
public class AdminLoginAction extends ActionSupport {
    private static final long serialVersionUID = 1L;
    private Admin admin;
    private AdminService adminService;
//省略部分代码
    public String adminLogin(){                          //实现管理员登录功能
        if (adminService.islogin(admin.getAdminUserName(), admin.get
        AdminUserPwd())) {
            Admin a = adminService.login(admin.getAdminUserName(), admin.
             getAdminUserPwd());
```

```
                ActionContext.getContext().getSession().put("adminName",a.
                getAdminName());
                ActionContext.getContext().getSession().put("adminUser
                Name",a.getAdminUserName());
                return SUCCESS;
            } else {
                this.addActionError("登录失败，用户名或密码错误");
                return INPUT;
            }
        }
        public void validateAdminLogin(){              //验证用户名、密码是否为空
            if(admin.getAdminUserName()==null || admin.getAdminUserName().
            trim().equals("")){
                addFieldError("admin.adminUserName", "用户名不能为空");
            }
            if(admin.getAdminUserPwd() == null || admin.getAdminUserPwd().
            trim().equals("")){
                addFieldError("admin.adminUserPwd", "密码不能为空");
            }
        }
    }
```


2. Action 层的部署

在 struts.xml 配置文件中配置 AdminLoginAction，当登录成功跳转到管理员管理页面，否则不跳转。其代码如下。

```
<package name="admin" extends="struts-default" namespace="">
    <action name="adminValidate" class="com.itzcn.action.AdminLogin
    Action" method="adminLogin">
        <result name="success">/admin/index.jsp</result>
        <result name="input">/login.jsp</result>
    </action>
</package>
```

15.6.2 员工信息管理 Action 层

员工信息管理 Action 层中主要包括添加员工信息、修改员工信息、查询员工信息和删除员工信息等功能。

1. 添加员工信息功能的实现

在 com.itzcn.action 包下新建 AddUserAction 类，继承 ActionSupport 类，在其中添加 execute()方法。首先判断要添加的员工的用户名是否存在，如果存在，则返回当前页面。否则判断部门编号是否为 0，即是否选择部门，当选择部门后才能进行添加员工。添加员工时需要将对应的部门人数加 1，并将上传的图片的路径存储。主要代码如下。

```
public class AddUserAction extends ActionSupport {
    private static final long serialVersionUID = 1L;
    private UserService userService;
    private User user;
    private File file;
    private String fileFileName;
    private PostService postService ;
    private String postId;
//省略部分代码
    public String execute(){
        if(userService.isExist(user.getUserName())){
            return INPUT;
        }else{
            if (postId.equals("0")) {
                return INPUT;
            } else {
            Integer postIdc = Integer.parseInt(postId);
            Post post = postService.showByPostId(postIdc);
            Integer postNum = post.getPostNum();
            postNum = postNum + 1;
            post.setPostNum(postNum);//更新部门人数
            postService.upPost(post);
            user.setPost(post);
            String uploadPath  = ServletActionContext.getServlet Context
            ().getRealPath("/upload");
            SimpleDateFormat sdf = new SimpleDateFormat ("yyyyMMddhhmm
            ssSSS");//设置日期格式
            String msg =sdf.format(new Date(System.currentTime Millis
            ()));
            if(file==null || fileFileName==null){
                    user.setPhoto("default.jpg");
                }else{
                    String param = fileFileName.substring(file FileName.
                    lastIndexOf("."));
                    String SaveName = msg + param;
                    UtilMethod.Upload(uploadPath, SaveName, file);
                    user.setPhoto(SaveName);
                }
            if (user.getRemark().trim().equals("")) {
                user.setRemark("无");
            }
            userService.addUser(user);
            return SUCCESS;
            }
        }
    }
}
```

2．修改员工信息功能的实现

在 com.itzcn.action 包下新建 UpUserAction 类，继承 ActionSupport 类，在其中添加 execute()方法。更新员工信息的方法与添加方法类似，这里首先判断要修改的员工的信息是否能够修改，如果可以修改，则进行下一步操作。这里添加了对员工的原始部门和修改后的部门的比较，当部门变化时，则原始部门人数减 1，新部门人数增 1。之后进行数据库中的修改。主要代码如下。

```
public class UpUserAction extends ActionSupport {
    private static final long serialVersionUID = 1L;
    private UserService userService;
    private User user;
    private File file;
    private String fileFileName;
    private PostService postService ;
    private String postId;
//省略部分代码
    public String execute(){
        if (userService.isUpdate(user)) {
            if (postId.equals("0")) {
                addActionError("请选择部门");
                return INPUT;
            } else {
                Integer postIdc = Integer.parseInt(postId);
                Post post = postService.showByPostId(postIdc);
                User u = userService.showByUserId(user.getUserId());
                if(!postIdc.equals(u.getPost().getPostId())){
                    Post post2 = u.getPost();
                    Integer postNum = post.getPostNum() + 1;
                    Integer postNum2 = post2.getPostNum() - 1;
                    post.setPostNum(postNum);
                    post2.setPostNum(postNum2);
                    postService.upPost(post);
                    postService.upPost(post2);
                }
            user.setPost(post);
            String uploadPath=ServletActionContext.getServletContext().
            getRealPath("/upload");
            SimpleDateFormat sdf = new SimpleDateFormat("yyyyMMddhh mmss
            SSS");//设置日期格式
            String msg =sdf.format(new Date(System.current Time
            Millis()));
            if(file==null || fileFileName==null){
                    user.setPhoto("default.jpg");
                }else{
                    String param = fileFileName.substring(fileFileName.
                    lastIndexOf("."));
```

```
                    String SaveName = msg + param;
                    UtilMethod.Upload(uploadPath, SaveName, file);
                    user.setPhoto(SaveName);
                }
            userService.upUser(user);
            return SUCCESS;
        }
        } else {
            return INPUT;
        }
    }
}
```

3. 查询员工信息功能的实现

查询员工信息分为两个功能，一个是按照员工编号来显示某一个员工的信息，另一个是查询所有的员工信息。

1）根据员工编号显示员工信息

在 com.itzcn.action 包下新建 ShowUserAction 类，继承 ActionSupport 类，在其中添加 execute()方法根据员工编号获取员工信息。主要代码如下。


```
public class ShowUserAction extends ActionSupport {
    private static final long serialVersionUID = 1L;
    private UserService userService;
    private User user;
    private Integer userId;
//省略部分代码
    public String execute(){
        user = userService.showByUserId(userId);
        return SUCCESS;
    }
}
```

2）显示所有的员工信息

在 com.itzcn.action 包下新建 ShowUsersAction 类，继承 ActionSupport 类，在其中添加 execute()方法获取所有员工信息。主要代码如下。

```
public class ShowUsersAction extends ActionSupport {
    private static final long serialVersionUID = 1L;
    private UserService userService;
    private User user;
    private List<User> userLt ;
//省略部分代码
    public String execute(){
        userLt = userService.showUsers();
        return SUCCESS;
    }
}
```

4. 删除员工信息功能的实现

在 com.itzcn.action 包下新建 DelUserAction 类，继承 ActionSupport 类，在其中添加 execute()方法。当删除员工时，将该员工对应的部门中的人数减 1。主要代码如下。

```
public class DelUserAction extends ActionSupport {
    private static final long serialVersionUID = 1L;
    private PostService postService;
    private UserService userService;
    private Integer userId;
//省略部分代码
    public String execute(){
        User user = userService.showByUserId(userId);
        if (user!=null) {
            Post post = postService.showByPostId(user.get ost().get
            ());
            userService.delUser(user);
            Integer postNum = post.getPostNum() - 1;
            post.setPostNum(postNum);
            postService.upPost(post);
            return SUCCESS;
        } else {
            return INPUT;
        }
    }
}
```

5. Action 层的部署

在 struts.xml 配置文件中配置员工信息管理的 Action 层，其代码如下。

```
<action name="showUsers" class="com.itzcn.action.ShowUsersAction">
    <result name="success">/user/showUsers.jsp</result>
</action>
<action name="addUser" class="com.itzcn.action.AddUserAction">
    <interceptor-ref name="fileUpload">
        <param name="allowedTypes">image/bmp,image/png,image/gif, mage/
        aram>
        <param name="maximumSize">1024*1024</param>
    </interceptor-ref>
    <interceptor-ref name="defaultStack"></interceptor-ref>
    <param name="savePath">/upload</param>
    <result name="success" type="chain">showUsers</result>
    <result name="input">/user/addUser.jsp</result>
</action>
<action name="showUser" class="com.itzcn.action.ShowUserAction">
    <result name="success">/user/upUser.jsp</result>
    <result name="input">/error.jsp</result>
```

```
    </action>
    <action name="upUser" class="com.itzcn.action.UpUserAction">
        <interceptor-ref name="fileUpload">
            <param name="allowedTypes">image/bmp,image/png,image/gif, mage/
            /param>
            <param name="maximumSize">1024*1024</param>
        </interceptor-ref>
        <interceptor-ref name="defaultStack"></interceptor-ref>
        <param name="savePath">/upload</param>
        <result name="success" type="chain">showUsers</result>
        <result name="input">/user/upUser.jsp</result>
    </action>
    <action name="delUser" class="com.itzcn.action.DelUserAction">
        <result name="success" type="chain">showUsers</result>
        <result name="input">/error.jsp</result>
    </action>
```

15.6.3 部门信息管理 Action 层

部门管理 Action 层中主要包括添加部门信息、修改部门信息、查询部门信息和删除部门信息等功能。

1．添加部门信息功能的实现

在 com.itzcn.action 包下新建 AddPostAction 类，继承 ActionSupport 类，在其中添加 execute()方法。首先判断要添加的部门是否存在，如果存在，则显示部门存在的信息，页面不跳转。否则就添加部门信息。主要代码如下。

```
public class AddPostAction extends ActionSupport {
    private static final long serialVersionUID = 1L;
    private PostService postService;
    private Post post;
//省略部分代码
    public String execute(){
        if (postService.isExist(post.getPostName())) {
            this.addActionError("该部门已存在");
            return INPUT;
        } else {
            post.setPostNum(0);
            if (post.getPostRemark().trim().equals("")) {
                post.setPostRemark("暂无");
            }
            postService.addPost(post);
            return SUCCESS;
        }
    }
}
```

在添加部门信息时，使用了Struts2的内置校验器。在AddPostAction的同级目录下新建AddPostAction-validation.xml文件。其代码如下。

```
<?xml version="1.0" encoding="UTF-8"?>
<!DOCTYPE validators PUBLIC "-//Apache Struts//XWork Validator 1.0.2//EN"
"http://struts.apache.org/dtds/xwork-validator-1.0.2.dtd">
<validators>
    <field name="post.postName">
        <field-validator type="requiredstring">
            <message>部门名称不能为空</message>
        </field-validator>
    </field>
</validators>
```

2. 查询部门信息功能的实现

查询部门信息分为两个功能，一个是按照部门编号来显示某一个部门的信息，另一个是查询所有的部门信息。

1）根据部门编号显示部门信息

在com.itzcn.action包下新建ShowPostAction类，继承ActionSupport类，在其中添加execute()方法根据部门编号获取部门信息。主要代码如下。


```
public class ShowPostAction extends ActionSupport {
    private static final long serialVersionUID = 1L;
    private Integer postId;
    private Post post;
    private PostService postService;
//省略部分代码
    public String execute(){
        post = postService.showByPostId(postId);
        return SUCCESS;
    }
}
```

2）显示所有的部门信息

在com.itzcn.action包下新建ShowPostsAction类继承ActionSupport类，在其中添加execute()方法获取所有部门信息。主要代码如下。

```
public class ShowPostsAction extends ActionSupport {
    private static final long serialVersionUID = 1L;
    private PostService postService;
    private List<Post> posts;
    private Post post;
//省略部分代码
    public String execute(){
        posts = postService.showPosts();
        return SUCCESS;
    }
```

```
    }
```

3. 修改部门信息功能的实现

在 com.itzcn.action 包下新建 UpPostAction 类继承 ActionSupport 类，在其中添加 execute()方法。判断这个部门信息是否能够修改，如果能修改，就进行修改，否则返回错误信息。主要代码如下。

```
public class UpPostAction extends ActionSupport {
    private static final long serialVersionUID = 1L;
    private PostService postService;
    private Post post;
//省略部分代码
    public String execute(){
        if (postService.isUpdate(post)) {
            Post p = postService.showByPostId(post.getPostId());
            post.setPostNum(p.getPostNum());
            postService.upPost(post);
            return SUCCESS;
        } else {
            addActionError("修改失败");
            return INPUT;
        }
    }
}
```


4. 删除部门信息功能的实现

在 com.itzcn.action 包下新建 DelPostAction 类继承 ActionSupport 类，在其中添加 execute()方法。首先判断该部门是否能够删除，也就是该部门中是否有员工，当有员工时提示错误信息，并不能删除该部门。否则将该部门删除。主要代码如下。

```
public class DelPostAction extends ActionSupport {
    private static final long serialVersionUID = 1L;
    private Integer postId;
    private PostService postService;
//省略部分代码
    public String execute(){
        if (postService.isDel(postId)) {
            Post post = postService.showByPostId(postId);
            postService.delPost(post);
            return SUCCESS;
        } else {
            addActionError("该部门中有员工，故删除失败");
            return INPUT;
        }
    }
}
```

5. Action 层的部署

在 struts.xml 配置文件中配置部门信息管理的 Action 层，其代码如下。

```
<action name="showPosts" class="com.itzcn.action.ShowPostsAction" >
    <result name="success">/dept/showDepts.jsp</result>
</action>
<action name="addPost" class="com.itzcn.action.AddPostAction" >
    <result name="success" type="chain">showPosts</result>
    <result name="input">/dept/addPost.jsp</result>
</action>
<action name="showPost" class="com.itzcn.action.ShowPostAction" >
    <result name="success">/dept/upPost.jsp</result>
    <result name="input" >/error.jsp</result>
</action>
<action name="upPost" class="com.itzcn.action.UpPostAction" >
    <result name="success" type="chain">showPosts</result>
    <result name="input">/dept/upPost.jsp</result>
</action>
<action name="delPost" class="com.itzcn.action.DelPostAction" >
    <result name="success" type="chain">showPosts</result>
    <result name="input" >/error.jsp</result>
</action>
```


15.7 JSP 页面的建立和运行效果

JSP 页面主要用于显示对部门信息和员工信息的操作结果，具体包括管理员的登录页面，对部门信息的增加、修改和查询页面，以及对员工信息的增加、修改和查询等页面。

15.7.1 管理员管理相关页面

在 WebRoot 下新建 login.jsp 页面，作为管理员的登录页面。在其中使用 struts 标签，其主要代码如下。

```
<s:form action="adminValidate">
   <s:textfield name="admin.adminUserName" label="用名"></s:textfield>
   <s:password name="admin.adminUserPwd" label="密码" ></s:password>
   <s:actionerror /> <s:actionmessage />
   <s:submit value="登录"> </s:submit>
</s:form>
```

运行效果如图 15-2 所示。

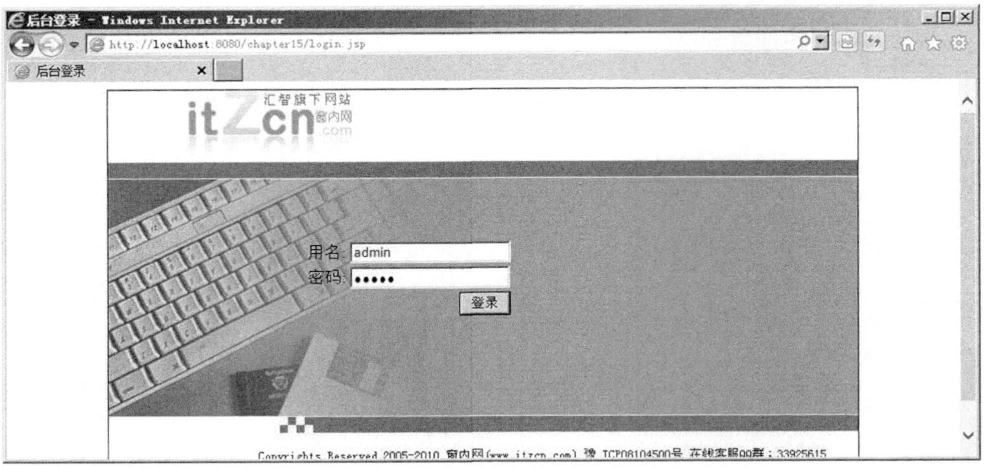

图 15-2　管理员登录页面

管理员登录成功后跳转到管理员管理主页面，其效果如图 15-3 所示。

图 15-3　管理员管理页面

15.7.2　员工信息管理相关页面

员工信息管理页面包括添加员工信息页面、显示所有员工信息页面和更新员工信息页面等。在 WebRoot 目录下新建 user 文件夹，用于员工信息管理页面的编写。

1．添加员工信息页面

在 user 目录下新建 addUser.jsp 页面，用于添加员工信息，其主要代码如下。

```
<%String pathParam =request.getSession().getServletContext(). getReal
Path("");
```

```
  List<Post> postLt = UtilMethod.getPosts(pathParam);
  request.setAttribute("postLt", postLt);
%>
<form action="addUser"method="post" enctype="multipart/form-data" >
    员工用户名：<input type="text" name="user.userName" >
    员工密码：<input type="text" name="user.userPass" >
    员工姓名：<input type="text" name="user.name" >
    员工性别：<input type="radio" value="男" name="user.sex" checked=
    "checked">男
           <input type="radio" value="女" name="user.sex">女
    出生日期：<input type="text" name="user.birthday">
    入职日期：<input type="text" name="user.entryDate">
    所属部门：<select name="postId">
                <option value="0">
                    选择部门...                    </option>
                    <c:forEach items="${postLt}" var="post">
                        <option value="${post.postId }">${post.postName}
                        </option>
                    </c:forEach>
            </select>
        员工图片：<input type="file" name="file" onChange="testFile Type
        (this)">
        个人简介:<textarea name="user.remark" cols="40" rows="5" id="user.
        remark"></textarea>
        <input type="submit" value="确定"><input type="reset" value="重置">
</form>
```

运行后，效果如图 15-4 所示。

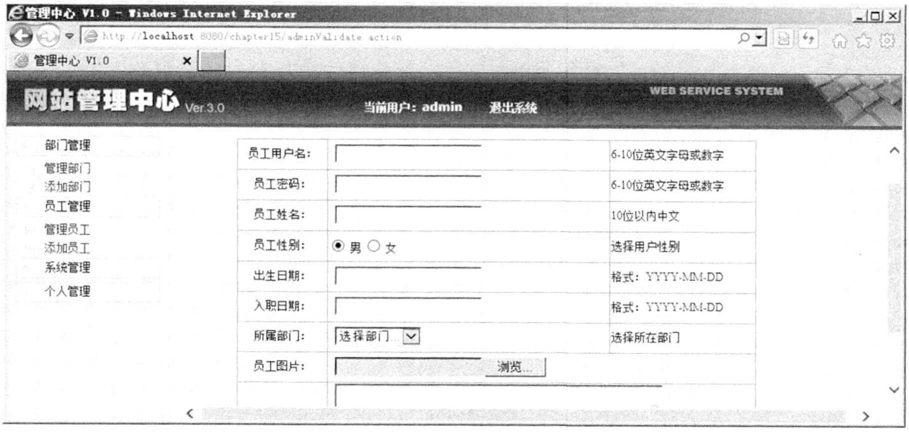

图 15-4 添加员工信息

2. 查看员工信息页面

在 user 目录下新建 showUsers.jsp 页面，用于显示所有的员工信息，其主要代码如下。

```
<s:iterator value="userLt" var="user">
    <s:param name="photo" value="#user.photo"/>
        <img src="upload/<%=request.getAttribute("photo") %>" width=
    "100px" height="100px">
    <s:param name="userId" value="#user.userId"/>
        <a href="showUser?userId=<%=request.getAttribute("userId") %>">
        修改</a>
        <a href="delUser?userId=<%=request.getAttribute("userId")%>">删
        除</a>
    用户编号：<s:property value="#user.userId"/>
    登录账号：<s:property value="#user.userName"/>
    登录密码：<s:property value="#user.userPass"/>
    用户姓名：<s:property value="#user.name"/>
    用户性别：<s:property value="#user.sex"/>
    出生日期：<s:date name="birthday" format="yyyy-MM-dd"/>
    入职日期：<s:date name="entryDate" format="yyyy-MM-dd"/>
    所属部门：<s:property value="#user.post.postName"/>
    个人介绍：<s:property value="#user.remark"/>
</s:iterator>
```


运行后，效果如图 15-5 所示。

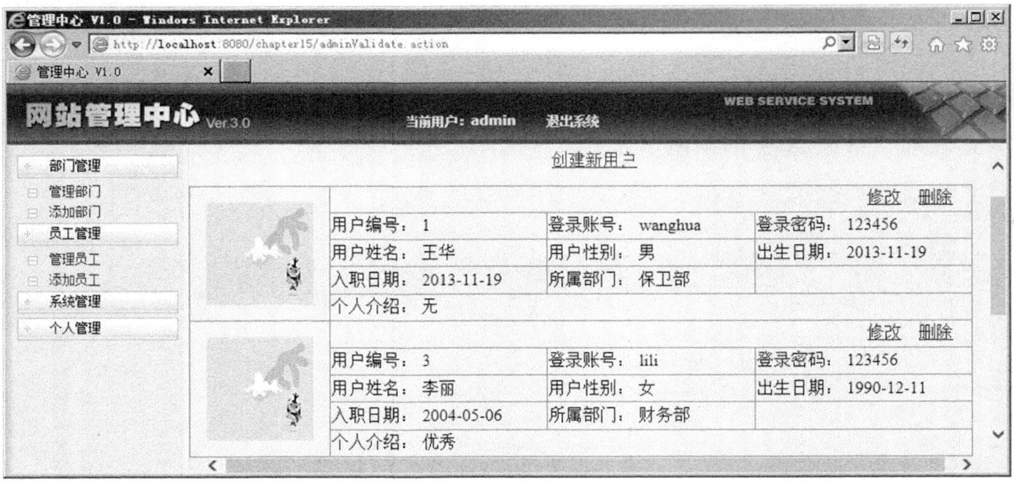

图 15-5 显示员工信息

3. 修改员工信息页面

在 user 目录下新建 upUser.jsp 页面，用于修改员工信息，其主要代码如下。

```
<form action="upUser"method="post" enctype="multipart/form-data" ></ form>
```

运行后，效果如图 15-6 所示。

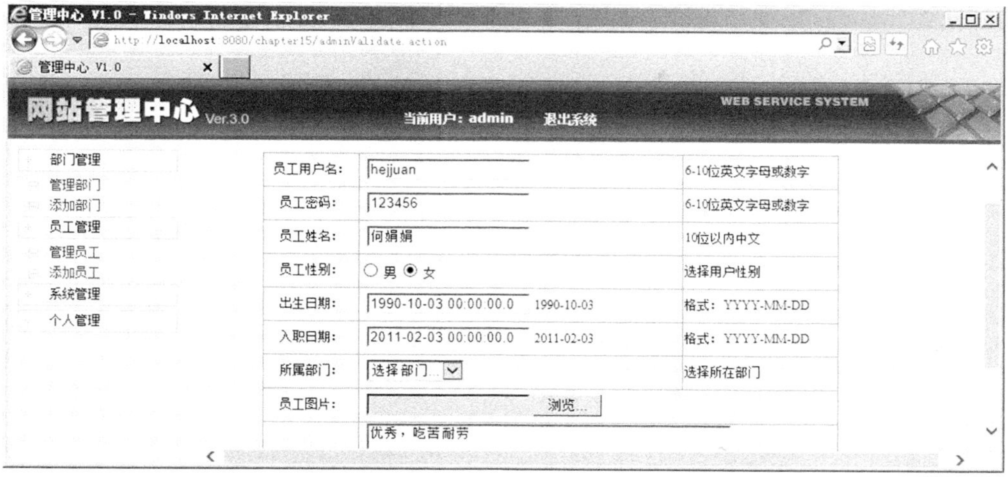

图 15-6 修改员工信息

15.7.3 部门信息管理相关页面

部门信息管理页面包括添加部门信息页面、显示所有部门信息页面和更新部门信息页面等。在 WebRoot 目录下新建 dept 文件夹，用于部门信息管理页面的编写。

1. 添加部门信息页面

在 dept 目录下新建 addPost.jsp 页面，用于添加部门信息，其主要代码如下。

```
<form action="addPost" method="post">
    <table style="position: relative;top:20px;left:40px">
        <tr><td height="24"><s:textfield name="post.postName" label="部
        门名称"/></td></tr>
        <tr><s:textfield name="post.postRemark" label="部门介绍"/></tr>
        <tr>
          <td height="24" colspan="2" align="right"><span class="STYLE6">
          <s:actionerror cssStyle="color:red" />
          <input type="submit" value="确定">
            </span></td>
        </tr>
    </table>
</form>
```

运行后效果如图 15-7 所示。

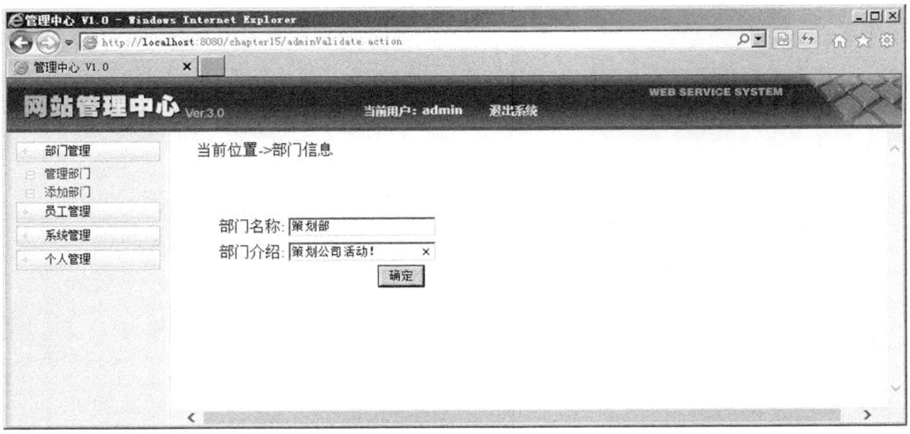

图 15-7 添加部门信息

2．显示所有部门信息页面

在 dept 目录下新建 showDepts.jsp 页面，用于显示所有的部门信息，其主要代码如下。


```
<table style="position: relative;top: 0px;left: 50px" width="650" border=
"1" cellpadding="0" cellspacing="1" bordercolor="#F0F4FF" bgcolor=
"#999999">
       <tr>
       <td height="24" bgcolor="#F0F4FF"><div align="center" class=
        "STYLE5">部门编号</div></td>
        <td bgcolor="#F0F4FF"><div align="center" class="STYLE5">部门名称
        </div></td>
        <td bgcolor="#F0F4FF"><div align="center" class="STYLE5">部门人数
        </div></td>
        <td bgcolor="#F0F4FF"><div align="center" class="STYLE5">部门介绍
        </div></td>
        <td bgcolor="#F0F4FF"><div align="center" class="STYLE5">操作
        </div></td>
      </tr>
      <s:iterator value="posts" var="post">
        <tr>
          <td height="24" bgcolor="#F0F4FF"><div align="center" class=
         "STYLE3">
            <s:property value="#post.postId"/>
          </div></td>
          <td bgcolor="#F0F4FF"><div align="center" class="STYLE3">
             <s:property value="#post.postName"/>
          </div></td>
          <td bgcolor="#F0F4FF"><div align="center" class="STYLE3">
              <s:property value="#post.postNum"/>
          </div></td>
```

```
        <td bgcolor="#F0F4FF"><div align="center" class="STYLE3">
            <s:property value="#post.postRemark"/>
        </div></td>
        <td bgcolor="#F0F4FF"><div align="center" class="STYLE3">
            <s:param name="postId" value="#post.postId"/>
            <a href="showPost?postId=<%=request.getAttribute ("postId")
            %>">修改</a>
            <a href="delPost?postId=<%=request.getAttribute("postId")
            %>">删除</a></div></td>
        </tr>
    </s:iterator>
</table>
```

运行后效果如图 15-8 所示。

图 15-8 显示所有部门信息

3．更新部门信息页面

在 dept 目录下新建 upPost.jsp 页面，用于更新部门信息，其主要代码如下。

```
<form action="upPost" method="post">
<table style="position: relative;top:20px;left:40px">
    <tr>
    <td height="24">部门名称：<input type="hidden" name="post.postId"
    value="${post.postId }"> </td>
        <td height="24"><input type="text" name="post.postName" value=
        "${post.postName }"> </td>
    </tr>
    <tr>
        <td height="24">部门介绍：</td>
        <td height="24"><input type="text" name="post.postRemark" value=
        "${post.postRemark }"> </td>
    </tr>
    <tr>
```

```
        <td height="24" colspan="2" align="right"><span class="STYLE6">
        <s:actionerror cssStyle="color:red" />
        <input type="submit" value="确定">
          </span></td>
        </tr>
    </table>
</form>
```

运行后，效果如图 15-9 所示。

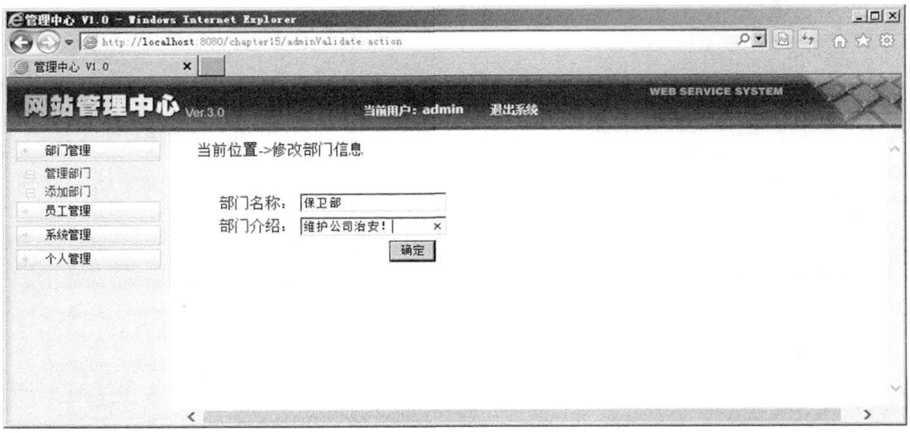

图 15-9　修改部门信息

15.8 其他功能的实现

为了防止未经登录直接进入管理员的后台进行操作，因此这里使用了过滤器。当没有登录时，直接输入后台的管理地址，页面将自动跳转到管理员的登录页面。

有的方法在项目中多次重复出现，为了减少代码量，会将重复使用的代码封装在一个类中，方便今后的调用。在员工信息管理系统中的添加和修改员工信息中都使用到了文件上传，这就需要将该方法封装到一个类中，便于调用。

在项目运行时，可能会出现中文乱码的现象，需要在 web.xml 文件中添加一个编码过滤器，解决页面乱码问题。

15.8.1 过滤器的实现

新建 com.itzcn.filter 包，新建 AdminFilter 类并实现 Filter 接口，重写 doFilter()方法，其主要代码如下。

```
public class AdminFilter  implements Filter {
    public void destroy() {
    }
    public void doFilter(ServletRequest arg0, ServletResponse arg1,
```

```
            FilterChain arg2) throws IOException, ServletException {
        HttpServletRequest request = (HttpServletRequest) arg0;
        HttpServletResponse response = (HttpServletResponse) arg1;
        HttpSession session = request.getSession();
        String adminLoginName = (String) session.getAttribute ("admin
        Name");
        if (adminLoginName != null) {
            arg2.doFilter(arg0, arg1);
        } else {
            response.sendRedirect("/chapter15/login.jsp");
        }
    }
    public void init(FilterConfig arg0) throws ServletException {
    }
}
```

然后在 web.xml 文件中配置过滤器，并指明过滤的范围，这里对 admin、dept 和 user 目录下的文件均进行过滤，其代码如下。

```
<filter>
    <filter-name>adminLogin</filter-name>
    <filter-class>com.itzcn.filter.AdminFilter</filter-class>
</filter>
<filter-mapping>
    <filter-name>adminLogin</filter-name><!-- 指明过滤器名称 -->
    <url-pattern>/user/*</url-pattern><!-- 定义过滤器范围 -->
    <url-pattern>/dept/*</url-pattern>
    <url-pattern>/admin/*</url-pattern>
</filter-mapping>
```

15.8.2 公共方法

公共方法主要封装了文件的上传、流的关闭和获取部门信息。其主要代码如下。

```
public class UtilMethod {
    public static List<Post> getPosts(String pathParam){  //获取部门信息
        String path="/WEB-INF/applicationContext.xml";
        ApplicationContext context = new FileSystemXml Application
        Context(pathParam + path);
        PostService postService = (PostService) context.getBean("post
        Service");
        List<Post> posts = postService.showPosts();
        return posts;
    }
    public static void close(FileOutputStream fos, FileInputStream fis)
    {//关闭文件流
        if (fis != null) {
            fis.close();}
```

```
        if (fos != null) {
            fos.close();}
    }
    public static void Upload(String uploadPath,String SaveName,File
    file){//文件上传
        if (!(new File(uploadPath)).exists()) {        //目录是否存在
            new File(uploadPath).mkdirs();
        }
        File saveFile=new File(uploadPath,SaveName);
        FileOutputStream fos = null;
        FileInputStream fis = null;
        try{
            fos = new FileOutputStream(saveFile);
            fis = new FileInputStream(file);
            byte[] buffer = new byte[1024];//设置缓存
            int length = 0;
            while ((length = fis.read(buffer)) > 0) {//读取 File 文件输出
            到 saveFile 文件中
                fos.write(buffer, 0, length);
        }
        }catch(Exception e){
        } finally {
            UtilMethod.close(fos, fis);
        }
    }
}
```


15.8.3 中文乱码的解决

在 web.xml 文件中配置一个编码过滤器，对字符进行过滤，其主要代码如下。

```
<filter>
  <filter-name>encodingFilter</filter-name>
  <filter-class>org.springframework.web.filter.CharacterEncodingFilter
  </filter-class>
  <init-param>
   <param-name>encoding</param-name>
   <param-value>UTF-8</param-value>
  </init-param>
</filter>
<filter-mapping>
  <filter-name>encodingFilter</filter-name>
  <url-pattern>/*</url-pattern>
</filter-mapping>
```

附录　思考与练习答案

第 1 章　Java Web 入门知识

一、填空题

1．服务端
2．JRE
3．classpath
4．Path

二、选择题

1．A
2．B
3．D
4．A

第 2 章　JSP 语法

一、填空题

1．脚本
2．<%=str%>
3．contentType
4．prefix
5．<jsp:useBean>
6．application

二、选择题

1．D
2．D
3．A
4．B
5．C
6．B
7．C

第 3 章　JSP 页面请求与响应

一、填空题

1．java.io.PrintWriter
2．out.clearBuffer()
3．request.setCharacterEncoding("GBK")
4．null
5．httpServletResponse

二、选择题

1．C
2．D
3．A
4．A
5．A
6．D

第 4 章　保存页面状态

一、填空题

1．session
2．isNew()
3．javax.servlet.ServletContext
4．application

二、选择题

1．D
2．A
3．B
4．C
5．D
6．D

第 5 章　JavaBean 技术

一、填空题

1. JavaBean
2. 一次性编写，任何地方执行，任何地方重用
3. GUI 图形用户界面
4. 私有类型（private）
5. 提供 getter()和 setter()
6. java.io.Serializable

二、选择题

1. B
2. D
3. B
4. A
5. A
6. C

第 6 章　Servlet 技术

一、填空题

1. destroy()
2. POST
3. sendRedirect()
4. ServletConfig
5. HttpSession
6. doFilter()

二、选择题

1. D
2. A
3. A
4. D
5. A
6. B
7. D
8. D

第 7 章　EL 表达式

一、填空题

1. ${expression}
2. “.” 操作符
3. pageContext
4. javax.el.ELException
5. initParam
6. empty
7. 静态
8. requestScope

二、选择题

1. D
2. A
3. C
4. B
5. D
6. A
7. A

第 8 章　JSTL 标签库

一、填空题

1. taglib
2. SQL 标签库
3. 核心标签库
4. <c:redirect>
5. <c:when>

二、选择题

1. B
2. B
3. A
4. A
5. D
6. A

第 9 章 数据库应用技术

一、填空题

1. DriverManager
2. Statement
3. executeQuery()
4. 1

二、选择题

1. A
2. B
3. A
4. B
5. B
6. C

第 10 章 JSP 实用组件

一、填空题

1. java.io.OutputStream
2. accept()
3. multipart/form-data
4. getLength()

二、选择题

1. D
2. D
3. A
4. A

第 11 章 应用 Ajax 技术

一、填空题

1. ajax = new ActiveXObject ("Microsoft.XMLHTTP");
2. 4
3. xmlHttp.responseXML

二、选择题

1. C
2. D
3. A
4. D
5. D
6. A

第 12 章 应用 Struts2 技术

一、填空题

1. 视图（View）
2. Action
3. namespace
4. “*”
5. Action
6. intercept()

二、选择题

1. D
2. C
3. C
4. A
5. A

第 13 章 应用 Hibernate 技术

一、填空题

1. 实体对象和关系型数据库
2. 会话类
3. name
4. dialect
5. 脱管状态
6. SessionFactory

二、选择题

1. C
2. D
3. C

4. B
5. B

第 14 章　应用 Spring 技术

一、填空题

1. Spring Core
2. FileSystemXmlApplicationContext
3. 设值注入
4. 自定义切入点
5. 声明式事务管理
6. ModelAndView

二、选择题

1. B
2. C
3. C
4. C
5. D
6. C